高等学校专业教材

乳与乳制品
工艺学

卞 春 孙 宇 主编

中国轻工业出版社

图书在版编目（CIP）数据

乳与乳制品工艺学／卞春，孙宇主编. — 北京：中国
轻工业出版社，2023.4
ISBN 978-7-5184-4201-0

Ⅰ．①乳… Ⅱ．①卞…②孙… Ⅲ．①鲜乳—食品加工
②乳制品—食品加工 Ⅳ．①TS252.4

中国版本图书馆 CIP 数据核字（2022）第 223135 号

责任编辑：马　妍　　责任终审：劳国强
文字编辑：巩孟悦　　责任校对：吴大朋　　封面设计：锋尚设计
策划编辑：马　妍　　版式设计：砚祥志远　　责任监印：张　可

出版发行：中国轻工业出版社（北京东长安街6号，邮编：100740）
印　　刷：三河市万龙印装有限公司
经　　销：各地新华书店
版　　次：2023 年 4 月第 1 版第 1 次印刷
开　　本：787×1092　1/16　印张：22
字　　数：535 千字
书　　号：ISBN 978-7-5184-4201-0　定价：55.00 元
邮购电话：010-65241695
发行电话：010-85119835　传真：85113293
网　　址：http://www.chlip.com.cn
Email：club@chlip.com.cn
如发现图书残缺请与我社邮购联系调换
181489J1X101ZBW

本书编写人员

主　　编　卞　春　哈尔滨学院

　　　　　孙　宇　哈尔滨学院

副 主 编　田　洋　云南农业大学

　　　　　史海粟　沈阳农业大学

参编人员（按姓氏笔画排列）

　　　　　马　玲　山西农业大学

　　　　　刘妍妍　黑龙江八一农垦大学

　　　　　孙常雁　哈尔滨理工大学

　　　　　欧阳乐　哈尔滨学院

　　　　　赵玥明　澳优乳业（中国）有限
　　　　　　　　　公司

　　　　　董世荣　哈尔滨学院

前言 | Preface

近年来，乳与乳制品已经成为人们日常饮食的重要构成。乳品科学知识不断更新，加工技术不断进步，为满足广大师生和技术人员需求，编写本书。

全书分为乳的基础知识（第一章和第二章）、原料乳的质量及其乳制品加工技术（第三章至第十一章）、乳制品生产设备的清洗杀菌（第十二章）和乳制品质量管理及乳制品企业质量管理及控制体系（第十三章）4 部分；着重补充了乳与乳制品科学的新知识、原料乳及乳制品的新标准和规定、乳制品加工新工艺和技术等。

编者来自全国高校和乳品生产企业，具有丰富的教学经验和乳品行业生产经验。编写分工如下：第一章、第十二章、第十三章由孙宇编写，第二章、第四章和第八章由卞春编写，第三章由孙常雁编写，第五章由马玲编写，第六章由董世荣、孙宇编写，第七章由赵玥明、欧阳乐编写，第九章由史海粟编写，第十章由刘妍妍编写，第十一章由田洋编写。

本教材中乳制品加工相关工艺流程和机械设备等内容的撰写，得到了黑龙江完达山哈尔滨乳品有限公司李杰和黑龙江飞鹤乳业有限公司孙志刚的指导和帮助。

由于编者水平所限，不当之处在所难免，敬请读者批评指正。

编　者

2023 年 2 月

| 目录 | Contents

乳的分泌与生成

第一节　乳的概念

一、常乳

常乳是指雌性哺乳动物产后 14d 后所分泌的乳汁，也称作成熟乳。通常雌性哺乳动物要到产后 30d 左右乳成分才趋稳定，常乳通常用来加工乳制品，其干物质含量为 11%～13%。乳是幼小哺乳动物出生后最初阶段的唯一食物，乳中的物质既提供能量，又提供生长所需的基础营养。乳中还含有保护幼小动物免受感染的多种抗体。哺育一头小牛约需 1000L 牛乳，这是过去母牛为哺育每头小牛的产乳量。自从人类使用乳牛为自己服务以来，情况发生了很大变化。乳牛育种的结果，是每一次产犊后，乳牛产乳量平均可达 6000L 或更高，是早期产乳量的 6 倍，有些乳牛产乳量可高达 14000L 或更高。表 1-1 所示为不同品种的动物所产乳的组成成分，表上所述数据为平均值，因为乳的组分受许多因素如品种、饲养和气候等的影响。

表 1-1　　　　　　　　　　不同品种的动物所产乳的组成成分　　　　　　　　　　单位：%

种类	蛋白质	酪蛋白	乳清蛋白	脂肪	碳水化合物	灰分
人乳	1.2	0.5	0.7	3.8	7.0	0.2
马乳	2.2	1.3	0.9	1.7	6.2	0.5
乳牛乳	3.5	2.8	0.7	3.7	4.8	0.7
水牛乳	4.0	3.5	0.5	7.5	4.8	0.7
山羊乳	3.6	2.7	0.9	4.1	4.7	0.8
绵羊乳	5.8	4.9	0.9	4.9	4.5	0.8

二、异常乳

正常乳的成分和性质基本稳定，当乳牛受到饲养管理、疾病、气温以及其他各种因素的影响时，乳的成分和性质往往会发生变化，这种乳称为异常乳（abnormal milk），不适于加工优质的产品。

乳品工业中通常以 70% 的酒精试验来检查原料乳，酒精试验（alcohol test）阳性乳一般称为异常乳，这是由于检验简单易行而形成的概念。但实际上，有些异常乳在酒精试验时呈阴性，所以异常乳不仅种类很多，而且变化复杂。有时正常乳与异常乳之间无明显区别，异常乳可分下列几种（表 1-2）。

表 1-2　　　　　　　　　　　　　　　异常乳的具体分类

异常乳分类	异常乳种类
生理异常乳	营养不良乳、初乳、末乳
化学异常乳	高酸度酒精阳性乳
	冻结乳、低成分乳
	混入异物乳、风味异常乳
微生物污染乳	
病理异常乳	乳房炎乳、其他病牛乳

（一）生理异常乳

1. 营养不良乳

饲料不足、营养不良的乳牛所产的乳在皱胃酶作用下几乎不凝固，所以这种乳不能制造干酪。当喂以充足的饲料，加强营养之后，牛乳即可恢复正常。

2. 初乳

产犊后 1 周之内所分泌的乳称为初乳，呈黄褐色，有异臭、苦味，黏度大，特别是 3d 之内，初乳特征更为显著。脂肪、蛋白质，特别是乳清蛋白含量高，乳糖含量低，灰分含量高。初乳中铁含量为常乳的 3~5 倍，铜含量约为常乳的 6 倍。初乳中含有初乳球，可能是脱落的上皮细胞或白细胞吸附于脂肪球而形成的，在产犊后 2~3 周即消失。

初乳中含有丰富的维生素，尤其富含维生素 A、维生素 D、维生素 B，而且含有大量的免疫球蛋白，为幼儿生长所必需。初乳对热的稳定性差，加热时容易凝固。由于初乳的成分与常乳显著不同，因而其物理性质也与常乳差别很大，故不适于作普通乳制品生产用的原料乳，我国轻工业部部颁标准规定产犊后 7d 内的初乳不得使用。但牛初乳因其特有的生理活性特点，近些年来被许多乳制品厂用作保健型乳制品的原料。

3. 末乳

末乳又称为老乳，即干乳期前 2 周所产的乳。其成分除脂肪外，均较常乳高，有苦而微咸的味道，含脂肪酶多，常有油脂氧化味。一般末乳 pH 7.0，细菌总数达 2.5×10^6 CFU/mL，氯离子浓度约为 0.16%。

（二）化学异常乳

1. 酒精阳性乳

乳品厂检验原料乳时，一般先用 68% 或 70% 或 72% 的酒精进行检验，凡产生絮状凝块的乳称为酒精阳性乳。酒精阳性乳有下列几种：

（1）高酸度酒精阳性乳　一般酸度在 20°T 以上的乳进行酒精试验均为阳性，称为酒精阳性乳。其原因是鲜乳中微生物繁殖使酸度升高。因此要注意挤乳时的卫生，并将挤出的鲜乳保存在适当的温度条件下，以免微生物污染繁殖。

（2）低酸度酒精阳性乳 有的鲜乳虽然酸度低（16°T 以下），但酒精试验也呈阳性，所以称为低酸度酒精阳性乳。这种情况往往给生产造成很大的损失。

低酸度酒精阳性乳产生的原因有以下几种：

①环境：一般来说，春季发生较多，到采食青草时自然治愈。开始舍饲时的初冬，气温剧烈变化，或者夏季盛暑期也易发生。年龄 6 岁以上的乳牛居多。卫生管理越差，发生的越多。因此采用日光浴、放牧、改进换气设施等措施使环境条件改善具有一定的效果。

②饲养管理：饲喂腐败饲料或者喂量不足，长期饲喂单一饲料和过量喂给食盐而发生低酸度酒精阳性乳的情况很多。挤乳过度而热能供给不足时，容易发生耐热性低的酒精阳性乳。产乳旺盛时，单靠供给饲料不足以维持，所以分娩前必须给予充分的营养。

③生理机能：乳腺的发育、乳汁的生成受各种内分泌的机能所支配。内分泌，特别是发情激素、甲状腺素、促肾上腺皮质素等与阳性乳的产生都有关系。而这些情况一般与肝脏机能障碍、乳房炎、软骨症、酮体过剩等并发。例如，牛乳中可溶性钙、镁、氯化合物含量多，而无机磷较少会产生异常乳；机体酸中毒、体液酸碱失去平衡，使体液 pH 下降时也会分泌异常乳；机体血液中乙酰乙酸、丙酮、β-羟基丁酸过剩、蓄积而引起酮血病也会造成乳腺分泌异常乳。

2. 冻结乳

冬季因受气候和运输的影响，鲜乳产生冻结现象，这时乳中一部分酪蛋白变性。同时，在处理时因温度和时间的影响，酸度相应升高，以致产生酒精阳性乳。但这种酒精阳性乳的耐热性要比因受其他原因而产生的酒精阳性乳高。

3. 低成分乳

低成分乳是指乳的总干物质不足 11%、乳脂率低于 2.7% 的原料乳。乳的成分主要受遗传因素和饲养管理影响。要获得成分含量高和质量优良的原料乳，首先需从选育和改良乳牛品种开始。有了优良的乳牛，再加上合理的饲养管理、清洁的卫生条件及合理的榨乳、收纳、贮存，则可以获得成分含量高而优质的原料乳。但有些地区往往出现干物质含量低的原料乳，其产生原因有以下几种：

（1）季节和气温对产乳量和成分的影响 季节对乳量和乳质的变化有相当大的影响。从日照时间到温度、湿度都是重要的因素。以乳量而论，东北地区以青草丰富的 6～7 月为最高，南方则以 4～5 月为最高。而乳脂率则与乳量相反，冬季高，夏季低。无脂干物质以舍饲后期最低。春季由舍饲转变到放牧采食青草时，无脂干物质迅速升高。其原因除了青草的营养价值较高以外，也受到青草中发情激素的影响。

（2）饲料对乳脂率的影响 饲料进入第一胃后，由于微生物的作用开始发酵，产生低级挥发性脂肪酸。在乙酸含量少和乙酸、丙酸浓度的比率较低时，乳脂率降低。这主要是由于限制精饲料、过量给予精料和对饲料加工处理等造成。多给粉末饲料或颗粒饲料时，唾液分泌减少，第一胃的 pH 降低，也使乳脂率降低。仅喂粗饲料则热量不够，不可能多产乳。优质的牧草和适当供给热量是确保乳量、乳质的必要条件。

（3）饲料对无脂干物质的影响 长期营养不良则使乳量下降，并使无脂干物质和蛋白质减少。一般而言，在正常的饲养条件下，舍饲或放牧对乳质的影响比较小。但在北方冬季很长，舍饲将近结束时，饲养条件很差。在这种条件下，再加上分娩和季节的影响，使产乳盛期的乳质很不稳定。

乳牛在产乳盛期，仅靠当天喂给的饲料不够维持，必须用积蓄的热量来补充。通常饲料对乳糖含量和无机盐类的影响很小，但长期热量供给不足和由于乳房炎及其他疾病使乳腺机能混乱时，在乳量降低的同时乳糖也下降，并影响盐类的平衡。最近试验证明，由于镁的含量不足可造成原料乳对酒精试验不稳定的情况。此外，饲料与乳中微量元素和脂溶性维生素也有很大关系。

此外，还有一些人为因素，如在原料乳中加水，或撇去原料乳中上层的稀奶油等，都会使原料乳的干物质含量及乳脂率下降。

4. 混入异物乳

混入异物的乳是指在乳中混入原来不存在的物质的乳。其中，有人为混入异常乳和因预防治疗、促进发育以及食品保藏过程中使用抗生素和激素等而进入乳中的异常乳。此外，还有因饲料和饮水等使农药进入乳中而造成的异常。

（1）偶然混入的杂质　主要来源于牛舍环境的昆虫、垫草、饲料、土壤、污水等；来源于牛体的乳牛皮肤、粪便；来源于挤乳操作过程的头发、衣服片、金属、纸、洗涤剂、杀菌剂等。

（2）人为混入的杂质　主要包括水、中和剂、防腐剂和其他成分，如异种脂肪、异种蛋白质等。

（3）经牛体进入的异物　主要包括激素、抗生素、放射性物质、农药等。由于某种人为因素或产乳牛的疾病治疗，尤其乳房炎的治疗使用抗生素，使乳中含有不同数量的抗生素。实验证明，即使乳中含有微量的抗生素，也可成为人对抗生素产生过敏或增加抗药性的原因。

乳中含有防腐剂、抗生素时，对发酵乳制品的加工十分有害，如干酪和酸乳等。尤其是使用较多的青霉素，其抗热性较强，对菌种也有较强的杀灭作用。许多研究指出，在乳制品生产中除了采用高温杀菌外，一般热处理对青霉素的影响不大。但是，如果乳中含有0.008IU/mL的青霉素，制作酸凝乳时，乳凝固需要4h，含有0.016IU/mL时需6h，含有0.08IU/mL则13h也不能完全凝固，这种乳不能用作加工酸乳的原料。因此，无论是从公众卫生还是乳制品加工的角度考虑都必须高度重视乳中抗生素的残留问题。按要求，用抗生素治疗疾病的牛，其用药期间5d所产生的乳，不能用作加工的原料乳。

5. 风味异常乳

造成牛乳风味异常的因素很多，主要有通过机体转移或从空气中吸收而来的饲料臭、由酶作用而产生的脂肪分解臭、挤乳后从外界污染或吸收的牛体臭或金属臭等。

（1）生理异常风味　由于脂肪没有完全代谢，使牛乳中的酮体类物质过多增加而引起的乳牛味；因冬季、春季牧草减少而以人工饲养时产生的饲料味。产生饲料味的饲料主要是各种青贮料、芜菁、卷心菜、甜菜等；杂草味主要由大蒜、韭菜、苦艾、猪杂草、毛茛、甘菊等产生。

（2）脂肪分解味　由于乳脂肪被脂肪酶水解，乳中游离的低级挥发性脂肪酸增多而产生。

（3）氧化味　由乳脂肪氧化而产生的不良风味。产生氧化味的主要因素为重金属、抗坏血酸、光线、氧、贮藏温度以及饲料、牛乳处理和季节等，其中尤以铜的影响最大。此外，抗坏血酸对氧化味的影响很复杂，也与铜有关。如果把抗坏血酸增加3倍或全部破坏均可防止发生氧化味。另外，光线所诱发的氧化味与维生素 B_2 有关。加热至76.7℃以上因产生巯基化合物可以防止氧化。

（4）日光味　牛乳在阳光下照射 10min，可检出日光味，这是由于乳清蛋白受阳光照射而产生。日光味类似焦臭味和毛烧焦味。日光味的强度与维生素 B_2 和色氨酸的破坏有关，日光味的成分为乳蛋白质-维生素 B_2 的复合体。

（5）蒸煮味　蒸煮味的产生主要是乳清蛋白中的 β-乳球蛋白，因加热而产生硫氢基，致使牛乳产生蒸煮味。例如，牛乳在 76~78℃、3min 加热或 70~72℃、30min 加热均可产生蒸煮味。

（6）苦味　乳长时间冷藏时，往往产生苦味。其原因为低温菌或某种酵母使牛乳产生苦肽化合物，或者是脂肪酶使牛乳产生游离脂肪酸所形成。

（7）酸败味　主要由于牛乳发酵过程受非纯正的产酸菌污染所致。这时牛乳稀奶油、奶油、冰淇淋以及发酵乳等产生较浓烈的酸败味。

（三）微生物污染乳

微生物污染乳也是异常乳的一种。由于挤乳前后的污染、不及时冷却和器具的洗涤杀菌不完全等原因，使鲜乳被大量微生物污染，鲜乳中的细菌数大幅度增加，以致不能用作加工乳制品的原料，而造成浪费和损失。有冷冻设备的工厂，认为将乳冷却后贮藏，可以解决这些问题，但实际上贮乳罐的材料、乳罐的结构（洗涤的难易）、冷却的性能（例如，从 32℃的鲜乳冷却到 4℃ 的时间和这一期间质量的变化）、搅拌性能（乳脂率的分布情况）、耐受性、倾斜度对贮藏期间的乳质都有很大影响。尤其要重视的是低温菌，其繁殖对乳质量的影响很大。

鲜乳容易由乳酸菌作用产酸凝固，由大肠菌产生气体，由芽孢杆菌产生胨化和碱化，并发生异常风味（腐败味）。低温菌也可能使乳产生胨化和变黏，使脂肪分解而产生脂肪分解味、蛋白质分解使乳产生苦味和非酸凝固。

（四）病理异常乳

1. 乳房炎乳

由于外伤或者细菌感染，使乳房发生炎症，这时乳房所分泌的乳，其成分和性质都发生变化，乳糖含量降低，氯含量增加及球蛋白含量升高，酪蛋白含量下降，并且细胞（上皮细胞）数量多，以致无脂干物质含量较常乳少。造成乳房炎的原因主要是乳牛体表和牛舍环境卫生未达到卫生要求，挤乳方法不合理，尤其是使用挤乳机时，使用不合理或不彻底清洗杀菌，使乳房炎发病率升高。

乳牛患乳房炎后，牛乳的凝乳张力下降，用凝乳酶凝固乳时所需的时间较常乳长，这是因乳蛋白质异常所致。另外，乳房炎乳中维生素 B_1、维生素 B_2 含量减少。乳房炎乳的判断：

（1）pH　常乳 pH 6.6，如果 pH 在 6.7 以上，可怀疑是非临床性乳房炎。如果 pH 6.8以上，则认为是乳房炎阳性。简单的乳房炎乳检查方法为测定乳的 pH。

（2）乳糖、氯以及其他矿物质　乳房炎乳中乳糖含量下降，氯含量上升，因此可以用氯糖数来判断乳是否正常，即式（1-1）：

$$氯糖数 = （氯含量 / 糖含量）× 100\% \qquad (1-1)$$

常乳的氯糖数在 2~3，乳房炎乳则在 3.5 以上。乳房炎乳中氯、钠含量上升，而钙、磷、钾稍微减少，铁、锰、钼等减少。

（3）酪蛋白数　即酪蛋白指数。乳房炎中的酪蛋白数在 78 以下。酪蛋白数的计算如式（1-2）：

$$酪蛋白数 = （酪蛋白氮／总氮含量）× 100\% \qquad (1-2)$$

牛乳蛋白质在非临床性乳房炎乳中 γ-酪蛋白含量稍有增加，β-酪蛋白含量较平稳，酪蛋白则有异常，乳清蛋白变化比酪蛋白更显著；在急性乳房炎中免疫球蛋白量显著增加，可由此作为检查乳房炎乳的依据。只有非临床性乳房炎乳，除免疫球蛋白相对增加外，其他成分均无变化。

①细胞数：乳房检查的标准方法是直接镜检来测定细胞总数或白细胞数。以往多用白细胞数表示，近年来多以细胞数或体细胞数来表示。体细胞数或总细胞数包括白细胞、淋巴细胞、上皮细胞，测定方法与测定总菌数相同。

细胞总数与乳房炎之间的关系为：1mL 牛乳中白细胞如果在 10 万以上，则认为是乳房炎；如果增至 50 万，则牛乳中无脂干物质及乳糖含量逐渐降低。

②其他方面：乳牛患乳房炎后，牛乳的凝乳张力下降，用凝乳酶凝固乳时所需的时间较长，这是因为乳蛋白质异常所致。另外，乳房炎乳中维生素 A、维生素 C 的含量变化不大，而维生素 B_1、维生素 B_2 含量减少。据报道，非临床性乳房炎中，维生素 B_1 比健康分泌的乳汁少 1%~15%。

2. 其他病牛乳

除乳房炎以外，乳牛患有其他疾病时也可以导致乳的理化性质及成分发生变化。口蹄疫、布氏杆菌病等的乳牛所产的乳其质量变化大致与乳房炎乳类似。另外，乳牛患酮体过剩、肝机能障碍、繁殖障碍等易分泌低酸度酒精阳性乳。

第二节　乳的形成

以乳牛为例，犊牛从降生到断乳吃草，大约需要 1000kg 的牛乳。经过不断地对牛的泌乳性能培育，现在乳牛在一个泌乳期内产乳量不断提高，个别良种可产 10000kg 以上。一般小母牛成长至 7~8 个月后即达到性成熟，但到 15~18 个月后才能交配，其妊娠期为 265~300d，所以小母牛其第一个产犊年龄约为 2.5 岁。

乳牛在产犊后就开始分泌乳汁，持续大约 300d。乳牛自分娩后泌乳开始至泌乳终止称为一个泌乳期，泌乳期的长短及产乳量因牛的品种、个体牛的健康状况、乳牛年龄和疾病以及牛场的饲养管理情况等而不同，如黄牛和水牛为 90~120d，经人工选育的乳牛泌乳期长达 300d 左右。泌乳量从泌乳初期开始逐日增加，3~6 周达到最高产量，并保持一段时间的平稳，以后逐渐下降。乳牛泌乳期间还要再妊娠，在妊娠后期乳牛要停止泌乳 40~60d，直到下次分娩为止，这段时期称为干乳期。乳牛产犊后 1.5~2 月，产乳量最大，其后逐渐减少，至第 9 个月开始显著降低，到第 10 个月末第 11 个月初即达到干乳期。

一、乳腺的结构和乳汁的形成

（一）乳腺的结构

乳腺由皮肤腺体衍生而来。所有哺乳动物，不论雌雄都有乳腺，但只有雌畜的乳腺才能充分发育，具备泌乳能力。乳腺的位置和数量有明显的畜种差别，牛有两对位于腹股沟的乳腺，马、羊等有一对位于腹股沟的乳腺，杂食动物和肉食动物有好几对位于腹部白线两侧的乳腺。每个乳腺都是一个完整的泌乳单位，其主要有两种组织，一种是由乳腺腺泡和导管系统构成的腺体组织或实质；另一种是由结缔组织和脂肪组织构成的间质，它保护和支持腺体组织。

　　牛乳是从母牛乳房中分泌出来的。母牛的乳房是一个由纵隔分成左右两部分的半球状器官；每半部分又由一条较浅的横隔一分为二，每四分之一的乳房有一个乳头和单独的乳腺，从理论上讲，每一头乳牛可以产生四种不同质量的牛乳。图1-1所示为乳牛乳房的剖面图。

　　乳腺腺泡和导管系统是乳腺的基本结构。腺泡是分泌乳汁的部分，由一层分泌上皮细胞构成，每个腺泡像一个小囊，有一条细小的乳导管通出。腺泡的数目决定乳腺的泌乳能力，腺泡越多，

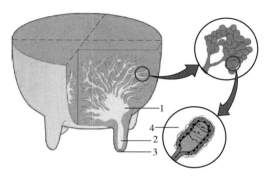

图1-1　乳牛乳房的剖面图
1—乳腺乳池　2—乳头乳池　3—乳头管　4—乳腺腺泡

泌乳能力越强；导管系统包括一系列复杂的管道，起始于与腺泡腔相通的细小乳导管，相互汇合成中等乳导管，后者再汇合成粗大的乳导管，最后汇合成乳池（图1-2）。乳池是乳房下部及乳头内贮藏乳汁的较大腔道，又称为乳窦或乳槽。乳池经乳头末端的乳导管向外界开口。牛、羊的每个乳腺各有一个乳池和乳导管。

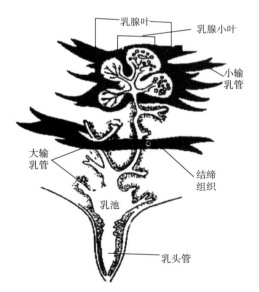

图1-2　乳牛乳腺的容纳系统模式图

　　乳腺的血液供应极为丰富，每个腺泡都被稠密的毛细血管网包围着。因此，血液可以充分将营养物质和氧带给腺泡，以供乳腺生乳的需要（图1-3）。乳腺中的静脉系统比动脉系统发达得多，静脉的总横断面比动脉大若干倍，所以血液很缓慢地流过乳腺，为腺泡生成乳汁提供有利条件。乳腺中的血液主要沿着左右腹壁皮下静脉及阴部外静脉流出。

　　乳腺中有丰富的传入和传出神经。传入神经主要为感觉神经纤维，来自第一和第二腰节神经的腹支、腹股沟神经和会阴神经。这些神经的分支进入乳腺，并在各腺泡间形成稠密的神经丛。乳腺的传出神经属于交感神经，来自脊柱侧神经链的第2~4腰节。交感神经纤维支配乳腺内的血管、乳池和大

乳导管周围的平滑肌，兴奋时引起平滑肌收缩。乳腺内的平滑肌对肾上腺素和去甲肾上腺素极其敏感。刺激交感神经使乳腺内的血液循环显著减少，泌乳量也相应下降，这是泌乳母牛受到惊扰时泌乳量明显下降的主要原因。但乳腺的腺泡上皮及其周围的肌上皮细胞不受神经支配。

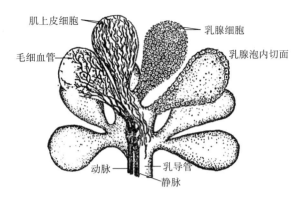

图 1-3　乳腺腺泡简图

乳腺各部有各种各样的内、外感受器。乳腺特别是乳头皮肤及乳腺内的腺泡、血管、乳导管等处有着丰富的机械、温度感受器和化学、压力等内感受器，这些感受器对泌乳的反射性调节起重要作用。

（二）乳的生成

乳的生成过程是在乳腺泡和细小乳导管的分泌上皮细胞内进行，如果把乳汁的成分和血浆比较，可以看出虽然两者具有大致相同的渗透压，但化学成分却差异很大（表 1-3）。

表 1-3　　　　　　　　　血浆与牛乳的主要化学成分　　　　　　　　单位：%

血浆		牛乳		血浆		牛乳	
水分	91.00	水分	87.00	胆固醇脂	0.17	胆固醇脂	痕量
葡萄糖	0.05	乳糖	4.90	钙	0.009	钙	0.12
血清白蛋白	3.20	乳白蛋白	0.52	磷	0.011	磷	0.10
血清球蛋白	4.40	乳球蛋白	0.05	钠	0.34	钠	0.05
氨基酸	0.003	酪蛋白	2.90	钾	0.03	钾	0.15
中性脂肪	0.06	中性脂肪	3.70	氯	0.35	氯	0.11
磷脂类	0.24	磷脂类	0.04	柠檬酸	痕量	柠檬酸	0.20

与血浆相比较，牛乳中的糖为血浆中的 90 倍，钙是 132 倍，磷是 10 倍，钾是 5 倍；但乳中的蛋白质较血浆中少一半，钠仅为血浆中的 1/7。此外，乳中的蛋白质主要是酪蛋白，而清蛋白的含量较少，但清蛋白和球蛋白是血浆中的主要蛋白质。乳中的脂类以三酰甘油最多，而磷脂和胆固醇是血液脂类的主要成分。乳腺生成乳汁时，需要大量的血液流经乳腺，才能保证供应足够的原料。一般生成 1L 乳汁，要有 400~500L 的血液流过乳腺。乳的生成包括一系列的选择性吸收和新的物质合成两个过程。

二、乳蛋白质的形成

（一）选择性吸收

乳中的球蛋白、酶、激素、维生素、无机盐和某些药物可由血液中原有物质进入乳中得到，这是乳腺的分泌上皮细胞对血浆进行选择性吸收的结果，其中某些物质被乳腺吸收和浓缩，而另一些物质则完全或部分地被阻止。

（二）新的物质合成

乳中的蛋白质、脂肪和糖与血浆相比，不仅数量有明显差异，而且性质也不同。乳中的这些营养成分是乳腺从血液中吸收原料，经过复杂的生化过程合成的。牛乳中蛋白质的种类及来源如表 1-4 所示。乳中的蛋白质有两种来源：一类是由乳腺泡上皮细胞合成的蛋白质，包括酪蛋白、β-乳球蛋白、α-乳清蛋白；另一类与血浆中蛋白质相似，主要是免疫球蛋白。

表 1-4　　　　　　　　　　　牛乳中主要蛋白质的种类和来源

乳蛋白质	占全乳蛋白/%	来源
酪蛋白	80	
其中：α-酪蛋白	56	乳腺合成
β-酪蛋白	20	乳腺合成
γ-酪蛋白	4	乳腺合成
乳清蛋白	18~20	
其中：β-乳球蛋白	10	乳腺合成
α-乳清蛋白	3	乳腺合成
血清蛋白（乳清蛋白）	1~2	血液中来
免疫球蛋白	4~5	血液中来

1. 乳蛋白质的合成

乳中蛋白质的合成机理与机体中蛋白质的合成机理基本相同。乳腺上皮细胞选择性地从血液中吸收氨基酸后在高尔基体内合成。这些氨基酸首先在乳腺细胞中与三磷酸腺苷（ATP）和氨基酸活化酶形成二磷酸腺苷（AMP）-氨基酸和酶的复合体，并使其活化。这种复合体的氨基酸部分在细胞质内与转移核糖核酸（tRNA）结合，形成氨基酸核糖核酸（氨酰-tRNA）附着于细胞质核糖体（ribosome）表面，根据信使核糖核酸（mRNA）所传递的信息依次排列，形成多肽的一级结构、二级结构和三级结构，从而形成立体的乳蛋白质分子，并依次从核糖体分离。

2. 免疫球蛋白的合成

在整个泌乳期，乳中免疫球蛋白含量变化幅度最大。牛和羊初乳中的免疫球蛋白含量最高可达 120g/L，几天后迅速下降，在泌乳高峰期的含量为 0.5~1.0g/L。反刍动物初乳中的免疫球蛋白是 IgG1，其次是 IgG2。它们都来源于血液，由腺泡上皮细胞选择地转运进乳中。人和家兔初乳中的免疫球蛋白主要是 IgA。反刍动物初乳中也有微量 IgA。这类球蛋白并不是来源于血液，而是由淋巴细胞-浆细胞在腺泡附近合成。在干乳期内，乳腺中有大量淋巴细胞和巨噬细胞浸润。其中的 B 淋巴细胞在受到抗原刺激后，被激活而转为浆细胞，分泌 IgA。IgA 不能直接进入乳中，必须先与腺上皮细胞合成的一种特殊多肽结合，才能转移进入乳中。

免疫球蛋白和其他血浆蛋白可能是以"转运泡"的形式，从组织液穿过腺泡上皮进入乳中。转运泡由腺泡上皮基部的细胞内陷形成。反刍动物腺泡上皮基部细胞膜上有特殊的 IgG1 受点。这是牛羊乳中 IgG1 含量特别丰富的原因。

三、乳脂肪的形成

乳脂肪的组成中三酰甘油占99%，其余的1%大部分是磷脂（卵磷脂、脑磷脂及鞘磷脂）和微量的胆固醇及其他脂类。乳脂的脂肪酸成分与体内脂肪酸有很大差异，如反刍动物体内脂肪中缺乏脂肪酸，而乳脂中含有较多的短链脂肪酸，牛乳中丁酸是最多的脂肪酸。反刍动物的乳脂中短链脂肪酸含量很高，这是由于瘤胃吸收了大量挥发性脂肪酸的缘故。反刍动物乳脂中长链脂肪酸显然比饲料中的长链脂肪酸饱和程度更高，这是因为瘤胃微生物能使饲料中绝大多数不饱和脂肪酸变为饱和脂肪酸。乳脂中的脂肪酸可直接来自血液，或在腺泡腔上皮细胞由乙酸 β-羟丁酸和葡萄糖合成。

（一）乳腺内脂肪酸的合成

反刍动物瘤胃发酵产生酸，由此而来的酸在乳腺中合成乳脂的短链脂肪酸。研究证明，几乎所有的十四碳（豆蔻酸）以下的脂肪酸和一半的十六碳酸（软脂酸）是由乙酸合成的，少量的由 β-羟丁酸合成。反刍动物的乳腺中有乙酰CoA合成酶，因此能使从血液中来的酸直接生成乙酰CoA。反刍动物利用乙酸合成乳脂中四至十六碳链脂肪酸的步骤概括如下：

$$乙酰 + CoA \xrightarrow[\text{乙酰 CoA 合成酶}]{ATP} 乙酰 CoA$$

$$乙酰 CoA + CO_2 \xrightarrow[\text{乙酰 CoA 羧化酶}]{ATP} 乙酰 CoA$$

$$乙酰 CoA + 丙二酸单酰 CoA \xrightarrow[\text{脂肪酸合成酶}]{NADPH_2} 长链脂肪酸$$

（二）来自血液的脂肪酸

反刍动物乳腺中近一半的十六碳酸（软脂酸）和全部更长碳链的脂肪酸来自血液，这些脂肪酸按质量约占乳脂中脂肪酸的60%。长链脂肪酸主要来源于血液循环中的低密度脂蛋白。血液中的脂肪不能直接被乳腺的上皮细胞吸收。为了能通过其细胞壁，必须先水解为脂肪酸。被乳腺摄取的三酰甘油在血液中以乳糜微粒和前 β-脂蛋白形式运输。乳糜微粒主要是吸收饲料中的长链脂肪酸形成，并经过淋巴运至血液。在乳腺组织中有脂蛋白脂酶。当乳糜微粒及低密度脂蛋白将要通过乳腺细胞壁时，被存在于细胞壁处的酶分解而生成长链脂肪酸，并为乳腺上皮细胞吸收，用于合成脂肪。

（三）甘油的来源及三酰甘油的生成

乳脂肪主要是三酰甘油。乳脂肪中的甘油一部分在乳腺组织中由葡萄糖合成，其余均由血液中的脂肪水解而成。甘油在甘油激酶的作用下形成磷酸甘油，或者经葡萄糖的酵解途径，以其中间产物甘油-3-磷酸为起点，经过还原而形成磷酸甘油。磷酸甘油在线粒体或微粒体中与脂肪酰基CoA反应，经由磷脂酸和二酰甘油形成三酰甘油。除脂肪外，磷脂和胆固醇也是在乳腺内合成。

（四）脂肪球的形成

脂肪酸的酯化作用发生在乳腺上皮细胞粗面内质网上。在这个位置上发生脂类聚集形成脂肪小球，并增长移向细胞的顶端部位时，就被一层薄膜所包围而形成脂肪球，随后被挤出而进入泡腔中成为乳脂肪球，如图1-4所示。乳脂肪球膜的三维电镜结构如图1-5所示。

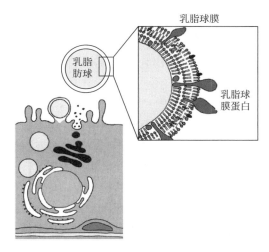

图 1-4　乳脂肪球释放和乳脂肪球膜组成示意图

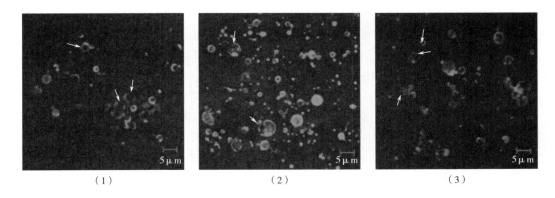

（1）　　　　　　　　　　（2）　　　　　　　　　　（3）

图 1-5　牛（1）羊（2）人（3）乳脂肪球膜的三维电镜结构

四、乳糖的形成

乳糖是由一分子葡萄糖和一分子半乳糖结合而成。乳糖最重要的前体物质是血液中的葡萄糖。乙酸也可以形成乳糖。经放射性同位素 14C 示踪原子测定，构成乳糖的葡萄糖中有 8% 来源于血液，进入乳腺的葡萄糖中约有一半形成半乳糖。乙酸只有 1.8% 被乳腺吸收，但吸收于乳腺细胞中的乙酸有 90% 形成半乳糖。血液中的葡萄糖在肝脏中缩合成为糖原而贮藏起来。在组织中葡萄糖以与蛋白质结合的形式存在，必要时分解为葡萄糖，再转移到血液中作为能源，或用于乳的合成。血液中的葡萄糖被乳腺吸收而成为糖原，糖原在乳中并不存在，但存在于乳腺中，由乳腺上皮细胞将其合成为乳糖。如果将乳腺进行组织培养就会发现该糖原经由葡萄糖转变为乳糖。因此，糖原是葡萄糖的存在形式，间接用于乳的合成。

五、乳中其他成分的形成

乳中无机成分来自血液，它可以直接在乳腺细胞内外渗透，参与物理化学作用。其中除一部分作为酶的辅基，其余则与细胞内合成的有机成分如酪蛋白和磷蛋白结合。此外，酪蛋白胶束是酪蛋白与磷酸钙的复合体，这些钙与磷均来自血清中的无机性和超滤性的钙与磷。

六、乳分泌的发动和维持

在母畜泌乳期间，乳的分泌包括发动泌乳和维持泌乳两个过程。这两个过程均受神经和体液调节。

（一）发动泌乳及其调控

发动泌乳是指伴随分娩发生的乳腺开始分泌大量乳汁。某些动物如反刍动物、啮齿类动物的乳腺一般在接近临产的时候开始分泌乳汁，但只有在分娩后才能分泌大量乳汁。母牛产犊前，乳腺中积聚大量组织液，血管也充分扩张，乳腺明显膨大，但乳汁却很少。

腺垂体对于发动泌乳的调控是必不可少的。实验表明，单独给予催乳素或肾上腺皮质激素对乳汁生成是不起作用的，还需要催乳素、生长激素和肾上腺皮质激素的协同作用。

在妊娠期间，腺垂体的催乳素被胎盘和卵巢分泌的大量雌激素和孕酮抑制，因此不释放催乳素。分娩以后，孕酮水平突然下降，雌激素也明显下降，并维持在一种较低的水平，从而解除了对腺垂体的抑制，使催乳素迅速释放，强烈促进乳的生成，使乳汁分泌，在发动泌乳中起主要作用（此后血中的催乳素保持一定水平，以维持正常的乳汁分泌）。同时血中肾上腺皮质激素浓度也在增高，与催乳素协同作用发动泌乳，低水平的雌激素也可刺激泌乳。

雌激素可促使母畜的乳腺不同程度地发育和泌乳，当浓度低时可促进腺垂体释放催乳素，当浓度增高时则起抑制作用。

（二）维持泌乳及其调控

泌乳发动后，乳腺能在相当长的一段时间内持续进行泌乳活动，这就是泌乳的维持阶段。例如，母牛产犊后，乳分泌量迅速增加，并在4~6周达到高峰，这种高峰状态可保持几个月，以后泌乳量又逐渐下降，整个泌乳期一般可维持300d左右。

维持泌乳的激素控制与发动泌乳基本相同。维持泌乳必须具备的条件之一，是腺垂体不断分泌催乳素。催乳素的分泌是一种反射活动，引起这种反射的主要因素是哺乳或挤乳对乳腺的刺激。一般认为从乳腺感受器发出的冲动传到脑部后，能兴奋下丘脑的有关中枢，然后通过神经和体液途径，使腺垂体释放催乳素，促进泌乳。

催乳素、肾上腺皮质激素、生长激素、甲状腺素等多种激素的协同作用是维持泌乳所必需的。在泌乳的任何时期切除腺垂体，都将使泌乳终止。在泌乳期时，甲状腺的活动常与泌乳量呈高度的正相关，切除甲状腺或给予抗甲状腺药物，常使泌乳量严重下降。注射甲状腺素，或者口服碘化酪蛋白，都能使牛和山羊的泌乳量增加。但若长期应用外源性激素则可使机体本身的甲状腺活动受到抑制。

乳生成和乳排出之间的关系也很密切。乳从乳腺内有规律且完全的排空也是维持泌乳的必要条件。

七、乳的蓄积与排出

（一）乳的蓄积

乳在乳腺泡的上皮细胞内形成后，连续地分泌进入腺泡腔。当乳充满腺泡腔和细小乳导管时，依靠腺泡周围的肌上皮和导管系统的平滑肌的反射性收缩，将乳周期性地转入乳导管和乳池内。乳腺的全部腺泡腔、导管、乳池构成蓄积乳的容纳系统。乳牛于每次挤乳后5~

8h 内，逐渐在乳腺内容纳乳汁，刺激压力感受器，反射性地使乳腺肌肉组织的紧张性下降，这时乳腺内压并不明显升高。但当乳腺容纳系统被乳充满到一定程度后，乳汁继续蓄积就将使乳腺容纳系统扩大，内压迅速升高，以致压迫乳腺中的毛细血管和淋巴管，阻碍乳腺的血液供给，结果使乳的生成速度显著减弱。乳腺内乳汁蓄积的程度不但影响乳的生成速度，而且也影响乳的成分。当挤乳或哺乳时乳腺开始排乳，排乳后乳腺内压下降，乳的生成加快。挤乳后最初 3~4h，乳的生成最为旺盛，以后逐渐减弱。因此，乳的生成过程与乳的排出过程之间存在着密切的相互促进而又相互制约的关系。

（二）乳的排出

1. 排乳过程

哺乳或挤乳时，引起乳腺容纳系统紧张度改变，使蓄积在腺泡和乳导管系统内的乳汁迅速流向乳池，这一过程称为排乳。排乳是一种复杂的反射过程。哺乳或挤乳时，刺激乳畜乳头的感受器，反射性地引起腺泡和细小乳导管周围的肌上皮细胞收缩，使乳池内压迅速升高，乳头括约肌开放，于是乳汁排出体外。在挤乳期间，乳池内压力保持较高水平，使乳汁不断流出。

最先排出的乳是乳池中的乳，当乳头括约肌开放时，乳池乳借助本身重力作用即可排出。腺泡和乳导管的乳必须依靠乳腺内肌细胞的反射性收缩才能排出，这种反射性排出的乳称为反射乳。乳牛的乳池乳一般约占泌乳量的 30%，反射乳约占泌乳量的 70%。我国黄牛和水牛的乳池乳很少，甚至完全没有乳池乳。挤乳或哺乳后，乳腺内总有一部分残留乳。挤乳或哺乳刺激乳腺不到 1min 就可以引起乳牛的排乳反射。

乳腺乳池延伸到乳头部分称为乳头乳池，乳头的末端是一条 1~1.5cm 长的乳道，在挤乳间歇期间，乳道由括约肌控制闭合，防止乳汁外溢及外界细菌的侵入。

整个乳房交织着血管和淋巴管，分布在腺泡周围的毛细血管将来自心脏的血液中的营养物质提供给乳房的泌乳细胞，用于乳的合成。输送完营养物质的血液经毛细血管流入静脉，并回流到心脏。每天流经乳房的血液有 90 000L，每 800~900L 血液生成 1L 牛乳。

当乳腺泡泌乳时，其内压上升。如果乳没有被挤出，内压达到一定程度时，泌乳就会停止。压力的增加迫使少量乳进入较大的乳导管，并进入乳腺乳池。大部分乳依然贮存在腺泡内和细小的乳导管内。由于这些毛细乳导管太细，所以乳无法自流通过。在挤乳时，腺泡周围的肌细胞能起到挤压作用，使乳进入较大的乳导管中，如图 1-6 所示。

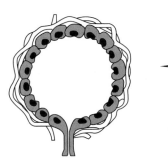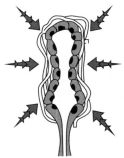

图 1-6 腺泡中乳的排出

2. 排乳反射

排乳过程是由条件反射和非条件反射组成的复合反射。非条件排乳反射弧从乳腺的感受器开始，在乳牛经 20~25s 挤乳或哺乳后引起乳腺的肌上皮细胞与各种乳导管平滑肌剧烈收缩，使腺泡乳排出。

排乳时的外界环境还可以形成大量条件反射，例如，挤乳的地点、时间、挤乳设备、挤乳操作人员等，都能成为条件刺激而形成条件性排乳反射。这些条件反射对于排乳活动有显著影响。在正确的饲养管理制度下，可形成一系列有利于排乳的条件反射。充分利用这些条件反射常能促进排乳和增加挤乳量。

挤乳开始时，乳腺的肌上皮细胞与各种乳导管平滑肌剧烈收缩。乳牛一般持续 3~5min，所以挤乳必须迅速进行，尽量使乳腺中的乳汁比较彻底地排出。这样可以直接提高每次的挤乳量，还可以促进乳生成的速度和提高乳脂的含量。

3. 排乳的抑制

疼痛、不安、恐惧和其他情绪性烦乱常抑制动物排乳，异常的刺激如喧扰、闲人、新挤乳员、粗暴的操作等，都将抑制排乳，使挤乳量明显下降。这是由于交感神经系统兴奋和肾上腺髓质释放肾上腺素，导致乳房内外小动脉收缩的结果。

抑制还可通过反射中枢或者传出环节起作用。中枢的抑制性影响常起源于脑的高级部位，阻止神经垂体释放催产素。结果使乳腺循环血量下降，不能输送足够的催产素到达肌上皮细胞，导致排乳抑制。

第三节   影响乳成分的因素

乳牛的产乳量及乳的组成受许多因素的影响，这既取决于乳畜的生理状况，又取决于外界环境的条件，如品种、地区、泌乳期、个体、年龄、挤乳方法、饲料、季节、环境、温度以及健康状况等。

一、品种对乳成分的影响

乳牛品种的不同，使牛乳产量与组成有很大差异。世界上主要乳牛品种及产乳量如表1-5所示。

表 1-5   不同乳牛品种的年平均产乳量

项目	品种				
	黑白花	黑白花	黑白花	爱尔夏	娟姗
国家	以色列	美国	日本	美国	美国
产乳量/kg	10 700	8 084	6 646	5 503	4 619

品种不仅影响产乳量，而且也影响乳的成分含量（表1-6），乳牛中荷兰牛的乳最稀薄，更赛牛、娟姗牛的乳最浓厚。我国的水牛、牦牛所产的乳干物质含量要高得多。在干物质

中，脂肪的变化最大，蛋白质次之，而乳糖和灰分的变化很小。此外，无脂干物质与乳脂的比例在品种间变化也很大。同时，凡是脂肪含量高的乳，其脂肪球也较大，因此容易加工奶油，且产品率也较高，产品质量也较好。

表1-6　　　　　　　　　　　　　　不同品种乳牛的成分含量

乳牛品种	相对密度	水分/%	干物质/%	脂肪/%	蛋白质/%	乳糖/%	灰分/%
黑白花乳牛	1.0324	87.50	12.50	3.55	3.43	4.86	0.68
短角牛	1.0324	87.43	12.57	3.63	3.32	4.89	0.73
西门达尔牛	1.032	87.18	12.82	3.79	3.34	4.81	0.71
更赛牛	1.0336	85.13	14.87	5.19	4.02	4.91	0.74
娟珊牛	1.0331	85.31	14.69	5.19	3.86	4.94	0.70
水牛	1.0290	81.41	18.59	7.47	7.10	4.15	0.84
牦牛	—	81.60	18.40	7.80	5.00	5.00	—

二、泌乳期对乳成分的影响

在同一个泌乳期的不同时间，乳的组成、性质和产量有着显著变化。产乳量在第一至二泌乳月期间呈上升趋势，第三至四泌乳月开始平稳，以后一直保持平稳，直到干乳期前15d开始下降。乳干物质含量在泌乳开始时最高，以后逐日下降，至1~2个月后开始平稳（图1-7）。

乳牛分娩后最初7d所产的乳称为初乳。初乳中各种成分的含量与常乳相差很大，含有非常丰富的球蛋白、清蛋白和大量的免疫体及白细胞、酶、维生素、溶菌素等。初乳中维生素A和维生素C的含量比常乳多10倍，维生素D含量多3倍。初乳中含有较多的无机盐，其中特别富含镁盐，镁盐的轻泻作用能促进肠道排除胎粪。由于各种家畜的胎盘不能传送抗体，新生幼畜主要依赖初乳内丰富的抗体或免疫球蛋白（β-乳球蛋白）形成机体的被动免疫性，以增强幼畜抵抗疾病的能力。

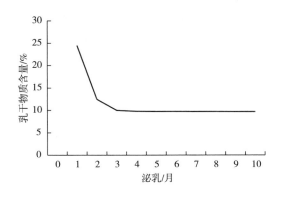

图1-7　乳成分变化曲线

分娩后1~2d，初乳的化学成分接近于初生幼畜的血液。以后初乳的成分逐日变化，蛋白质和无机盐的含量逐渐减少，酪蛋白在蛋白质中的比例逐渐上升，乳糖含量不断增加。6~15d后的乳成分则与常乳相同。初乳的化学成分变化如表1-7所示。

表 1-7　　　　　　　　　　　乳牛初乳成分的逐日变化情况　　　　　　　　单位:%

成分	产犊后天数						
	1d	2d	3d	4d	5d	8d	10d
干物质	24.58	22.00	14.55	12.76	13.02	12.48	12.53
脂肪	5.40	5.00	4.10	3.40	4.60	3.30	3.40
酪蛋白	2.68	3.65	2.22	2.88	2.47	2.67	2.61
清蛋白及球蛋白	12.40	8.14	3.02	2.88	0.97	0.58	0.69
乳糖	3.31	3.77	3.77	4.46	3.88	4.89	4.74
灰分	1.20	0.93	0.82	0.85	0.81	0.80	0.79

母牛停止泌乳前 1 周左右分泌的乳称为末乳或老乳。末乳成分也与常乳成分不同。常有苦而咸的味道,酸度降低,细菌总数和脂肪酶增加,常伴有脂肪氧化味。

三、年龄对乳成分的影响

乳牛的年龄对泌乳量及乳的成分有明显影响。随着胎次的增加,泌乳量逐渐增加,一般第七胎次时达到高峰,而含脂率和无脂干物质在初产期最高,以后逐渐下降。我国登记良种黑白花牛各胎次的平均产乳性能如表 1-8 所示。

表 1-8　　　　　　　　　　　中国黑白花牛各胎次产乳性能

项目	胎次				
	1	2	3	4	5 以上
平均产乳量/kg	6 332	7 100	7 505	7 554	7 732
乳脂率/%	3.59	3.55	3.56	3.53	3.57

四、饲养与管理对乳成分的影响

正常的饲养管理不仅能提高产乳量,而且可以增加乳中的干物质含量。饲料中蛋白质含量不足时,不但会引起产乳量下降,而且会导致乳中蛋白质含量降低。饲料对乳脂及其性质有显著影响。优良的干草可以提高乳脂率,大量饲喂新鲜牧草,则乳脂比较柔软,制成的奶油熔点低;若喂以棉籽饼时,可以生成熔点很高的橡皮状奶油,多喂不饱和脂肪酸丰富的饲料时,乳脂中的不饱和脂肪酸含量增加;饲料中维生素含量不足时,不但使产乳量降低,而且使乳中维生素含量减少。经常受日光照射及放牧的乳牛,乳中维生素含量较高。饲料中无机物不足时,不但减少产乳量,而且消耗体内贮存的无机盐。

五、挤乳操作对乳成分的影响

乳牛通常每天挤乳 2 次,若每天挤乳 3 次,则产乳量增加 10%～25%;若每天挤乳 4 次,能刺激产乳量再增加 5%～15%。每次挤乳时,最初挤出的乳中含脂率(1%～2%)比最后挤出的乳中含脂率（7%~9%）少得多，这种差异的原因尚不清楚。曾有人假设，脂肪球聚在腺泡内阻碍其向乳头排出，而液体的部分则容易绕过脂肪球向乳房基部和乳头排出。因此，在开始挤乳时，贮存于乳腺较大管道中的乳比腺泡中的乳含脂率低。另外，早晨挤的乳稀，晚上挤的乳稠。基于这几点，在检测乳的含脂率时应取乳牛的全天乳汁混合样做检测。

每天以 10h 与 14h 的间隔挤乳 2 次的乳牛，比 12h 的间隔挤乳的乳牛少产乳 1%；在全泌乳期每次挤乳 4min 的牛比每次挤乳 8min 的牛产乳量少，特别是在泌乳期，每次挤乳 4min 则挤乳不完全，而每次挤乳 8min 又稍过度。通常大多数乳牛的挤乳时间为 5~6min 即可得到最大的泌乳量。

六、乳牛疾病对乳成分的影响

乳牛的健康状况对乳的产量和成分均有影响。患有一般消化道疾病或足以影响产乳量的其他疾病时，乳的成分也会发生变化，如乳糖含量减少，氧化物和灰分增加。当乳牛体温高于 39.1℃ 时，乳量和无脂干物质均会降低，但乳脂率变化不大。

乳牛患有乳房炎时，除产量明显下降外，无脂干物质也有下降。通常乳房炎乳中钠、氯、非蛋白氮、过氧化氢、白细胞数、pH 均比正常乳增加，而钙、磷、镁、乳糖、脂肪、酸度均有减少，且维生素含量也有很大变化。这些异常变化是由于侵入乳房的细菌引起的乳腺细胞的通透性增加、影响乳汁的正常生成所致。

用于治疗牛病的许多药物（如抗生素及杀菌剂）都可能进入乳中，改变乳的正常组成。母牛服用药物后多久的乳才能作为食品加工原料因药物的种类而异，一般应向兽医咨询。国家规定使用抗生素类药物期间和使用后 3d 内的乳汁不能收购用作原料乳。

七、其他影响因素

（一）环境温度

黑白花牛和瑞士牛的环境温度超过 26.7℃，娟姗牛环境温度超过 29.4℃ 时，产乳量下降。对于欧洲品种的牛，最适的环境温度约 10℃。环境温度升高至 10℃ 以上比降低到 10℃ 以下的影响要大得多。当环境温度超过 23.9℃ 时，高温度才对产乳量有不利影响。

乳脂肪和无脂干物质一般在冬季最高，夏季最低。在环境温度很高（超过 29.4℃）的情况下，产乳量常比产脂量减少更多，以致乳的含脂率可能略有增加。在这样的高温下，乳的含氯量有所增加，而乳糖和蛋白质的含量有所减少。

当环境温度升高时，产乳量和耗料量就自动减少，食欲下降是其主要原因。热的逆境对高产牛的影响大于低产牛，特别是在泌乳高峰期更为显著。提供凉棚、使用风扇、淋浴或冷气可以减轻热的逆境压力。美国佛罗里达州的试验表明，给乳牛进行空气调节能使产乳量增加 10%。在热而干燥的气候地域，与无凉棚的牛比较，给乳牛提供凉棚能使产乳量增加 7%。在亚热带潮湿气候地域，使用绝热屋顶的凉棚使乳牛在一天最热的时候不必离开凉棚，则能使产乳量增加 1%。

（二）运动

适度的运动有助于提高产乳量，但运动过度则会影响产乳量。

乳，作为哺乳动物包括人类在内的生命初期的唯一食物，其营养价值毋庸置疑。它是自然界中唯一含有有机体所需所有营养素的一种食物。乳的成分十分复杂，已知至少含有上百种化学成分，其组成及特点受乳牛生长环境及健康状态等因素的影响而有差异。本章对常乳、异常乳的概念，乳中主要营养的形成和影响因素进行的详细介绍，可为后面深入学习乳的化学成分奠定基础。

思考题

1. 初乳主要有哪些特点？初乳的功能特性有哪些？
2. 简述乳中主要成分的平均含量、存在状态及其特点。
3. 影响乳成分变化的因素有哪些？谈谈原料乳的质量对乳品生产的重要性。
4. 简述乳脂肪的结构和性质。
5. 乳糖有哪些特性？
6. 乳蛋白的性质、存在方式及凝固方式有何特征？
7. 什么是异常乳？异常乳有哪些种类？各有什么特点？
8. 有机乳品与普通乳品相比，有何异同点？

乳的化学组成及性质

第一节　乳的化学组成及其成分特性

乳是哺乳动物的乳腺分泌的一种白色或稍带黄色的不透明液体。含有哺乳动物的幼崽生长发育所需的全部营养，是哺乳动物出生后最适于消化吸收的全价食物。乳中还含有抗体，可以提高幼崽抗疾病感染的能力。

乳的成分十分复杂，已知至少含有上百种化学成分，主要包括水分、脂肪、蛋白质、乳糖、盐类以及维生素、酶类、气体等。牛乳中主要成分的含量如表 2-1 所示。

表 2-1 　　　　　　　　　　　牛乳中主要成分的含量　　　　　　　单位:%（质量分数）

成分	平均含量	范围	占干物质的平均含量
水	87.1	85.3~88.7	0
非脂乳固体	8.9	7.9~10	0
脂肪（占干物质）	31	22~38	0
乳糖	4.6	3.8~5.3	36
脂肪	4	2.5~5.5	31
蛋白质[①]	3.3	2.3~4.4	25
酪蛋白	2.6	1.7~3.5	20
矿物质	0.7	0.57~0.83	5.4
有机酸	0.17	0.12~0.21	1.3

注：①未包括非蛋白氮。

在牛乳中，乳糖是主要的碳水化合物，是由葡萄糖和半乳糖组成的还原性双糖，甜度较蔗糖低。乳中至少含有 10 种不同的乳蛋白，其中 80% 为酪蛋白，其余主要为乳清蛋白。乳中的脂类物质主要是三酰甘油，并且是非常复杂的混合物，构成的脂肪酸在链长（2~20 个碳原子）和饱和度（0~4 个双键）方面，变化很大；也含有磷脂、胆固醇、游离脂肪酸和二酰甘油等其他类脂类物质。乳中的矿物质并不等于盐，主要包括 K、Na、Ca、Mg、Cl 和磷酸盐，还含有极多的痕量元素。

乳中除去水分之外的物质称为乳干物质（milk solid），或称为全乳固体，也即将乳干燥到恒重时所得到的残渣，常乳中一般含有 11% ~ 13% 的干物质。干物质又可分为脂肪和无脂干物质（solid nonfat，SNF），无脂干物质又称为非脂乳固体。乳干物质的量随乳成分含量的变化而变化，尤其是乳脂肪，在乳中的变化较大，从而影响乳干物质的量。因此在实际生产工作中常用无脂干物质作为衡量乳质量的指标。

一、水分

水分（moisture）是乳中的主要组成部分，占 87% ~ 89%。乳及乳制品中水分可分为自由水、结合水、膨胀水和结晶水。

（一）自由水

自由水也称为游离水，是乳中水分的主要存在形式，占乳中总水分的 95% ~ 97%，可以溶解有机质、矿物质和气体等，具有常水的一般特性，可被微生物利用。

（二）结合水

结合水占乳中总水分的 2% ~ 3%，以氢键与乳蛋白、乳糖或某些盐类的亲水基结合，不具有溶解其他物质的特性，通常在水的冰点时不结冰。以表面带有电荷的蛋白胶体颗粒为例，表层结合的结合水由内向外，分别为水单分子层和疏松结合水层，结合力逐渐变弱。因此在干燥加工过程中，疏松结合水层即外层结合水部分很容易脱去，而水单分子层即内层结合水部分却很难除去，只有加热到 150 ~ 160℃，或者较长时间保持在 100 ~ 105℃时，才能去除这部分水分。在乳粉加工过程中，如果想彻底除去这部分结合水，则需要较高的加热强度，会破坏乳中的其他营养成分，比如乳糖的焦糖化、蛋白质变性和脂肪氧化等，从而降低乳粉的营养价值。因此在实际生产中很少加工成绝对无水的乳粉制品，总要保留一部分内层结合水，在良好的喷雾干燥条件下，保留约 3% 的水分。

（三）膨胀水

膨胀水存在于凝胶颗粒的亲水结构内部，由于胶体颗粒膨胀程度不同，膨胀水的含量各有差异，而影响膨胀程度的主要因素为中性盐类、酸度、温度以及凝胶的挤压程度等，在干酪、酸性稀奶油和酸乳制品的加工中有一定实际意义。

（四）结晶水

结晶水存在于结晶性化合物中。在乳粉、炼乳及乳糖的加工过程中乳糖会发生结晶，此时生成含有 1 分子结晶水的乳糖（$C_{12}H_{12}O_{11} \cdot H_2O$）。

二、气体

乳中含有一定量气体，其中主要为二氧化碳、氮及氧等。刚挤出的牛乳含气量较高，为乳体积的 5.7% ~ 8.6%。其中以二氧化碳为最多，氮次之，氧最少，所以乳品生产中的原料乳不能用刚挤出的乳检测其密度和酸度。牛乳在放置及热交换处理时与空气接触后，因空气中的氧气及氮气溶入牛乳中，使氧、氮的含量增加而二氧化碳的量减少，从而降低乳的酸度，一般可降低 1°T。

三、乳脂质

乳脂质（milk lipid）是指乳中含有的脂类物质，其中 97%~99% 为乳脂肪（milk fat），约 1% 的磷脂和少量的固醇、游离脂肪酸、脂溶性维生素等，乳中总脂类的 95%~98.7% 存在于脂肪球内，0.4%~2.17% 在脂肪球膜上，而 0.8%~3.25% 在乳浆中。牛乳与人乳乳脂种类的比较如表 2-2 所示。乳中含有的挥发性脂肪酸及其他挥发性物质，是其具有特殊香味的主要原因。

表 2-2　　　　　　　　　　人乳和牛乳中乳脂的组成（占总脂的比例）

乳脂	人乳	牛乳	乳脂	人乳	牛乳
三酰甘油/%	98.76	97 或 98	胆固醇/（mg/dL）	0.34	0.419
1，2-二酰甘油/%	0.01	0.28~0.59	胆固醇酯	痕量	痕量
1，3-二酰甘油	未检出	未检出	类胡萝卜素	痕量	痕量
单酰甘油/%	未检出	0.16~0.38	脂溶性维生素	痕量	痕量
磷脂/%	0.81	0.20~1.11	风味成分	痕量	痕量
游离脂肪酸/%	0.08	0.10~0.44			

（一）乳脂质的种类

1. 乳脂肪

乳脂肪是指采用哥特里-罗兹法测得的脂质，在牛乳中的含量平均为 3%~5%，是中性脂肪，对牛乳风味起重要的作用。乳脂肪是由一分子的甘油和三分子相同或不同的脂肪酸组成，形成三酰甘油的混合物，不溶于水，以脂肪球状态分散于乳浆中。

（1）乳脂肪酸的组成　乳脂肪的脂肪酸可分为三类：第一类为水溶性挥发性脂肪酸，如丁酸、乙酸、辛酸和癸酸等；第二类是非水溶性挥发性脂肪酸，如十二烷酸等；第三类是非水溶性不挥发性脂肪酸，如十四烷酸、二十烷酸、十八碳烯酸和十八碳二烯酸等。一般天然脂肪中含有的脂肪酸绝大多数为碳原子为偶数的直链脂肪酸，而在牛乳脂肪已证实含有 C_{20}~C_{23} 的奇数碳原子脂肪酸，也发现有带侧链的脂肪酸。构成牛乳脂肪的主要脂肪酸种类如表 2-3 所示。

表 2-3　　　　　　　　　　牛乳脂肪中主要脂肪酸

脂肪酸名称	分子式	质量分数/%	水溶性	挥发性
丁酸	$C_4H_8O_2$	4.06	溶	挥发
己酸	$C_6H_{12}O_2$	3.29	微溶	挥发
辛酸	$C_8H_6O_2$	2.00	极溶	挥发
癸酸	$C_{10}H_{20}O_2$	4.59	极溶	挥发
月桂酸	$C_{12}H_{24}O_2$	5.42	几乎不溶	微挥发

续表

脂肪酸名称	分子式	质量分数/%	水溶性	挥发性
豆蔻酸	$C_{14}H_{28}O_2$	12.95	不溶	极微挥发
软脂酸	$C_{16}H_{32}O_2$	23.07	不溶	不挥发
硬脂酸	$C_{18}H_{36}O_2$	7.61	几乎不溶	不挥发
花生酸	$C_{20}H_{40}O_2$	—	不溶	不挥发
癸烯酸	$C_{10}H_{18}O_2$	0.62	不溶	不挥发
十二碳烯酸	$C_{12}H_{22}O_2$	0.12	不溶	不挥发
十四碳烯酸	$C_{14}H_{26}O_2$	3.65	不溶	不挥发
十六碳烯酸	$C_{16}H_{30}O_2$	5.12	不溶	不挥发
油酸	$C_{18}H_{34}O_2$	18.57	不溶	不挥发
亚油酸	$C_{18}H_{32}O_2$	1.9	不溶	不挥发
十八碳三烯酸	$C_{18}H_{30}O_2$	1.53	不溶	不挥发
二十碳五烯酸	$C_{20}H_{32}O_2$	—	不溶	不挥发
二十二碳六烯酸	$C_{22}H_{32}O_2$	—	不溶	不挥发

组成牛乳脂肪的脂肪酸种类多达 400 种，但多数含量极少。其中，短链脂肪酸（$C_{4:0}$~$C_{10:0}$），占总脂肪酸的 10%~20%，特别是丁酸（$C_{4:0}$）具有挥发性（熔点-8℃），所有三酰甘油中有 30% 以上含有丁酸，这是反刍动物乳脂肪所具有的特点；不饱和脂肪酸含量约占脂肪酸的 30%，含量较高的是油酸，约占不饱和脂肪酸的 70%，而多不饱和脂肪酸含量较少。

（2）乳脂肪的特性　乳脂肪的理化性质及常数取决于脂肪的组成和结构，牛乳脂肪的理化常数如表 2-4 所示。

三酰甘油在 NaOH 或 KOH 等碱的作用下，生成甘油和脂肪酸盐的反应称为皂化反应。皂化值则是指每皂化 1g 脂肪酸所消耗的 KOH 的质量（mg），乳中三酰甘油、非酯化脂肪酸、磷脂等都是可皂化物，而胆固醇、胡萝卜素等为非皂化物。

乳脂中含有一定数量的不饱和脂肪酸，可与碘进行加成反应。通常把 100g 三酰甘油所能吸收的碘的量（g）称为碘值，可粗略地用于估算三酰甘油的不饱和度。猪油的碘值为 60 左右，乳脂的碘值为 21~36，而一些植物油，如玉米油、大豆油等碘值可达 100 以上。

表 2-4　　　　　　　　　　　　　牛乳脂肪的理化常数

项目	指标	项目	指标
相对密度（d_{15}）	0.935~0.943	碘值/（g/100g）	21~36
熔点/℃	28~38	赖克特-迈斯尔值	21~36

续表

项目	指标	项目	指标
凝固点/℃	15~25	波伦斯克值	1.3~3.5
折射率（n_D^{25}）	1.4590~1.4620	酸值	0.4~3.5
皂化值	218~235	丁酸值	16~24

赖克特-迈斯尔值是水溶性挥发性脂肪酸值，即中和从 5g 脂肪中蒸馏出来的溶解性挥发脂肪酸时所消耗的 0.1mol/L KOH 的体积；波轮斯克值是非水溶性挥发性脂肪酸值，即中和 5g 脂肪中挥发出的不溶于水的挥发性脂肪酸所需的 0.1mol/L KOH 的体积。

乳脂肪的特点：乳脂肪中短链低级挥发性脂肪酸含量达 14% 左右，其中水溶性挥发性脂肪酸（如丁酸、己酸和辛酸等）含量高达 8%，而其他动植物油中不超过 1%，因此乳脂肪是具有特殊香味的柔软的质体；乳脂肪易受光、空气中的氧、热、金属铜、铁等的作用而氧化，从而产生脂肪氧化味；乳脂肪易在脂肪酶及微生物的作用下水解，使其酸度升高，并且低级脂肪酸（如丁酸）较多，故即使轻度的水解，也能产生刺激性的脂肪分解味；乳脂肪易吸收周围环境中的其他气味，如饲料味、牛舍味、柴油味及香脂味等；乳脂肪在 5℃ 以下呈固态，11℃ 以下呈半固态。

2. 磷脂

乳中的磷脂（phosphatide）含量较低，但作用较大，由甘油、脂肪酸、磷酸根和含氮物组成，结构如图 2-1 所示。磷脂在乳中含量为 0.072%~0.086%，三种主要形式：卵磷脂、脑磷脂与鞘磷脂，比例为 48：37：15。乳中磷脂的 60% 存在于脂肪球中，其余在脱脂乳中，与酪蛋白结合。磷脂占脂肪球膜组成的 20%~40%，由于磷脂同时具有亲水和疏水基团，与脂肪球膜蛋白形成脂肪球的磷脂蛋白膜，使其在乳中起到乳化和稳定的作用，以保持脂肪球的正常形态。

磷脂的脂肪酸组成不同于三酰甘油，短链不饱和脂肪酸的数量特别少，主要是超过 20 个碳原子的长链不饱和脂肪酸（C_{22}，2%~3%；C_{23}，3%~4%；C_{24}，2%~3%）。乳磷脂中含有大量的不饱和脂肪酸。

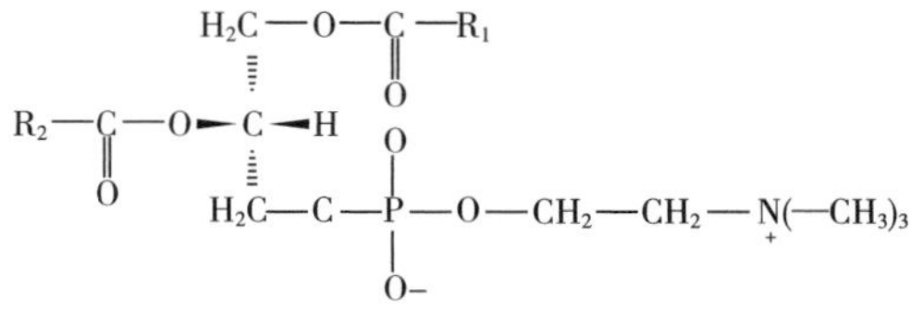

牛乳经分离机分离出稀奶油时，约有 70% 的磷脂被转移到稀奶油中去。稀奶油

图 2-1 磷脂的结构

再经过搅拌制造奶油时，大部分磷脂又转移到酪乳中，所以酪乳是富含磷脂的产品，可作为再制乳、冰淇淋及婴儿乳粉类的乳化剂和营养剂。磷脂具有良好的亲水亲油性，在速溶全脂乳粉制造工艺中采用喷涂卵磷脂技术，可改善制品的冲调性能。

3. 二酰甘油、单酰甘油和游离脂肪酸

牛乳中的单酰甘油、二酰甘油和脂肪酸主要来源于血液、乳腺分泌细胞被动丢失的未酯化的脂肪酸或三酰甘油的水解。刚挤出乳中二酰甘油、单酰甘油和游离脂肪酸的含量较低，经过一段时间后，由于受乳中脂肪酶和细菌脂肪酶的水解作用，分解三酰甘油，使其含量升高。

4. 固醇

固醇是一种环戊烷多氢菲的衍生物，分子中含有一个羟基，是一种结构复杂的醇，结构如图 2-2 所示。

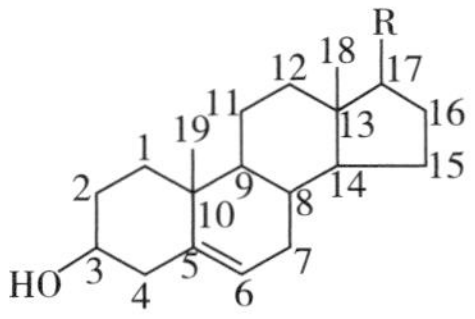

图 2-2　固醇的结构 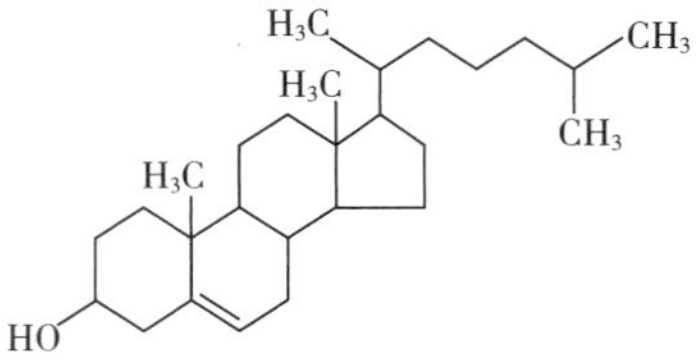　　　　图 2-3　胆固醇的结构

乳中固醇含量很低（每 100mL 牛乳中含 7~17mg），主要存在于脂肪球膜上。胆固醇（cholesterol）是乳脂中主要的固醇类型，结构如图 2-3 所示。牛乳中大多数胆固醇（85%~95%）是以游离形式存在的，只有少量与脂肪酸（通常是长链脂肪酸）形成胆固醇酯。乳中还含有少量的其他固醇类，如羊毛固醇、二氢羊毛固醇、7-脱氢固醇等。有些固醇（如麦角固醇）经紫外线照射后具有维生素特性，所以在生理上有重大意义，但是乳经照射后能引起脂肪氧化，所以没有广泛应用。

5. 类胡萝卜素

乳脂肪的主要色素成分是 β-胡萝卜素，约占总类胡萝卜素含量的 95%，具有较高的不饱和烃，并含有一系列共轭双键。乳脂肪中 β-胡萝卜素的含量为 2.5~8.5μg/g 脂肪。

6. 风味成分

牛乳的风味组成非常复杂，目前认为至少有 120 多种乳脂肪风味物质被鉴定出来。多数成分含量极少，但却是整个风味不可缺少的部分。

影响稀奶油风味的主要成分有脂肪酸、醛类、内酯和甲基酮。

新鲜脂肪中浓度很低的短链及中链脂肪酸（C_4~C_{12}）是牛乳脂肪风味的关键性成分，大部分此类脂肪酸在高浓度时有令人不愉快的味道，因此脂肪酶的脂解作用会给乳带来不愉快的臭味。

牛乳脂肪中的脂肪族醛类来自被氧化的不饱和脂肪酸，因此此类醛类在新鲜牛乳中含量极低。然而，这些醛类有非常低的阈值，因此可以通过轻微的氧化增加醛类浓度，即可增加风味。

在牛乳脂肪中，少量的 4-羟基酸和 5-羟基酸被脂解酶酯化了。这些酸作为一系列的四碳环（γ）和五碳环（δ）内酯也是重要的风味组成成分。

乳脂肪也含有痕量的被酯化的三酰甘油的 β 酮酸类物质，在高温下被氧化成甲基酮类，而甲基酮在低浓度时有很好的风味。

除上述四种成分外，影响乳脂肪风味的物质还包括乙二酮、苯酚、甲酚等。

（二）乳脂肪球与脂肪球膜

乳中脂肪是以微小脂肪球的状态分散于乳中，呈一种水包油型的乳浊液。乳脂肪球间平均距离为 9.05~9.26nm。脂肪球不仅是乳中最大的颗粒，而且也是乳中最轻的（15.5℃的密度为 0.93g/cm³），因此乳脂肪在静置的乳中会上浮到乳的表面来。

乳脂肪以极其微小的球状物分散在乳浆中，每毫升牛乳中的脂肪球数量约为 150 亿个。它们的直径为 0.1~20μm，平均为 3~4μm，虽然直径在 1μm 左右的小脂肪球数量占总数的 70%~90%，但占乳脂肪总质量的比例却很小；而仅占总数 10%~30% 的直径为 4μm 左右的乳脂肪球，在乳质量中所占比例最大，因此影响乳的性质及加工特性的主要为中等大小的乳脂肪球。许多因素会影响脂肪球的大小，如牛的品种、饲养方式、泌乳阶段等，也存在较大的个体差异，并有遗传性。乳中脂肪球的大小和粒度分布可以通过光学显微镜、光散射仪等测定。

1. 乳脂肪球组成

乳脂肪球（milk fat globule）组成包括：三酰甘油（主要组分）、二酰甘油、单酰甘油、脂肪酸、固醇、胡萝卜素（脂肪中的黄色物质）、维生素 A、维生素 D、维生素 E、维生素 K 和其余一些痕量物质，乳脂肪球结构组成示意图如图 2-4 所示，原料乳中脂肪球在扫描电镜（scanning electron microscope，SEM）下的结构如图 2-5 所示。

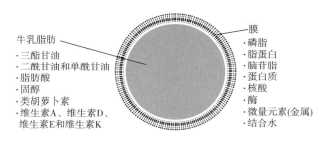

图2-4 乳脂肪球的外观结构及组成

2. 乳脂肪球膜组成

与其他多数组织中的脂质不同，乳脂是以脂肪球状态分散于乳中，并形成相对稳定的乳浊液。脂肪球是乳中绝大多数脂质的分泌形式，被完整的膜包裹，这层膜称为乳脂肪球膜（milk fat globule membrane，MFGM）。每一个乳脂肪球外包一层薄膜，厚度 5~10 nm。乳脂肪球膜既是稳定乳脂理化性质的重要因素，也是乳脂的一个特殊的分布区域。膜的构成相当复杂（图 2-6），由蛋白质、磷脂、高熔点三酰甘油、固醇、维生素、金属离子、酶类及结合水等复杂的化合物所构成，脂肪球膜蛋白包括乳脂球蛋白膜包含酪蛋白胶束（图 2-5 中的 c）

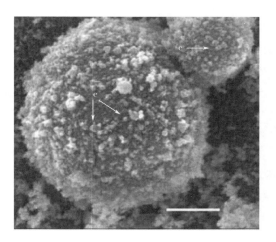

图2-5 鲜乳中脂肪球的扫描电镜图

c—酪蛋白胶束，标尺（bar）= 2μm

和乳清蛋白，其中卵磷脂-蛋白质络合物有层次地定向排列在脂肪球与乳浆的界面上，构成了脂肪球膜的主体结构。膜的内侧为磷脂层，它的疏水基朝向脂肪球中心，并吸附着高熔点三酰甘油，形成膜的最内层。磷脂层间还夹着固醇与维生素 A。磷脂的亲水基向外朝向乳浆，并联结着具有强大亲水基的蛋白质，构成了膜的外层，其表面有大量结合水，从而形成了脂相到水相的过渡。

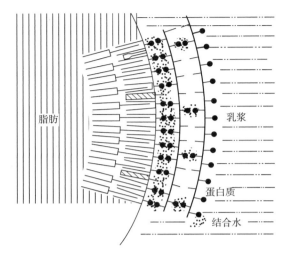

图 2-6　脂肪球膜结构示意图

▭▸磷脂质　▭▸高触点三酰甘油　▨▸胆固醇　▭▸维生素A

除磷脂外，乳脂肪球膜中还有少量胆固醇、7-脱氢胆固醇、角鲨烯、类胡萝卜素等脂质成分。同脂肪球相比，膜中含有较多的双亲性脂质成分，如磷脂、胆固醇、非酯化脂二酰甘油、单酰甘油和可溶性皂化物。由于它们的存在，可以改变膜的表面形态。

3. 乳脂肪球的稳定性

脂肪球上浮速度遵循斯托克斯（Stokes）定律，其中小的脂肪球形成稀奶油层较慢。在一种叫作凝聚素的蛋白质作用下，乳脂肪因凝聚作用而加快了上浮，这种状态下的上浮速度要比单个脂肪球上浮得快，这种凝聚作用很容易因加热、机械作用而破坏，在65℃、10min或75℃、2min加热条件下，该凝聚素即失活。

通常，在挤乳后20min就可能出现明显的奶油层，这是由于脂肪的相对密度较轻（大约0.93）。脂肪上浮与温度的关系很大，当温度为37℃以上时，反而不会发生脂肪上浮。在低温（<20℃）下，脂肪上浮会更快。

脂肪球的上浮速度与脂肪球半径的平方成正比。所以大脂肪球含量多的乳，容易分离出稀奶油；而小脂肪球多的乳，则不容易被分离。通过均质处理，使脂肪球的平均直径接近1~2μm时，则乳可长时间保持不分层，这就是牛乳均质化抑制脂肪上浮的理论基础。

四、乳糖

自然界中，乳糖是哺乳动物乳汁中特有的糖类，也是存在于乳中最主要的碳水化合物。除乳糖外，乳中的糖类物质还以一些复合糖的形式存在，如糖脂、糖蛋白、葡萄糖胺聚糖等，但因局限于提纯方法，此类糖类物质的含量与功能特性并不完全清楚。也含有少量单糖（葡萄糖、半乳糖和果糖）和低聚糖等。

（一）乳糖的结构

乳糖（lactose）是牛乳中最主要的营养成分之一，其含量受个体遗传因素影响较大，而受营养状况、饮食、药物以及怀孕等其他影响较小，一些哺乳动物乳汁中乳糖含量如表2-5所示。牛乳中乳糖约含4.8%，且含量变化很小。乳的甜味主要由乳糖引起，其甜度约为蔗糖的1/6。乳糖在乳中全部呈溶解状态。

表2-5 一些动物乳汁中的乳糖含量 单位:%

动物	含量	动物	含量	动物	含量
水牛	4.8	马	1.3	灰鼠	1.7
瘤牛	4.7	黑熊	0.4	小鼠	3.2
牦牛	4.6	猫	4.2	大鼠	3.2
山羊	4.3	驯鹿	2.8	灰松鼠	3.7
绵羊	4.8	犬	3.3	骡	5.5
骆驼	5	海豚	1.1	海狮	0
驴	6.2	象	5.1	毛海豹	0.1
猪	5.5	豚鼠	3	豹	6.9
兔	2.1	大袋鼠	0.3		

乳糖是一分子D-葡萄糖与一分子D-半乳糖以β-（1→4）糖苷键结合的双糖，又称为1,4-半乳糖苷葡萄糖。因其分子中有醛基，属还原糖。由于D-葡萄糖分子中游离苷羟基的位置不同，乳糖有α-乳糖（α-lactose）和β-乳糖（β-lactose）两种异构体，其分子式为$C_{12}H_{22}O_{11}$，结构如图2-7所示。α-乳糖很容易与一分子结晶水结合，变为α-乳糖水合物（α-lactose monohydrate），所以乳糖实际上共有三种形态。

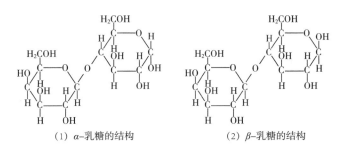

(1) α-乳糖的结构　　(2) β-乳糖的结构

图2-7 乳糖的结构

1. α-乳糖水合物

α-乳糖水合物是α-乳糖在93.5℃以下的水溶液中结晶而成的，通常含有1分子结晶水，因其结晶条件的不同而有各种晶型。在20℃时的比旋光度以无水物来换算为+89.4°。市售乳糖一般为α-乳糖水合物。

2. α-乳糖无水物

α-乳糖水合物在真空中缓慢加热到100℃或在120~125℃迅速加热，均可失去结晶水而成为α-乳糖无水物，其在干燥状态下稳定，但在有水分存在时，易吸水而成为α-乳糖水合物。

3. β-乳糖

β-乳糖是以无水物形式存在的，是在 93.5℃ 以上的水溶液中结晶而成。其在 20℃ 时的比旋光度为 +35.4°，β-乳糖比 α-乳糖易溶于水且较甜。表 2-6 所示为三种异构体性质的比较。

表 2-6　　　　　　　　　　　　　乳糖异构体的特性

项目	α-乳糖水合物	α-乳糖无水物	β-乳糖无水物
制法	乳糖浓缩液在 93.5℃ 以下结晶	α-乳糖水合物减压加热或无水乙醇处理	乳糖浓缩液在 93.5℃ 以上结晶
熔点/℃	201.6	222.8	252.2
比旋光度 $[\alpha]_D^{20}$	+86.0	+86.0	+35.5
溶解度（20℃）/（g/100mL）	8	—	55
甜味	较弱	—	较强
晶形	单斜晶三棱形	针状三棱形	金刚石形、针状三棱形

（二）乳糖溶解度

乳糖的溶解度定义为 100g 水中含有无水乳糖的质量（g）。乳糖与其他小分子糖比较，其相对溶解度较低，且随温度升高溶解度增加，温度对乳糖溶解度的影响如表 2-7 所示。

乳糖的溶解度可以分为以下三种：

1. 最初溶解度

将乳糖投入水中，即刻有部分乳糖溶解，达到饱和状态时，就是 α-乳糖的溶解度，也称为最初溶解度。最初溶解度较低，受水温的影响较小。

2. 最终溶解度

将上述的饱和乳糖溶解液振荡或搅拌，α-乳糖可转变为 β-乳糖，再加入乳糖，仍可溶解，而最后达到的饱和点就是乳糖的最终溶解度，最终溶解度是 α-乳糖与 β-乳糖平衡时的溶解度。如乳糖在 25℃ 水溶液中的最初溶解为 8.6g/100mL 水，最终溶解度为 21.6g/100mL 水。

表 2-7　　　　　　　　　　温度对乳糖溶解度的影响　　　　　　　单位：g/100mL 水

温度/℃	最初溶解度		最终溶解度	温度/℃	最初溶解度		最终溶解度
	α-乳糖	β-乳糖			α-乳糖	β-乳糖	
0	5	45.1	11.9	64	26.2	—	65.8
15	7.1	—	16.9	73.5	—	—	84.5
25	8.6	—	21.6	79.1	—	85	98.4
39	12.6	—	31.5	81.2	—	—	122.5

续表

温度/℃	最初溶解度		最终溶解度	温度/℃	最初溶解度		最终溶解度
	α-乳糖	β-乳糖			α-乳糖	β-乳糖	
49	17.8	—	42.4	88.2	—	—	127.3
59.1	—	75	59.1	89	55.7	—	139.2
63.9	—	—	64.2	100	—	94.7	157.6

3. 过饱和溶解度

将上述饱和乳糖溶液于饱和温度以下冷却时，将成为过饱和溶液，此时如果冷却操作比较缓慢，则结晶不会析出，而形成过饱和状态，此称为过饱和溶解度。乳糖的溶解度曲线如图2-8所示。

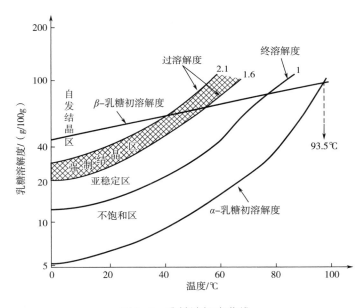

图2-8　乳糖溶解度曲线

注：1.6和2.1为过饱和度，即分别为乳糖最终溶解度的1.6倍和2.1倍

α-乳糖和β-乳糖在一定条件下会发生转变，并达到平衡，此现象称为变旋作用（图2-9），相同温度下，α-乳糖的溶解度低于β-乳糖，且α-乳糖的比例随着温度的升高而升高。

α-乳糖和β-乳糖在溶液中的溶解度随温度的变化而变化，并会发生相互转化，建立新的平衡（图2-8）。不同温度下初始阶段α、β型乳糖溶解度如表2-7所示。

（三）乳糖的结晶

乳糖的过饱和溶液较一半物质的过饱和溶解度稳定，在水和炼乳中都能形成过饱和溶液。在乳糖自发结晶前，乳糖溶液可以达到高度的过饱和状态。即使在过饱和状态下，结晶作用进行也十分缓慢。在低浓度的过饱和溶液中，乳糖晶核形成速度是很慢的；但是在高浓度的过饱和溶液中，由于溶液黏度很高，晶核形成的速度也是很慢的。

由于 α-乳糖的溶解度较小，首先从过饱和溶液中结晶出来，于是溶液中乳糖的 α、β 之间的平衡被破坏，部分 β-乳糖转变成 α-乳糖继而又从溶液中析出。

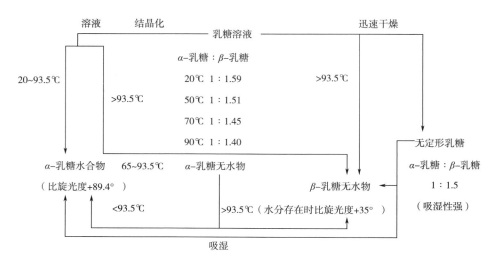

图 2-9　各种乳糖形态相互转化关系

乳糖的结晶可分为晶核的形成和晶体的增长两个过程。当缓慢冷却时，乳糖溶液甚至可以在很长时间内不形成晶核而保持在过饱和状态。这种现象可用图 2-9 和图 2-10 解释。温度为 50℃ 的过饱和乳糖溶液冷却时即转入亚稳定区，在亚稳定区若不加入晶种，乳糖结晶是不会析出的；继续冷却至 20℃ 以下，才进入不稳定区，于是发生乳糖的自然结晶。亚稳定区范围很广，且稳定区、亚稳定区、不稳定区的界限不明显。

在不饱和区，即乳糖溶液达到最终溶解度（平衡溶解度）之前，乳糖不能结晶；在自发结晶区，即过溶解度为最终溶解度的 2.1 倍以上时，乳糖会发生自发结晶作用；在亚稳定区，即过饱和度在 1.6 倍以下时，即使加入乳糖晶种也很难发生乳糖结晶；在强制结晶区，即过饱和度在 1.6 以上时，加入乳糖晶种可以进行强制结晶。所以，在乳糖生产中，乳糖结晶时的过饱和度必须在 1.6 倍以上，一般选择为 1.8，这样可以通过加入乳糖晶种进行强制结晶。

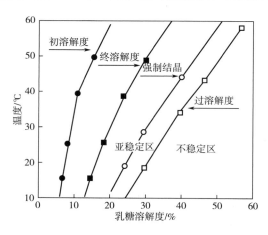

图 2-10　乳糖的溶解度曲线

甜炼乳中的乳糖大部分呈结晶状态，结晶的大小直接影响炼乳的口感，而结晶的大小可以根据乳糖的溶解度与温度的关系加以控制。当乳糖溶液在急剧脱水干燥时，黏度增加很快，结晶作用不可能发生，因此，可得到玻璃态无定型的乳糖无水物。在喷雾干燥的乳粉中乳糖基本上是以这种形式存在的。一般在隔绝空气的条件下它是稳定的；但是暴露在空气中，很快就会吸收水分而使乳粉结块。

（四）乳糖的水解

乳糖被酸所水解的作用比蔗糖及葡萄糖稳定，一般在乳糖中加入 2% 的硫酸溶液 7mL，或每克糖加 10% 硫酸溶液 100mL，加热 0.5~1.0h，或在室温下加浓盐酸才能完全加水分解而生成 1 分子的葡萄糖和 1 分子的半乳糖。

乳糖酶（lactase）能使乳糖分解生成单糖。乳糖分解成单糖后再由酵母的作用生成酒精（如牛乳酒、马乳酒）；也可以由细菌的作用生成乳酸、乙酸、丙酸以及 CO_2 等，这种作用在乳品工业上有很大意义。牛乳中含乳酸达 0.25%~0.30% 时则可感到酸味；当酸度达到 0.8%~1.0% 时，乳酸菌的繁殖停止。通常乳酸发酵时，牛乳中有 10%~30% 的乳糖不能分解，如果添加中和剂则可以全部发酵成乳酸。

乳糖在消化器官内经乳糖酶作用而水解后才能被吸收，乳糖水解后产生的半乳糖是形成脑神经中重要成分糖脂质的主要来源，所以对于初生婴儿有很重要的作用，是很适宜的糖类，有利于婴儿的脑及神经组织发育。同时由于乳糖水解比较困难，因此一部分被送至大肠中，在肠内由于乳酸菌的作用使乳糖形成乳酸而抑制其他有害细菌的繁殖，所以对于防止婴儿下痢也有很大的作用。

随着年龄的增长，人体消化道内缺乏乳糖酶，不能分解和吸收乳糖，饮用牛乳后出现呕吐、腹胀、腹泻等不适应症，称其为乳糖不适症。在乳品加工中利用乳糖酶，将乳中的乳糖分解为葡萄糖和半乳糖；或利用乳酸菌将乳糖转化成乳酸，不仅可预防乳糖不适症，而且可提高乳糖的消化吸收率，改善制品口味。

五、含氮化合物

乳中含有 3.0%~3.5% 的含氮化合物，其中 95% 是乳蛋白，在乳中含量为 2.8%~3.8%，除了乳蛋白外，还有约 5% 非蛋白态含氮化合物。如氨、游离氨基酸、尿素、尿酸、肌酸及嘌呤碱等。这些物质基本上是机体蛋白质代谢的产物，通过乳腺细胞进入乳中。另外还有少量维生素态氮。乳中含氮物质的分类及分离如图 2-11 所示，含量如表 2-8 所示。

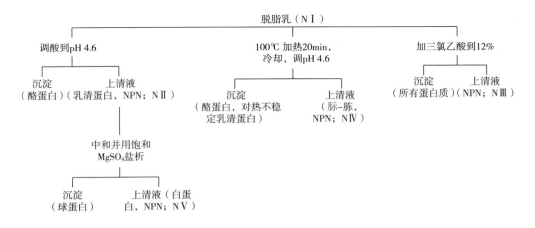

图 2-11 乳中主要含氮物质

注：总氮=N I，酪蛋白=N I -N II，非蛋白氮（NPN）=N III，胨-胨氮=N IV -N III，乳清蛋白氮=N II -N IV

表 2-8   乳中主要含氮物质的含量   单位：mg/L

成分	氮含量	成分	氮含量
氨	6.7	尿酸	22.8
尿素	83.8	α-氨基氮	37.4
肌氨酸苷	4.9	其他	88.1
肌氨酸	39.3		

乳蛋白（milk protein）是乳中最重要的营养成分，也是人类膳食蛋白质的重要来源，是主要的含氮物质，包括酪蛋白、乳清蛋白及少量脂肪球膜蛋白，乳清蛋白中有对热不稳定的乳白蛋白和乳球蛋白，还有对热稳定的小分子蛋白和胨。乳蛋白的分类及有关性质如表 2-9 所示。

表 2-9   牛乳中主要蛋白质的种类和性质

蛋白质		相对分子质量[1]	氨基酸残基数			磷酸基团数	碳水化合物[2]	含量/（g/L）	已检测到的遗传变异体
			总数	脯氨酸	半胱氨酸				
酪蛋白	α_{s_1}-酪蛋白	23614（B）	199	17	0	8	0	10	A，B，C，D，E，F，G，H
	α_{s_2}-酪蛋白	25230（A）	207	10	2	10~13	0	2.6	A，B，C，D
	β-酪蛋白	23983（A^2）	209	35	0	5	0	9.3	A^1，A^2，A^3，B，C，D，E，F，G
	κ-酪蛋白	19023（B）[3]	169	20	2	1	+	3.3	A，B，C，E，F^S，F^I，G^S，G^E，H，I，J
乳清蛋白	β-乳球蛋白	18277（B）	162	8	5	0	0	3.2	A，B，C，D，E，F，H，I，J
	α-乳白蛋白	14175（B）	123	2	8	0	0	1.2	A，B，C
	血清白蛋白	66267	582	28	35	0	0	0.4	—
	免疫球蛋白	1430000~1030000	—	8.40%	2.30%	—	+	0.8	—

注：①括号内字母表示该遗传变异体；
②"0"表示无碳水化合物，"+"表示有碳水化合物；
③不包括糖残基。

（一）酪蛋白

1. 酪蛋白的组成及性质

（1）酪蛋白的分类　酪蛋白（casein，CN）是指在 20℃时用酸将脱脂乳 pH 调节至 4.6 时，沉淀的一类蛋白质，占乳蛋白总量的 80%~82%。牛乳中含有四种不同的酪蛋白，分别为 α_{s_1}-CN、α_{s_2}-CN、β-CN 和 κ-CN，占总酪蛋白的比例分别为 37%、10%、35% 和 12%，每种酪蛋白有 2~8 种遗传性变异体，变异体间的差别仅为几个氨基酸的不同。γ-CN 不是乳腺合成的酪蛋白，而是 β-CN 被血纤维蛋白溶酶（plasmin）水解的 N-末端产物，是胨-胨（PP）的主要组成成分。

　　乳中酪蛋白可用聚丙烯酰胺凝胶电泳（SDS-PAGE）、尿素（Urea）-PAGE 及离子交换色谱进行分离，如图 2-12 和图 2-13 所示。

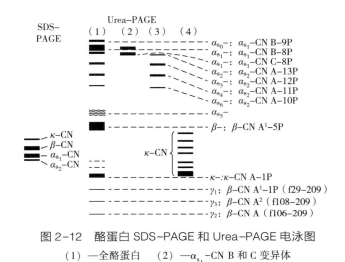

图 2-12　酪蛋白 SDS-PAGE 和 Urea-PAGE 电泳图

（1）—全酪蛋白　　（2）—α_{s_1}-CN B 和 C 变异体

（3）—不同程度磷酸化的 α_{s_2}-CN　　（4）—不同糖基化的 κ-CN

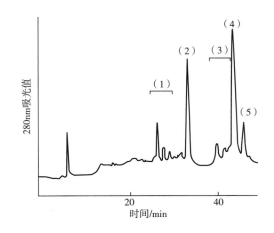

图 2-13　酪蛋白 TSK DEAE-5PW 离子交换色谱图

（1）—κ-CN　　（2）—β-CN　　（3）—不同程度磷酸化的 α_{s_2}-CN　　（4）、（5）—α_{s_1}-CN B-9P

　　（2）酪蛋白的氨基酸组成　　所有的酪蛋白中非极性氨基酸（缬氨酸、亮氨酸、异亮氨酸、苯丙氨酸、酪氨酸和脯氨酸）含量较高（33%~45%），因而在水溶液中溶解性差，但 κ-CN 含有较高的磷酸基团及碳水化合物可以抵消非极性氨基酸的影响；所有酪蛋白中脯氨酸含量较高，使得酪蛋白的 α-螺旋或 β-折叠结构较少，无须预先变性（加热或热处理）即可被蛋白酶水解，利于新生儿的营养；酪蛋白中相对缺乏含硫氨基酸，因而生物价较低；

α_{s_2}-CN 富含赖氨酸，可与缺乏赖氨酸的植物蛋白互补，并可与还原糖在加热时发生较强烈的美拉德反应。

（3）酪蛋白中的磷酸基团　整个酪蛋白约含 0.85% 的磷，各类酪蛋白含磷量不尽相同，α_{s_1}-CN、β-CN 及 κ-CN 分别含 1.1%、0.6% 和 0.16% 的磷，磷酸基团以共价键形式结合到酪蛋白的丝氨酸（可能少量结合在苏氨酸）上。酪蛋白的皱胃酶凝固主要与磷相关，在制造干酪时，有些乳常发生软凝块或不凝的情况，这就是由于蛋白质中含磷过少的缘故。

酪蛋白中的磷酸基团的重要功能：①从营养上讲，磷酸基团可以结合大量的 Ca^{2+}、Zn^{2+} 以及其他的多价金属离子；②可以增加酪蛋白的溶解性；③对酪蛋白的高热稳定性具有重要作用；④在酪蛋白的凝乳酶凝固中起重要作用。

2. 酪蛋白胶束结构

酪蛋白是乳中一大类蛋白质的总称。酪蛋白很容易形成含有几种同样不同类型分子的聚合物。由于酪蛋白分子上存在大量亲水基和憎水基，以及电离化基团，因此由酪蛋白形成的分子聚合物十分特殊，该分子聚合物由数百乃至数千个单个分子构成，并且形成胶体溶液，这种结构使得脱脂乳带有蓝白色的色泽。

酪蛋白一般有一个或两个含有羟基的氨基酸与磷酸发生酯化，磷酸能与钙、镁或其他盐在分子内或分子间发生键合。牛乳酪蛋白与磷酸钙形成"酪蛋白酸钙-磷酸钙复合体"（Ca-phosphocaseinate 或 Ca-caseinate-phosphate-complex），以胶束状态存在，其中含酪蛋白酸钙 95.2%（大约 1.2% 的钙和少量的镁）、磷酸钙 4.8%，组成如表 2-10 所示。

表 2-10　　　　　　　　　　　酪蛋白复合物的组成

成分	比例/%	成分	比例/%
酪蛋白（N×6.4）	93.4	钾	0.26
钙	2.98	有机磷（以 PO_4 计算）	2.26
镁	0.11	无机磷（以 PO_4 计算）	2.94
钠	0.11	柠檬酸	0.4

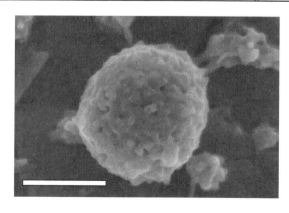

图 2-14　单个酪蛋白胶束的电子显微图

注：主胶束和附属结构之间的明显联系，该附属结构可能是游离胶束的一部分；标尺（bar）= 200nm

酪蛋白酸钙-磷酸钙复合体的胶粒呈球形，在电子显微镜下观察直径为 30~300nm，其中以 80~120nm 的居多数。每毫升乳中 $5×10^{22}$~$15×10^{22}$ 个酪蛋白胶粒。单个的酪蛋白胶束在发射扫描电子显微镜（emission scanning electron microscopy，ESEM）下的结构如图 2-14 所示。

图 2-15 所示为美国学者 Slattery 和 Evard（1973 年）的酪蛋白胶束结构模型，是由许多亚酪蛋白胶束构成。亚酪蛋白胶束直径为 10~15nm，

不同的酪蛋白胶束所含有的 α_s-CN、β-CN 和 κ-CN 也不是均匀一致的。组成酪蛋白胶束的亚胶束有两类：一类为不含 κ-CN 的亚胶束，集中于胶束内部；另外一类为富含 κ-CN 的亚胶束，聚集于胶束的表面（图 2-15）。α_s-CN、β-CN 形成的钙盐几乎不溶于水，存在于内部胶束中，而亲水性的 κ-CN 多存在于胶束表面，其碳末端（图 2-16 中的伸长链）突出表面，形成一个 5~10nm 厚的毛发样层，此结构对 ε-电位的贡献及空间位阻作用对胶束起着稳定作用，防止胶束间碰撞后聚集在一起。当除去毛发层后（凝乳酶处理）或毛发层塌陷后（如乙醇处理），胶束的稳定性被破坏，进而发生凝固和沉淀。由于 κ-CN 主要附着在胶束的表面，其溶解性胜过胶束中另两种酪蛋白的溶解性，使整个酪蛋白胶束能溶解成胶体。

酪蛋白胶束的大小很大程度上取决于 Ca^{2+} 的含量，如果 Ca^{2+} 离开胶束，比如经过渗析，酪蛋白胶束将会解体为亚酪蛋白胶束。一个酪白胶束由 400~500 个亚胶束彼此黏结构成。

图 2-15　酪蛋白胶束的结构

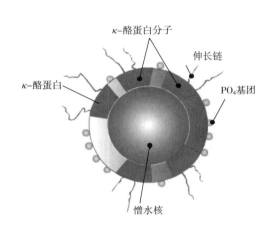

图 2-16　亚酪蛋白胶束的结构

3. 酪蛋白的凝固性质

酪蛋白的特性之一，是其具有凝固的能力。由于形成胶束的酪蛋白分子的复杂的自然属性，使其可由多种凝固剂导致凝固沉淀。应注意到，以胶束形式存在的酪蛋白沉淀的适宜条件与非胶束形式存在的酪蛋白沉淀（如酪蛋白酸钙）的适宜条件相差很远。以下主要涉及胶束形式存在的酪蛋白的沉淀。

（1）酪蛋白的酸凝固　酪蛋白是两性电解质，等电点为 pH 4.6。普通牛乳的 pH 大约为 6.6，即接近于等电点的碱性方面。因此这时的酪蛋白充分地表现出酸性，而与牛乳中的碱性基（主要是钙）结合而形成酪蛋白酸钙的形式存在于乳中。如果在乳中加酸，或者让产酸菌在乳中生长，pH 下降，这将在两方面改变酪蛋白环境，其形式如图 2-17 所示。首先是胶束中的胶体磷酸钙溶解出来并电离化，这些钙离子可穿透酪蛋白分子结构，生成内部极强的钙键；其次，溶液的 pH 降低，达到酪蛋白的等电点。反应式如下：

$$\begin{bmatrix} 酪蛋白酸钙 \\ Ca_3(PO_4)_2 \end{bmatrix} + 2HCl \longrightarrow [酪蛋白] + 2Ca(H_2PO_4)_2 + CaCl_2$$

酸只与酪蛋白酸钙-磷酸钙作用，所以除了酪蛋白，白蛋白、球蛋白都不发生酸凝固。在制造工业用干酪素时，往往用盐酸作凝固剂，此时如加酸不足，则钙不能完全被分离，于是在干酪素中往往包含一部分的钙盐。如果要获得纯的酪蛋白，就必须在等电点下使酪蛋白凝固。硫酸也能很好地沉淀乳中的酪蛋白，但由于硫酸钙不能溶解，因此有使灰分增多的缺点。另外，大剂量加酸会使得酪蛋白凝块再次溶解，与酸形成盐。

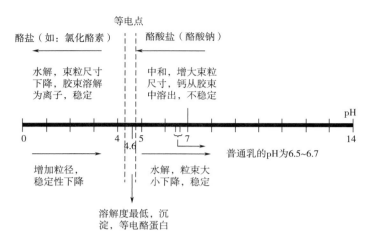

图 2-17　环境 pH 对酪蛋白稳定性的影响

此外，在乳酸菌的作用下，使牛乳中的乳糖转化成乳酸，乳酸也可分离酪蛋白酸钙中的钙而形成乳酸钙，同时生成游离的酪蛋白而沉淀。由于乳酸能使酪蛋白形成硬的凝块，并且稀乳酸及乳酸盐皆不会再次溶解酪蛋白，因此乳酸是最适于沉淀酪蛋白的酸。

（2）酪蛋白的酶凝固　形成 κ-酪蛋白的氨基酸长链共有 169 个氨基酸，酶的作用点是 105 位氨基酸（苯丙氨酸）和 106 位氨基酸（甲硫氨酸）的键位。对于许多蛋白酶来说，在这一键位更易起作用，并将长链切断。

酶解后，酪蛋白的氨基端 106~169 位氨基酸，其极性氨基酸和碳水化合物占有优势，并使其具有亲水特性。κ-酪蛋白分子的这一部分称为"糖巨肽"，在干酪生产中这一部分溶解于乳清中。κ-酪蛋白的余下的不可溶部分，为 1~105 位氨基酸，且与 α_s-酪蛋白、β-酪蛋白共同生成凝块，这一部分称为副 κ-酪蛋白。凝块的形成是由于亲水巨肽的骤然去除，从而导致分子间力的不平衡。疏水基之间开始形成键连，并随着胶束中的水分子的流失生成钙键而加强。这一过程即通常所说的凝乳和收缩阶段。

皱胃酶（rennin）是犊牛第四胃中含有的一种能使乳汁凝固的酶，该酶使乳汁从液体变为凝块，并发生收缩而排出乳清的作用，可帮助乳在犊牛胃中存留而利于消化吸收。此酶常用于干酪的加工中的酪蛋白凝固。

（3）酪蛋白的钙凝固　已知酪蛋白以酪蛋白酸钙-磷酸钙的复合体状态存在于乳中。钙和磷的含量直接影响乳汁中酪蛋白微粒的大小，也就是大的微粒要比小的微粒含有较多量的钙和磷。由于乳汁中的钙和磷呈平衡状态存在，所以鲜乳中的酪蛋白微粒具有一定的稳定性。当向乳中加入氯化钙时，则能破坏平衡状态，因此在加热时使酪蛋白发生凝固现象。

在乳汁中加入 0.005mol/L 氯化钙，经加热后酪蛋白就会发生凝固，并且加热温度越高，使乳发生凝固所需氯化钙的用量也越少。添加氯化钙也可使乳清蛋白凝固。

乳汁在加热时，加入氯化钙不仅能够使酪蛋白完全分离，而且也能够使乳清蛋白等分离。在这方面利用氯化钙沉淀乳蛋白，要比其他沉淀法有较明显的优点。如每升乳加氯化钙

1~1.25g，加热到95℃时，则乳汁中蛋白质总含量的97%可以被沉淀而利用。其中，对乳清而言，其利用程度比酸凝固法约高5%，比皱胃酶凝固法约高10%。

（二）乳清蛋白

原料乳中去除酪蛋白之后，留下的蛋白质统称为乳清蛋白，占乳蛋白的18%~20%，主要包括β-乳球蛋白（β-lg）、α-乳白蛋白（α-la）、血清白蛋白（SA）及免疫球蛋白（Ig）（表2-9）。这四类蛋白质占乳清蛋白的85%以上，此外还有一些其他微量的蛋白质和胨-胝等。

乳清蛋白与酪蛋白不同，其粒子水合能力强，分散度高，在乳中呈典型的高分子溶液状态，即使在等电点时仍能保持分散状态。乳清蛋白可分为对热稳定和对热不稳定两类。

1. 对热不稳定的乳清蛋白

当将乳清煮沸20min，pH 4.6~4.7时，沉淀的蛋白质属于对热不稳定的乳清蛋白，约占乳清蛋白的81%，其中包含：

（1）乳白蛋白　乳清在中性状态时，加入饱和硫酸铵或饱和硫酸镁进行盐析时，仍呈溶解状态而不析出的蛋白质，称为乳白蛋白。主要包括α-乳白蛋白、血清白蛋白。乳白蛋白在乳中以1.5~5μm直径的微粒分散在乳中，对酪蛋白胶体起保护作用，常温下不能用酸凝固，但在弱酸性时如加温即发生凝固。乳白蛋白的特点是富含硫，含硫量为酪蛋白的2.5倍。乳白蛋白与酪蛋白的主要区别是不含磷，加热时易暴露出—SH、—S—S—，甚至产生H_2S，使乳或乳制品出现蒸煮味。乳白蛋白不被凝乳酶或酸凝固，属全价蛋白质，其在初乳中含量高达10%~12%，而常乳中仅有0.5%。

①α-乳白蛋白：α-乳白蛋白是最主要的乳白蛋白，约占乳清蛋白的19.7%。将氯化铁加于乳清中，铁与白蛋白结合成絮状析出，然后通过离子交换将铁除去可制成纯结晶的α-乳白蛋白。α-乳白蛋白含有的必需氨基酸比酪蛋白少，但其中有些氨基酸却比酪蛋白高，如胱氨酸比酪蛋白高得多（6.4∶0.43）。因此可以说乳中各种蛋白质有互补作用，乳蛋白是全价蛋白质。等电点为4.1~4.8，相对分子质量为15100。与酪蛋白主要区别为不含磷而含大量硫，不被皱胃酶凝固。

②血清白蛋白：乳中一部分乳白蛋白来自血清，这部分蛋白称血清白蛋白（serum albumin），其理化特性与α-乳白蛋白近似。血清白蛋白约占乳清蛋白的4.7%，在乳房炎等异常乳中此成分含量增高。等电点为4.7，相对分子质量为65000。

（2）乳球蛋白　乳清在中性状态下，用饱和硫酸铵或硫酸镁盐析时能析出，而呈不溶解状态的乳清蛋白，称为乳球蛋白。乳球蛋白约占乳清蛋白的13%，包括β-乳球蛋白和免疫球蛋白。

①β-乳球蛋白：β-乳球蛋白（β-lactoglobulin）在乳中含0.2%~0.4%，约占乳清蛋白的43.60%，而初乳中含量较多。β-乳球蛋白因为加热后与α-乳白蛋白一起沉淀，所以过去将它包括在白蛋白中，但它实际上具有球蛋白的特性。传统分离结晶的β-乳球蛋白方法，即用盐酸将乳中的酪蛋白除去后，将乳清的pH调至6.0，再加硫酸铵使其半饱和，以除去其他的球蛋白，过滤后再加入硫酸铵至饱和状态，滤出沉淀的蛋白，再将此蛋白溶于水中，在pH 5.2的情况下长时间透析（因为β-乳球蛋白不溶于水，而乳白蛋白溶于水），即可分离出纯的β-乳球蛋白。

β-乳球蛋白在乳中以二聚体存在，相对分子质量为35500或36566，等电点为pH 4.5~

5.5（平均5.2），在等电点时加热至75℃即沉淀，被胃酶不能使其凝固。

②免疫球蛋白：在乳中具有抗原作用的球蛋白称为免疫球蛋白（lmmunogloblins），包括IgG（IgG1、IgG2）、IgM、IgA，其相对分子质量是180000～900000，是乳蛋白中相对分子质量最高的一种，主要为IgG。免疫球蛋白在乳中仅有0.1%，占乳清蛋白的5%～10%，初乳中的乳球蛋白含量高达2%～15%。免疫球蛋白在患病牛乳中含量增高。

2. 对热稳定的乳清蛋白

当将乳清煮沸20min，pH 4.6～4.7时，仍溶解于乳中的乳清蛋白为热稳定性乳清蛋白。它们主要是小分子蛋白和胨类，约占乳清蛋白的19%。

（三）脂肪球膜蛋白

牛乳中除酪蛋白和乳清蛋白外，还有一些吸附于脂肪球表面的蛋白质，1分子磷脂约与2分子蛋白质结合在一起构成脂肪球膜，此类蛋白称为脂肪球膜蛋白。100g乳脂肪含脂肪球膜蛋白0.4～0.8g。脂肪球膜蛋白因含有卵磷脂，因此也称磷脂蛋白。

脂肪球膜蛋白对热较为敏感，且含有大量的硫，牛乳在70～75℃瞬间加热，则—SH就会游离出来，产生蒸煮味。脂肪球膜蛋白中的卵磷脂易在细菌性酶的作用下形成带有鱼腥味的三甲胺而被破坏。也易受细菌性酶的作用而分解，是奶油贮存过程中风味变坏的原因之一。加工奶油时，大部分脂肪球膜蛋白留在酪乳中，故酪乳不仅含蛋白质，而且富含卵磷脂，酪乳加工成酪乳粉可作为食品乳化剂加以利用。牛乳所含微量的金属元素，也可能与脂肪球膜蛋白结合，而以金属蛋白质形式存在。

（四）其他蛋白

除了上述的几种特殊蛋白质外，乳中还含有数量很少的其他蛋白质和酶蛋白，如乳中含有少量的酒精可溶性蛋白，以及与血纤蛋白类似的蛋白质等。牛乳中的其他的微量蛋白质如表2-11所示。

表2-11 牛乳中微量蛋白质

种类	相对分子质量	常乳中含量/（mg/L）	来源	种类	相对分子质量	常乳中含量/（mg/L）	来源
乳铁蛋白	77000	90～310	血液	血管源蛋白1	14577	4～8	乳腺
β_2-微球蛋白	11636	9.5	单核细胞	血管源蛋白2	14522	—	—
骨桥蛋白	60000	3～10	乳腺	激肽原	68000/17000	—	血液
胨-胨3	28000	300	乳腺	血浆铜蓝蛋白	132000	—	乳腺
叶酸结合蛋白	30000	6～10	—	α_1-酸性糖蛋白	40000	<20	血液
维生素D结合蛋白	52000	16	血液	前皂蛋白	66000	6	乳腺
维生素B_{12}结合蛋白	43000	0.1～0.2	—				

（五）非蛋白氮

非蛋白氮（NPN）是指可溶于12%三氯乙酸中的含氮化合物。牛乳中的非蛋白氮为

250~300mg/L，约占总氮的 5%。其中包括氨基酸、尿素、尿酸、肌酐及叶绿素等。这些含氮物是活体蛋白质代谢的产物，可能来自血液。乳中约含游离态氨基酸 23mg/100mL，其中包括酪氨酸、色氨酸和胱氨酸。叶绿素来自饲料。

六、酶类

乳中的酶来源于乳腺，或来源于微生物代谢产物。前者是乳的正常成分，称为原生酶；后者称为细菌酶。来自乳腺的酶存在于乳的不同部位，在分离酶时可按不同部分将其分开。例如，淀粉酶含在乳球蛋白中，过氧化物酶含在乳白蛋白中，蛋白酶含在酪蛋白中，黄嘌呤氧化酶和碱性磷酸酶在脂肪球膜中，乳中的过氧化物酶和黄嘌呤氧化酶都是结晶的，而来自微生物的酶存在于乳清中。

酶的种类及含量随细菌性质及含量多少而不同，乳中有几种酶被用于控制和检验乳质量。其中最重要的是脂酶、磷酸酶、过氧化氢酶和过氧化物酶。

（一）脂酶

将脂肪分解为甘油及脂肪酸的酶称为脂酶（lipase）。由乳腺进入乳中的脂酶数量不大，而微生物是脂酶的主要来源。属于这种微生物的有荧光性细菌及霉菌，如青霉属、曲霉属等。牛乳中的脂酶至少有两种，一种是吸附于脂肪球膜间的膜脂酶，它在末乳中含量高。在乳房炎乳等一些异常乳中也存在膜脂酶；另一种是存在于脱脂乳中的，大部分与酪蛋白相结合的乳浆脂酶。通过均质、搅拌、加温等处理，乳浆脂酶被激活并为脂肪球所吸附，会促使脂肪分解。对常乳来说，影响较大的通常就是脂酶，它除了来自乳腺外，微生物污染也是重要来源。

乳脂肪在脂酶作用下分解产生游离脂肪酸而带来脂肪分解臭味，这是乳制品尤其是奶油常见的一种缺陷。脂酶经 80℃、20s 加热可以完全钝化。有报告指出脂酶的耐热性很高，这与脂酶不同的来源、种类、所处环境、冷却、搅拌等条件有关。乳脂肪对脂酶的热稳定性有保护作用。热处理时，乳的脂肪率增高，则脂酶的钝化程度降低。为了抑制脂酶的活力，在奶油生产中一般采用不低于 80~95℃ 的高温短时或超高温瞬时灭菌处理，另外要避免使用末乳、乳房炎乳等异常乳，并尽量减少微生物的污染。

（二）磷酸酶

磷酸酶（phosphatase）能水解复杂的有机磷酸酯，在自然界中种类很多。乳中的磷酸酶主要是碱性磷酸酶，也有一些酸性磷酸酶。碱性磷酸酶是乳中原有酶，经 62.8℃ 保温 30min 或 72℃ 保温 15~20s 而被钝化，利用这种性质来检验巴氏杀菌乳杀菌是否彻底。这项试验很有效，即使在巴氏杀菌乳中混入 0.5% 的原料乳也能被检出。通常，乳品厂把上述试验作为常规检验，称作 Scharer 磷酸酶试验。

但是，近年来发现，牛乳经 82~180℃ 数秒至数分钟加热，于 5~40℃ 条件下贮藏后，已经钝化的碱性磷酸酶能重新活化。这一现象据利斯特及阿夏芬伯格的解释是：由于牛乳中含有可渗析的对热不稳定的抑制因子，也含有不能渗析的、对热稳定的活化因子，牛乳经 62.8℃ 或 72℃ 的温度加热，抑制因子不会被破坏，所以能抑制磷酸酶恢复活力；若经 82~180℃ 加热，抑制因子遭破坏，对热稳定的活化因子则不受影响，从而使磷酸酶重新被激活。因此高温短时处理的巴氏杀菌牛乳装瓶后，应立即在 4℃ 下冷藏。

（三）过氧化氢酶

乳中的过氧化氢酶（catalase）主要来自白血球的细胞成分，特别是在初乳和乳房炎乳中含量最多。过氧化氢酶可将过量的过氧化氢分解为水和游离氧，通过测定乳中酶释放出的氧总量，可以估计乳中过氧化氢酶的含量，从而判定牛乳是否来自健康的牛。所以，可将过氧化氢酶试验作为检验乳房炎乳的手段之一。过氧化氢酶经75℃保温20min可全部钝化。

（四）过氧化物酶

过氧化物酶（peroxidase）能够把过氧化氢（H_2O_2）中的氧原子转移到其他易被氧化的物质上去。将乳80℃加热并保温数秒钟，该酶即可失活。利用此性质，根据乳中是否存在过氧化物酶可以判断巴氏杀菌温度是否到80℃以上。此实验称为斯托奇过氧化物酶试验。

过氧化物酶作用的最适温度是25℃，最适 pH 6.8，其钝化条件为70℃、150min；75℃、25min 和80℃、2.5s。过氧化物酶主要来自白血球的细胞成分，是固有的乳酶。乳酸菌不分泌过氧化物酶。因此，可通过测定过氧化物酶的活性来判断乳是否经过热处理及热处理的程度。但是经85℃、10s 加热处理的牛乳，在20℃下贮存24h 或37℃贮存4h后，也能发现已钝化的过氧化物酶重新活化的现象。

（五）还原酶

最主要的还原酶是脱氢酶（dehydrogenase）。以上几种酶是乳中固有的酶，而还原酶则是微生物的代谢产物之一。这种酶随微生物进入乳及乳制品中，因此这种酶在乳中的数量与细菌污染程度有直接关系。这种酶能促使甲基蓝（美蓝）变为无色。乳中还原酶的量与微生物污染的程度成正比，因此，微生物检验中常用还原酶试验来判断乳的新鲜程度，如美蓝实验。

（六）乳糖酶

乳糖酶（lactase）对乳糖分解成葡萄糖和半乳糖具有催化作用。在 pH 5.0~7.5 时反应较弱，有研究证明，一些成人和婴儿由于缺乏乳糖酶，往往产生对乳糖吸收不完全的症状，从而引起下痢。服用乳糖酶时则有良好效果。

（七）其他酶类

乳中还含有 L-乳酸脱氢酶、超氧化物歧化酶、巯基氧化酶、溶菌酶、淀粉酶、核酸酶和 γ-谷胱酰转移酶等。

七、维生素

牛乳中含有几乎所有已知的维生素，其中为人所周知的有维生素 A、维生素 B_1、维生素 B_2、维生素 C 和维生素 D，维生素 A、维生素 D、维生素 E 和维生素 K 溶于脂肪或脂类溶剂中，其余为水溶性。特别是维生素 B_2 含量很丰富，但维生素 D 的含量不多，若作为婴儿食品时应予以强化。牛乳中维生素平均含量及变化范围如表 2-12 所示。

（一）脂溶性维生素

1. 维生素 A

维生素 A 在人及动物的肝中形成，牛乳中除了维生素 A 之外，β-胡萝卜素也同时存在，而维生素 A 的数量约比 β-胡萝卜素多两倍。牛乳中维生素 A 的含量与比例取决于乳牛的品种和胡萝卜素的摄入量。乳中所有反式视黄醇都由具有生物活性的视黄醇组成。

2. 维生素 D

乳中维生素 D 主要以胆钙化醇（维生素 D_3）形式存在，其活性形式主要是麦角钙化醇硫酸盐。另外，在牛乳中也发现有 25-羟基钙化醇。维生素 D 不仅有脂溶性的，也有水溶性的（约85%），水相中的维生素 D 硫酸盐的浓度约为 $3.4\mu g/mL$，其生物学活性较低。维生素 D 在小肠中能促进钙、磷的吸收，它与副甲状腺内分泌素及血中磷酸酶等合作，还能调节钙、磷的代谢和骨骼组织中造骨细胞的钙化活力。

表 2-12　　　　　　　　　　　牛乳中各种维生素含量　　　　　　　　单位：μg/100mL

维生素	平均含量	变化范围	维生素	平均含量	变化范围
脂溶性维生素			水溶性维生素		
维生素 A			维生素 C	1500	—
夏季	—	28~65	维生素 B_1	40	37~46
冬季	—	17~41	维生素 B_2	180	161~190
β-胡萝卜素			烟酸	80	71~93
夏季	—	22~32	维生素 B_6	40~60	40~60
冬季	—	10~13	叶酸盐	5	5~6
视黄醇当量	38	—	维生素 B_{12}	0.4	0.30~0.45
维生素 D	0.05	0.02~0.08	泛酸	350	313~316
维生素 E	100	84~110	生物素	3	2~3.6
维生素 K	3.5	3~4			

3. 维生素 E

奶油中大约95%的维生素 E 是具有较高生物活性的 α-生育酚，其余部分为 γ-生育酚。在牛乳中未发现其他形式的生育酚。脂肪球膜类脂中富含生育酚，含量比脂肪球高3倍。夏季乳牛摄入较多生育酚，产的乳中维生素 E 含量会较高。

4. 维生素 K

乳中的维生素 K 主要来源于乳牛瘤胃中的合成。

（二）水溶性维生素

1. 维生素 B_1

维生素 B_1（硫胺素）在活体内易被磷酸结合，乳中的维生素 B_1 主要以游离形式存在，占50%~70%，18%~45%磷脂化，5%~17%与蛋白质结合。牛乳中维生素 B_1 的含量约为 0.3mg/L。山羊乳含维生素 B_1 较牛乳多，平均含 4.07mg/L。大多数维生素 B_1 是在瘤胃中由微生物产生，因此，牛乳的营养状况对其影响较小，而季节（饲料）对维生素含量有一定的影响。

2. 维生素 B_2

维生素 B_2（核黄素）使乳清中呈一种美丽的黄绿色。维生素 B_2 一部分以游离的水溶液状态存在，大部分与磷酸及蛋白质结合而形成氧化酶，与维生素 B_1 一起将糖氧化分解，且与呼吸氧化作用有关。此外也与激素的作用及视力有关系。乳中维生素 B_2 的含量为 $1 \sim 2 \mathrm{mg/}$ L，初乳中含量较高，为 $3.5 \sim 7.8 \mathrm{mg/L}$，泌乳末期为 $0.8 \sim 1.8 \mathrm{mg/L}$。山羊乳中维生素 B_2 的含量比较高，平均约含 $3.78 \mathrm{mg/L}$。

3. 维生素 B_6

维生素 B_6（吡哆素）与人类某种浮肿、贫血、荨麻疹、冻疮等的营养障碍有密切关系，同时对蛋白质有直接的作用。生鲜牛乳中，80% 的维生素 B_6 以吡多醛形式存在，20% 以吡哆胺形式存在，也含有痕量的磷酸吡多醛。此外对乳酸菌、酵母及其他微生物的繁殖有促进作用。维生素 B_6 以游离状态与蛋白质结合存在，易溶于水及乙醇中。牛乳中含维生素 B_6 约为 $2.3 \mathrm{mg/L}$，其中游离状态的 $1.8 \mathrm{mg/L}$，结合状态的 $0.5 \mathrm{mg/L}$。成人每天需要量为 $2 \sim 4 \mathrm{mg/L}$。

4. 烟酸

烟酸也称抗癞皮病因子或尼克酸，能溶于水及乙醇中。乳牛能在体内合成，冬季乳中的含量经常高于春夏季乳中的含量。乳中的含量为 $0.5 \sim 4 \mathrm{mg/L}$。

5. 维生素 B_{12}

乳中维生素 B_{12} 以 5 种不同的钴胺素形式存在，主要是腺嘌呤核苷酸或羟基钴胺素。乳中 95% 的维生素 B_{12} 结合到乳清蛋白上，以游离形式存在的很少。乳清中含 $0.002 \sim 0.01 \mathrm{mg/L}$ 的维生素 B_{12}。

6. 维生素 C

母牛体内能合成维生素 C，牛乳中 75% 的维生素 C 是抗坏血酸形式，其余为脱氢抗坏血酸，含量 $5 \sim 28 \mathrm{mg/L}$，平均 $20 \mathrm{mg/L}$。绵羊乳含 $109 \mathrm{mg/L}$；马乳含 $200 \mathrm{mg/L}$；山羊乳含 $84 \mathrm{mg/L}$。

7. 叶酸

牛乳中的叶酸主要化学形式为 5-甲基四氢叶酸。叶酸以游离的形式结合在一个特殊的糖蛋白上，约 40% 以结合的多聚谷氨酰盐的形式存在。除了对贫血有治疗效果外，对乳酸菌的繁殖有很大的效果。牛乳中的含量为 $0.004 \mathrm{mg/L}$；初乳中含量为常乳的数倍。

牛乳中维生素的热稳定性不同，维生素 A、维生素 D、维生素 B_2、维生素 B_{12}、维生素 B_6 等对热稳定，维生素 C、维生素 B_1 热稳定性差。乳在加工中维生素往往会遭受一定程度的破坏而损失。发酵法生产的酸乳由于微生物的生物合成，能使一些维生素含量增高，所以酸乳是一种维生素含量丰富的营养食品。在干酪及奶油的加工中，脂溶性维生素可得到充分利用，而水溶性维生素则主要残留于酪乳、乳清及脱脂乳中。

八、乳中的盐类

乳中含有无机盐和有机盐，因此盐的概念并不等同于"矿物质"。盐也不等于"灰分"，因为乳中的灰分并不包括有机盐。此外，在灰分的测定过程中，有机磷和硫被转化成无机盐。

最重要的盐类有钙、钠、钾和镁盐，它们分别以磷酸盐、氯化物、柠檬酸盐和酪蛋白酸盐的形式存在。并且牛乳中的铜、铁等金属对牛乳及其产品的贮藏特性有较大的影响。乳中所含盐类是不稳定的，泌乳末期和乳牛患乳房炎时，乳中的 NaCl 增加，并使乳带有一种咸味，此时其他盐类相对减少。

（一）矿物质

乳中总矿物质的含量通常采用灰分的量来表示，即先将已知质量的乳蒸发至干，然后高温灼烧成灰，灰分中残留的均为乳中的无机物质，即矿物质，一般牛乳中灰分的含量为 0.3%～1.21%，平均 0.7% 左右。

乳中的矿物质主要以盐的形式存在，包括无机盐和有机盐，一部分与蛋白质结合，少量被脂肪球吸附。牛乳中盐类物质的组成及其存在形态对牛乳的物理化学性质影响较大。牛乳加工中盐离子的平衡非常重要。牛乳中钙的含量较人乳多 3～4 倍，因此牛乳在婴儿胃内所形成的蛋白凝块比较坚硬，不容易消化。为了消除可溶性钙盐的不良影响，可采用离子交换法，将牛乳中的钙除去 50%，可使乳凝块变得很柔软，和人乳的凝块相近。但在乳品加工上缺乏钙时，对乳的工艺特性会发生不良影响，尤其不利于干酪的制造。

乳中的无机物主要有 Na、K、Mg、Ca、P 和 Cl 等。此外，还含有微量元素，包括 Fe、I、Cu、Mn、Zn、Co、Se、Cr、Mo、Sn、V、F、Si 和 Ni 等。乳中微量元素具有重大的意义，尤其对于幼儿机体的发育更为重要。Mn 在人体的氧化过程中起着催化剂的作用，并且为维生素 D、维生素 B 的形成及作用所必需。Co 含于维生素 B_{12} 内；Cu 能刺激垂体制造激素，也是乳中黄嘌呤氧化酶、过氧化物酶、过氧化氢酶等的重要构成成分。I 是甲状腺素的结构成分。I 的不足会引起甲状腺肿病，而使甲状腺机能破坏，泌乳也受到了影响。I 的含量受饲料影响，因此最好在饲料中加入碘化蛋白等，使乳中 I 的含量增高。牛乳中 Fe 的含量为 100～900μg/L，牛乳中 Fe 的含量较人乳中少，故人工哺育幼儿时，应补充 Fe 的含量。

表 2-13 所示为乳中必需和非必需矿物质和痕量元素的含量。

表 2-13　　　　　　　　　　　　人乳和牛乳中矿物质的含量

矿物质	范围	
	人乳	牛乳
乳中主要矿物质含量/（mg/dL）		
Na	110～120	300～700
K	570～620	1000～2000
Mg	26～30	50～240
Ca	320～360	900～1400
P	140～150	700～1200
Cl	350～550	800～1400
乳中必需痕量元素的含量/（μg/L）		
Fe	620～930	130～300
I	30～300	50～400
Cu	370～430	29～80
Mn	7～15	10～40
Zn	2600～3300	340～450

续表

矿物质	范围	
	人乳	牛乳
Co	1~27	0.3~1.1
Se	7~60	9~16
Cr	6~100	5~50
Mo	4~16	13~150
Sn	0.5~3	40~500
V	痕量~15	痕量~31
F	2~90	1~350
Si	150~1200	750~7000
Ni	8~15	0~50

乳中非必需矿物质的含量/（μg/L）

Al	100~1200	150~1000
Pb	痕量~16	2~70
As	0.2~19	20~60
Hg	0.2~5	1~15
Cd	14	1~30
Ag	—	痕量~50
Sr	40~150	40~1500
Ba	2~160	痕量~220
Br	2500~9000	100~500
Rb	0.6~0.8	0.4
Li	6	痕量~60
Ti	30~290	痕量~170
Sb	0.2~3	痕量~10
W	—	60~90
B	80~200	200~1000
S	120000	320000

（二）矿物质的存在形式

乳中的矿物质大部分与有机酸和无机酸结合，以可溶性的盐类状态存在。其中最主要的为以无机磷酸盐及有机柠檬酸盐的状态存在，但其中一部分则以不溶性胶体状态分散于乳中，另一部分以蛋白质状态存在。乳中主要盐类的分布如表2-14所示。

表 2-14　　　　　　　　　　　　乳中主要的盐类

盐类	总量/(mg/100mL)	溶解状态		胶体状态		备注
		100mL中溶解状态的质量/mg	内容	100mL中溶解状态的质量/mg	内容	
钠	50~55	—	全部离子状态存在	—	—	可能有5%~6%与蛋白质结合
钾	150~160	—	全部离子状态存在	—	—	
钙	100~115	40~45	Ca^{2+}30%~35%，柠檬酸钙55%~60%，磷酸钙10%	60~70	磷酸钙60%~65%，蛋白质结合钙35%~40%	
镁	10~13	7.5~9	Mg^{2+}30%~35%，柠檬酸钙55%~60%，磷酸钙10%	2~3	全部与蛋白质结合	
氯	95~110	—	全部离子状态存在	—	—	
磷	85~100	30~40	$H_2PO_4^-$54%，HPO_4^{2-}36%，磷酸钙或镁10%	45~55	磷酸钙65%，蛋白质35%	有机磷酸酯，脂质磷共约10mg（另外存在）
柠檬酸	140~220	130~200	二价柠檬酸根离子1%，三价柠檬酸根离子14%，柠檬酸钙或镁85%	15~20	以柠檬酸盐形式存在	

乳中的盐类对乳的热稳定性、凝乳酶的凝固性等理化性质和乳制品的品质以及贮藏等影响很大。钾、钠及氯能完全解离成阳离子或阴离子存在于乳清中。钙盐、镁盐除一部分为可溶性外，另一部分则呈不溶性的胶体状态存在。此外，由于牛乳在一般的pH下，乳蛋白质尤其是酪蛋白呈阴离子性质，故能以阳离子直接结合而形成酪蛋白酸钙和酪蛋白酸镁。因此，牛乳中的盐类可以分为可溶性盐和不溶性盐。而前者又可分为离子性盐和非解离性盐。牛乳盐类的溶解性与非溶解性的分布，随温度、pH、稀释度及浓度而变化。

九、核苷与核苷酸

牛乳中含有核苷酸、核苷、嘧啶和嘌呤等物质，它们是乳中非蛋白氮的组成部分。不同种类动物乳中这些物质的组成和浓度各不相同。在牛乳、绵羊乳和人乳中都是在分娩后浓度达到最大，而后伴随着泌乳过程逐渐降低。表 2-15 给出了牛乳及人乳中核苷酸含量的参考平均值。由于这类物质对于新生儿的膳食非常重要，目前在婴儿配方食品中多补充一些核苷酸。

核苷及相关化合物被认为是组织快速生长的必要成分，它们对人体特别是新生儿有着特殊的功能作用。日本、一些欧盟成员国以及第三世界国家很多年前就已经将核苷酸类物质应用在婴儿及较大婴儿的配方食品中，到目前为止没有发现不良反应。在婴儿和较大婴儿配方食品中允许核苷酸添加限量为人乳中的水平。核苷酸的参考补充量如表2-16所示。

表2-15　　　　　　　　　　　牛乳和人乳中核苷酸含量　　　　　　　　　　单位：μmol/L

名称	简写	牛乳		人乳	
		初乳	常乳	初乳	常乳
胞苷二磷酸胆碱	CDP-胆碱	12	14	—	6
5′-胞苷酸	5′-CMP	23	22	45	18
5′-腺苷酸	5′-AMP	67	20	28	16
5′-鸟苷酸	5′-GMP	—	—	4	3
5′-尿苷酸	5′-UMP	244	—	15	8
3′,5′-环腺苷酸	3′,5′-cAMP	—	—	—	—
尿苷二磷酸乙酰氨基己糖	UDPAH	90	—	21	20
尿苷二磷酸己糖	UDPH	698	—	18	9
鸟苷二磷酸	GDP	—	—	—	—
尿苷二磷酸葡萄糖	UDPG	95	—	10	7
尿苷二磷酸	UDP	—	—	10	7

注：表中数据由 *Handbook of milk composition*（Jensen，1995）中计算得到。

表2-16　　　　　　　在婴儿配方乳粉中核苷酸参考补充量　　　　　　单位：mg/L

	CMP	UMP	AMP	GMP	IMP[1]
欧洲国家	0.27~2.10	0.01~0.84	0.01~0.66	0.01~0.51	0~0.30
日本专利	10~20	1.2~1.4	—	0.2~0.4	—
人乳	0.99~2.25	2.28~3.46	1.06~1.75	0.32~0.68	0~4.57

注：①IMP 为肌苷酸。

十、激素与生长因子

　　乳中的激素（hormone）和生长因子（growth factor，GF）的种类很多，目前，已检测到50种以上。牛乳中雌激素的含量为20~200pg/mL，初乳中的含量更高，约1ng/mL。泌乳或妊娠过程中，雌激素的水平也会提高，与初乳水平持平。初乳中大量的雌激素对新生牛犊的作用尚不明确。促生长素现在可以通过生物技术方法生产，有实验表明通过给乳牛注射生长素，可以提高40%牛乳产量。牛乳中主要的激素及生长因子种类如表2-17所示。

表 2-17　　　　　　　　　　　牛乳中主要激素及生长因子

类固醇激素	下丘脑激素	甲状腺和甲状旁腺素	胃肠道激素
5-α-雄酮-3, 17-二酮	黄体生成素释放激素	甲状旁腺素释放肽	铃蟾肽
皮质酮	促性腺素释放激素	甲状腺素（T3 和 T4）	胃泌素
雌二醇	促生长激素	生长因子	胃泌素释放激素
雌三醇	促甲状腺素释放激素	IGFS	神经降压肽
雌酮	垂体激素	结合-IGF 蛋白质	其他
孕酮	生长激素	MDGI	PGFα
维生素 D	催乳素	TGF-β	转铁蛋白

此外，乳中还含有一定数量的体细胞。牛乳中所含细胞成分是白血球和一些上皮细胞，牛乳中的体细胞数（SCC）是乳牛乳房健康状况的一种标志。牛乳中的体细胞数可作为衡量牛乳安全品质的指标之一。一般正常牛乳中体细胞数不超过 50 万个/mL。

乳中激素及生长因子的生理功能是多方面的，在母体及新生幼崽发育中的功能如表 2-18 所示。

表 2-18　　　　　　　　　　乳中激素和生长因子的生理功能

激素和生长因子	在母体乳腺组织中的功能	在新生幼仔-成年发育中的功能
皮质酮	促进细胞分化	影响成年人应急反应的效应
促性腺素释放激素		增加新生幼儿卵巢 GnPH 的受体
生长素释放激素		调节新生儿 GH 分泌
促甲状腺素释放激素		调节新生儿 GH 和 TSH 分泌
鲑鱼降钙素样肽	调节钙、镁、磷含量	新生幼仔重要的抑制因子
甲状腺素释放肽		
促红细胞生成素		促进新生幼仔红细胞生成
促甲状腺素	维持泌乳作用	调节新生幼仔 T3，T4 的分泌
催乳素		影响成年神经内分泌的 PRL 调节，调节新生幼仔的免疫系统
松弛素	促进组织的生长分化	影响血糖水平及新生幼仔糖血
胰岛素	在生理浓度，通过 IGF-Ⅱ 促进生长，通过 IGF-Ⅰ 受体促进生长	
生长激素	在细胞水平促进乳的生成	
胰岛素样生长因子	促进组织生长和分化	促进新生幼仔肠道的生长，改变肠 IGF 受体，具有系统生长效应

续表

激素和生长因子	在母体乳腺组织中的功能	在新生幼仔–成年发育中的功能
上皮生长因子，转化因子 α	促进组织生长和分化	促进胃肠道生长，引起早期眼睑打开，抑制小肠细胞生长
转化生长因子 β	抑制组织生长	抑制小肠细胞生长
前列腺素		在新生幼仔小肠内提供细胞保护作用

第二节　乳的溶液性质

从化学的角度看，乳是各种物质的混合物，但本质上，它是一种复杂的具有胶体特性的生物学液体，是一种复杂的分散体系。在该分散体系中，水是分散剂，也称为溶剂；其他物质称为分散质（分散相）或溶质，其中，乳糖及盐类以分子或离子状态分散，以真溶液形态存在；乳中的酪蛋白以酪蛋白酸钙–磷酸钙复合胶粒的形式形成胶体悬浮液；还有一部分是以乳浊液及悬浮液状态分散在乳中的脂肪。牛乳的复合胶体溶液的形式如图2-18所示，各种分散质的特性如表2-19所示。

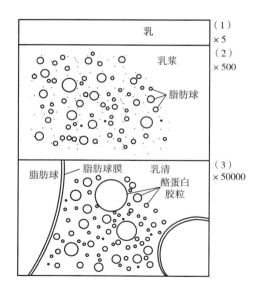

图2-18　牛乳成分在不同放大倍数下的示意图

表2-19　　　　　　　　　　　　　　牛乳中各分散质

分散质	粒子直径大小/mm	理化状态
脂肪球	$10^{-3} \sim 10^{-2}$	乳浊液（O/W）
酪蛋白胶粒	$10^{-5} \sim 10^{-4}$	胶体悬浮液

续表

分散质	粒子直径大小/mm	理化状态
乳清蛋白	$10^{-6} \sim 10^{-5}$	胶体溶液
乳糖、盐类	$10^{-7} \sim 10^{-6}$	真溶液

（一）乳浊液与悬浮液分散形式

分散质粒子直径小于 $0.1\mu m$ 的分散体系可分为乳浊液和悬浮液两种。分散质是液体的属于乳浊液，牛乳的脂肪在常温下呈液态的微小球状分散在乳中，平均直径 $3\mu m$ 左右，可以在显微镜下明显地看到，所以牛乳中的脂肪球即为乳浊液的分散质。若将牛乳或稀奶油进行低温冷藏，则最初是液态的脂肪球凝固成固体，即成为分散质为固态的悬浮液。利用稀奶油制作奶油时，需在 $5 \sim 10℃$ 条件下成熟，需使脂肪由乳浊态转变为悬浮态，胶体溶液和胶体悬浮液分散形式，此过程是奶油加工过程的一个重要的操作。

（二）胶体溶液分散形式

分散质直径在 $30 \sim 800nm$ 的称为胶态（colloid），平均直径 $100nm$，是物质从真溶液到悬浊液的中间状态，胶态的分散体系也称作胶体溶液，胶体的典型的特征为：①粒子直径很小；②粒子带电荷；③与水分子之间有亲和能力。酪蛋白在乳中以酪蛋白酸钙-磷酸钙复合体胶粒的形式存在，粒子直径 $10nm$ 左右，属于胶体悬浮液；另外，直径小于 $100nm$ 的脂肪球也是以乳胶体的形态存在，而部分二磷酸盐、三磷酸盐等也以胶体悬浮液存在；乳白蛋白的粒子直径约 $4nm$，乳球蛋白粒子直径约 $3nm$，两种蛋白质在乳中形成胶体溶液。从稳定性的角度分析，酪蛋白的稳定性远不及乳白蛋白，但受分散剂、水的亲和作用及酪蛋白胶粒表面的亲水蛋白的保护作用，方可以胶体状态分散于乳中。

一些物质，如盐类通过改变水的结合程度，破坏胶体系统的稳定性，并因此使蛋白质的溶解能力下降；另一些因素，如加热，能够引起乳清蛋白分子结构伸展，使蛋白质之间互相反应结合；或如乙醇，可以使蛋白质颗粒脱水而失去稳定性。以上作用都可以破坏胶体溶液的平衡而使胶体分散质凝聚。

（三）真溶液分散形式

粒子直径在 $1nm$ 以下，形成分子或离子状态存在的分散体系称为真溶液。牛乳中以分子或离子存在的分散质主要包括部分磷酸盐、柠檬酸盐、乳糖及钾、钠和氯等。

第三节　乳的物理性质

乳是一类以水为分散相，含有脂肪乳化分散相、胶体分散相和真溶液的连续复杂的胶体分散体系，因此乳的物理性质与水相比发生了较大变化。乳品的物理性质在乳品工业中十分重要，乳品物理性质参数对加工工艺和设备的设计具有重要意义（如热导和黏度），可用来测定乳品中特定成分的含量（如测冰点的升高可说明乳中掺水，相对密度测定可评估非脂乳固体含量），也可用来测定在乳品加工过程中的某些生物化学变化（如发酵剂的酸化程度、凝乳酶产生凝块的情况等）。乳的重要物理性质参数如表2-20所示。

一、乳的色泽

正常新鲜的乳呈现不透明的白色并稍带黄色，乳呈现白色是酪蛋白胶粒和脂肪球对可见光的不规则反射的结果。均质可使乳更白，是因均质使颗粒更小、更均一，而增强了对光的散射。而乳清相呈现黄绿色是因其含有核黄素。

乳制品的颜色，如奶油和干酪，是由于其含有脂溶性色素，特别是胡萝卜素。胡萝卜素不是牛体自身合成，而是从饲料中获得，因此，饲料对乳脂肪的颜色影响很大，夏季饲喂青草的牛所产乳的乳脂颜色，较饲喂干草和精料的黄。

二、乳的滋味和气味

正常新鲜的乳微甜，并稍带咸味，甜味主要来源于乳中的乳糖，而咸味来源于乳中的氯离子。常乳中的咸味因受乳糖、脂肪、蛋白质等所调和而不易察觉，但是乳房炎乳中氯含量较高，固有浓厚的咸味。乳中微带的苦味来自 Mg^{2+}、Ca^{2+}，而酸味是由柠檬酸及磷酸所产生。

表 2-20　　　　　　　　　　　　　　　　乳的重要物理性质参数

物理性质	参数	物理性质	参数
渗透压/kPa	~700	表面张力（20℃）/（N/m）	~52
水分活度/Aw	~0.993	黏度/mPa·s	2.127
沸点/℃	~100.15	热导率（2.9%脂肪）/［W/（m·K）］	~0.559
冰点/℃	-0.522（大致）	热扩散系数（15~20℃）/（m²/s）	~1.25×10⁻⁷
折射率（n_D^{20}）	1.3440~1.3485	比热容/［kJ/（kg·K）］	~3.931
比折射率	~0.2075	pH（25℃）	~6.6
密度（20℃）/（kg/m³）	~1.030	滴定酸度（°T）	16~18（以乳酸计，0.14%~0.16%）
相对密度（15℃）	~1.0321		
电导率/（S/m）	~0.0050	体积膨胀系数/［m³/（m·K）］	0.0008
离子强度/（mol/L）	~0.08	氧化还原电势（25℃，pH 6.6）/V	+0.25~+0.35

资料来源：Fox PF 和 McSweeney PLH, *Dairy Chemistry and Biochemistry*. London：Chapman&Hall (1998)．

乳中含有挥发性脂肪酸及其他挥发性物质，因此牛乳带有特殊的香味。牛乳的香味随温度的高低变化而变化，正常风味的牛乳中含有适量的甲硫醚、丙酮、醛类、酪酸以及其他的微量游离脂肪酸，挥发性的游离脂肪酸以乙酸和甲酸含量最高，而丙酸、酪酸、戊酸和辛酸等含量较少。

如上所述，乳的气味易受外界因素的影响，很容易吸收外界的各种气味。比如，挤出的牛乳如果在牛舍中放置过久易带有牛粪味和饲料味；与虾类放置一起则带有腥味；贮存容器不适宜时则产生金属味，消毒温度过高会产生焦糖味等。因此，在乳制品加工过程中应严格注意每一个操作环节和周围的环境，以免带入异味。

三、乳的密度与相对密度

乳的密度指乳在 20℃ 时的质量与同体积水在 4℃ 时的质量之比。正常乳的密度平均为 $d_4^{20} = 1.030$。我国乳品厂都采用这一标准。

乳的相对密度指乳在 15℃ 时的质量与同体积水在 15℃ 时的质量之比。正常乳的相对密度以 15℃ 为标准，平均为 $d_{15}^{15} = 1.032$。

在同等温度下，相对密度和密度的绝对值相差甚微，乳的密度较相对密度小 0.0019。乳品生产中常以 0.002 的差数进行换算。乳的密度随温度而变化，温度降低，乳密度增高；温度升高，乳密度降低。在 10~25℃ 范围内，温度每变化 1℃，乳的密度就相差 0.0002（牛乳乳汁计读数为 0.2）。乳品生产中换算密度时以 20℃ 为标准，乳的温度每高出 1℃，密度值就要加上 0.0002（即牛乳乳汁计读数加上 0.2）；乳温度每低 1℃，密度值就要减去 0.0002（即牛乳乳汁计读数减去 0.2）。

刚挤出来的乳在放置 2~3h 后，其密度升高 0.001 左右，这是由于气体的逸散及脂肪的凝固使体积发生变化的结果。

四、乳的酸度与 pH

刚挤出的新鲜乳的酸度称为固有酸度或自然酸度。挤出后的乳在微生物的作用下可发生乳酸发酵，导致乳的酸度逐渐升高，这部分酸度称为发酵酸度。固有酸度和发酵酸度之和称为总酸度，简称酸度。一般以标准碱液用滴定法测定的滴定酸度表示。

滴定酸度有多种测定方法及表示形式。我国滴定酸度用吉尔涅尔度（°T）或乳酸百分率（乳酸%）来表示。滴定酸度可以及时反映出乳酸产生的程度，所以生产中广泛地采用测定滴定酸度来间接掌握乳的新鲜度。酸度可以衡量乳的新鲜程度，同时乳的酸度越高其热稳定性表现越低，因此测定乳的酸度对生产有重要意义。

（一）吉尔涅尔度（°T）

取 10mL 牛乳，用 20mL 蒸馏水稀释，加入 0.5% 的酚酞指示剂 0.5mL，以 0.1mol/L 溶液滴定，将所消耗的 NaOH 毫升数乘以 10，即为中和 100mL 牛乳所需的 0.1mol/L NaOH 毫升数，每毫升为 1°T，也称 1 度。

正常乳的自然酸度为 16~18°T。自然酸度主要由乳中的蛋白质、柠檬酸盐、磷酸盐及 CO_2 等酸性物质所构成，其中 3~4°T 来源于蛋白质，2°T 来源于 CO_2，10~12°T 来源于磷酸盐和柠檬酸盐。

（二）乳酸百分率（乳酸%）

用乳酸量表示的酸度。按上述方法测定后用式（2-1）计算：

$$乳酸\% = \frac{0.1mol/L\ NaOH\ 毫升数 \times 0.009}{（乳样毫升数 \times 相对密度）或乳样质量(g)} \times 100 \tag{2-1}$$

若以乳酸百分率计，牛乳自然酸度为 0.15%~0.18%，其中来源于 CO_2 占 0.01%~0.02%，来源于酪蛋白占 0.05%~0.08%，来源于柠檬酸盐占 0.01%，其余来源于磷酸盐部分。

（三）苏克斯列特-格恩克尔度（°SH）

德国采用苏克斯列特-格恩克尔度（°SH）表示乳的酸度，该方法与°T法相同，只是所用的NaOH浓度不一样，°SH所用的NaOH溶液为0.25mol/L。乳酸百分率（乳酸%）可与苏克斯列特-格恩克尔度（°SH）度换算，见式（2-2）：

$$乳酸\% = 0.0225 \times °SH \tag{2-2}$$

（四）乳的pH

酸度可用氢离子浓度（pH）表示，正常新鲜牛乳的pH为6.4~6.8，一般酸败乳或初乳的pH在6.4以下，乳房炎乳或低酸度乳pH在6.8以上。

pH反映了乳中处于电离状态的所谓的活性氢离子的浓度，但测定滴定酸度时氢氧离子不仅和活性氢离子相作用，也和在滴定过程中电离出来的氢离子相作用。乳挤出后由于微生物的作用，使乳糖分解为乳酸。乳酸是一种电离度小的弱酸，而且乳是一个缓冲体系，其蛋白质、磷酸盐、柠檬酸盐等物质具有缓冲作用，可使乳酸保持相对稳定的活性氢离子浓度，所以在一定范围内，虽然产生了乳酸，但乳的pH并不相应地发生明显的规律性变动。

滴定酸度可以及时反映出乳酸产生的程度，所以生产中广泛地采用滴定酸度评估乳的新鲜程度及监控发酵中乳酸的产量，判定酸乳发酵剂活力等。另外，乳的酸度越高其热稳定性越差，因此测定乳的酸度对乳制品加工意义重大。

五、乳的黏度与表面张力

（一）乳的黏度

牛乳的主要流变特性表现为牛顿流体、非牛顿流体、凝胶等。表示这些特性的物理参数常为黏度、硬度、弹性等。

在一定条件下（即中等剪切速率，脂肪在40%以下，温度40℃以上，脂肪呈液态），乳、脱脂乳和稀奶油呈牛顿流体特性。牛乳在25℃时黏度为0.0015~0.002Pa·s，并随温度升高而降低。对于全脂乳和稀奶油而言，在温度低于40℃（脂肪呈半固态）、低剪切速率下，表现为非牛顿流体；当剪切速率足够高时，其表现特征又接近牛顿流体。在乳的成分中，脂肪及蛋白质对黏度的影响最显著。在一般正常的牛乳成分范围内，无脂干物质含量一定时，随着含脂率的增高，牛乳的黏度也增高。当含脂率一定时，随着乳干物质含量的增高，黏度也增高。初乳、末乳的黏度都比正常乳高。

（二）乳的表面张力

在液体表面，分子所受作用力是不对称的，存在指向体相内部的引力，因此，液体表面存在缩成最小的趋势；这种使液体表面积减少的力被称为表面张力。测定表面张力的目的是为了鉴别乳中是否混有其他添加物。牛乳表面张力在20℃时为0.04~0.06N/cm。

牛乳的表面张力与牛乳的起泡性、乳浊状态、微生物的生长发育、热处理、均质作用及风味等有密切关系。牛乳的表面张力随温度的上升而降低，随含脂率的减少而增大。乳经均质处理，脂肪球表面积增大，由于表面活性物质吸附于脂肪球界面处，从而增加了表面张力。但如果不将脂酶先经热处理而使其钝化，均质处理会使脂肪酶活性增加，使乳脂水解生成游离脂肪酸，使表面张力降低，而表面张力与乳的起泡性有关。加工冰淇淋或搅打发泡稀奶油时希望有浓厚而稳定的泡沫形成，但运送乳、净化乳、稀奶油分离、乳杀菌时则不希望形成泡沫。

六、乳的热学性质

（一）冰点

牛乳冰点的平均值为-0.565~-0.525℃，平均为-0.542℃。作为溶质的乳糖与盐类是决定乳汁冰点的主要因素，由于它们的含量较稳定，乳的渗透压能保持基本恒定（因为它受牛体血液渗透压的调控），因此，冰点也是相对恒定的。按照拉乌尔定律，与水相比牛乳表现出冰点下降与沸点上升的特性。如果在牛乳中掺水，可导致冰点回升。可根据冰点计算掺水量，掺水10%牛乳冰点约上升0.054℃。掺水量推算公式见式（2-3）：

$$w = \frac{t - t'}{t} \times (100 - w_s) \tag{2-3}$$

式中：w——以质量计的加水量,%；

$\quad\quad t$——正常乳的冰点,℃；

$\quad\quad t'$——被检乳的冰点,℃；

$\quad\quad w_s$——被检乳的乳固体含量,%。

以上计算对新鲜牛乳是有效的，但酸败乳冰点会降低。另外贮藏与杀菌条件对乳的冰点也有影响，所以测定冰点必须是对酸度在20°T以下的新鲜乳。

（二）沸点

牛乳的沸点在101.33kPa（1atm）下约为100.55℃。乳的沸点受乳中干物质含量影响，如在浓缩过程中因水分不断减少干物质含量增高而使沸点不断上升，当浓缩到原体积的一半时，乳的沸点约上升到101.05℃。

（三）比热容

牛乳的比热容一般约为3.89kJ/（kg·K），其比热容是乳中各成分比热容之和。乳中主要成分的比热容分别是：乳脂肪4.09kJ/（kg·K）、乳蛋白2.42kJ/（kg·K）、乳糖1.25kJ/（kg·K）、盐类2.93kJ/（kg·K）。

乳的比热容与其主要成分的比热容及含量有关，但最主要与乳脂肪有关，同时也受温度的影响。在14~16℃时，乳脂肪的一部分或全部还处于固态，在加热时有一部分热能要消耗在熔解潜热上，而不表现在温度上升上。因此在这种温度下，若使乳温上升1℃，则其脂肪含量越多，所需要的热量就越大，比热容也相应增大。在其他温度范围内，则与此相反，脂肪含量越多，其比热容却越小，这是因为脂肪本身比热容小的缘故。乳与乳制品的比热容如表2-21所示。

表2-21　　　　　　　　　　　　　乳与乳制品的比热容　　　　　　　　　单位：kJ/（kg·K）

产品	不同温度下的比热容			
	0℃	15℃	40℃	60℃
全脂牛乳	0.092	0.938	0.930	0.918
脱脂牛乳	0.940	0.943	0.952	0.963
乳清	0.978	0.976	0.974	0.963

续表

产品	不同温度下的比热容			
	0℃	15℃	40℃	60℃
15%稀奶油	0.750	0.923	0.899	0.972
30%稀奶油	0.673	0.983	0.852	0.900
45%稀奶油	0.606	1.016	0.787	0.860
奶油	—	—	0.556	0.793
无水奶油	—	—	0.500	0.530

乳制品的比热容在乳品生产上有重要的意义。当大量处理牛乳以及在浓缩干燥过程中进行加热时，比热容参数对机械的设计和燃料的节省都有重要的作用。

七、乳的电学性质

乳的电学性质主要有电导率与氧化还原电势。

（一）电导率

乳并不是电的良导体，由于乳中含有盐类，因此具有导电性，可以传导电流。通常电导率依乳中的离子数量而定，但离子数量取决于乳的盐类和离子形成物质，因此乳中的盐类受到任何破坏，都会影响电导。与乳电导关系最密切的离子为 Na^+、K^+ 和 Cl^- 等。正常牛乳的电导率25℃时为 $0.004 \sim 0.005$ S/m。

正常乳的电导率随着温度的升高成比例增长。此外，影响乳电导率的因素还包括牛的泌乳期、挤乳间隔、取样点、牛的健康状况等。细菌发酵乳糖产生乳酸而升高电导率，因此，可测定电导率来控制乳酸菌在乳中的生长繁殖。乳房炎乳中 Na^+、Cl^- 等增多，电导率上升。一般电导率超过 0.006 S/m，即可认为是病牛乳，故可通过电导仪进行乳房炎乳的快速检测。另外，测定电导率可计算乳中脂肪的含量（脂肪小于7%，温度为20℃）。

（二）氧化还原电势

氧化还原电势表征了物质失去或得到电子的难易程度（物质失去电子被氧化，得到电子被还原），用 Eh 表示。物质被氧化得越多，它的电势就呈现越多的正电。乳中含有很多具有氧化或还原作用的物质，乳进行氧化还原反应的方向和强度取决于这类物质的含量。这类物质有维生素 B_2、维生素 C、维生素 E、酶类、溶解态氧、微生物代谢产物等。乳中进行的氧化还原过程与电子传递及化合物的电荷有关，它可借氧化还原电势来确定。一般牛乳的氧化还原电势 Eh 为 $+0.23 \sim +0.25$ V。

乳与乳制品的氧化还原电势直接影响着其中的微生物生长状况和乳成分的稳定性，降低乳品的氧化还原电势可有效抑制需氧菌的生长繁殖，显著降低乳品中易氧化营养成分的氧化分解，如脂肪的氧化分解。因此，在生产实践中，可通过脱除乳品中溶氧的含量，以及调整乳品中氧化或还原性物质的含量比例，改变这些成分的存在状态以达到降低氧化还原电势的目的，从而，延长乳品的保质期。如乳粉的真空包装或充氮包装，酸乳的乳酸菌发酵也降低了乳品的氧化还原电势而延长了保质期。

八、乳的声学性质

乳中含有许多不溶解的胶性颗粒，这种颗粒具有一定的大小，如脂肪球的直径一般为 2~20μm，酪蛋白胶束的平均颗粒大小为 120nm（50~500nm），向乳液基质发射或传入特定声波会产生一定的回声反应，或引起乳品本身的结构等内在变化，关于这方面的研究还不够充分，研究多集中在超声波在乳品工业中的应用。

超声波在乳中传播时，声传播速度、声衰减和声阻抗等超声量会发生改变，通过测量这些声学量，可以了解乳的特性和成分的变化，分析乳品的内部结构和理化性质。目前，应用超声波可以检测乳中脂肪和非脂肪固形物含量，分析乳中颗粒大小及分布（如酪蛋白胶束在乳中的分布），研究酪蛋白胶束在乳中的凝结过程（可以判定干酪生产中适宜的凝块切割时机），可以测定乳头的乳汁流量以及无伤探测无菌包装乳的灭菌情况等。此外，还可应用超声波对乳品进行杀菌和均质乳化处理。

第四节　加工处理对乳性质的影响

一、热加工对乳的影响

热处理是大多数乳制品加工厂重要的加工操作工艺，热处理的主要目的是杀菌及灭活酶，延长产品的保质期。包括对乳品物料、加工设备、生产环境的杀菌或灭菌。在一些领域中，热杀菌还经常和其他杀菌方法配合使用。牛乳是一种复杂的生物学流体，是多种营养物质以不同分散形式形成的连续胶体溶液，在热处理过程中会产生很多生物、化学和物理的变化，影响乳制品的营养学、感官和理化特性。热处理因此会给产品带来不利的影响，如形成蒸煮味、部分营养素的损失或分布不均以及生物活性物质失活等，因此，研究热处理工艺对乳组成及理化性质的影响，对提高乳制品质量有重要意义。

（一）一般的变化

1. 形成薄膜

牛乳在 40℃ 以上加热时，表面生成薄膜。这是由于蛋白质在空气与液体的界面形成不可逆的凝固物。随着加热时间的延长和温度的提高，从液面不断蒸发出来水分，因而促进凝固物的形成而且厚度也逐渐增加。这种凝固物中，包含占干物质量 70% 以上的脂肪和 20%~25% 的蛋白质，且蛋白质中以乳白蛋白占多数。为防止薄膜的形成，可在加热时搅拌或减少从液面蒸发水分。

2. 褐变

牛乳长时间的加热则产生褐变（特别是高温处理时）。褐变的原因，一般认为由于具有氨基（—NH$_2$）的化合物（主要为酪蛋白）和具有羟基（—C═O）的糖（乳糖）之间产生反应形成褐色物质。这种反应称为美拉德（Mailard）反应。另外，由于乳糖经高温加热产生焦糖化也形成褐色物质。除此之外，牛乳中含微量的尿素，也认为是反应的重要原因。褐变反应的程度随温度、酸度及糖的种类而异，温度和酸度越高，棕色化越严重。糖的还原力越强（葡萄糖、转化糖），棕色化也越严重，这一点在生产加糖炼乳和乳粉时关系很大。例如，生产炼乳时使用含转化糖高的砂糖或混合用葡萄糖则会产生严重褐变。为了抑制褐变反应，添加 0.01% 左右的 L-半胱氨酸，具有一定的效果。

3. 蒸煮味

牛乳加热后会产生或轻或重的蒸煮味，蒸煮味的程度随加工处理的程度而异。例如：牛乳经 74℃ 15min 加热后，则开始产生明显的蒸煮味，这主要是由于 β-乳球蛋白和脂肪球膜蛋白的热变性而产生巯基（—SH）。甚至产生挥发性的硫化物和硫化氢（H_2S）。蒸煮味的程度随加热温度而异，如表 2-22 所示。

表 2-22　　　　　　　　　　　　　加热对牛乳风味的影响

加热温度	风味	加热温度	风味
未加热	正常	76.7℃ 瞬间	蒸煮味+
62.8℃ 30min	正常	82.2℃ 瞬间	蒸煮味++
68.3℃ 瞬间	正常	89.9℃ 瞬间	蒸煮味+++

（二）乳成分的变化

1. 乳蛋白的变化

牛乳中的蛋白质是最容易受到热处理影响的组分。加热会使蛋白质空间结构发生变化，从营养学角度讲，蛋白质高级结构的破坏，更易于乳蛋白的消化吸收。

占乳清蛋白大部分的白蛋白和球蛋白对热都不稳定。牛乳以 62~63℃、30min 杀菌时产生蛋白变性现象。例如，以 61.7℃、30min 杀菌处理后，约有 9% 的白蛋白和 5% 的球蛋白发生变性。牛乳加热使白蛋白和球蛋白完全变性的条件为 80℃、60min，90℃、30min，95℃、10~15min 和 100℃、10min。

前面已经提到，牛乳 8℃ 左右加热后则产生蒸煮味，且与牛乳中产生的巯基有关，这种巯基几乎全部来自乳清蛋白，并且主要由 β-乳球蛋白产生。

正常牛乳的酪蛋白属于对热稳定性蛋白，在低于 100℃ 的温度加热时化学性质不会受影响，140℃ 时开始变性。100℃ 长时间加热或在 120℃ 加热时产生褐变。100℃ 以下的温度加热，化学性质虽然没有变化，但对物理性质却有明显影响。例如，以高于 63℃ 的温度将牛乳加热后，再用酸或皱胃酶凝固时，凝块的物理性质产生变化。一般来说，牛乳经 63℃ 加热后，加酸生成的凝块比生乳凝固所产生的凝块小，而且柔软；用皱胃酶凝固时，随加热温度的提高，凝乳时间延长，而且凝块也比较柔软。用 100℃ 处理时尤为显著。

2. 乳糖的变化

乳糖在 100℃ 以上的温度长时间加热则产生乳酸、乙酸、甲酸等。离子平衡显著变化，此外也产生褐变，低于 100℃ 短时间加热时，乳糖的化学性质基本没有变化。

3. 脂肪的变化

乳脂肪比较稳定，属非热敏性成分，牛乳即使以 100℃ 以上的温度加热，脂肪也并不发生化学变化，但是一些球蛋白上浮，促使形成脂肪球间的凝聚体。因此高温加热后，牛乳、稀奶油就不容易分离。但经 62~63℃、30min 加热并立即冷却时，不产生这种现象。高温加热会使乳脂肪球熔化并一起上浮。

　　4. 无机成分的变化

　　牛乳加热时受影响的无机成分主要为钙和磷。在63℃以上的温度加热时，可溶性的钙与磷减少。例如，在60~83℃加热时，减少了0.4%~9.8%的可溶性钙和0.8%~9.5%的可溶性磷。这种情况可以解释为，由于可溶性的钙和磷成为不溶性的磷酸钙 $[Ca_3(PO_4)_2]$ 而沉淀，也就是钙与磷的胶体性质起了变化。

　　将牛乳进行加热（61.7℃、30min）和陈化处理（8℃）后，调查乳中的钙、镁、磷及柠檬酸变化，其结果如表2-23所示。

表2-23　　　　　　　　　加热和陈化处理对牛乳钙、镁、磷及柠檬酸的影响

	钙				镁			
	总量	可溶性含量			总量	可溶性含量		
		生牛乳	杀菌后	陈化后		生牛乳	杀菌后	陈化后
100mL（mg）	124.8	46.4	45.5	47.6	10.7	7.8	7.5	6.4
中所占%	—	37.2	36.5	38.1	—	72.9	70.1	59.8

	磷				柠檬酸			
	总量	可溶性含量			总量	可溶性含量		
		生牛乳	杀菌后	陈化后		生牛乳	杀菌后	陈化后
100mL（mg）	90.7	36.8	37.9	36.9	158.0	145.6	145.8	142.8
中所占%	—	40.6	41.8	40.7	—	92.2	92.3	90.4

　　5. 风味的变化

　　加热或蒸煮对乳的风味影响可能是正面的也可能是负面的。牛乳经预热杀菌和轻度巴氏杀菌（73℃、10s）不会产生不良风味和气味，并可以改善风味。强热处理会促使稀奶油中抗氧化巯基基团的暴露，提高奶油产品的氧化稳定性。牛乳加热后产生的蒸煮味主要和加热时间长短和温度高低有关。一般牛乳经74℃、15min加热后开始产生明显蒸煮味，这主要是 β-乳球蛋白和脂肪球膜热变性而产生的巯基，甚至产生挥发性的硫化物和硫化氢的气味。

　　乳脂肪加热后产生的甲基酮和内酯等是另外一类主要风味物质，75℃以上长时间加热时，蒸煮味逐渐向焦糖味转移。通常灭菌乳的风味主要来自麦芽酚、异麦芽酚以及糖的转化和美拉德反应产生的呋喃酮。

二、冷冻加工对乳的影响

　　牛乳有时需要冷冻运输和贮存，但不是普遍使用的工艺。牛乳冻结后其成分也将发生一系列的变化。

（一）冷冻对蛋白质的影响

　　牛乳的冷冻加工主要指冷冻升华干燥和冷冻保存的加工方法。牛乳冷冻保存时，如在

−5℃保存5周以上或在−10℃保存10周以上，解冻后酪蛋白产生凝固沉淀。这时酪蛋白的不稳定现象主要受牛乳中盐类的浓度（尤其是胶体钙）、乳糖的结晶、冷冻前牛乳的加热和解冻速度等所影响。不溶解的酪蛋白，其中钙与磷的含量几乎和冷冻前相同。因此，可以认为酪蛋白胶体从原来的状态变成不溶解状态。

冷冻过程中乳中的蛋白质变得不稳定。在冻结初期，把牛乳熔化后出现脆弱的羽毛状沉淀，其成分为酪蛋白酸钙。这种沉淀物用机械搅拌或加热易使其分散。随着不稳定现象的加深，形成用机械搅拌或加热也不再分散的沉淀物。

乳中酪蛋白胶体溶液的稳定性与钙的含量有密切关系，钙的含量越高，则稳定性越差。为提高牛乳冻结时酪蛋白的稳定性，可以除去乳中的一部分钙，也可添加六偏磷酸钠（0.2%）或四磷酸钠，或其他和钙有螯合作用的物质。

冷冻保存期间蛋白质的不稳定现象也与乳糖有密切关系。浓缩乳冻结时，乳糖结晶能够促进蛋白质的不稳定现象，添加蔗糖则可增加酪蛋白复合物的稳定性。糖类中以蔗糖效果为最佳，这种效果是由于黏度增大影响冰点下降，同时有防止乳糖结晶的作用。

冷冻升华干燥常用于初乳制品及酪蛋白磷酸肽等的加工，加工中需要事先冷冻。这需要采用薄层速冻的方法，可以完全避免酪蛋白的不稳定现象。

（二）冷冻对脂肪的影响

牛乳冻结时，由于脂肪球膜的结构发生变化，脂肪乳化产生不稳定现象，以致失去乳化能力，并使大小不等的脂肪团块浮于表面。当牛乳在静止状态冻结时，由于稀奶油上浮，使上层脂肪浓度增高，因而乳冻结可以看出浓淡层。但含脂率25%～30%的稀奶油，由于脂肪浓度高，黏度也高，脂肪球分布均匀，因此，各层之间没有差别。此外，均质处理后的牛乳，脂肪球的直径在$1\mu m$以下，同时黏度也稍有增加，脂肪不容易上浮。

冷冻使牛乳脂肪乳化状态破坏，其过程是由于冻结产生冰的结晶，由这些碎片汇集成大块时，脂肪球受冰结晶机械作用的压迫和碰撞形成多三角形，相互结成蜂窝状团块。此外，由于脂肪球膜随着解冻而失去水分，物理性质发生变化而失去弹性。又因脂肪球内部的脂肪形成结晶而产生挤压作用，将液体释放从脂肪内挤出而破坏了球膜，因此乳化状态也被破坏。防止乳化状态不稳定的方法很多，最好的方法是在冷冻前进行均质处理（60℃，22.54～24.50MPa）。

（三）不良风味的出现和细菌的变化

冷冻保存的牛乳，经常出现氧化味、金属味及鱼腥味。这主要是由于处理时混入了金属离子，促进不饱和脂肪酸的氧化，产生不饱和的羟基化合物所致。发生这种情况时，可添加抗氧化剂加以防止。

牛乳冷冻保存时，细菌几乎没有增加，与冻结前乳相近似，如表2-24和表2-25所示。

表2-24   冻结前后牛乳中细菌数的变化

名称	细菌数/（CFU/mL）		名称	细菌数/（CFU/mL）	
	冻结前	6个月后		冻结前	6个月后
杀菌乳	3600	1500	杀菌、均质乳	200	400

表2-25　　　　　　　　　　　冻结乳熔化后的细菌数

名称	细菌数/（CFU/mL）			名称	细菌数/（CFU/mL）		
	刚熔化	24h 后（4.4℃）	48h 后（4.4℃）		刚熔化	24h 后（4.4℃）	48h 后（4.4℃）
杀菌乳	1200	1200	8000	杀菌、均质乳	400	400	450

Q 思考题

1. 乳中的化学组成都有哪些？
2. 乳中化学成分的特性是什么？怎么鉴别优质的原料乳？
3. 乳的主要物理性质包含哪些？
4. 怎么降低加热过程中对乳的影响？
5. 冷冻对乳品质的影响有哪些？

第三章

CHAPTER

3

原料乳的验收与预处理

第一节 乳中微生物

一、乳中微生物的种类和来源

存在牛乳中的微生物可以分为病原微生物、腐败微生物、有益微生物及其他微生物。

病原微生物是指那些不会影响牛乳性质，但会危害人体健康的病原菌。当牛乳中存在病原菌，只要贮藏不合理就会快速生长繁殖，并会代谢产生大量毒素，尽管在后期加工过程中可杀死病原菌，但毒素依旧具有活性，从而在人类饮用后发生中毒。常见病原菌包括沙门氏菌、霍乱弧菌、葡萄球菌、无乳链球菌、志贺氏菌、布氏杆菌、结核杆菌以及阪崎杆菌等。

有害微生物主要为腐败菌，其中最常见的是嗜冷菌。生牛乳在低温贮藏过程中，这类菌也能够生长，且其分泌的脂肪酶和蛋白酶通过高温灭菌依旧具有活性，能够使牛乳的脂肪和蛋白质分解，严重影响乳制品工业的生产。这类菌常见的是假单胞菌属、产碱杆菌属和黄杆菌属。

乳酸菌是生牛乳中的主要有益微生物，包括链球菌属、乳杆菌属和明串珠菌属。基本上生牛乳中都可检出链球菌属的乳酸链球菌，其是导致生牛乳酸度增大的主要原因。另外，该菌能够分泌乳酸链球菌素（Nisin），其对其他细菌的繁殖具有抑制作用。明串珠菌能够使柠檬酸分解，并生成丁二酮，其具有香味，应用于牛乳生产中会形成独特的风味。保加利亚乳杆菌是乳杆菌属中的代表菌，其协同于链球菌属中的嗜热链球菌生成酸乳。此外，普遍认为乳杆菌属的嗜酸乳杆菌是通过筛选，能够对肠道进行有效调节的一种良好益生菌；干酪乳杆菌已经作为干酪生产的主要菌种。

除以上微生物外，生牛乳中还含有其他多种微生物群。如大肠菌群、微球菌、丙酸菌、丁酸菌等。另外，生牛乳中还会含有其他微生物，如霉菌、酵母、噬菌体以及放线菌等。

（一）乳中微生物的种类

1. 原料乳中的病原微生物

乳与乳制品是微生物非常好的培养基，同样也成为致病菌的温床。从广义的角度讲，致病菌包括对人和对牛、羊等家畜的病原菌。病原微生物是指虽然不改变乳的性质，但对人体有害的病原菌。牛乳中混入病原菌，贮藏不当时便会生长代谢产生毒素，在后期加工中虽然病原菌被杀死，但毒素仍有活性，从而使人体中毒。一般牛乳与乳制品常见的致病菌有葡萄球菌、结核杆菌、溶血性链球菌、病原性大肠菌、沙门氏菌、赤痢菌、炭疽菌、肉毒梭状芽孢杆菌以及布鲁氏菌等。

病原菌在生长发育过程中要产生外毒素和内毒素以及其他特殊毒素，这就是它们具有致病性的原因。凡能产生外毒素的细菌大部分数革兰氏阳性菌，但也有例外，如赤痢菌等一部分革兰氏阴性菌也能产生外毒素。内毒素仅限于肠道菌群、沙门氏菌、布鲁氏菌等革兰氏阴性菌。详细介绍以下几种菌。

（1）葡萄球菌　葡萄球菌是一群革兰氏阳性球菌，常堆聚成葡萄串状。多数为非致病菌，少数可导致疾病。葡萄球菌是最常见的化脓性球菌，是医院交叉感染的重要来源，菌体直径约 $0.8\mu m$，小球形，但在液体培养基的幼期培养中，常常分散，细菌细胞单独存在。金黄色葡萄球菌（*Staphylococcus aureus Rosenbach*），隶属于葡萄球菌属（*Staphylococcus*），是乳牛乳房炎的一种重要病原菌，可引起多种严重感染。有"嗜肉菌"的别称，金黄色葡萄球菌是乳房炎感染常见的病原菌之一。其引起的乳牛乳房炎给乳牛养殖业造成了极大的经济损失，尽管牛场环境、挤乳操作和乳牛干乳期治疗等方面有了很大改善，金黄色葡萄球菌引起的乳房炎仍然被国内外牛场视为一种难以防治的疾病。

（2）结核杆菌　结核杆菌侵入人体后引起的结核病是一种具有强烈传染性的慢性消耗性疾病。它不受年龄、性别、种族、职业、地区的影响，人体许多器官、系统均可患结核病，其中以肺结核最为常见。90%以上的肺结核是通过呼吸道传染的。肺结核患者通过咳嗽、打喷嚏、高声谈笑，使带有结核杆菌的飞沫喷出体外，健康人吸入结核杆菌后便会感染。结核杆菌是引起结核病的重要人兽共患传染病病原，一直困扰世界乳牛养殖业的发展，危害人类和动物健康，给社会造成巨大经济损失，世界动物卫生组织将其列为 B 类动物传染病，我国将其列为二类动物传染病。

（3）溶血性链球菌　溶血性链球菌又称沙培林，溶血性链球菌在自然界中分布较广，存在于水、空气、尘埃、粪便及健康人和动物的口腔、鼻腔、咽喉中，可通过直接接触、空气飞沫传播或通过皮肤、黏膜伤口感染。一般来说，溶血性链球菌常通过患化脓性乳腺炎的乳牛产的牛乳对人类进行感染，上呼吸道感染患者、人畜化脓性感染部位常成为食品污染的污染源。

2. 原料乳中的腐败微生物

（1）分解蛋白质的细菌　食品中由于细菌引起蛋白质的水解，可使食品产生各种异常气味和风味的缺陷。蛋白质分解菌只在发育过程中能产生蛋白酶分解蛋白质的菌群，这些菌群有利于乳品生产。常见的腐败菌，都是一些分解蛋白质能力很强的细菌，特别是当食品冷藏的时间很长，使这种细菌繁殖到很高的数量时，就会引起牛乳、肉类、家禽肉和海产品的变质。但是，有些细菌分解蛋白质的活性对于某些食品是很有用处的，例如，它可以使干酪成熟并使其结构成形和产生香味。

①酸性蛋白质分解菌：凡能使蛋白质水解和发酵产酸的细菌称为酸性蛋白质分解菌，如粪链球菌液化变种和溶乳酪微球菌。

酸性蛋白质分解菌分为有益菌和有害菌两类，其中使蛋白质分解至肽或者氨基酸的菌株，对干酪和稀奶油、发酵乳的成熟产生香气至关重要。用于干酪和发酵乳生产的菌株有乳酸杆菌、乳酸链球菌、嗜酸乳杆菌和保加利亚乳杆菌等。这几种细菌分泌的酶需在中性或酸性条件下发挥作用。另外，部分乳酸菌分解蛋白质过程中产生带苦味的肽类，影响干酪质量。

②产气菌：产气菌现称产气荚膜梭菌，为革兰氏阳性粗大梭菌，（3～4）μm×（1～1.5）μm。单独或成双排列，有时也可成短链排列。芽孢呈卵圆形，芽孢宽度不比菌体大，位于中央或末次端。培养时芽孢少见，须在无糖培养基中才能生成芽孢。在脓汁、坏死组织或感染动物脏器的涂片上，可见有明显的荚膜，无鞭毛，不能运动。厌氧程度不如破伤风梭菌要求高。能分解乳糖产酸，使酪蛋白凝固，同时生成大量气体。

产气菌能分解多种糖类，如葡萄糖、麦芽糖、蔗糖和乳糖，产酸产气，不发酵甘露糖或水杨苷，能液化明胶，产生硫化氢，不能消化已凝固的蛋白质和血清，在酸性环境中能分解蛋白质。

③分解蛋白质的有害菌：分解蛋白质的有害菌是一群在碱性环境中分解消化蛋白质的菌群，能使乳蛋白分解陈化、碱化，其中有假单胞菌属革兰氏阴性低温菌和微球菌属、溶解微球菌、枯草杆菌等好气性芽孢杆菌以及一部分放线菌。与乳品有关的有分枝杆菌属、放线菌科的放线菌属，链霉菌科的链霉菌属。放线菌属中与乳制品有关的主要是干酪链霉菌、白色链霉菌和灰色链霉菌等，能使蛋白质分解以致造成腐败变质。

（2）分解脂肪的细菌　脂肪分解菌指能使甘油酯分解生成脂肪酸的菌群。脂肪分解菌中除一部分在干酪生产方面有用外，一般都是能使牛乳及乳制品变质的细菌，尤其对稀奶油、奶油生产害处更大。

①荧光极毛杆菌：菌体呈短杆状，单个或成对排列，两端圆形，极端有1～3根鞭毛，有运动能力。菌体较小，须经染色后在显微镜下才能看到。

②莓实假单胞菌：属假单胞菌L种，可引起冷藏食品如奶油、禽蛋和肉腐败。

③乳酸链杆菌：指能使糖类发酵产生乳酸的细菌，酸牛乳中有此菌。是一群生活在机体内益于宿主健康的微生物，它维护人体健康和调节免疫功能的作用已被广泛认可。

④白地霉：白地霉的形态特征介于酵母菌和霉菌之间，繁殖方式以裂殖为主，少数菌株间有芽生孢子。生长温度范围5～38℃，最适生长温度25℃。生长pH范围在3～11，最适pH 5～7，具有广泛的生态适应性。单株白地霉具有一定程度的表型可变性，同种内不同菌株呈现遗传多态性，菌落颜色从白色到奶油色，少数菌株为浅褐色或深褐色，质地从油脂到皮膜状。

白地霉在干酪的生产过程中对形成干酪独特的外观、香气及其口感滋味起了重要的作用。在干酪成熟过程中的开始阶段，白地霉生长于干酪表面，能够赋予干酪表面以天鹅绒般的纯白色外衣，并且对外表的质地、黏度和浓度有一定的影响，但有些白地霉菌株能够使干酪形成不牢固的外壳，当翻转干酪时，可使其破裂。白地霉的蛋白质和脂肪代谢途径使得它在多种软干酪、半固体干酪的香气和口感滋味的形成过程起了重要作用。

⑤黑曲霉：黑曲霉是重要的发酵工业菌种，可生产淀粉酶、酸性蛋白酶、纤维素酶、果胶酶、葡萄糖氧化酶、柠檬酸、葡糖酸和没食子酸等。生长适温28℃左右，最低相对湿度为88%，能引致水分较高的粮食霉变和其他工业器材霉变，是生产酶制剂（蛋白酶、淀粉酶、果胶酶）的菌种。干酪成熟中污染会使干酪表面变黑、变质，奶油也会变色。

⑥大毛霉：菌落质地呈松絮状。基部菌丝初为白色，后黄色，反面无色。孢囊梗直立，无色，壁光滑，不分枝。孢子囊顶生，囊轴倒卵形，梨形至圆柱形，黄色或橙色内涵物，孢

囊孢子椭圆形，无色或暗黄色，光滑。

（3）酵母及霉菌

①脆壁酵母：脆壁酵母是单细胞真核微生物。细胞形态有球形、卵圆形、腊肠形等。比细菌的单细胞个体要大得多，无鞭毛，不能游动，具有典型的真核细胞结构，有细胞壁、细胞膜、细胞核、细胞质、液泡、线粒体等。

脆壁酵母是生产半乳糖苷酶的主要酵母菌种。酵母菌产生的半乳糖苷酶最适 pH 近于中性，与牛乳的接近，最适温度较低，适于处理牛乳和甜乳清中的乳糖。

目前，乳糖酶的应用领域很广。在医药领域，有用于治疗乳糖不耐受的口服乳糖酶片；在乳品工业中，主要用于生产低乳糖牛乳、浓缩乳制品；在环保方面，可以利用乳糖酶水解乳清生产干酪的副产物，因为乳清中的需氧量值很高，会造成严重的环境污染，同时乳清中又含乳清蛋白、乳糖、矿物质等，水解乳清生产乳清糖浆可用来代替蔗糖和卵蛋白来加工生产面包、乳脂糖等，且用乳糖酶可大大改善产品感官和风味。所以乳糖酶的商业价值很大，乳糖酶用于乳品生产低乳糖制品在国外品种较多，如乳糖水解乳，低乳糖乳粉，干酪，冰淇淋。经过水解的牛乳具有增加滋味，明显提高奶香，改善口感等特点，甜度比水解前提高 3 倍，还可明显延长发酵乳的保质期。

②假丝酵母：假丝酵母是酵母中的一属，这一属中的许多物种是动物宿主里面的寄生物，人类自然也是它们的宿主之一。虽然通常它们都是以共生体的形式与宿主和平共处，但某些假丝酵母可能会导致疾病。假丝酵母属的氧化分解能力很强，能使乳酸分解形成二氧化碳和水，由于它们的酒精发酵能力很强，所以也用于开菲尔乳的制造和酒精发酵。

③娄地青霉：娄地青霉是一种耐酸、耐低氧和耐高浓度二氧化碳的真菌，在青贮饲料中检出率最高，也会污染焙烤食品、肉制品和低温保藏食品等。娄地青霉可以用作蓝纹干酪的二次发酵剂，在蓝纹干酪成熟期间产生分解脂肪和蛋白质的酶，使其形成独特的刺激风味，而这种风味是由脂肪酸代谢所产生的甲基酮类物质提供的，特别是 2-戊酮、2-庚酮和 2-壬酮。但是娄地青霉在干酪中也会产生毒素。

霉菌的大多数属于有害菌，娄地青霉和沙门柏干酪青霉等在干酪生产方面属于有用的霉菌。毛霉中有一个菌种能产生微生物凝乳酶，这种凝乳酶已应用于工业生产。

3. 原料乳中的乳酸菌

（1）乳酸球菌

①乳酸乳球菌：乳酸乳球菌是一种原核微生物，归属于硬壁菌门，杆菌纲，乳杆菌目，链球菌科，乳球菌属，是乳酸菌属中的一种重要模式菌。细胞呈球形或卵圆形，革兰氏阳性，兼性厌氧，不产荚膜和芽孢，营养要求复杂，最适生长温度为 30℃。广泛存在于乳制品和植物产品中，在食品工业中应用广泛，对人和动物无致病性，是被公认安全的食品级微生物。

乳酸乳球菌生长快速、代谢相对简单，分解与合成代谢分开，胞内外蛋白质易于分离、纯化。目前乳酸乳球菌在乳制品中已经得到广泛的应用，它可作为发酵剂用于酸奶油、酸乳、大豆酸乳、乳饮料等乳制品的生产。它也是制备干酪常用的发酵剂，如切达干酪、农家干酪、夸克等，乳酸乳球菌对于干酪等发酵乳制品的风味有重要影响。

②嗜热链球菌：嗜热链球菌是一种好氧的革兰氏阳性菌，以两个卵圆型为一对的球菌连成 0.7~0.9μm 的长链，是同型发酵的细菌。嗜热链球菌也可在含有下列任一种糖类的培养

基上生长。这些糖类包括半乳糖、葡萄糖、果糖、乳糖、蔗糖。嗜热链球菌个体中多有 2 球体连接，3、4 球体连接，5、6 球体连接，8 球体以上连接的和单球体的少见。所以个体大小差距较大，多在（0.4~0.7）μm×（1.0~6）μm 范围内。

③乳酸乳球菌乳脂亚种：乳酸乳球菌乳脂亚种属于实验和科研检测用菌株。菌落较小，圆形凸起，有光泽，菌体卵圆形，成对、成串出现。液体中培养多数都已形成沉淀。不能在 45℃ 条件下生长，都不耐 4% 的 NaCl，能利用葡萄糖，半乳糖，麦芽糖和甘露醇，生产胞外多糖，但不能利用菊糖。

乳酸乳球菌在发酵乳制品如酸乳、干酪等生产中起重要作用。但在发酵过程中该类菌株极易遭受噬菌体的感染，使菌株产酸能力降低或死亡，影响产品的质量和风味。由于乳制品生产的原料牛乳通常采用巴氏杀菌，不能有效杀死噬菌体，所以生产菌株必须具有噬菌体抗性。

④粪肠球菌：粪肠球菌是革兰氏阳性菌，过氧化氢阴性球菌，能产生天然抗生素，有利于机体健康；同时还能产生细菌素等抑菌物质，抑制大肠杆菌和沙门氏菌等病原菌的生长；还能抑制肠道内产尿素酶细菌和腐败菌的繁殖，减少肠道尿素酶和内毒素的含量，使血液中氨和内毒素的含量下降。肠球菌为消化道内正常存在的一类微生物，在肠黏膜具有较强的耐受和定植能力，并且是一种兼性厌氧的乳酸菌，与厌氧、培养保存条件苛刻的双歧杆菌相比，更适合于生产和应用。

其在人体肠道内可形成生物薄膜附着于肠道黏膜上，并且发育、生长和繁殖。粪肠球菌能够将纤维变软，提高饲料的转化率。粪肠球菌能够产生多种抗菌物质，这些抗菌物质对沙门氏菌、大肠杆菌和金黄色葡萄球菌等致病菌具有良好的抑制作用。研究表明，粪肠球菌能够产生伏尔加霉素，可以有效抑制李斯特菌和金黄色葡萄球菌和腐败微生物生长繁殖。

⑤肠膜明串珠菌：肠膜明串珠菌革兰氏染色阳性。一般存在于植物体表，能发酵糖类产生多种酸和醇，具有高产酸能力、抗氧化能力和拮抗致病菌等能力。其细胞大小为（0.5~0.7）mm×（0.7~1.2）mm。鸟嘌呤和胞嘧啶（G+C）含量低于 50% 的革兰氏阳性菌。菌落形态呈圆形或豆形，菌落直径小于 1.0mm，表面光滑，乳白色，不产生任何色素；细胞形态呈球形、豆形或短杆形，有些成对或以短链排列、不运动、无芽孢；微好氧性，厌氧培养生长良好；生长温度范围 2~53℃，最适生长温度 30~40℃；耐酸性强，生长最适 pH 5.5~6.2，在 pH≤5 的环境中可以生长，而在中性或初始碱性条件下生长速率降低。

该菌包括有肠膜明串珠菌乳脂亚种和葡萄糖亚种，尤以肠膜明串珠菌的乳脂亚种最为常见，可发酵柠檬酸而产生特征风味物质，又称风味菌、香气菌和产香菌。

（2）乳酸杆菌

①德氏乳杆菌保加利亚亚种：保加利亚酸乳中的乳酸菌，在分类上属于乳酸杆菌。菌体粗而长，两端稍圆，单个，平行或短键排列。根据形态可分 A、B 两型。A 型为短杆菌，排列成键，菌体粗细不匀，有卵圆形或臀形，籀节突出，着色均匀；B 型为长杆菌，单个存在，似有圆状物黏附于菌体。兼性厌氧，在需氧环境下发育不良。适温为 44~45℃，50℃ 也能生长，25~35℃ 生长不良，15℃ 停止发育。适宜 pH 7.0~7.2，在 pH 3.0~4.5 时也能生长。

②嗜酸乳杆菌：嗜酸乳杆菌不仅在胃中，它还是人体小肠内的主要益生菌。嗜酸乳杆菌属于乳杆菌属，革兰氏阳性菌，杆的末端呈圆形，主要存在小肠中，释放乳酸、乙酸和一些对有害菌起作用的抗生素，但是抑菌作用比较弱。

嗜酸乳杆菌可以调整肠道菌群平衡，抑制肠道不良微生物的增殖。嗜酸乳杆菌对致病微生物具有拮抗作用。嗜酸乳杆菌能分泌抗生物素类物质（嗜酸乳菌素、嗜酸杆菌素、乳酸菌素），对肠道致病菌产生拮抗作用。

③干酪乳杆菌：干酪乳杆菌为短杆状或长杆状的多形性杆菌，长短不一，一般宽度均小于 1.5μm。菌两端平齐呈方形，排列方式多为短链或呈长链。有时也可见到球形菌。革兰氏染色阳性，无运动性，不产生芽孢。能发酵果糖、半乳糖和葡萄糖，不能利用蜜二糖、棉子糖和木糖，不能分解精氨酸产氨。

干酪乳杆菌作为益生菌之一被用作牛乳、酸乳、豆乳、奶油和干酪等乳制品的发酵剂及辅助发酵剂，尤其在干酪中的应用较多，适应干酪中的高含量盐及低 pH，通过一些重要氨基酸的代谢以增加风味并促进干酪的成熟。

4. 原料乳中的其他微生物

（1）原料乳中的嗜温菌　嗜温菌在较高或较低温度时，均不能生长，其最低温度 5℃，最高温度 50℃，最适宜温度为 18~45℃。一般病原菌均属嗜温菌，其最适温度基本上与人类体温相同，所以实验室内培养细菌，均采用 37℃。

嗜温菌的种类包括：

①肠杆菌科：肠杆菌科是革兰氏阴性小杆菌，有十二个属，它们是埃希氏菌属、爱德华氏菌属、柠檬酸杆菌属、沙门氏菌属、志贺氏菌属、克雷伯氏杆菌属、肠杆菌属、哈夫尼亚菌属、沙雷氏菌属、变形菌属、耶尔森氏菌属和欧文氏菌属。除欧文氏菌属和爱德华氏菌属外，其余都与牛乳有关。肠杆菌科的特性是细胞为较小直杆状，通常是单个，但有时也会聚集在一起。好氧和兼性厌氧，不耐热，牛乳经巴氏杀菌就可以消除。为了检验巴氏杀菌的效果，一般在巴氏灭菌乳、奶油和其他乳制品中检测是否残留大肠菌群和磷酸酶。若两者都显阳性，则说明巴氏杀菌操作不当；若大肠菌群结果为阳性，而磷酸酶的结果为阴性，则说明巴氏杀菌后产品被污染了。

②丙酸菌：丙酸菌的菌体形态与乳酸菌的相似，与乳酸链球菌的完全相同，也有和保加利亚乳杆菌类似的。无运动性，革兰氏阳性，有不产色素和产褐色色素的。丙酸菌能分解碳水化合物，发酵乳糖生成丙酸、丁酸、乙酸和二氧化碳等。广泛存在于牛乳和干酪中，并可使干酪产生气孔和特殊的风味。丙酸菌的生长适温为 15~40℃，主要发现于干酪、乳制品和人的皮肤。

③丁酸杆菌：菌体中常有圆形或椭圆形芽孢，使菌体中部膨大呈梭形。该菌在 37℃、pH 7 时为生长发育的最适条件，它能利用多种糖类，如葡萄糖、乳糖、麦芽糖、蔗糖和果糖等，并能利用淀粉。本菌的主要代谢产物为丁酸、乙酸。丁酸杆菌是能分解碳水化合物并产生丁酸、二氧化碳和氢气的丁酸发酵菌。种类非常多，目前已发现有二十余种，它们的性质也不尽相同。在牛乳中繁殖的丁酸菌一般无运动性、嫌气，如丁酸菌中产气荚膜杆菌（或称威氏杆菌），菌体呈单个或两个相连接，形态有时呈链状，无运动性，产孢子，革兰氏阳性，嫌气，最适生长温度 35~37℃。丁酸菌的污染源是牛粪及含有牛粪的土壤和水源，所以乳牛在饲用质量不良的青贮料的舍饲期，所产的牛乳含丁酸菌较多，而在放牧季节被丁酸菌污染的机会很少。

（2）原料乳中嗜冷菌　凡在 0~20℃下能够生长的细菌都属于低温菌范围。国际乳品联合会（IDF）提出，凡是在 7℃ 以下能生长的细菌即称为低温菌，而在 20℃ 以下能繁殖的细菌叫嗜冷菌。牛乳与乳制品中的低温菌属有假单胞菌属、明串珠菌属、醋酸杆菌属、莫拉氏菌属、不动杆菌属、气单胞菌属、色杆菌属、无色杆菌属、黄杆菌属、产碱杆菌属和一部分大肠菌群。此外，一部分乳酸菌、微球菌、酵母菌和霉菌也属于低温菌，尤其是霉菌更喜欢低温环境。嗜冷菌的种类如下：

①假单胞菌属：假单胞菌属在自然界中广泛存在。能产生各种荧光色素，能发酵葡萄糖。该属多数能使乳与乳制品蛋白质分解而变质。如荧光极性鞭毛杆菌除了能使牛乳胨化外，还能分解脂肪，导致牛乳酸败。此外，牛乳中除了有极性鞭毛杆菌和强力分解脂肪的假单胞菌外，还有绿脓菌之类的病原菌。这种菌是使食品发生腐败变质的菌种之一。这类菌生长快且大多数在低温条件下生长良好（最适温度为20℃左右），大部分对防腐剂具有抵抗力。其生长弱点是需较多水分，在盐、糖作用下可以降低其活力，加热易被杀死。牛乳和乳制品中的假单胞菌还有产黄假单胞菌、臭味假单胞菌和莓实假单胞菌等。

②明串珠菌属：明串珠菌的菌株多见于牛乳和乳制品及其发酵剂中，也可见于水果、蔬菜上和蔬菜发酵（如泡菜等）过程中。其菌体细胞呈球形，但通常呈豆状，尤其当生长在琼脂上时。常成对和链形排列。革兰氏阳性，不运动，不形成芽孢，兼性厌氧。菌落直径通常小于1.0mm，光滑，圆型，灰白色。培养液生长物混浊均匀，但形成长链的菌株趋向于生成沉淀。可在5~30℃生长，最适温度20~30℃。乳及乳制品中常见的明串珠菌有类肠膜明串珠菌、肠膜明串珠菌、葡聚糖明串珠菌、乳脂明串珠菌和乳明串珠菌等。

③醋酸杆菌属：醋酸杆菌属能使有机物，尤其是酒精氧化生成有机酸和各种氧化物，当乳与乳制品发生酸败或出现酒精发酵时，醋酸杆菌则能使发酵产物氧化以至腐败。醋酸杆菌属中有醋化醋酸杆菌、纹膜醋酸杆菌和产醋醋酸杆菌等。

④莫拉氏菌属和不动杆菌属：莫拉氏菌属是包括人在内的温血动物的致病菌，它们对营养的要求较挑剔。莫拉氏菌属的菌在37℃生长或不生长，可以从食品甚至冷藏的牛乳和乳制品中分离到。不动杆菌属的菌株营养多样化，无特殊的营养需要，平时行腐生生活。30~32℃下生长良好，可以以嗜冷或嗜温菌出现在牛乳中。虽然不是所有有荚膜的菌都会引起牛乳变黏稠，但目前人们认为黏乳不动杆菌是造成牛乳变黏稠的菌源之一。作为牛乳中嗜冷菌系的成员，这两类菌的一些菌株可能也能代谢胞外降解酶。

⑤气单胞菌属、色杆菌属和黄杆菌属：气单胞菌属、色杆菌属和黄杆菌属的菌落色素不相同。色杆菌的菌落显紫色奶酪状，在适宜的培养基上，它们能产生紫色杆菌素。紫色杆菌素不溶于水但溶于乙醇，不容易扩散，是一种具有抗菌活性的色素。黄杆菌在固体培养基上生长具有黄色、橙色、红色或褐色的色素，其色泽可随培养基和相对湿度而变化。色素不溶于水，一般假定为类胡萝卜素（至少有两种菌产生的是非类胡萝卜素）。虽然这三类菌的最高和最低生长温度各不一样，但它们的绝大多数都能在25~30℃生长很好。在适用于牛乳和乳制品中嗜冷菌的平板上，许多气单胞菌、色杆菌和黄杆菌都能生长。当然，色杆菌属主要是生长在泥土中，所以很少出现在牛乳中。这些菌属的菌株可能能产生热稳定性胞外酶，因此是牛乳和乳制品中嗜冷菌源。另外，黄杆菌的某菌株在4℃时会引起牛乳变黏稠。

⑥微球菌科：微球菌科包括微球菌属、葡萄球菌属和动性球菌属，其中前两个菌属可能会出现在牛乳和乳制品中。微球菌细胞呈球形，直径为0.5~3.5μm，革兰氏阳性，通常不运动。呼吸或发酵代谢，好氧或兼性厌氧，严格好氧。大多数在10℃生长，但在45℃不能生

长，最适生长温度是 22~37℃。微球菌与葡萄球菌的区别是后者能发酵葡萄糖，其中变异微球菌通常出现在牛乳和乳制品、哺乳动物表皮、灰尘和土壤中，非致病性。菌落黄色光滑，凸起，有规则边缘，产生有光泽的深黄色色素。在半乳糖、乳糖、麦芽糖、蔗糖中产酸，但产酸是可变的，有时水解脂肪类和酪朊。

（3）原料乳中的嗜热菌　高温菌或嗜热菌是指在 40℃ 以上能正常发育的菌群。乳酸菌中的嗜热链球菌、保加利亚乳杆菌、好气性芽孢杆菌（如嗜热脂肪芽孢杆菌）和放线菌等都属于嗜热菌。嗜热菌体内原生质的大部分是由高级不饱和脂肪酸组成，在低温下这些不饱和脂肪酸固化而失去活力，这就是嗜热菌或高温菌在低温下不能发育的原因。耐热性细菌，广义是指能形成嗜热芽孢的菌群，生产上是指经巴氏杀菌（63℃、30min）还能生存的细菌，如一部分乳酸菌、耐热性大肠菌、小杆菌以及一部分放线菌和球菌等。用超高温（135~137℃、数秒）灭菌，这些耐热菌及其芽孢都能被杀死。

①嗜热链球菌：嗜热链球菌（S. thermophilus）为球形或卵圆形细胞，直径 0.7~0.9μm，成对或长链状，45℃ 时细胞或其一部分变为不规则。无运动性，不形成孢子，革兰氏阳性，兼性厌氧，加热 60℃、30min 可以存活。生长最低温度为 19℃，最高为 52℃，低于 10℃，或高于 53℃ 不生长，最适为 37℃。71℃、30min 或 82℃、2.5min 加热可杀死该类微生物。通常混合使用嗜热发酵剂与其他发酵剂，以生产酸乳、瑞士干酪、意大利干酪和开菲尔，也可以用来检测牛乳中的抑制物质。它们一般可以大量从 40~45℃ 的牛乳中分离到，尤其是当其内含有足够的碳水化合物。

②嗜热脂肪芽孢杆菌：嗜热脂肪芽孢杆菌（Bacillus stearothermophilus）菌落形状从圆形到卵圆形，透明到模糊，光滑到粗糙，非常难以辨别，大小如针尖。它能在 65℃ 条件下生存，但只有微弱的抗酸性，在 pH 5.0 以下就停止生长。该菌能导致罐头类食品（包括炼乳等乳制品）变质。乳制品中的嗜热脂肪芽孢杆菌并不是来自牛乳本身，而是来源于淀粉、糖或谷物等配料中。该种的孢子比芽孢杆菌属的其他嗜温菌孢子更耐热，但营养体对不良条件非常敏感，若将它们冷至室温，营养体立即失去活性。它的芽孢经过罐式热处理仍能生存，并引起产品酸败，但不产气，所以产品即使已经过期变质，也并不胀罐。

③牛链球菌：从牛、羊和其他反刍动物的食道中以及猪的粪便分离到牛链球菌（Streptoccusbovis），偶尔也会在患心脏内膜炎的人体组织中出现，有的可以从生乳、稀奶油和干酪分离到。来源于人体和牛体的菌株无差异性。菌落呈圆形或卵圆形，成对或成链状，链为中等长度，偶尔也很长。牛链球菌发酵葡萄糖、乳糖等糖产酸。体内存在 α-淀粉酶，可将淀粉水解成麦芽糖和葡萄糖。大多数菌株在 60℃ 环境中可耐 30min，最适生长温度是 37℃，最低生长温度为 22℃。

（4）原料乳中的芽孢菌　芽孢菌为典型的内生孢子，革兰氏阳性菌，是芽孢菌科（Baillaceae）菌群的总称。一般可发酵许多糖类，多数为产气型，广泛存在于自然界，常寄生于死物上，有的具有致病性，由土壤、水、尘埃等污染牛乳及乳制品。因为它可以生成耐热性的芽孢，故在杀菌处理后仍能生存。引起乳变质的菌种很多。

①芽孢杆菌属：芽孢杆菌属（Bacillus）的菌株可按芽孢的形状和菌的大小区分，枯草芽孢杆菌（B. subtilis）为其代表菌种。枯草芽孢杆菌好气，自然界分布很广，经常从干草、谷类、皮和草等散落到牛乳中，所以常常从牛乳中检出，单个或呈链状，有运动性，革兰氏阳性，能形成孢子，生长温度为 28~50℃，适温为 28~40℃，最高温度可达 55℃。枯草杆

菌分解蛋白质能力强，可使牛乳胨化，一般不分解乳糖，可发酵葡萄糖、蔗糖，能利用柠檬酸。牛乳在好气性芽孢杆菌作用下会出现异臭和苦味。巨大芽孢杆菌的生理活性与枯草芽孢杆菌相似，它和蜡状芽孢杆菌能分解乳蛋白并产生非酸性凝固（酶凝固），使牛乳迅速胨化。地衣芽孢杆菌的耐盐性高，10%食盐浓度中也能生长，可从干酪中分离出来。短小芽孢杆菌也可从干酪和污染乳中分离。凝结芽孢杆菌存在于牛乳、稀奶油、干酪和青贮饲料中，它和短芽孢杆菌、环状芽孢杆菌等可使牛乳酸败。多黏芽孢杆菌（*B. polymyra*）可使牛乳凝固并产气，这种菌以及浸麻芽孢杆菌在用生乳制成的干酪初期可形成气孔。在牛乳和干酪中常常有短芽孢杆菌以及环状芽孢杆菌，此外还有坚硬芽孢杆菌（*B. firmus*）、嗜热脂肪芽孢杆菌、泛酸芽孢杆菌（*B. puntothenticus*）和巴氏芽孢杆菌（*B. pasteuri*）等。淡炼乳检出菌中常有苦味芽孢杆菌、嗜乳芽孢杆菌、面包芽孢杆菌和简单芽孢杆菌等。病原菌则有炭疽芽孢杆菌。因为芽孢杆菌对干燥、高温等有抗性，即使在恶劣环境下还可以生存较长的时期，绝大多数好氧芽孢杆菌孢子无所不在，可以从许多物体上分离到。

②梭状芽孢杆菌属：梭状芽孢杆菌属是可发酵许多糖，生成丁酸等各种酸的芽孢杆菌。与乳制品有关的菌多为嫌气型（严格厌氧菌），是干酪成熟后期形成的气孔缺陷的原因菌。创伤梭菌、丙酮丁醇梭菌、金黄丁酸梭菌、产气荚膜梭菌、费新尼亚梭菌、肖氏梭菌、败毒梭菌等会出现在乳制品中。

干酪成熟后期造成气孔缺陷的原因就是丁酸菌，代表菌株是丁酸芽孢杆菌。在乳酸菌繁殖产酸到达一定程度时，这些丁酸菌就停止生长，并开始显示其活性。在产气的同时，还产生丁酸并进行酒精发酵，在这些发酵过程中还伴随有甲酸、乙酸、丙酸等有机酸和戊醇、丁醇等。

③芽孢乳杆菌属：菊糖芽孢乳杆菌是芽孢乳杆菌属的代表菌，它能将乳糖发酵生成酸。偶尔也会出现在牛乳和乳制品中。

原料乳中微生物检测最直接的方法是测定菌落总数，同时要有针对性的进行原料乳中芽孢总数和耐热芽孢数的测定。一般要求原料乳的芽孢总数在100CFU/mL以内为佳，耐热芽孢数应控制在10CFU/mL以内才可判定原料乳为合格。

5. 原料乳中的病毒和噬菌体

（1）病毒　病毒是一种个体微小，结构简单，只含一种核酸（DNA或RNA），必须在活细胞内寄生并以复制方式增殖的非细胞型生物。病毒是一种非细胞生命形态，它由一个核酸长链和蛋白质外壳构成，病毒没有自己的代谢机构，没有酶系统。因此病毒离开了宿主细胞，就成了没有任何生命活动、也不能独立自我繁殖的化学物质。病毒不仅分为植物病毒，动物病毒和细菌病毒。从结构上还分为单链RNA病毒，双链RNA病毒，单链DNA病毒和双链DNA病毒。

病毒的生命过程大致分为：吸附，注入（遗传物质），合成（逆转录/整合入宿主细胞DNA），装配（利用宿主细胞转录RNA，翻译蛋白质再组装），释放五个步骤。因为病毒会拉近细胞间距离，易使细胞相融形成多核细胞，进而裂解。

（2）噬菌体　噬菌体是感染细菌、真菌、藻类、放线菌或螺旋体等微生物的病毒的总称，因部分能引起宿主菌的裂解，故称为噬菌体（图3-1）。作为病毒的一种，噬菌体具有病毒的一些特性，如个体微小，不具有完整细胞结构，只含有单一核酸，可视为一种"捕食"细菌的生物。

噬菌体的特别之处是专以细菌为宿主，较为人知的噬菌体是以大肠杆菌为寄主的 T2 噬菌体。噬菌体是一种普遍存在的生物体，而且经常都伴随着细菌。通常在一些充满细菌群落的地方，如泥土、动物的内脏里，都可以找到噬菌体的踪影。世上蕴含最丰富噬菌体的地方就是海水。

噬菌体的体积小，其形态有蝌蚪形、微球形和细杆形，以蝌蚪形多见。噬菌体是由核酸和蛋白质构成，蛋白质起着保护核酸的作用，并决定噬菌体的外形和表面特征。其核酸只有一种类型，即 DNA 或 RNA，双链或单链，环状或线状。

（3）原料乳中的噬菌体　原料乳的安全隐患是多方面的，其中主要的噬菌体为乳酸菌的噬菌体。乳酸菌噬菌体是专门寄生于乳酸菌细胞内的细菌病毒。噬菌体是专门寄生在细胞内的细菌"寄生虫"，它在自然界中无处不在。在很多研究中都提及以宿主范围为基础对乳酸菌噬菌体进行的分类，特别是乳制品在发酵生产过程中使用的乳酸菌。

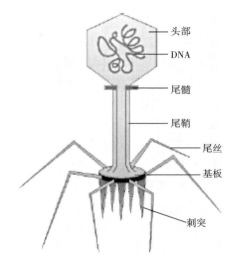

图 3-1　噬菌体的结构

头部
DNA
尾髓
尾鞘
尾丝
基板
刺突

噬菌体感染乳酸菌具有重要的经济学意义，因为它是导致发酵失败的主要原因之一。在乳品生产中已经采用了大量的技术手段来减少噬菌体感染，包括过滤空气、将发酵剂制备区同生产区分开、采用直投式发酵剂、应用密闭的发酵罐、轮换发酵剂菌株以及利用噬菌体抗性培养基。但是，采用这些措施并不能完全消灭在工业生产中导致严重问题的噬菌体。

（4）噬菌体对乳品工业生产的影响　噬菌体对乳品工业生产的危害性很大，干酪以及酸乳发酵剂用的乳酸菌往往会被噬菌体所感染而使生产蒙受巨大损失，一旦感染，其发酵作用很快便会停止，发酵产物不再继续积累，菌种也将迅速被破坏。如干酪和酸乳生产常用的乳酸杆菌、乳酸链球菌受到相应的噬菌体污染后，其发酵作用将很快停止，不再继续积累发酵产物，菌种也将迅速消灭。目前，对已被污染的发酵菌液还无法有效阻止噬菌体的溶菌作用，一般只能采取预防措施。

（二）乳中微生物的来源

1. 乳房内微生物的污染

从健康乳牛的乳房挤出的鲜乳并不是无菌的。在一般健康乳牛的乳房内，总是有一些细菌存在，但仅限于极少数几种细菌，其中以小球菌属的链球菌最为常见，其他如棒状杆菌属和乳杆菌属等细菌也可出现。乳房内的细菌主要存在于乳头管及其分枝处。在乳腺组织内无菌或含有很少细菌。乳头前端容易被外界细菌侵入，细菌在乳管中生长能形成菌块栓塞，所以在最先挤出的少量乳液中，会含有较多的细菌，为 $10^3 \sim 10^4$ CFU/mL，中间挤出的乳中约为 550CFU/mL，最后挤出的乳微生物含量最少，约为 400CFU/mL。因此，挤乳时要求弃去最先挤出的少数乳液。

2. 挤乳过程中的微生物污染

由于饲料、牛舍、空气、乳牛粪便、污水等周围环境的污染，使乳房、腹部以及牛体其他部分附着大量细菌，多数属于带芽孢的杆菌和大肠杆菌等。乳牛的皮肤、毛，特别是腹部、乳房、尾部是细菌附着严重的部位。不洁的牛体附着的尘埃，其1g尘埃中的细菌菌落数可达几亿到几十亿CFU。1g湿牛粪含菌落数为几十万到几亿CFU，1g干牛粪可达几亿到一百亿CFU。因此，在挤乳前一小时应对牛腹部、乳房进行清理；挤乳前十分钟对乳房进行洗涤按摩；最后在挤乳前用0.3%~0.5%洗必泰溶液药浴乳房不仅可以减少牛乳的带菌量，而且对预防隐性乳房炎也效果良好。

牛舍内通风不良，以及不注意清扫的牛舍，会有地面、牛粪、褥草、饲料等飞起尘埃，这种浮游于空气中的尘埃小微粒中，附着有大量细菌。如果不新鲜的空气中含有这种尘埃多，则空气会成为严重的污染源。洁净的牛舍内空气中的含菌量为 $5 \times 10^4 \sim 1 \times 10^5$ CFU/mL，尘埃多时可达 10^6 CFU/mL。主要是带芽孢的杆菌、球菌，其次为霉菌及酵母菌等。另外，舍内蚊蝇、昆虫也是乳中微生物的主要来源，因为每只苍蝇身上带菌可多达六百万CFU以上。进行牛舍管理活动如喂料、洗刷牛体、打扫牛舍等，可使空气中的尘埃和微生物数量急剧下降。

挤乳桶是第一个与牛乳直接接触的容器，如果平时对挤乳桶的洗涤消毒杀菌不严格，则它对牛乳的污染是很严重的。如果是用机器挤乳，则平时对于挤乳器的洗涤消毒杀菌必须严格注意，进行得不彻底，污染程度会极为严重。挤乳前或挤乳后必须进行有效清洗和消毒。经测定，如用清水冲洗后盛乳，原料乳中含菌量为250CFU/mL，若用蒸气消毒后再装乳，乳中含菌量仅2.3CFU/mL。

工作人员本身的卫生状况和健康状况也影响鲜乳中微生物的数量。如挤乳员的手不清洁或衣服不清洁，或者挤乳员咳嗽等，都会将微生物带入乳中；如果工作人员是病原菌的携带者，那会将病原菌传播到乳中污染牛乳。

3. 挤乳后的细菌污染

挤乳后污染细菌的机会仍然很多，例如，过滤器、冷却器、乳桶、贮乳槽、乳槽车等都与牛乳直接接触，故对这些设备和管路的清洗消毒杀菌是非常重要的。此外，车间内外的环境卫生条件，如空气、蝇、人员的卫生状况，都与牛乳污染程度有密切关系。

清洁卫生管理良好的乳牛场的牛乳中，细菌数可以控制在很少的程度，一般为500CFU/mL，特好者可保持在200CFU/mL以下，稍微不注意者1000CFU/mL，普通者为1500~5000CFU/mL，如果不注意清洁卫生则每毫升乳中细菌菌落数可达几百万CFU。而且细菌在乳中于常温状态下繁殖极快，挤乳后迅速进行冷却是非常必要的。

挤乳结束后立即用过滤布进行过滤，并冷却到4℃，不要贮存在冰箱或冰柜中，应贮存在保温储乳缸或直冷式乳缸内。

二、鲜乳中微生物的变化

牛乳是营养丰富的理想食品，也是各种微生物的良好培养基。在乳与乳制品的生产过程中，原料乳、半成品、成品都容易被微生物所污染。

（一）鲜乳在室温贮藏中微生物的变化

鲜乳在消毒前都有一定数量的、不同种类的微生物存在，如果放置室温中（10~21℃），微生物在乳液中活动,逐渐使乳液变质,其过程可分为以下几个阶段,如图 3-2 所示。

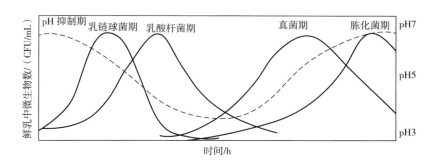

图 3-2 鲜乳中的微生物菌群变化曲线

1. 抑制期

新鲜牛乳在挤出后一定时间内含菌量有减少的趋势,这是因为牛乳本身具有杀菌作用。这种作用来源于一种名为"乳烃素"的细菌抑制物,分为两种,即"乳烃素 1"与"乳烃素 2"。前者存在于初乳中,后者存在于常乳中。在含菌少的鲜乳中,其作用可持续 36h(在 13~14℃室温下);若在污染严重的乳液中,可持续 18h 左右。在这期间,乳液含菌数不会增高,若温度升高,则杀菌或抑菌作用增强,但持续时间就会缩短。因此,鲜乳放置室温环境中,在一定的时间内并不会出现变质的现象。

2. 乳链球菌期

鲜乳中的抗菌物质减少或消失后,存在乳中的微生物即迅速繁殖,可明显看到细菌的繁殖占绝对优势。这些细菌是乳链球菌、乳酸杆菌、大肠杆菌和一些蛋白质分解菌等,其中尤以乳链球菌生长繁殖特别旺盛,使乳糖分解产生乳酸,形成乳液的酸度不断地上升,这样就抑制了其他腐败菌的活动。当酸度升高至一定限度时(pH 4.5),乳链球菌本身就会受到抑制,不再继续繁殖,相反地会逐渐减少,这时期乳液中就会有凝块出现。

3. 乳酸杆菌期

当乳酸链球菌在乳液中繁殖,乳液的 pH 下降至 6 左右时,乳酸杆菌的活动力逐渐增强。当 pH 继续下降至 4.5 以下时,由于乳酸杆菌耐酸力较强,尚能继续繁殖并产酸,在这阶段,乳液中可出现大量乳凝块并且有大量乳清析出。

4. 真菌期

当酸度继续升高至 pH 3.0~3.5 时,绝大多数微生物被抑制甚至死亡,仅酵母和霉菌尚能适应高酸性的环境,并能利用乳酸及其他一些有机酸。由于酸的被利用,乳液的酸度就会逐渐降低,使乳液的 pH 不断上升接近中性。

5. 胨化菌期

经过上述几个阶段的微生物活动后,乳液中的乳糖含量已大量被消耗,残余量很少,在乳中仅是蛋白质和脂肪尚能有较多量存在。因此,适宜于具有分解蛋白质的细菌和分解脂肪的细菌在其中生长繁殖,这样就产生了乳凝块被消化(液化),乳液的 pH 逐步提高,向碱性转化,并有腐败的臭味产生。这时的腐败菌大部分属于芽孢杆菌属、假单胞菌属以及变形杆菌属中的一些细菌。

（二）鲜乳在冷藏中微生物的变化

鲜乳不经消毒，即用冷藏保存，一般适宜于室温下繁殖的微生物在低温环境中就被抑制，而属于低温类群的微生物却能够增殖，但生长速度非常缓慢。鲜乳在 0℃ 的低温下贮藏 1 周内细菌数减少，1 周过后，细菌数可以渐渐增加。低温中，牛乳中较为多见的细菌有假单胞菌属、产碱杆菌属、无色杆菌属、黄杆菌属、克雷伯氏杆菌属和细球菌属。冷藏乳的变质，最主要是乳液中脂肪的分解，多数假单胞菌属中的细菌，均具有产生脂肪酶的特性，而且脂肪酶在低温时的活性非常强，并且具有耐热性，即使经过加热消毒后的乳液中，还有残留脂肪酶。

三、微生物在乳制品加工中的作用

微生物在乳制品发酵及相关产品中的应用广泛，原料乳经有益微生物的发酵作用可制成许多风味独特的发酵乳制品，如酸乳、酸乳饮料、干酪、酸奶油、酸乳酒等，不仅可使产品具有良好风味，还可提高其适口性，且具有较高的营养价值及保健作用。这些发酵过程归纳起来可以分为以下几种。

（一）乳酸发酵

乳酸菌按发酵类型可以分为两大类，分别为同型乳酸发酵、异型乳酸发酵。在乳中首先是乳糖在乳糖酶的作用下，分解为两分子单糖，而后再进一步在乳酸菌的作用下生成乳酸。同型乳酸发酵是微生物以葡萄糖为底物通过糖酵解途径（EMP 途径）降解为丙酮酸，丙酮酸在乳酸脱氢酶的催化下还原为乳酸，在同型乳酸发酵过程中，微生物利用 1mol 葡萄糖可以生成 2mol 乳酸。

$$C_6H_{12}O_6 \xrightarrow{EMP} 2CH_3COCOOH \xrightarrow[]{2H \text{（乳酸脱氢酶）}} 2CH_3CHOHCOOH$$

异型乳酸发酵指除生成乳酸外还生成 CO_2 和乙醇或乙酸等物质的发酵途径。能进行异型乳酸发酵的乳酸菌有肠膜明串珠菌、短乳杆菌、发酵乳杆菌、两歧分歧杆菌等。

乳酸菌并不是微生物分类学上的名称，而是一类能利用糖类发酵产生乳酸的细菌的总称。根据乳酸菌的定义及其划定范围的方法，目前发现的乳酸菌至少分布于 23 个属的微生物中。而在其中，食物或者是乳制品中常见的乳酸菌可分为如下几种重要的菌属，如链球菌属、乳球菌属、乳杆菌属、明串珠菌属、片球菌属、四链球菌属及双歧杆菌属。其在微生物形态学特征中属于革兰氏阳性兼性厌氧或厌氧菌，其中明串珠菌属为异型乳酸发酵，双歧杆菌属具有其独特的双歧杆菌途径，其余大部分为同型乳酸发酵。

（二）酒精发酵

酒精发酵是在无氧条件下，微生物（如酵母菌）分解葡萄糖等有机物，产生酒精、二氧化碳等不彻底氧化产物，同时释放出少量能量的过程。

在乳品工业中不采用纯酒精发酵，通常在生产某些酸乳制品（如牛乳酒、马乳酒、开菲尔）时，在乳酸发酵的同时进行酒精发酵，此时给在酸性环境中发育良好的酵母创造了良好的生长条件。开菲尔是以牛乳、羊乳或山羊乳为原料，添加含有乳酸菌和酵母菌的开菲尔粒发酵剂，经发酵酿制而成的一种传统酒精发酵乳饮料。目前工业化生产的开菲尔乳品是以牛乳为原料，利用从开菲尔粒中分离的乳酸菌和酵母菌进行发酵制得。

（三）丙酸发酵

丙酸菌作用于乳糖产生丙酸的发酵，可以形成丙酸、乙酸和 CO_2。在干酪成熟中，往往利用丙酸发酵，使干酪产生气孔以及干酪特有的芳香气味。

（四）丁酸发酵（酪酸发酵）

在厌氧条件下，酪酸菌分解乳糖产生丁酸的过程称为丁酸发酵，该过程可形成酪酸和 CO_2。酪酸发酵能产生大量的气体，并发生辛辣的酪酸味，从而使产品带有不适口的微甜味。在干酪成熟的后半期，常常由于酪酸的发酵而使干酪膨胀。当酪酸菌污染后，即使经巴氏杀菌也不能免除膨胀的危险，因酪酸菌的芽孢仍然存在，在贮藏中发芽又变为活动的形态。所以为了避免酪酸菌的污染，必须注意挤乳卫生，尤其勿使厩肥的碎屑落入乳中。

除上述有益菌外，其余菌种或多或少都对乳制品产生不良影响。引起乳和乳制品腐败变质的微生物有乳酸菌、大肠菌类和梭菌，它们能使乳品酸败；蛋白质分解菌和脂肪分解菌可使乳品产生苦味；球拟酵母可使罐装甜炼乳发生纽扣状变化；生黑假单胞菌可使奶油产生黑斑点。其中还可能因为某些原因而感染致病或产毒微生物，如金黄色葡萄球菌，沙门氏菌等，这些微生物都能利用乳中大量的营养物质生长繁殖，其代谢产物是某些细菌毒素如黄曲霉毒素，对人的健康威胁极大。

第二节　原料乳检验与验收

一、原料乳的质量要求

牛乳的营养丰富，是最接近完善的食品，同时也极易腐败变质，因此乳的质量和饮用的安全性越来越受到社会各界的普遍关注。在完整的乳业产品链中，原料乳的生产位于产业上游，其质量直接关乎最终乳制品的风味、感官、理化、卫生、营养与安全等。只有好的原料乳，才能生产出好的乳制品，后期的加工并不能从根本上使乳制品的基本质量变得更好。

原料乳的质量包括感官要求、理化指标、污染物限量以及微生物限量4个方面。理化指标也就是乳成分指标，包括水分、乳蛋白质、乳脂肪、乳糖、矿物质、磷脂、维生素、酶类、免疫体、色素及其他一些微量成分；而原料乳的卫生质量包括体细胞数、菌落总数、抗生素残留等。随着人们生活水平的提高，人们对原料乳及乳制品的需求更加注重质量，相应地对原料乳质量的重点也由感官要求、理化指标向卫生质量指标转变，因此原料乳的卫生指标受到人们的重视。目前我国乳业已经进入了一个新的阶段，这个新阶段的标志就是市场竞争的重点已经由过去的数量和价格竞争转向质量和安全竞争。

（一）我国国家标准对原料乳的质量要求

GB 19301—2010《食品安全国家标准　生乳》的技术要求如下：

1. 感官要求

感官要求应符合表3-1的规定。

表 3-1　　　　　　　　　　　　　　感官要求

项目	要求	检验方法
色泽	呈乳白色或微黄色	取适量试样置于 50mL 烧杯中,在自然光下观察色泽和组织状态。闻其气味,用温开水漱口,品尝滋味
滋味、气味	具有乳固有的香味,无异味	
组织状态	呈均匀一致液体,无凝块、无沉淀、无正常视力可见异物	

感官要求是指对产品的色、香、味和外观形态方面的要求,是通过用眼睛看、鼻子嗅、口品尝和手触摸的方式来进行的。

正常的牛乳是呈乳白色或微黄色的均匀一致的乳浊液,无凝块、无沉淀。牛乳中含有大量的产生风味的物质,如游离的脂肪酸、一氧化碳混合物、胺、甲基硫化物、糖和盐等,在它们当中没有一种能够集中制造出有差别的风味,事实上当这些混合物集中在一起的时候,通常就没有味道了。所以描述乳和乳制品的理想风味是:具有乳和乳制品固有的香味,无异味。

2. 理化指标

理化指标应符合表 3-2 的规定。

表 3-2　　　　　　　　　　　　　　理化指标

项目		指标	检验方法
冰点[①,②]/（℃）		−0.560～−0.500	GB 5413.38
相对密度（20℃/4℃）	≥	1.027	GB 5413.33
蛋白质/（g/100g）	≥	2.8	GB 5009.5
脂肪/（g/100g）	≥	3.1	GB 5413.3
杂质度/（mg/kg）	≤	4.0	GB 5413.30
非脂乳固体/（g/100g）	≥	8.1	GB 5413.39
酸度/（°T）			
牛乳[②]		12～18	GB 5413.34
羊乳		6～13	

注:①挤出 3h 后检测。

②仅适用于荷斯坦乳牛。

乳成分受品种、年龄、泌乳期、饲料、季节、气温及个体健康状况等多种因素的影响而变动,但正常牛乳或羊乳的成分是基本稳定的,表 3-2 中各项指标是以正常牛乳和羊乳的成分值确定的,同时给出相应的检验方法。

3. 污染物限量

应符合 GB 2762—2017《食品安全国家标准　食品中污染物限量》的规定。

GB 2762-2017《食品安全国家标准　食品中污染物限量》中规定的生乳的污染物限量如表 3-3 所示。

表 3-3　　　　　　　　　　　　　污染物限量

项目	限量/（mg/kg）
铅（以 Pb 计）	0.05
汞（以 Hg 计）	0.01
砷（以 As 计）	0.1
铬（以 Cr 计）	0.3
亚硝酸盐（以 NaNO$_2$ 计）	0.4

4. 真菌毒素限量

应符合 GB 2761—2017《食品安全国家标准　食品中真菌毒素限量》的规定。

GB 2761—2017《食品安全国家标准　食品中真菌毒素限量》中规定的生乳的真菌毒素限量为黄曲霉毒素 M$_1$ 不超过 0.5μg/kg。

5. 微生物限量

微生物限量应符合表 3-4 的规定。

表 3-4　　　　　　　　　　　　　微生物限量

项目	限量/［CFU/g（mL）］	检验方法
菌落总数	≤2×10^6	GB 4789.2

该表对生乳微生物的限量值是依据全国大、中、小型牧场大量的检测数据而确定的。

6. 农药残留限量和兽药残留限量

农药残留限量应符合 GB 2763—2021《食品安全国家标准　食品中农药最大残留限量》及国家有关规定和公告。

兽药残留量应符合国家有关规定和公告。

（二）原料乳质量要求的国内外法规情况

国际食品法典委员会（CAC）和国际乳品联合会（IDF）无原料乳的标准。

20 世纪 70 年代，我国第一次颁布生牛乳的内控国家标准：GBn33—1977《新鲜生牛乳卫生标准》。20 世纪 80 年代，由农业部组织制定，并由国家标准局发布了 GB/T 6914—1986《生鲜牛乳收购标准》。2003 年由武汉市卫生防疫站、黑龙江省卫生防疫站和武汉市牛奶公司共同起草、卫生部与国家标准化管理委员会共同发布了 GB 19301—2003《鲜乳卫生标准》。2010 年，卫生部发布了 GB 19301—2010《食品安全国家　标准生乳》，该标准代替了 GB 19301—2003。

（三）原料乳的质量控制

对于乳品企业来说，要想生产安全合格的乳制品，从源头抓起，符合质量要求的合格原料乳收购是乳品加工企业产品质量的根本保证。为促使乳牛场提高原料生乳质量，实施推广按质论价与优质优价的原料乳收购政策与计价体系是乳品加工企业乳源政策的基础。作为第三方的社会化技术服务的主要提供者，乳品加工企业不仅要指导乳牛场建立完整的原料乳质量控制体系，加强原料乳的生产现场管理，推行乳牛场管理的标准化等以满足加工企业需求的合格原料乳，实现乳牛场短期生产效益的最大化。同时，也应协助乳牛场推行以牛为核心的"牛性化管理"，建立预防为主的疫病预防机制，以保证乳牛场的长远利益。

现代化乳牛场控制原料乳的质量，必须从乳牛场建设、饲养管理、规范化挤乳、原料乳的贮存和运输等几个关键环节进行规范化、标准化的管理。对原料乳的生产过程实行标准化管理，使乳牛能够健康地生产优质牛乳，尽可能减少和降低生产过程对原料乳的污染，同时对各环节影响原料乳质量的因素加以预防或控制。只有这样才能确保生产质优量多的原料乳，实现牛场效益的最大化。

1. 乳牛场环境卫生控制

乳牛饲养环境直接影响原料乳卫生质量，若乳牛运动场、挤乳车间地面长期潮湿，圈舍通风不好，特别是粪便清理不及时、不充分，牛体和牛舍卫生就很难保持清洁，导致乳牛乳房炎、肢蹄病、不孕症、难产等疾病发病率增加，引起原料乳中细菌数和体细胞数升高，从而影响原料乳的卫生指标。为改善乳牛饲养环境，采取的措施包括：

（1）牛场要保持清洁，定期进行消毒。场区消毒范围包括场区内各条道路及道路两侧，运动场使用 3% NaOH；圈舍（夹杠、槽道、地面、墙壁）及牛体消毒，消毒药主要是浓度为 0.2% 的过氧乙酸（牛舍内及墙壁）和 1：800 消毒威溶液。

（2）牛舍建筑应坚固耐用，宽敞明亮，通风良好，具备良好的排粪排水系统。在牛舍外设运动场，并和牛舍相通，每头牛占用面积 20m² 左右。运动场地要平坦，有一定的坡度，四周建排水沟。场内要有凉荫棚、饮水槽、矿物质补饲槽和干草补饲槽。

（3）运动场有专人清除粪便，排除污泥积水，实行人工和机械化共同操作。冬季运动场内垫碎棒秸，夏季垫沙土，并定期清理，及时更换。牛舍内每班都要清除粪便等污物，要保持通风良好。

（4）牛舍和运动场周围种树、种草、种花，美化环境，改善牛场小气候。

2. 饲养管理控制

良好的乳牛饲养管理是保证乳牛健康和乳牛生产优质原料乳的基础。乳牛发病后尤其是患乳房炎后，原料乳中药物残留、病原体、体细胞数会增加，使乳牛所产原料乳质量下降，并使与之混合的其他原料乳卫生指标也受影响。针对以上问题，采取如下措施对乳牛进行饲养管理：

（1）乳牛场各饲养阶段乳牛应分群管理，饲喂、挤乳时间不轻易变动。

（2）每班饲喂后都要清槽。

（3）严格执行防疫、检疫和其他兽医卫生制度，定期进行消毒，建立系统的乳牛病例档案。春秋各进行一次检蹄、修蹄。

（4）坚持每天刷拭牛体，以保持牛体清洁和乳牛舒适，但刷拭牛体后不要立即挤乳。

（5）给乳牛创造健康的生长环境，减少细菌、病毒的感染机会，废弃的头把乳要挤入桶中，最后进行生态无害化处理。

（6）每月以亚临床乳房炎快速诊断剂（BMT）法检测乳房炎一次，乳房炎的高发季节（7、8、9 月）每半个月测一次。对乳房炎和 BMT 检测 "++" 以上的牛，如乳房炎症表现不明显，乳汁无明显感官改变，可用无抗生素药物治疗，舍内护理。对乳房炎症明显，乳汁发生改变的乳房炎患牛，尽早转入病牛舍，应用敏感抗生素治疗，必要时采用全身疗法。

（7）对每月牛乳记录系统 DHI（dairy herd improvement）报告中列出的体细胞数在 7×10^5 CFU/mL 以上的乳牛，做临床检查和 BMT 检测，以保持牛群处于良好健康状态。

（8）疾病治疗期间及停药 7 天内应注意将原料乳单独处理，并注意病牛的隔离和消毒，以保证牛乳的安全。

（9）正确注射疫苗使乳牛机体产生特异性抗体并保持在较高水平，可有效保护乳牛免受相应病原体侵染。抓好消毒工作，防止病原体的传入和繁殖。

（10）提供良好的饲养环境，供给全混合日粮和清洁饮水，确保乳牛机体非特异性抵抗力始终处于正常状态。

3. 制定挤乳操作规范

（1）挤乳前应保持现场及牛体的清洁卫生　用高温消毒后的毛巾擦洗乳头，并做到一头牛使用一条毛巾的原则，以防交叉污染。挤乳时应将前三把的乳废弃，集中处理，不得乱扔。若发现乳有异常，必须与正常乳分开，另作处理。挤乳完毕后乳头可用 0.5%～5% 的碘仿浸泡消毒。

（2）加强挤乳设备的清洗与消毒

①水冲洗：挤乳结束后，应及时冲洗挤乳设备，水温可控制在 40℃ 左右，冲洗至排出的水无白色为止。

②碱冲洗：用质量分数为 0.8%～1.2% 的烧碱（NaOH）溶液，温度控制在 75～80℃ 循环冲洗挤乳设备 10～15min，然后用清水反复冲洗，水呈中性为止。

③酸冲洗：规定每周至少 1 次用质量分数为 0.8%～1.0% 的硝酸液冲洗，温度控制在 65～70℃ 循环冲洗挤乳设备 10min，然后用清水清洗直至中性为止。

④消毒：每次挤乳前，用 90～95℃ 热水循环消毒挤乳设备 10～15min。

4. 原料乳的污染来源

原料乳的污染来源包括：手工挤乳对原料乳的污染；水对原料乳的污染；机械挤乳对原料乳的污染。

5. 原料乳的贮存与运输

挤乳结束后应尽快（2h 内）将原料乳冷却至 10℃ 以下。原料乳在符合贮存温度的条件下贮存不得超过 24h，过长会使原料乳中的嗜冷菌大量繁殖，影响原料乳质量。同时，应避免多天挤乳混合。贮乳罐每次必须及时清洗消毒后才可再次贮乳，贮乳罐各个死角进行人工刷洗。未能运走的剩余原料乳最好不要与新挤的原料乳混合。要有专人对贮乳罐温度、产品状态实施定时监控，有定时的乳温记录。定期检测乳缸显示的温度与乳实际温度是否相符。要配备发电机组，在停电时可自行发电，不至于影响挤乳和其他工作的进行。乳泵及输乳管与贮乳罐用后都要清洗消毒，及时清洗装乳管道，用热水加次氯酸钠冲洗，并注意各接口的清洁消毒，装乳管道在冲洗后悬挂在清洁通风处待用，并有清洗记录。乳罐车必须具备隔热或制冷设备，使牛乳在运输过程中乳温上升不超过 1℃/h，减少牛乳中微生物在运输过程中的增殖。原料乳必须及时装卸，防止乳温升高。原料乳在运输途中乳温不应高于 7℃。乳罐车交乳后必须彻底对罐内进行清洗消毒，清洗罐外壁，保持罐外清洁。

6. 原料乳的质量控制措施

（1）综合防疫　培育无病原牛群。外地引入的乳牛须隔离饲养，经确诊无病后方可混入牛群；建立、健全疫病预防制度和检疫制度，剔除有病或潜在感染的牛；防治乳房炎；防治结核病和布氏杆菌病，这两种病属人畜共患病，不仅严重影响养牛业的发展，还危害人体健康。

（2）保持牛体卫生　牛体不清洁是影响牛乳质量的重要原因，而牛舍及其周围环境过于污秽是导致牛体不洁的根本原因，必须采取有效措施，保持牛体卫生。一般应做到牛舍通风、采光良好，温度适宜，舍内不堆放粪尿或青贮饲料。饲养人员要勤打扫牛舍卫生，定期消毒（每周至少一次），每班乳牛下槽后应及时清扫舍内地面，排除粪尿，保持饲槽清洁。平时要经常刷拭牛体以清除牛体的尘土、污物、粪尿等，挤乳前应认真清洗乳房。

（3）减少直接污染　牛乳的污染与挤乳过程中与牛乳相接触的容器的清洁程度密切相关，特别是乳桶罐、挤乳管道、运输桶、过滤装置以及贮存设备等的清洁程度。因此，挤乳各个环节中所有设备的彻底清洗和消毒是减少牛乳污染的重要因素。

（4）正确处理与保存牛乳　牛乳挤出后应迅速冷却到2~3℃，从牛乳挤出至加工前不超过4℃。整个处理过程牛乳不能与铜、铁等金属接触。另外牛乳不能在阳光下曝晒，倾倒时不能使其形成泡沫，否则会产生氧化味。

（5）正确使用药物　一方面为使牛乳不产生异味，应管理好和正确使用各种治疗药物和消毒剂；另一方面经抗生素治疗的乳牛必须有一定的休药期，严禁将有抗生素的鲜乳作为原料乳使用。

（6）严防掺假　目前有极少数生产者和销售商不顾商业信誉和职业道德，在鲜乳中掺入大量的水，甚至在变质的牛乳中掺入碱、尿素等物质，以次充好。因此收乳员和化验员应严格把好原料乳的检收和化验关，认真负责地对原料乳进行感官检查、新鲜度检验、理化成分检验和微生物检验等。

二、原料乳的检验与验收标准

（一）乳的质量验收项目

病牛的乳、含有抗生素的乳和含有杂质的乳均不能被乳品厂接收，即使牛乳中含有微量的抗生素，也不适合生产以细菌为发酵剂的产品，如酸乳和干酪。

通常在农场仅对牛乳的质量作一般的评价，而到达乳品厂后通过若干检验对其成分和卫生质量进行测定。某些检验的结果将直接影响付给乳户的乳款。对牛乳进行的最常规的验收项目包括：滋味和气味；清洁度检查；杂质度检验；卫生检验或刃天青检验；体细胞数；蛋白质含量、脂肪含量及冰点的测定。

（二）乳的检验内容

1. 感官检验

鲜乳的感官检验主要是进行滋味、气味、色泽、清洁度和杂质度等的鉴定。

（1）滋味和气味　正常乳不能有苦、涩、咸的滋味和饲料、青贮、霉等异味。如滋味、气味有明显不同，乳品厂应拒收牛乳。

（2）色泽及清洁度检查　正常乳为乳白色或微带黄色，不得有肉眼可见的异物，不得有红、绿等异色，乳罐和乳桶的内表面应仔细地检查，任何牛乳的残余物都是清洗不充分的证据，并根据质量支付方案降低乳的价格。

（3）杂质度检验 此法只用于乳桶收乳的情况，用一根移液管从乳桶底部吸取样品，然后用滤纸过滤。如滤纸上留下可见杂质，会降低牛乳价格。

2. 酒精检验

酒精检验是为观察鲜乳的抗热性而广泛使用的一种方法。通过酒精的脱水作用，确定酪蛋白的稳定性。新鲜牛乳对酒精的作用表现出相对稳定；而不新鲜的牛乳，其中蛋白质胶粒已呈不稳定状态，当受到酒精的脱水作用时，则加速其聚沉。此法可检验出鲜乳的酸度，以及盐类平衡不良乳、初乳、末乳及因细菌作用而产生凝乳酶的乳和乳房炎乳等。

酒精试验与酒精浓度有关，一般以68%，70%或72%（体积分数）浓度的中性酒精与原料乳等量混合均匀，无凝块出现为标准。正常牛乳的滴定酸度不高于18°T，不会出现凝块，但是影响乳中蛋白质稳定性的因素较多，如乳中钙盐增高时，在酒精试验中会由于酪蛋白胶粒脱水失去溶剂化层，使钙盐容易和酪蛋白结合，形成酪蛋白酸钙沉淀。

酒精试验结果可判断出乳的酸度，如表3-5所示。通过测定可鉴别原料乳的新鲜度，了解乳中微生物的污染状况。新鲜牛乳存放过久或贮存不当，乳中微生物繁殖使营养成分被分解，则乳中的酸度升高，酒精试验易出现凝块。

表3-5 不同浓度酒精试验的酸度

酒精浓度/%	不出现絮状物的酸度/°T
68	20以下
70	19以下
72	18以下

新鲜牛乳的滴定酸度为16~18°T，为了合理利用原料乳和保证乳制品质量，用于制造淡炼乳和超高温灭菌乳的原料乳，用75%酒精试验，用于制造乳粉的原料乳，用68%酒精试验（酸度不得超过20°T）。酸度不超过22°T的原料乳尚可用于制造奶油，但其风味较差。酸度超过22°T的原料乳只能供制造工业用的干酪素、乳糖等。

3. 滴定酸度

滴定酸度就是用相应的碱中和鲜乳中的酸性物质，根据碱的用量确定鲜乳的酸度和热稳定性。一般用0.1mol/L NaOH滴定，计算乳的酸度。该法测定酸度虽然准确，但在现场收购时受到实验室条件限制，故常采用酒精试验法来判断乳的酸度。

4. 密度测定

密度常作为评定鲜乳成分是否正常的一个指标，但不能只凭这一项来判断，必须再结合脂肪、风味的检验来判断鲜乳是否经过脱脂或加水。我国鲜乳的密度测定采用"乳脂计"，即乳专用密度计。

5. 细菌数、体细胞数、抗生物质检验

一般现场收购鲜乳不做细菌检验，但在加工以前，必须检查细菌总数和体细胞数，以确定原料乳的质量和等级。如果是加工发酵制品的原料乳，必须做抗生物质检查。

（1）细菌检查 细菌检查方法很多。有美蓝还原试验，细菌菌落总数测定，直接镜检等方法。

（2）细胞数检验　正常乳中的体细胞多数来源于上皮组织的单核细胞，如有明显的多核细胞出现，可判断为异常乳，常用的方法有直接镜检法（同细菌检验）或加利福尼亚细胞数测定法（GMT 法）。GMT 法是根据细胞表面活性剂的表面张力，细胞在遇到表面活性剂时，会收缩凝固，细胞越多，凝集状态越强，出现的凝集片越多。

（3）抗生素检验　①TTC 试验：如果鲜乳中有抗生素的残留，在被检乳样中，接种细菌进行培养，细菌不能增殖，此时加入的指示剂 2,3,5-氯化三苯基四氮唑（TTC）保持原有的无色状态（未经过还原）。反之，如果没有抗生素残留，试验菌就会增殖，使 TTC 还原，被检样变成红色，即被检样保持鲜乳的颜色，为阳性；被检乳变成红色，为阴性。②纸片法：将指示菌接种到琼脂培养基上，然后将浸过被测乳样的纸片放入培养基上，进行培养。如果被检乳样中有抗生素残留，会向纸片的四周扩散，阻止指示菌的生长，在纸片的周围形成透明的阻止带，根据阻止带的直径，判断抗生素的残留量。

6. 乳成分的测定

近年来随着分析仪器的发展，乳品检测出现了很多高效率的检验仪器。如采用光学法测定乳脂肪、乳蛋白质、乳糖及总干物质，并已开发使用各种微波仪器。

（1）微波干燥法测定总干物质（TMS 检验）　通过 2450Hz 的微波干燥牛乳，并自动称量、记录乳总干物质的质量，速度快，测定准确，便于指导生产。

（2）红外线牛乳全成分测定　通过红外线分光光度计，自动测出牛乳中的脂肪、蛋白质、乳糖 3 种成分。红外线通过牛乳后，牛乳中的脂肪、蛋白质、乳糖减弱了红外线的波长，通过红外线波长的减弱率反映出 3 种成分的含量。该法测定速度快，但设备造价高。

7. 掺假检验

牛乳检验是保证鲜乳及各种乳制品优质供应的重要环节。尤其是现在许多乳品厂以收购的牛乳为加工原料，原料乳来源复杂，更应注意检验，除进行常规检验项目外，还要检验是否掺假。例如，掺豆浆、米汤、蔗糖、石灰水、白矾和食盐等。

第三节　原料乳的预处理

一、牧场原料乳的预处理

（一）原料乳的过滤

牧场在没有严格遵守卫生条件下挤乳时，乳容易被大量粪屑、饲料、垫草、牛毛和蚊蝇等污染。因此挤下的乳必须及时进行过滤。牛乳过滤可以除去鲜乳杂质和液体乳制品生产过程中的凝固物。过滤的方法，有常压（自然）过滤、减压过滤（吸滤）和加压过滤等，由于牛乳是一种胶体，因此多用滤孔比较粗的纱布、滤纸、金属绸或人造纤维等作为过滤材料，并用吸滤或加压过滤等方法。也可采用膜技术（如微滤）去杂质。

牧场最常用的方法是用纱布过滤。传统纱布过滤的特性为：静态时过滤孔径稳定，但在工作压力（50kPa）的状态下过滤孔径变大，导致除牛乳外其他杂质异物的通过，而且重复使用会导致纱布的食品级性能下降。这种传统的纱布过滤方式会导致大量杂质残留于设备内部，造成设备使用性能的下降；并且因杂质度的增加还会导致牛乳中细菌数增加以及牛乳价值下降。而这恰恰违背了牛乳过滤的基本作用。现代牧场牛乳生产对于牛乳的过滤提出了更高的要求，优质的牛乳过滤纸必须具有一定的物理特性，选择的过滤纸必须具有正确的尺寸和容量，能够与挤乳设备和牛群规模的需求相匹配。过滤纸也必须使用高度均匀的织物制成，集以下特性于一身：高湿态强度、均匀的孔径和分布、坚固的接缝、尺寸稳定性、达到食品级。

（二）原料乳的冷却

将乳迅速冷却是获得优质原料乳的必要条件。刚挤下的乳，温度在36℃左右，此温度是微生物繁殖最适宜的温度，如果不及时冷却，则侵入乳中的微生物大量繁殖，酸度迅速增高，不仅降低乳的质量，甚至使乳凝固变质。所以挤出后的乳应迅速进行冷却，以抑制乳中微生物的繁殖，保持乳的新鲜度。乳中含有能抑制微生物繁殖的抗菌物质——乳抑菌素，使乳本身具有抗菌特性，但这种抗菌特性延续时间的长短，随着乳温的高低和乳的细菌污染程度而异。对于产量较大的大型农场，常常安装单独的冷却器，将牛乳在进入大罐前首先进行冷却，这样就避免了刚挤下的热乳与罐中已经冷却的牛乳相混合，如图3-3所示。

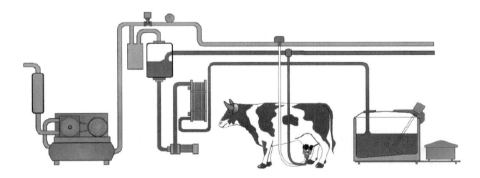

图3-3　从乳牛到冷却罐在密闭条件下的挤乳过程

1. 冷却的要求

刚挤出的乳马上降至10℃以下，可抑制微生物的繁殖；若降至2~3℃时，微生物几乎不繁殖，不马上加工的原料乳应降至5℃以下贮藏。

2. 冷却的方法

（1）水池冷却　最普通简易的方法是将装乳的乳桶在水池中用冰水或冷水进行冷却，可使乳温冷却到比冷却水温度高3~4℃。为了加速冷却，需经常进行搅拌，并按照水温进行排水和换水。池中水量应为冷却乳量的4倍。每隔3d应将水池彻底洗净后，再用石灰溶液洗1次。水池冷却的缺点是冷却缓慢，消耗水量较多，劳动强度大，不易管理。

（2）浸没式冷却器冷却　浸没式冷却器轻便灵巧，可以插入贮乳槽或乳桶中冷却牛乳。冷却器中带有离心式搅拌器，可以调节搅拌速度，并带有自动控制开关，可以定时自动进行搅拌，故可使牛乳均匀冷却，并防止稀奶油上浮，适合于乳站和较大规模的牧场。

（3）冷排冷却　冷排由金属排管组成，乳从上部分配槽底部的细孔流出，形成薄层，流过冷却器的表面再流入贮乳槽中，冷却剂（冷水或冷盐水）从冷却器的下部自下而上通过冷却器的每根排管，以降低沿冷却器表面流下的乳的温度。这种冷却器，适于小规模的加工厂及乳牛场使用。

（4）片式预冷法　一般中、大型乳品厂多采用片式预冷器来冷却鲜牛乳。片式预冷器占地面积小，降温效果有时不理想。如果直接采用地下水作冷源（4~8℃水），则可使鲜乳降至6~10℃，效果极为理想。以一般15℃自来水作冷源时，则要配合使用冷却器进一步降温。

（三）原料乳的运输

乳的运输是乳品生产上重要的一环，运输不妥，往往造成很大损失。在乳源分散的地方，多采用乳桶运输，乳源集中的地方，采用乳槽车运输。无论采用哪种运输方式，都应注意以下几点：

（1）防止乳在途中升温，特别是在夏季，运输最好在夜间或早晨，或用隔热材料盖好桶。

（2）所采用的容器须保持清洁卫生，并加以严格杀菌。

（3）夏季必须装满盖严，以防震荡；冬季不得装得太满，避免因冻结而使容器破裂。

（4）长距离运送乳时，最好采用乳槽车。利用乳槽车运乳的优点是单位体积表面小，乳的升温慢，特别是在乳槽车外加绝缘层后可以基本保持在运输中不升温。

二、工厂原料乳的一般预处理过程

工厂原料乳的一般预处理过程包括原料乳的脱气、净化、冷却以及贮存四个环节，如图3-4所示。

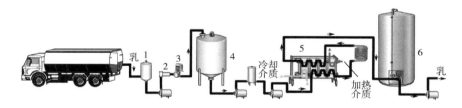

图3-4　原料乳的预处理过程

1—脱气　2—净乳　3—流量计　4—暂存罐　5—板式换热器　6—贮存罐

（一）原料乳的脱气

1. 脱气目的

牛乳刚被挤出后含5.5%~7%的气体，经过贮存、运输和收购后，一般其气体含量在10%以上，而且绝大多数为非结合的分散气体。

这些气体对牛乳加工的破坏作用主要有：

（1）牛乳计量时体积失去准确性。

（2）在脱脂过程中降低分离效率。

（3）降低自动标准化生产线的精确性。

（4）奶油中空气的浓度引起：脂肪标准化生产线失去准确性；奶油加热表面结垢。

（5）奶油生产的产量损失。

（6）在包装物顶部的脂肪黏附。

（7）发酵乳制品稳定性降低（乳清析出）。

因此要使用各种脱气方法以避免生产以及产品质量受到危害。

2. 脱气方法

来自农场的牛乳从乳桶或冷却罐收集到乳罐车里时，牛乳的量在泵送程中用流量计测量。为了尽可能得到准确的数值，牛乳测量前应通过一个空气分离器，因此大部分乳罐车安装空气分离器，乳在泵入车载测量器前必须先通过空气分离器。如图3-5所示，泵乳设备安装在罐后部的一个柜子里，在牛乳被抽入罐车收乳罐前，设备的作用是先经过过滤，泵送除气，体积计量。吸乳管1联接到农场的乳桶或冷却罐，牛乳被吸过过滤器2，泵入到空气分离器4，定量泵3是自吸式的。当牛乳在空气分离器中升高一定液位时，浮子也抬高，当液位到达一定位置时浮子关闭容器顶部的阀门。容器内压力上升，检查阀6打开，牛乳流过计量装置5到阀组7，然后到达罐车的乳罐内。乳罐借助排乳管9通出口8排空。

根据目的，脱气可在牛乳处理的不同阶段进行。首先，在乳槽车上安装脱气设备，以避免泵送牛乳时影响流量计的准确度。其次，在乳品厂收乳间流量计之前安装脱气设备。但是上述两种方法对乳中细小的分散气泡不起作用，因此在进一步处理牛乳的过程中，还应使用真空脱气罐，以除去细小的分散气泡和溶解氧。

3. 真空脱气罐

真空处理可以有效地从乳中除去溶解的空气和分散的空气气泡。预热乳被送到真空脱气罐，如图3-6所示，罐的真空度被调节到低于预热温度7~8℃的沸点温度。如果68℃的乳进入罐，温度马上降到60℃，低压下释放出空气，连同一定数量的牛乳中的水分一起蒸发（汽化）。蒸汽通过安装在罐里的冷凝器被冷凝。再流回到乳里，蒸发中的空气连同不凝的空气（一些异味）通过真空泵被排出罐外。

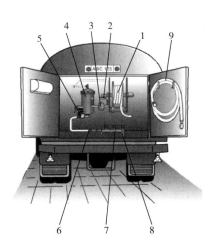

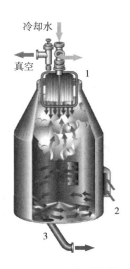

图3-5　乳品厂罐车的空气分离器

1—吸乳管　2—过滤器　3—泵　4—空气分离器　5—计量装置
6—检查阀　7—阀组　8—罐出口　9—排乳管

图3-6　真空脱气罐

1—冷凝器　2—切线方向的牛乳进口
3—带水平控制系统的牛乳出口

对于酸乳的生产，真空罐没有安装冷凝器，通常生产酸乳的牛乳要略加浓缩至15%~20%，蒸汽的冷凝要特别处理。

4. 牛乳生产线的脱气

全脂乳供应给巴氏杀菌器，并加热到68℃，然后被送到真空罐真空处理，为取得最佳效率，牛乳从较宽的入口以正切线方向进入真空罐，在罐壁形成薄膜，在入口处蒸汽从乳中出来并加速沿罐壁流动的牛乳。牛乳在向下朝着出口的方向流动过程中速度降低，出口与罐底也呈切线方向。因此，进料和出料能力是可以确认的。脱气后乳的温度为60℃，在回到巴氏杀菌器进行最终热处理前先经分离标准化和均质处理。在生产线上有分离机时，必须在分离前安装一个流量控制器，保持以一个稳定的流量通过脱气罐，这样，均质机必须安装一个循环管路。没有分离机的生产线，均质机（没有循环管路）保持稳定流量通过脱气罐。

（二）原料乳的净化

原料乳验收后必须经过净化，其目的是除去机械杂质并减少微生物数量。一般采用过滤净化和离心净化的方法。

1. 原料乳的过滤

在乳牛场中挤乳时，乳容易被大量粪屑、饲料、垫草、牛毛和蚊蝇污染，因此挤下的乳必须及时进行过滤。另外，凡是将乳从一个地方送到另一个地方，从一个工序送到另一个工序，或者由一个容器送到另一个容器时，都应进行过滤。

2. 净乳的方法

原料乳经过数次过滤后，虽然除去了大部分杂质，但乳中污染的很多极微小的细菌细胞和机械杂质、白细胞及红细胞等，不能用一般的过滤方法除去，需要用离心式净乳机进一步净化。大型乳品厂采用三用分离机（奶油分离、净乳、标准化）来净乳。三用机应设在粗滤之后，冷却之前。采用4~10℃低温净化时，应在原料乳冷却以后，送入贮乳槽之前进行；采用40℃中温或60℃高温净化后的乳，最好直接加工。如不能直接加工时，必须迅速冷却到4~6℃贮藏，以保持乳的新鲜度。

3. 离心净乳

离心净乳机的构造与奶油分离机基本相似。只是净乳机的分离钵具有较大聚尘空间，杯盘上没有孔，上部没有分配杯盘，没有专用离心净乳机时，也可以用奶油分离机代替，但效果较差。现代乳品厂多采用离心净乳机。但普通的净乳机，在运转2~3h后需停车排渣。故目前大型工厂采用自动排渣净乳机或三用分离机（奶油分离、净乳、标准化），对提高乳的质量和产量起了重要的作用。

净化后的乳最后直接用于加工，如要短期贮藏，必须及时冷却以保持乳的新鲜度。没有上述条件的，可采用沉淀法净化，即在乳温保持5℃左右静置4~5h，取用上层，摒弃底渣。此法不适用于微生物污染严重的乳。

（1）离心净乳的作用　过滤净化可除去大部分的杂质，但乳中污染的很多微小的细菌细胞和机械杂质、白细胞及红细胞等，不能用一般的过滤方法除去，需用离心式净乳机进一步净化。使用离心净乳机可以显著提高净化效果，还能将乳中相对密度大的尘埃、剥落细胞、白血球、红血球及一些细菌除去。

（2）离心净乳机的工作原理　牛乳中杂质密度大于脱脂乳，脂肪密度小于脱脂乳。离心分离机分离杂质、脱脂乳、脂肪就是利用离心力的作用将相对密度不同的组分分开，并从各自的排出部排出，得到不同组分的产品。过滤后的鲜乳由上方中央管道进入转鼓，并从转鼓的底部充满碟片间隙和整个转鼓。由于转鼓的高速回转，密度较大的杂质在离心力的作用下由碟片锥面滑出并甩向四周；而转鼓中间的结合处直径最大，流速最小，沉降速度就最大，因此杂质便沉积于环形间隙处。当环形间隙处的杂质达到预定数量时，由机电联合控制，压力水进口阀门关闭，压力水排出，活动底便在重力作用下下降，从而闪出一条狭窄的环状缝隙，杂质便在离心力作用下迅速甩出，随即压力水马上进入压力室，使活动底上升压紧密封圈，整个转鼓又成为一个封闭体，从而开始下一个工作循环。离心净乳机和分离机最大的不同在于碟片组的设计。净乳机没有分配孔，净乳机有一个出口，而分离机有两个（详见第四章）。

（3）固体杂质的排出　分离钵的沉降空间里收集的固体杂质有稻草、毛发、乳房细胞、白血球（白细胞），红血球，细菌等。牛乳中的沉渣总量是变化的，但一般的约为 1kg/10000L。沉渣体积的变化取决于分离机的尺寸，典型的有 10~20L。在使用残渣存留型的牛乳分离机时，必须经常把钵体拆开，定期进行人工清洗沉渣空间。这需要大量的体力劳动。现代化的自净或残渣排除型的分离机配备了自动排渣设备。将沉积物按预定的时间间隔自动排除。在牛乳分离的过程中，固体杂质的排出通常 30~60min 进行一次。

（4）离心净乳机的特点　离心净乳机的生产能力大，分离效果好，排渣速度快（仅需几秒钟），全机由自动程序控制，操作管理方便，工人劳动强度低。但它的控制系统和设备结构较复杂，对安装、调整和维护的技术水平要求较高，且在排渣时会损失一部分鲜乳，需另设回收装置。

离心净乳机的连续运转时间与牛乳温度有关，一般净化低温牛乳（4~10℃）时可运转8h，净化高温牛乳（57℃左右）时可运转4h。若需连续生产，通常设置两台交换使用。

（三）原料乳的冷却

现在乳制品企业对原料乳收购时普遍采取直接冷藏方式，在加工前也只采取过滤法和离心净乳法，不能在本质上减少菌落总数。菌落总数的多少直接影响了最后乳制品的风味和质量，同时也决定了乳制品后续加工的方法。

通常可以根据贮存时间的长短选择适宜的温度，如乳的要求贮存时间为 6~12h、12~18h、18~24h、24~36h，要求冷却的温度分别是 10~8℃、8~6℃、6~5℃、5~4℃。水池冷却，可使乳温冷却到比冷却水温高 3~4℃，但缺点是冷却缓慢、消耗水量较多，不易管理。板式热交换器冷却，克服了表面冷却器因乳液暴露于空气而容易污染的缺点，热交换率高，用冷盐水作冷媒时，可使乳温迅速降到4℃左右。

（四）原料乳的贮存

为了保证工厂连续生产的需要，必须有一定的原料乳贮存量。一般工厂总的贮乳量应不少于 1d 的处理量。冷却后的乳应尽可能保持低温，以防止温度升高保存性降低。因此，贮存原料乳的设备，要有良好的绝热保温措施，并配有适当的搅拌机构，定时搅拌乳液以防止乳脂肪上浮而造成分布不均匀，如图 3-7 所示。

贮乳设备一般采用不锈钢材料制成，应配有不同容

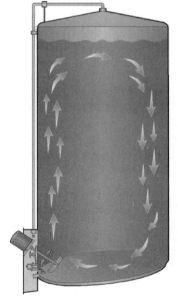

图 3-7　带搅拌器的暂贮罐

量的贮乳缸，保证贮乳时每一缸能尽量装满。贮乳罐外边有绝缘层（保温层）或冷却夹层，以防止罐内温度上升。贮罐要求保温性能良好，一般乳经过 24h 贮存后，乳温上升不得超过 2~3℃。

贮乳罐的容量，应根据各厂每天牛乳总收纳量、收乳时间、运输时间及能力等因素决定。一般贮乳罐的总容量应为日收纳总量的 2/3~1。而且每个贮乳罐的容量应与每班生产能力相适应。每班的处理量一般相当于 2 个贮乳罐的乳容量，否则用多个贮乳罐会增加调罐、清洗的工作量和增加牛乳的损耗。贮乳罐使用前应彻底清洗、杀菌，待冷却后贮入牛乳。每罐须放满，并加盖密封，如果装半罐，会加快乳温上升，不利于原料乳的贮存。贮存期间要开动搅拌机，24h 内搅拌 20min，通常乳脂率的变化在 0.1%以下。

🔍 思考题

1. 原料乳中的微生物的种类有哪些？其分别来源于哪些因素？
2. 绘图说明生牛乳在室温下贮存时微生物的变化过程。
3. 举例说明原料乳中可能污染哪些微生物。
4. 检验原料乳掺假的方法有哪些？
5. 工厂原料乳的预处理有哪些步骤？

液态乳制品

第一节　液态乳制品概述

一、概述

人类最早饮用的牛乳就是自然状态的、未经加工的生鲜乳，至今依然有部分国家的消费者还在饮用这种直接来自牧场的牛乳。此类液态乳制品需注明"生鲜牛乳，饮用前需加热处理"，或者在政府严格的质量监管下密封销售。

直接来自牧场的生鲜乳，由于存在卫生方面的安全隐患，目前很多国家已经不允许销售。由于生鲜乳中可能混入病原微生物，因此，在销售前进行适当的加热处理、消除病原微生物对人体的危害是必须的。目前，我国市场上销售的鲜乳，都是经过适当加热及标准化等加工处理过的牛乳制品。

液态乳的概念可以理解为是以生鲜牛乳（或羊乳）为原料，添加（或不添加）其他营养物质，经过适当的加热处理，冷却、包装后进行销售的一类乳制品。

二、液态乳的种类

（一）根据杀菌方法分类

液态乳加工过程中最主要的工艺是热处理，根据产品在生产过程中采用的热处理方式的不同，可将液态乳分为以下几类：巴氏杀菌乳、超巴氏杀菌乳、超高温灭菌乳、罐装高压灭菌乳和延长保质期（extended shelf，ESL）乳。本章主要介绍巴氏杀菌乳和灭菌乳的一般加工工艺。

（二）根据包装形式分类

经过不同的热处理方式加工后的原料乳，往往采用不同包装形式进行包装，可以使液态乳达到理想的保质期。目前国内常见的液态乳的包装形式主要包括以下几种。

①玻璃瓶：这类产品多为巴氏杀菌乳，即日配鲜乳，保质期为1~3d，国外也有将延长保质期乳用玻璃瓶包装；

②新鲜屋：包装像房子一样因而俗称"新鲜屋"，产品多为巴氏杀菌乳和超巴氏杀菌乳，保质期一般为5~10d；

③利乐枕：利乐（Tetra Pak）公司出品的纸质多层材料，一般为超高温灭菌乳，产品保

质期为 30~60d。目前我国是此类产品销量最大的国家；

④百利包：百利（Pre Pack）公司出品的一种多层无菌复合膜的塑料材质，成本低于利乐公司纸质包装，采用超高温灭菌方式，产品保质期一般为 30~180d；

⑤利乐包：又称利乐砖，也是利乐公司出品的一种纸质材料，一般采用超高温灭菌，产品保质期为 6~9 个月；

⑥塑料瓶：国内市场上多数乳饮料采用塑料瓶的方式包装，一般需使用耐高温的塑料材质，采用保持式灭菌方式进行热处理，产品保质期一般为 6~9 个月；

⑦金属罐：一般为二次灭菌产品，可耐受较高热处理强度，一般用于复原乳的包装。产品保质期一般为 15 个月。

（三）根据脂肪的含量分类

我国根据产品中脂肪含量的不同，可将液态乳分为以下几类：

①全脂乳：脂肪含量≥3.1%，蛋白质≥2.9%，非脂乳固体≥8.1%；

②部分脱脂乳：脂肪含量 1.0%~2.0%；

③脱脂乳：脂肪含量≤0.5%。

（四）根据营养成分分类

根据液态乳中的营养成分可将液态乳分为：

①鲜乳（纯牛乳）：以合格牛乳为原料，不加任何添加剂而均质杀菌加工成的鲜乳，各项指标符合国家标准关于巴氏杀菌牛乳或灭菌乳的规定。普通牛乳根据脂肪的含量又可以分为全脂、中脂、低脂和脱脂牛乳。

②营养强化牛乳：在新鲜牛乳中添加各种维生素、微量元素或其他营养配料，以增加牛乳的营养成分为目的的产品。

③调味乳：以生鲜乳为主要原料，添加调味成分，如巧克力、咖啡、谷物和水果等生产的调味乳制品，国家标准要求含乳 80% 以上。

④含乳饮料：以乳或乳制品为原料，加水及适量辅料配制或发酵而成的饮料，一般要求含乳量为 30%~80%，脂肪和蛋白质含量不低于 1%。

三、液态乳的一般加工工艺

液态乳的种类较多，不同类型的液态乳制品的加工工艺也不尽相同，但此类产品的基本工艺流程相似。一般的加工工艺流程包括：原料乳的预处理、贮藏、净乳、标准化、均质、加热杀菌、冷却和灌装等。液态乳的一般工艺流程中涉及一些乳制品加工的通用单元操作，如离心净乳、热交换、标准化和均质等，当然，不同类型的产品对单元操作的要求不尽相同。此类通用单元操作按先后顺序进行介绍，书中后续涉及相同单元操作将不再重复。

第二节　巴氏杀菌乳

GB 19645—2010《食品安全国家标准　巴氏杀菌乳》中定义，巴氏杀菌乳（pasteurized milk）是指仅以生牛（羊）乳为原料，经巴氏杀菌等工序制得的液体产品。国际乳品联合会

（IDF）将巴氏杀菌定义为："适合于一种制品的加工过程，目的是通过热处理尽可能地将来自牛乳中的病原性微生物的危害降到最低，同时保证制品中化学、物理和感官的变化最小。"并且，"一种经过巴氏杀菌的产品，如果零售，应该在将污染降低到最小程度的条件下及时冷却、包装，这种产品在热处理后一定要立即进行磷酸酶试验，且呈阴性。"

巴氏杀菌在牛乳和稀奶油生产中的主要目的是减少微生物和可能出现在原料中的致病菌对健康的危害，不能杀死所有的致病菌，只能将致病菌的数量降低到一定的、对消费者不会造成危害的水平，能杀灭大部分耐热性的非芽孢致病菌、立克次体（coxiella burnetti）和结核杆菌。巴氏杀菌乳的热处理强度较低，因此风味、营养价值和其他性质与新鲜原料乳差异很小。

一、生产工艺

一般巴氏杀菌乳的生产工艺流程如图4-1所示：

原料乳的验收 → 预处理 → 标准化 → 均质 → 巴氏杀菌 → 冷却 → 灌装 → 冷藏

图4-1 巴氏杀菌乳的一般工艺流程

以板式热交换器为基础的巴氏杀菌乳的杀菌生产线如图4-2所示。

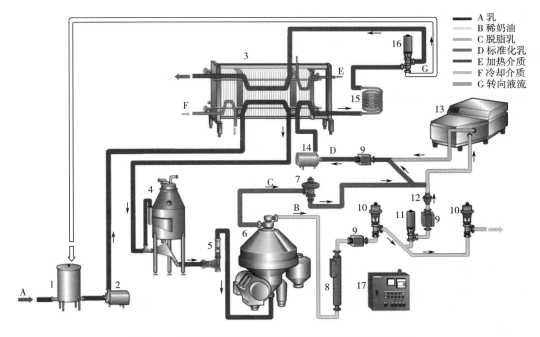

图4-2 以板式热交换器为基础的巴氏乳杀菌生产线

1—平衡槽 2—进料泵 3—板式换热器 4—真空脱气罐 5—流量控制器 6—离心分离机
7—稳压阀 8—密度传感器 9—流量传感器 10—调节阀 11—截止阀 12—检测阀
13—均质机 14—增压泵 15—保温管 16—转向阀 17—控制器

经验收合格的原料乳 A 先经过平衡槽 1，利用进料泵 2 泵送至板式换热器 3，利用杀菌后待冷却的牛乳进行预热。预热后的牛乳利用真空脱气罐 4 进行脱气，再通过流量控制器 5 后输送至离心分离机 6 进行乳脂分离，将原料乳分成稀奶油 B 和脱脂乳 C 两部分，离心分离出的稀奶油依次经过密度传感器 8、流量传感器 9 和调节阀 10 以及截止阀 12 后，部分稀奶油利用均质机 13 进行均质，与通过稳压阀 7 的脱脂乳进行混合，得到标准化以后的牛乳 D，整个过程通过标准化控制器 17 控制。标准化以后的牛乳通过流量传感器 9 进行计量，再利用增压泵 14 加压，通过板式热交换器 3 利用加热介质 E 升温到杀菌温度，在保温管 15 内保持杀菌所需时间，到达杀菌强度，实现杀菌。其中，泵 14 是升压泵，即增加了产品的压力，可以防止板式换热器发生渗漏时，经巴氏杀菌的乳被未加工的乳或冷却介质污染。如果巴氏杀菌的温度低于要求温度，可被温度传感器所测到，信号促使开启转向阀 16，牛乳 G 将返回平衡罐。巴氏杀菌后，牛乳流到板式换热器 3 冷却段，先与流入的未经处理的乳进行回收热交换，本身被降温，然后在冷却段再由冰水 F 进行冷却，冷却后牛乳通过缓冲罐后，最后进行灌装。

二、生产技术要求

（一）原料乳的验收

在乳制品生产过程中，未经过任何处理加工的生鲜乳称为原料乳。原料乳的验收要按照国家标准规定，对感官指标、理化指标、微生物指标、污染物、真菌毒素、农药及兽药残留进行验收，具体方法和要求见第三章。验收后根据工厂实际情况进行预处理和贮存。

有些国家规定牛乳中体细胞数不得超过 500000 个/mL，否则定为乳房炎乳。原料乳在验收时，应测量乳的温度。有的国家规定，送到乳品厂的原料乳温度不得超过 10℃，否则要降价。瑞典规定原料乳保存时温度不能超过 15.5℃，并要求牧场在挤奶后 1h 内降温至 10℃，3h 内降至 4.4℃。我国国家标准规定，验收合格的牛乳应迅速冷却至 4~6℃，贮存期间不得超过 10℃。

（二）真空脱气

工厂对原料乳一般采用真空脱气罐的方式进行脱气，原料乳首先预热至 68℃，输送至脱气设备中，具体的原理和方法见第三章。巴氏杀菌乳在加工过程中进行真空脱气，可以提高后续离心分离和标准化的效率以及准确度。

（三）线上直接标准化

标准化的目的是为了保证巴氏杀菌乳中含有规定的脂肪、蛋白质含量，以满足不同消费者的需求。我国部分脱脂巴氏杀菌乳的脂肪含量为 1.0%~2.0%，全脂巴氏杀菌乳的脂肪含量≥3.1%，脱脂巴氏杀菌乳脂肪含量≤0.5%，不同的国家有不同的规定。

在标准化时，脂肪不足时可以添加稀奶油，或分离出一部分脱脂乳以提高其含脂率；脂肪含量过高时，则要除去一部分稀奶油，或添加部分脱脂乳以降低含脂率。因此连续的、直接标准化系统在工艺中包括两个主要环节，离心分离和标准化控制系统。

1. 离心分离

离心分离机与离心净乳机结构相似，但加工目的不是净化，而是将原料乳在离心力的作用下，按照密度的不同分成脱脂乳和稀奶油两个部分。

在离心分离机中，碟片组带有一垂直的分布孔，如图 4-3（1）所示。图 4-3（2）所示为带有分配孔和焊接物的碟片组，图 4-3（3）更清晰地显示了脂肪球是如何从牛乳中分离出来的。牛乳进入距碟片边缘一定距离的垂直排列的分配孔中，在离心力的作用下，牛乳中的颗粒和脂肪球根据它们相对于连续介质（即脱脂防乳）的密度而开始在分离通道中径向朝里或朝外运动。现代的分离机有两种类型，半开式和密闭式。

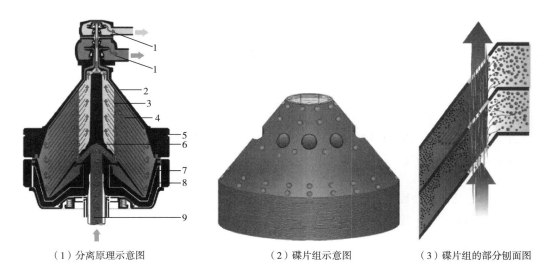

（1）分离原理示意图　　　　　（2）碟片组示意图　　　　　（3）碟片组的部分刨面图

图 4-3　离心分离机

1—出口泵　2—钵罩　3—分配孔　4—碟片组　5—锁紧环　6—分配器
7—滑动钵底部　8—钵体　9—空心钵轴

影响离心分离机生产能力的因素主要包括：①转速：理论上提高离心机转速，生产能力也就提高，但在设计时，由于受到机械结构及材料强度等方面的限制，不能无限提高转速；②脂肪球直径：脂肪球直径越大，分离效果越好。目前可分离到最小脂肪球直径 $d =$ 1.0~1.3μm，脱脂乳中含脂率为 0.01%~0.02%；③碟片的半径：碟片下半径大，上半径小，则其分离效果大，但碟片高度与平均半径的比值有一定范围；④碟片仰角：理论上仰角越大分离效果越好，但也受半径的限制，并与碟片与物料的摩擦力有关，一般取 50°~60°；⑤牛乳的预热温度：预热后，会增加分散介质和脂肪球的密度差，降低乳黏度，可提高牛乳分离效果。一般预热温度为 35~40℃，不易过高，易引起蛋白质变性；⑥奶油含脂率的控制：可以通过稀奶油出口处的调节螺丝，改变分离后的稀奶油的密度和含脂率。

2. 标准化

脂肪含量的标准化包括牛乳的脂肪含量或乳制品的脂肪含量的调整，通过添加稀奶油或脱脂乳，使其达到要求的脂肪含量。

（1）产品混合的基本计算方法

有许多方法可以用于计算要被混合的脂肪含量不同的产品的数量，以获得最终要求的脂肪含量。可用于标准化的原料乳包括全脂乳、脱脂乳、稀奶油和无水奶油。常用一种来自 J. G. Davis 所著的《乳品字典》的方法计算各物料的用量。

［例］多少千克含脂率为 A% 的稀奶油与含脂为 B% 的脱脂乳混合，就可获得含脂率为 C% 的混合物？

解：可以通过十字交叉法计算得到：

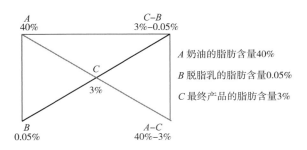

A 奶油的脂肪含量40%

B 脱脂乳的脂肪含量0.05%

C 最终产品的脂肪含量3%

斜对角上脂肪含量相减得出 $C-B=2.95$ 及 $A-C=37$。

那么混合物就是 2.95kg 40% 的稀奶油和 37kg 0.05% 的脱脂乳。

于是得到了 39.95kg 3% 的标准化产品。

（2）标准化的原理

如果所有其他的参数都是常数，那么从分离机中分离出来的稀奶油和脱脂乳的脂肪含量也是常数。无论是人工控制还是计算机控制，标准化的原理是一致的，如图 4-4 所示。

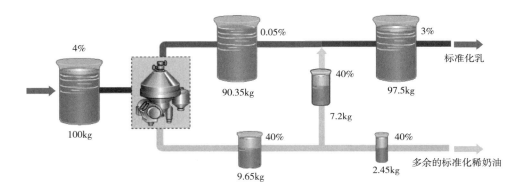

图 4-4　脂肪标准化的原理

计算 100kg，含脂率为 4% 的全脂乳生产出脂肪含量为 3% 的标准化乳和脂肪含量为 40% 的多余奶油的最适宜量。100kg 的全脂乳分离出含脂率 0.05% 的脱脂乳 90.35kg，含脂率为 40% 的稀奶油 9.65kg。在脱脂乳中必须加入含脂率为 40% 的稀奶油 7.2kg，才能获得含脂率为 3% 的市乳 97.5kg，剩下 9.65-7.2=2.45kg 含脂率为 40% 的稀奶油。

（3）管线上的直接标准化

直接在管线上标准化通常需要与分离配合，生产线上通常用控制阀、流量计、密度计和计算机化控制环路来调节原料乳和稀奶油的脂肪含量，以达到要求的值，这种装置通常被组成一个单元，如图 4-5 所示。

脱脂乳的出口压力一定要保持恒定，以便能够准确地标准化。这个压力必须维持恒定，不受流量变化或是分离之后由于设备引起的压力降的影响，这要靠安装在脱脂乳出口处的恒压阀来实现。

多数情况下，牛乳进入分离机之前，要在巴氏杀菌器中加热到 55~65℃。在分离中，稀奶油标准化到预定的脂肪含量，计算用于牛乳（市乳、干酪乳等）标准化的稀奶油的量分一支路，与适量的脱脂乳再混合。剩余的稀奶油直接进入稀奶油巴氏杀菌器。

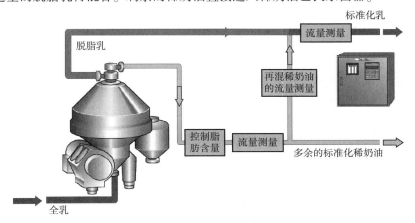

图4-5　牛乳和稀奶油在线标准化原理

（四）均质

脂肪球不仅是牛乳中最大的颗粒，也是最轻的颗粒，所以当牛乳在容器中静置一段时间后，它们会浮到表面，这个脂肪上浮过程称乳油化（creaming）。脂肪上浮的驱动力为密度差，20℃下，脱脂乳的密度为$1035kg/m^3$，而乳脂肪的密度为$915kg/m^3$。脱脂乳中的脂肪球上升的速度（连续阶段）取决于它们的大小、密度以及脱脂乳的密度和黏度。密度和黏度随温度而变化。因此，由于密度差异的增加和脱脂乳黏度的降低，在较高的温度下脂肪上浮更快。脂肪球越大，它们上升的速度就越快，均质化的主要动机就是将脂肪球分解成更小的小球，以减缓分离过程。1899年法国人Gaulin，表述了"保持液体组分稳定"的加工方法，从此均质成为一种标准化的工业加工方式。均质是一种使脂肪乳浊液稳定，防止重力分离的方法。

1. 均质概念

乳的均质（homogenization）是指在强力的机械作用下（16.7~20.6MPa）将乳中大的脂肪球（3~5μm）破碎成小的脂肪球（<1μm），均匀一致地分散在乳中的过程。利用差分干涉对比光学显微镜（differential interference contrast light microscopy，DICLM）观察的原料乳在均质前后颗粒大小的变化如图4-6所示。

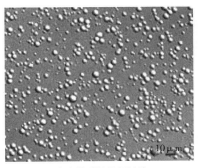

（1）均质前的原料乳

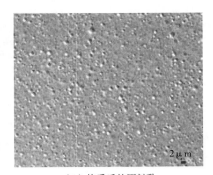

（2）均质后的原料乳

图4-6　均质前后原料乳在显微镜下的结构

牛乳在放置一段时间后会出现脂肪上浮，影响乳的感官质量，所以加工过程中原料乳在经过验收、净化、冷却、标准化等预处理之后，必须进行均质处理。

均质影响到牛乳的化学和物理结构，对产品而言有许多优点：如脂肪分布均匀，没有乳脂层，更白，更增加食欲，降低氧化敏感性；此外均质减少脂肪球大小，有利于消化吸收，均质后的杀菌牛乳，口感丰盛浓郁，很多国家在生产中都采用。但均质后的牛乳也会出现对阳光、解脂酶等敏感，产生金属腥味以及降低蛋白质的热稳定性等缺陷；并且生产半硬质和硬质干酪时不能进行均质操作，因为凝块很软，难以脱水。

2. 均质理论

对于像牛乳这样的水包油乳液，连续相中大多数的液滴直径小于 $1\mu m$。以下两种理论可以阐明不同参数对均质效果的影响。

湍流涡流（微漩涡）引起脂肪球破裂的理论是基于这样一个事实，即高速运动的液流中产生大量的小漩涡。速度越高，产生的漩涡越多；微漩涡撞击到同等大小的油滴，油滴就会破裂。这个理论预示着均质效果如何随着均质压力而变化。

空穴理论认为，当蒸汽爆裂时产生冲击波，从而分裂脂肪球，根据这个理论，均质是在液体离开缝隙时产生的。实践表明，均质时能够产生空穴的背压是非常重要的。然而，没有空穴，也能均质，只是均质效率会降低。

3. 高压均质机

乳制品加工以连续化生产线为主，因此要求高效均质，需要使用高压均质机。均质机本质上是一个正排量泵，将液体从一个地方泵到另一个地方。它通过在后端安装一个电机，在前端安装活塞和阀门来实现这一点，如图4-7所示。设备中最重要的部分是均质装置，活塞前后移动，将液体泵向这个均质装置，脂肪球被破碎。当液体通过窄缝时，液流速度增加，速度将不断增加直至静压低到液体开始沸腾为止。最大速度主要取决于入口的压力，当液体离开窄缝时，速度降低，而压力升高，液体停止沸腾而蒸气泡破裂。均质装置的结构如图4-8所示，牛乳在往复式柱塞泵的作用下，以较高的压力被送入阀座与均质头之间的空间，间隙的高度（可调）大约是0.1mm或是均质乳中脂肪球尺寸的100倍。液体通常以 $100\sim400\mathrm{m/s}$ 的速度通过窄小的环隙，均质就在这 $10\sim15\mu s$ 中发生。在这一刹那，所有柱塞泵传过来的压力能都转换成了动能，即使脂肪球以如此高的速度被推过缝隙，它们还没有被破碎，只是被拉长。从缝隙流出的牛乳随即进入一个几乎是静止液体的区域（输出腔），产生大量的湍流，产生小涡流或漩涡，这是分解小液滴的主要力量；随着速度的增加，压力降低，导致空化，空化在分解脂肪球中也起着中心作用；当蒸气泡内爆时，会产生周围液体的喷射，并引起

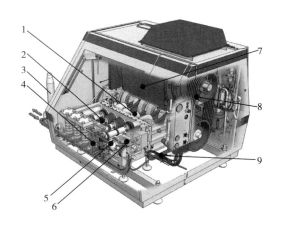

图4-7　高压均质机内部结构示意图
1—曲轴箱　2—活塞　3—减振器　4—泵体
5——级均质装置　6—二级均质装置
7—主传动电机　8—皮带传动　9—液压设定系统

冲击波，冲击波也会破坏脂肪球。湍流、空化和爆破的联合作用最终实现脂肪球破裂，使脂肪球的直径减小到约 $1\mu m$，同时脂肪浆液的比表面积增加了 4~6 倍，新生成的脂肪球不再全被原来的膜覆盖，取代它们的是从浆液相中吸附的蛋白质的混合物。

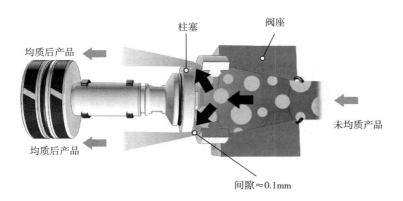

图 4-8　均质装置结构

4. 均质工艺

在巴氏杀菌乳的生产中，一般均质机的位置处于杀菌机的第一热回收段，在杀菌之前；在间接加热的超高温灭菌乳生产中，均质机位于灭菌之前；在直接加热的超高温灭菌乳生产中，均质机位于灭菌之后，因此应使用无菌均质机。

均质机上可以安装一个均质装置或安装两个串联的均质装置（图 4-9），因此得名一级均质和二级均质。一级均质可用于低脂肪含量的产品和要求高黏度（一定程度结团）的产品；而二级均质主要是用于打碎产品中的脂肪球簇，可以用于高脂肪含量的产品、干物质含

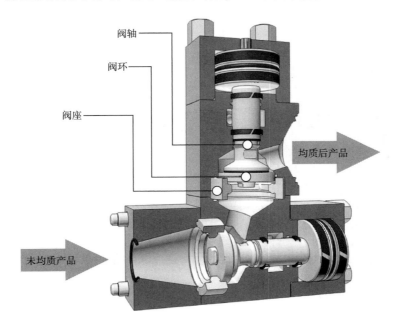

图 4-9　二级均质化装置结构

量高的产品、要求黏度较低的产品以及最佳均质（微细化）等情况。巴氏杀菌乳一般采用二级均质，即第一级均质使用较高的压力（16.7~20.6MPa），目的是破碎脂肪球；第二级均质使用低压（3.4~4.9MPa），目的是分散已破碎的小脂肪球，防止粘连。二级均质前后脂肪球变化示意图如图4-10所示。二级均质对一级均质后的乳提供了有效稳定的背压，而加强的空穴作用对脂肪球只有轻微的破坏作用。

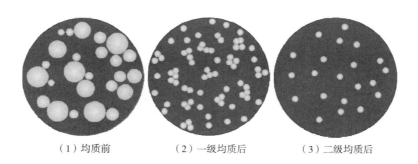

（1）均质前　　　　　　（2）一级均质后　　　　　　（3）二级均质后

图4-10　均质前后脂肪球变化示意图

当乳制品加工中需要对无脂干物质和脂肪都进行均质时，如发酵乳制品，需采用全流均质（整体均质）形式。而巴氏杀菌乳通常采用部分均质形式，意味着脱脂乳的主体部分不均质，而只是量比较少的稀奶油进行均质（图4-11），当运行部分均质时，需要考虑到较高的脂肪含量与蛋白质的比例，即通过均质器的牛乳的脂肪含量在12%~18%，而一些脱脂牛乳绕过均质器。这减少了能量消耗，因为通过均质器的流量要小得多。根据脂肪含量，可以节省65%以上的能量消耗。采用部分均质时，所需压力要比全流均质时稍微高一些。

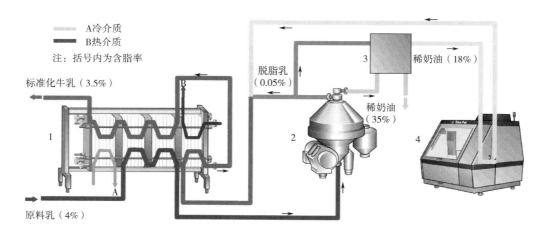

图4-11　部分均质化流程图

1—板式热交换器　2—离心分离机　3—脂肪自动标准化装置　4—均质机

5. 均质效率的检测方法及影响因素

均质的效果可以通过显微镜、静置、离心以及激光检测等方法检验。

①显微镜检验方法：一般采用100倍的显微镜镜检，可直接观察均质后乳脂肪球的大小

和均匀程度。在显微镜下直接用油镜镜检脂肪球的大小是最简便、直接和快速的方法，但缺点是只能定性不能定量，而且需要较丰富的实践经验。

②均质指数法：用分液漏斗或量筒取 250mL 均质乳样，4~6℃下保持 48h，然后将上层 1/10 的乳吸出，并将下层 9/10 的乳混匀，分别测定上层及下层的脂肪含量（F）。均质指数 =（上层 F-下层 F）/上层 F×100。一般均质指数在 1~10。该方法的特点是可定量测出均质效果，但需时间较长且精确度并非很高。

③离心法（NIRO 法）：取 25mL 均质乳样在半径 250mm，转速 1000r/min 的离心机内，于 40℃条件下离心 30min。取下层 20mL 乳样和离心前乳样分别测其乳脂率，二者相除结果乘以 100 即为尼罗值，一般巴氏杀菌的尼罗值在 50%~80%。该方法可快速分析均质效果，但精确度不够。

④激光法：采用激光测定均质效果，主要是利用激光光束通过样品时，其光的散射决定于脂肪球的大小和数量，然后将其转换成脂肪球分布图。牛乳三种典型的脂肪球粒径分布曲线如图 4-12 所示。此法快速、准确，但设备所需费用较高。

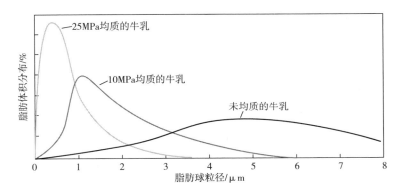

图 4-12　牛乳脂肪球粒径分布曲线

影响均质效率的主要因素包括均质压力、均质装置间隙、容量、乳成分和温度等。理论上压力的增加意味着均匀化效率的提高。因为增加了通过缝隙的速度，在缝隙后形成更大、更强烈的湍流区，导致更多的液滴破裂，从而形成更小的脂肪球。在实际生产中，间隙高度与压力、容量和设备直径的关系是影响均质效果的主要因素，间隙高度越小，剪切力越大，出口腔湍流区的能量密度越大，但间隙高度过小，在通道中会产生摩擦损失和速度损失。重要的是均质装置的直径有一个为预期的操作能力和压力优化的间隙高度。这也意味着同一台机器在不同容量下会产生不同的均化效率值。乳成分是另一个影响均质效果的重要因素，当脂肪球通过均质化分解成更小的脂肪球时，比表面积增加。新增区域需要被覆盖，否则，这些小球就会再次移动到一起。这种新的膜材料由牛乳中的蛋白质组成，主要是酪蛋白和乳清，它们位于脱脂牛乳和脂肪球之间的界面上。这意味着，可用的膜材料（乳蛋白）的数量实际上可以限制在牛乳均质化后。如果脂肪含量增加，就意味着更多的脂肪球靠得更近，需要覆盖更多的表面积，就会缺少蛋白质来做膜材料。因此，在恒定压力下，脂肪含量的增加会导致均匀化效率的降低。牛乳的温度影响均质的效果，温度在 50~65℃时，乳脂肪成熔融状态，脂肪球膜软化，有利于提高均质效果。

（五）巴氏杀菌

1. 概念

牛乳的巴氏杀菌是一种特定的热处理方式。它可以这样定义，"巴氏杀菌是能有效破坏结核杆菌（TB），但对牛乳的物理和化学性质无明显影响的任何一种牛乳热处理方法。"

2. 巴氏杀菌工艺

为了保证所有的致病微生物被杀死，牛乳必须加热达到某一温度，并在此温度下持续一定时间，然后再冷却。温度和时间组合决定了热处理的强度。图 4-13 显示了热处理强度对乳中细菌和酶的影响。根据这些曲线，如果把牛乳加热到 70℃ 并在此温度下保持 1s 即可杀死大肠杆菌，而在 65℃ 下保持 10s 也可杀死大肠杆菌；换句话说，上述两个温度和时间的组合具有同样的致死效果。结核杆菌要比大肠杆菌的热抵抗力强，在 70℃ 下保持 20s 或在 65℃ 下保持 2min 才能保证它们被杀死。此外，图中热稳定性很强的微球菌属非致病菌。杀灭乳中固有的磷酸酶活性的温度比杀死结核杆菌略高，磷酸酶试验可以用来评价乳的巴氏杀菌效果。

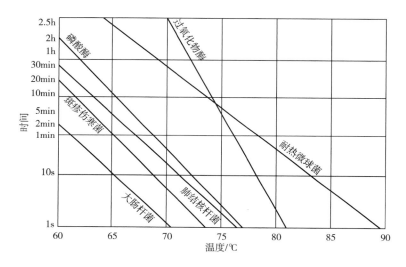

图 4-13　热处理强度对乳中细菌和酶的影响

从杀死微生物的观点来看，牛乳的热处理强度是越强越好。但是，强烈的热处理对牛乳外观、味道和营养价值会产生不良后果。如牛乳中的蛋白质在高温下将变性；强烈的加热使牛乳味道改变，首先是出现"蒸煮味"，然后是焦味。因此，时间和温度组合的选择必须考虑到微生物和产品质量两方面，以达到最佳效果。乳品工业中常用的杀菌方式如表 4-1 所示。

表 4-1　　　　　　　　　　　　乳品工业中常用的杀菌方式

工艺名称	温度/℃	时间
初次杀菌	63~65	15s
低温长时间巴氏杀菌	62.8~65.6	30min
高温短时间巴氏杀菌（牛乳）	72~75	15~20s

续表

工艺名称	温度/℃	时间
高温短时间巴氏杀菌（稀奶油）	>80	1~5s
超巴氏杀菌	125~138	2~4s
超高温杀菌（连续式）	135~140	4~7s
保持杀菌	115~121	20~30min

3. 板式热交换器原理

乳制品一般采用板式热交换器进行连续的热处理，杀菌方法采用高温短时法。此方式具有效率高、成本低的优点。板式热交换器由夹在框架中的一组不锈钢板组成，如图4-14所示。该框架可以包括几个独立的板组（区段），对应不同的处理阶段，如预热、杀菌、冷却等均可在此进行。根据产品要求的出口温度，热介质是热水，冷介质可以是冷水、冰水或丙基乙二醇。板片设计成传热效果最好的瓦楞型，板组牢固地压紧在框中，瓦楞板上的支撑点保持各板分开，以便在板片之间形成细小的通道（图4-15）。液体通过板片一角的孔进出通道。改变孔的开闭，可使液体从一通道按规定的线路进入另一通道。板周边和孔周边的垫圈形成了通道的边界，以防向外渗漏与内部液流混合。

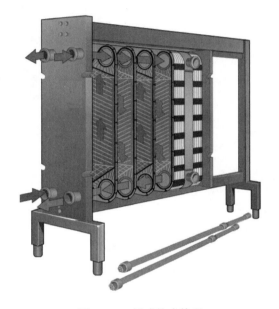

图4-14 板式热交换器

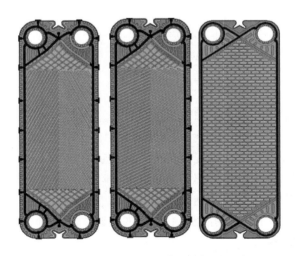

图4-15 板式热交换器中的间壁形式

产品通过一个角孔进入第一个通道，然后垂直流过该通道，再由另一端一个单独的有垫圈的角孔通道流出。角孔通道使产品绕过下一通道进入第三通道。角孔通道使产品交替地流过一个板组。提供的（加热或冷却）介质在该区段的另一端引入，同样地交替流过板内通道，这样，每一产品的通道两侧都有加热或冷却介质通过。产品和介质平行流动的流型示意图如图4-16所示。

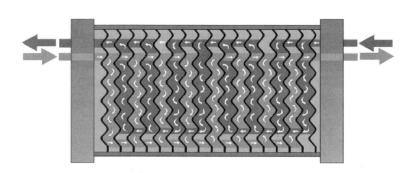

图4-16　产品和介质平行流动的流型示意图

（六）包装

杀菌后的牛乳迅速冷却后进行包装。低强度巴氏杀菌乳通常采用一次性避光容器，如带有聚乙烯（PE）的纸盒、高密度聚乙烯（HDPER）和聚酯（PET）等塑料容器。回收成本高和不避光的玻璃容器的使用已越来越少。

在巴氏杀菌乳的包装过程中，应注意以下三点：①避免二次污染，如包装环境、包装材料及包装设备的污染。尤其是在使用可回收奶瓶时，很难使之清洗干净和达到灭菌条件；②应尽量避免灌装时的产品温度升高，因包装后的产品，再次冷却是比较缓慢的；③包装材料应干净、具有避光性、易于密封，具有较好的加工机械强度。

（七）巴氏杀菌乳的保质期

1. 概念

保质期（shelf life）一般是指产品从生产出来后到保持消费者能够接受的质量特性的时间（通常以天计）。巴氏杀菌乳加工后应在冷链（7℃）下运输和贮存，在良好的技术和卫生条件下，由高质量原料所生产的巴氏杀菌乳在未打开包装状态下，5~7℃条件贮存，保质期一般应该到8~10d。

2. 影响因素

影响产品保质期的主要因素包括以下三点：

（1）原料乳的质量　原料乳质量主要指原料乳中微生物指标的情况，主要内容见第二章。为了改善巴氏杀菌乳的细菌学状况，从而保证、甚至延长巴氏杀菌乳的保质期，巴氏杀菌生产设备可补充一台离心除菌机或微滤装置。离心除菌工艺过程基于对微生物离心分离，虽然二级离心减少细菌芽孢的有效率达到99%，但是，如果要求在7℃以上延长保质期，此方法对巴氏杀菌乳是不够的。使用孔径为1.4μm或更小的微滤膜可以有效地减少细菌和芽孢达99.5%~99.99%（图4-17）。工艺上，一般对离心分离以后的脱脂乳进行微滤处理后与稀奶油混合再进行均质处理。

（2）二次污染　巴氏杀菌后的污染主要发生在冷却管道、输送管道、贮藏罐及包装设备中。当这些设备清洗、消毒不彻底时，很容易发生二次污染，尤其是嗜冷菌的影响最大。有研究表明，灌装设备是巴氏杀菌乳二次污染的主要原因。因此，为乳品厂提供良好的清洗设施，以及高质量的清洗剂，消毒剂和用水是非常重要的。

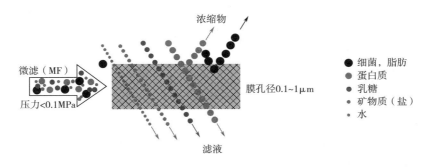

图4-17　牛乳微滤除菌原理

（3）温度　控制温度是抑制微生物繁殖生长的最有效方式，详细内容见第二章。尤其是产品在包装和贮存过程中的温度。

为了保证产品的保质期，要重点强调加工工艺的设计、设备的清洗和消毒处理以及从产品离开杀菌设备开始到产品被消费者食用整个过程的温度控制。

三、延长保质期乳

"延长保质期"（extend shelf life）英文缩写"ESL"，在加拿大和美国经常用于那些在7℃或7℃以下具有良好贮存质量的新鲜液态乳制品。从本质上讲，此术语意味着通过减少主要污染源及在到消费者的各种途径中保持产品质量，有能力延长产品保持期，超过其传统寿命。通常杀菌强度是125~130℃保持2~4s。这种类型热处理温度称"超巴氏杀菌"。不同杀菌和灭菌条件下牛乳制品的保质期如表4-2所示。

表4-2　　　　　　　　　　　　　　常见牛乳的保质期规格

牛乳制品	保质期	加工过程
巴氏杀菌牛乳	≤10d	仅巴氏杀菌
延长保质期牛乳	≤15d	离心除菌+巴氏杀菌法
延长保质期牛乳	≤30d	微滤+巴氏杀菌法
延长保质期牛乳	>30d	高温（125~127℃/2s）
延长保质期牛乳	≤90d（美国）	高温（138℃/4s）
超高温瞬时灭菌牛乳	3~12个月	超高温

但无论超巴氏杀菌强度有多高，生产的卫生条件有多好，延长保质期乳本质上仍然是巴氏杀菌乳，与超高温灭菌乳有根本的区别：①超巴氏杀菌产品并非无菌灌装；②超巴氏杀菌

产品不能在常温下贮存和分销；③超巴氏杀菌产品不是商业无菌产品。一般把延长保质期乳产品的保质期定位在巴氏杀菌乳和超高温瞬时灭菌乳制品之间，这主要取决于产品从原料到销售的整个过程中的加工工艺、技术装备以及质量控制。

第三节　灭菌乳

一、概述

（一）灭菌乳的概念

产品的灭菌是对这一产品进行足够强度的热处理，使产品中所有的微生物和耐热酶类失去活性。灭菌的产品具有优异的保存质量，并可以在室温下长时间贮存。

灭菌乳又称长期保存鲜乳，是指以新鲜牛乳（羊乳）为原料，经净化、均质、灭菌和无菌包装或包装后再进行灭菌，从而具有较长保质期的可直接饮用的商品乳。

牛乳灭菌的目的是杀死乳中所有存在的微生物，包括细菌和芽孢，从而使包装的产品在常温下能够长期保存而不发生微生物引起的腐败变质。但灭菌乳不是真正意义上的无菌乳，只是产品达到了商业无菌状态，在产品有效期内保持质量稳定和良好的商业价值，可以在常温条件下分销。

（二）灭菌乳的分类

1. 按是否添加辅料分类

（1）灭菌纯牛（羊）乳　以牛乳（或羊乳）或复原乳为原料，不添加辅料，经超高温瞬时灭菌、无菌包装或保持灭菌制成的产品。

（2）灭菌调味乳　以牛乳（或羊乳）或复原乳为主料，添加辅料，经超高温瞬时灭菌、无菌包装或保持灭菌制成的产品。

以上每类又分为全脂、部分脱脂、脱脂三种。

2. 按灭菌方式分类

国家相关标准中按照灭菌方式的不同，对灭菌乳有如下两种表述：

（1）保持灭菌乳（retort sterilized milk）　以生牛（羊）乳为原料，添加或不添加复原乳，无论是否经过预热处理，在灌装并密封之后经灭菌等工序制成的液体产品。

（2）超高温瞬时灭菌乳（ultra high-temperature milk，UHT）以生牛（羊）乳为原料，添加或不添加复原乳，在连续流动的状态下，加热到至少132℃并保持很短时间的灭菌，再经无菌灌装等工序制成的液体产品。

二、灭菌工艺

（一）保持式灭菌

保持式灭菌主要采用的是灌装后灭菌的工艺，用于瓶或罐装牛乳的灭菌有两种加工方法：在灭菌器中批量加工和连续加工系统，其中批量加工（间歇式）系统又包括板条箱堆垛于静压灭菌釜、能旋转的笼子的静压灭菌釜和旋转式灭菌釜三种基本方式（图4-18）；而连续加工系统又分为立式静压水塔和卧式灭菌机。

在灭菌釜灭菌的方法中，牛乳通常被预热到约80℃后灌装于干净、经加热后的瓶（或其他容器）中，这些瓶随后封盖，置于蒸汽室中灭菌，通常处理条件为110~180℃，15~40min，随后被冷却取出，灭菌釜中放入下一批，与罐头食品加工原理相同。但灭菌釜的批量加工生产能力较低，不适合大规模的加工。下面主要介绍连续加工系统。

图4-18　静压容器（灭菌釜）中的批量加工

1. 水压立式灭菌器

水压立式灭菌器，也称为塔式灭菌器，如图4-19所示。这种灭菌器一般包括一个中心室，通入蒸汽，在一定压力下，保持灭菌温度。在进口和出口处通过一定体积的水提供相应的压力以保持平衡。在进口处水被加热，在出口处水被冷却，每一点都调整到瓶能接受和吸收最多热量的温度，而不致由于热力因素使玻璃瓶破裂。

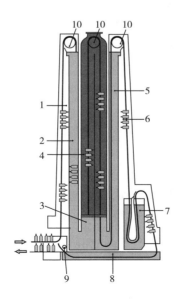

图4-19　水压立式灭菌器

1—第1加热段　2—水封和第2加热段　3—第3加热段　4—灭菌段　5—第1冷却段　6—第2冷却段
7—第3冷却段　8—第4冷却段　9—最终冷却段　10—上部的轴和轮，分别驱动

在水压塔中，牛乳容器被缓慢地传送到有效的加热和冷却区域。这些区域依据不同处理阶段所要求的温度和保温时间进行尺寸计算。水压灭菌器的循环时间约1h，其中20~30min用于通过115~125℃的灭菌段。水压灭菌器适于进行每小时2000×0.5L到16000×1L的热处理，玻璃和塑料瓶都可使用。

2. 卧式灭菌器

图4-20所示为带有转动阀封和正压装置的卧式灭菌器，通常称为旋转阀封灭菌器。通过它，灌装后的罐进入一个相对高温高压的区域，其中产品被置132~140℃下保持10~12min，全部循环时间为30~35min，可达到每小时12000单位的生产能力。该灭菌器可对塑料瓶、玻璃瓶以及塑料膜和塑料与铝箔的复合包装等易变形的容器进行灭菌。

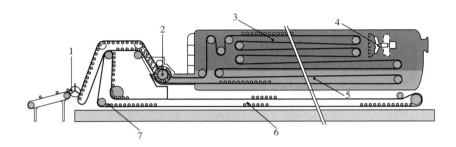

图4-20　带有转动阀封和正压装置（蒸汽/空气混合物）的卧式灭菌器

1—自动装瓶或罐　2—旋转阀（同时将瓶传入和传出压力室）　3—灭菌区域　4—排气扇　5—预冷区域

6—在常压下最终冷却　7—自传送带上取下产品

保持式灭菌是一种常用于罐装固体食品的技术，在乳制品生产中除纯牛乳以外，更可用于配料复杂、黏稠度较高的乳饮料加工，产品具有"蒸煮"和焦糊风味的特点。虽然装瓶和装罐后进行灭菌减少了无菌操作的麻烦，但是加工中必须使用热稳定的包装材料。

（二）超高温瞬时灭菌

超高温瞬时灭菌是用蒸汽将加压牛乳加热到135~150℃下保持数秒。它与高温短时间杀菌相比，具有温度高，时间短的特点。超高温灭菌方法根据加热方式的不同分为直接加热和间接加热。

与传统的在静水压塔中灭菌相比，用超高温瞬时灭菌方式处理牛乳能够节省时间、劳动力、能源和空间。超高温瞬时灭菌是一个高速加工过程，因此对于牛乳风味的影响要远远小于前者。这一加工技术必须和无菌包装配合才能实现产品的长期保存，因此，产品在经热处理后必须在无菌条件下包装于预先已灭菌的包装材料中，该过程要预防再污染。产品在处理后、包装完成前的任何中间过程必须保持无菌条件，因此超高温瞬时灭菌加工又被称为"无菌加工"。

1. 直接加热法

产品进入系统后与加热介质直接接触，随之在真空缸中闪蒸冷却，最后间接冷却至包装温度，直接系统可分为：蒸汽注射法（蒸汽注入产品）（图4-21）和蒸汽混注法（产品进入充满蒸汽的罐中）（图4-22）。

2. 间接加热法

间接加热法是通过热交换器间壁的介质间接加热制品的过程。间接加热法可采用板式热交换器（图4-23）、管式热交换器（图4-24）和刮板式热交换器等。

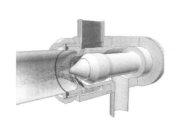

图4-21　蒸汽喷射喷嘴

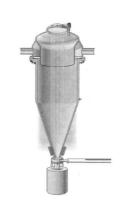

图4-22　蒸汽混注容器

图4-23　板式热交换器

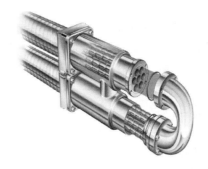

图4-24　管式热交换器

直接加热与间接加热最明显的区别是前者加热及冷却的速度较快，即超高温瞬时加热更容易通过直接加热系统来实现；直接加热主要的优势在于它能加工黏度高的产品，特别是对那些不能通过板式热交换器进行良好加工的产品，它不容易结垢；直接加热的缺点是需要在灭菌后均质。无菌均质机成本高，维护要小心，尤其是要更换柱塞密封以避免其被微生物污染；直接加热系统的结构相对较复杂；直接加热系统的运转成本相对较高，是同等处理能力的间接加热系统的2倍，主要体现在热回收率低，水、电成本高。

三、超高温瞬时灭菌乳的生产工艺

超高温瞬时灭菌乳的生产工艺流程如图4-25所示。

（一）原料乳质量要求

灭菌乳生产对原料乳的质量要求较高，尤其重要的是牛乳中的蛋白质在热处理中不能失去稳定性。牛乳蛋白质的热稳定性可以通过酒精实验来进行快速鉴定，原料乳如果能在酒精浓度为75%时仍保持稳定，则通常可以避免灭菌乳在生产和保质期期间出现问题。不适宜生产灭菌乳的原料乳包括已变酸的乳、盐平衡失常乳和初乳。牛乳必须具有很高的细菌学质量，这不仅涉及细菌菌落总数，更涉及一些能影响灭菌效果的芽孢形成菌的芽孢数。检测超高温瞬时灭菌设备的灭菌效率通常选用枯草芽孢杆菌（*B. subtilis*）和嗜热脂肪芽孢杆菌（*B. stearothermaphilas*）的芽孢做为实验微生物。

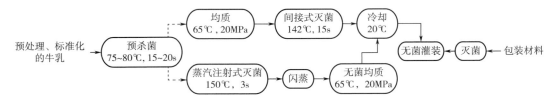

图4-25　超高温瞬时灭菌乳的生产工艺流程

灭菌乳生产中的预处理、标准化、均质、冷却以及包装等单元操作的原理，与巴氏杀菌乳相同，不再赘述，下同。在超高温瞬时灭菌乳生产中，均质机通常在间接加热系统中处于上游区段，而直接加热系统则在加热段的下游区，也就是说，放在超高温瞬时灭菌处理之后的无菌一侧。这样均质机要求无菌设计，要带有无菌柱塞密封、包装、无菌冷凝器和特殊的无菌挡板。

（二）超高温瞬时灭菌系统

超高温瞬时灭菌设备是完全自动化的，具有四个通用的操作阶段：设备预灭菌，生产，无菌中间清洗和就地清洗。

1. 设备预灭菌

生产之前设备必须灭菌，以避免经灭菌处理后的产品被再污染，预灭菌首先进行与生产温度相同的热水灭菌，热水灭菌的最短时间为30min，自达到适宜温度时到设备中所有部件都达到温度要求；然后将设备冷却至生产要求的条件。

2. 生产

生产情况依不同的加工有所区别，后文详述。

3. 无菌中间清洗

在生产中无菌中间清洗是非常有益的。当设备长时间运转，无论何时需要除掉生产系统中的沉积，而又不破坏无菌条件时都可以进行一次30min的无菌中间清洗。设备在无菌中间清洗之后不必重新灭菌，这一方法节省了停机时间并使生产时间延长。

4. 就地清洗

直接、间接超高温瞬时灭菌设备的就地清洗循环可包括如下程序：预洗，碱洗，加水漂洗，酸洗和最后漂洗，按预定的时间、温度，程序全部自动化控制。就地清洗程序必须适应不同的乳品对操作条件的要求。

（三）真空浓缩

直接加热法进行超高温瞬时灭菌时，由于加热介质（水蒸气）与原料乳的混合，会增加原料乳中的水分含量，因此在灭菌后需进行浓缩处理。因浓缩最终产品浓度要求不高，一般采用循环蒸发器完成此单元操作。

牛乳被加热至90℃，以高速沿切线方向进入真空室沿内壁表面旋转的薄膜，如图4-26

所示，随着在内壁形成涡旋，一部分水分被蒸发掉，蒸汽被吸入冷凝器，空气和其他不凝气体通过真空泵从冷凝器抽出。最终产品失去速度落至内侧弧形底部，最后被排出，部分产品通过离心泵再循环至加热器进行温度调节，并从这里进入真空室进一步蒸发。为了达到规定的浓度，大量的产品必须再循环，通过真空室的流量是需加工流量的4~5倍。

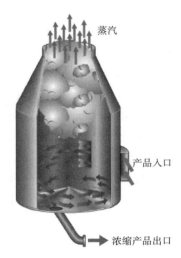

图4-26　真空罐内的产品流动

（四）无菌罐

无菌罐，用于超高温瞬时灭菌处理乳制品的中间贮存。在超高温瞬时灭菌线上，无菌罐可有不同的用途。如果包装机中有一台意外停机，无菌罐用于照应停机期间的剩余产品（图4-27）。两种产品同时包装，首先将一个产品贮满无菌罐，足以保证整批包装，随后，超高温瞬时灭菌设备转换生产另一种产品并直接在包装机线上进行包装（图4-28）。这样，在生产线上有一个或多个无菌罐为生产计划安排提供了灵活的空间。

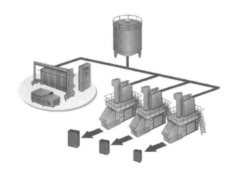

图4-27　无菌罐作为缓冲罐

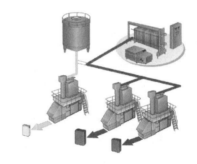

图4-28　无菌罐作为中间贮存缸

（五）无菌灌装

经超高温灭菌及冷却后的灭菌乳，应立即进行无菌包装。灭菌乳不含细菌，包装时应严加保护，使其不再被细菌污染。无菌包装被定义为一个过程，包括包装材料或容器的灭菌，在无菌环境下灌入商业无菌产品，并密封封口，过程如下：

超高温瞬时灭菌产品 → 无菌输送 → 包装材料、包装过程和环境灭菌 → 无菌灌装 → 密封

由于产品要求在非冷藏条件下具有长期保质期，所以包装也必须提供完全防光和防氧气的保护。这样长期保存鲜乳的包装需要有一个薄铝夹层，夹在聚乙烯塑料之间。

"无菌"一词意味着产品、包装或其他特定区域中不存在或已除去任何的微生物；"密封"一词用于表示适宜的机械特性，即不使任何细菌进入包装中，或更严格地讲，防止微生物和气体或蒸汽进入包装。

1. 包装容器的灭菌

包装容器可以采用饱和蒸汽灭菌、双氧水（H_2O_2）灭菌、紫外线辐射灭菌以及 H_2O_2 与紫外线联合灭菌等方法。一般 H_2O_2 浓度为 30%~35%。

2. 无菌灌装系统

（1）纸卷成形包装系统　纸卷成形包装系统是目前使用最广泛的包装系统。包装材料由纸卷连续供给包装机，经过一系列成形过程进行灌装、封合和切割。纸卷成形包装系统主要分为两大类，即敞开式无菌包装系统和封闭式无菌包装系统。

①敞开式无菌包装系统：敞开式无菌包装系统的包装容量有 200mL、250mL、500mL 和 1000mL 等，包装速度一般为 3600 包/h 和 4500 包/h 两种形式。结构原理如图 4-29 所示。图中的空气刮刀替代挤压辊，可以除掉包装纸表面多余的双氧水，用于包装纸灭菌的双氧水槽结构如图 4-30 所示。成型和灌装工序是在包装纸进入之前就事先杀菌消毒的加压腔中进行的。气腔里充满了在空气净化装置内用电热元件和特种过滤器生产的无菌空气，如图 4-31 所示。

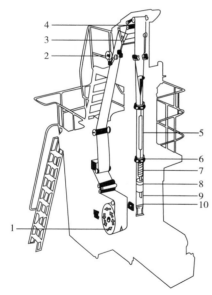

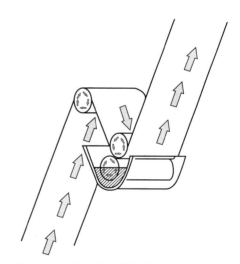

图 4-29　敞开式无菌包装系统　　　　图 4-30　敞开式无菌包装系统的双氧水槽

1—纸卷　2—封条敷贴　3—双氧水槽　4—空气刮刀
5—纵封封合　6—纸筒成形导轮　7—管加热器
8—产品液位控制浮子　9—下灌注管　10—产品横向封合

②封闭式无菌包装系统：封闭式无菌包装系统最大的改进之处在于建立了无菌室，包装纸的灭菌是在无菌室内的双氧水浴槽内进行的，并且不需要润滑剂，从而提高了无菌操作的安全性（图 4-32）。这种系统的另一改进之处是增加了自动接纸装置并且包装速度有了进一步的提高。封闭式包装系统的包装体积范围较广，从 100mL 到 1500mL，包装速度最低为 5000 包/h，最高为 18000 包/h。

（2）预成形纸包装系统　这种系统纸盒是经预先纵封的，每个纸盒上压有折叠线。运输时，纸盒平展叠放在箱子里，可直接装入包装机。若进行无菌运输操作，封合前要不断地向盒内喷入乙烯气体以进行预杀菌。

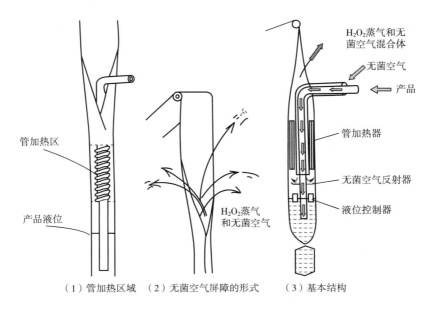

图 4-31 敞开式无菌包装系统包材的灭菌

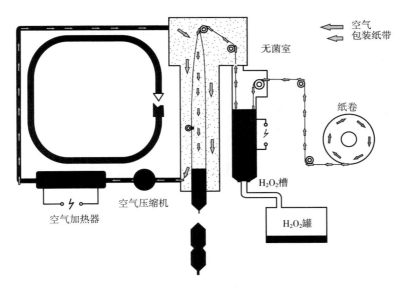

图 4-32 封闭式无菌包装系统

预成形无菌灌装机的第一功能区域是对包装盒内表面进行灭菌。灭菌时，首先向包装盒内喷洒双氧水膜。喷洒双氧水膜的方法有两种：一种是直接喷洒含润湿剂的 30% 的双氧水，这时包装盒静止于喷头之下；另一种是向包装盒内喷入双氧水蒸气和热空气，双氧水蒸气冷凝于内表面上。

（3）吹塑成形瓶装无菌包装系统　吹塑瓶作为玻璃瓶的替代，具有成本低，瓶壁薄，传热速度快，可避免热胀冷缩的不利影响的优点。从经济和易于成形的角度考虑，聚乙烯和聚丙烯广泛用于液态乳制品的包装中。但这种材料避光、隔绝氧气能力差，会给长保质期的液态乳制品带来氧化问题，因此在材料中加入色素来避免这一缺陷。但此举不为消费者所接受。随着材料和吹塑技术的发展，采用多层复合材料制瓶，虽然其成本较高，但具有良好的避光性和阻氧性。使用这种包装可大大改善长保质期产品的保存性。目前市场上广泛使用的聚酯瓶就是采用了这种材料的包装。绝大部分聚酯瓶均用于保持灭菌而非无菌包装。

四、典型的超高温瞬时灭菌系统

（一）以蒸汽注射和板式热交换器为基础的直接超高温瞬时灭菌系统

以蒸汽注射和板式热交换器为基础的直接超高温瞬时灭菌系统的工艺流程如图4-33所示。

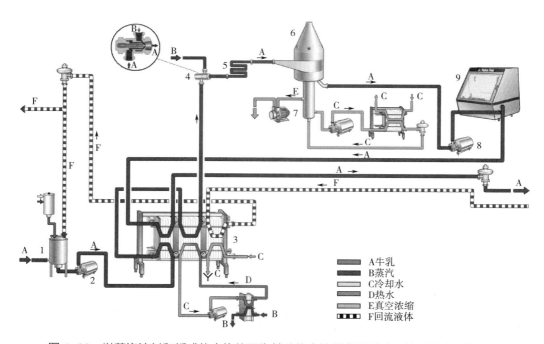

图4-33　以蒸汽注射和板式热交换热器为基础的直接超高温瞬时灭菌系统的工艺流程

1—平衡槽　2—物料泵　3—板式热交换器　4—蒸汽喷射器　5—保温管
6—真空蒸发器　7—真空泵　8—离心泵　9—无菌均质机

4℃左右的产品由平衡槽1供给，再由物料泵2转发到板式热交换器3的预热段。预热至80℃左右后，产品继续进入环形喷嘴蒸汽喷射器4，注入产品的蒸汽立即使产品温度升高到140~150℃（400kPa压力防止产品沸腾），并在保温管5中保持几秒钟。快速冷却发生在真空蒸发器6中，其中的部分真空是由泵7维持的。通过控制真空，使从产品中闪出的蒸汽量等于之前注入的蒸汽量。离心泵8将经过超高温瞬时灭菌处理的产品输送到无菌的二级均质机9中。

均质后的产品在板式热交换器3中冷却到大约20℃，然后直接进入无菌灌装机或无菌罐中进行中间存储，最后进行包装。冷凝所需冷水循环由平衡槽提供，并在离开蒸发室6后作蒸汽加热器加热后的预热介质。在预热中水温降至约 11℃，此水可用作冷却剂，冷却从均质机流回的产品。设备一般具有 2000~30000L/h 的生产能力。

（二）以管式热交换器为基础的间接超高温瞬时灭菌系统

以管式热交换器为基础的间接超高温瞬时灭菌系统的工艺流程如图 4-34 所示。

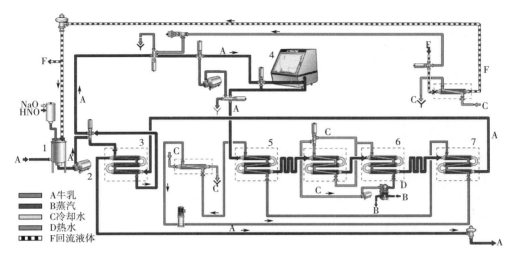

图 4-34 以管式热交换器为基础的间接超高温瞬时灭菌系统的工艺流程

1—平衡罐 2—物料泵 3—管式换热器、再生预热器和冷却器 4—均质机 5—管式换热器、加热器

6—管式换热器，最后加热器 7—管式换热器、冷却器

管式系统可用于含有或不含有颗粒或纤维的低或中等黏度的产品的超高温瞬时灭菌处理，如汤类、番茄产品、果汁和蔬菜产品、一些布丁和甜食等；也经常用于一般市乳产品的加工以延长加工运转时间。

管式热交换器由一些管集束成模件，串联或并联连接，为任何冷却或加热操作提供一套完整的优化系统。过程中，如图 4-34 所示，牛乳不与介质直接接触，省去了真空浓缩的环节，热回收操作也可节省大量能量。板式热交换器的间接超高温瞬时灭菌系统与此相同。设备生产能力在 1000~30000L/h。

超高温瞬时灭菌乳的加工工艺有时包含巴氏杀菌过程，因为巴氏杀菌可有效提高生产的灵活性，及时杀灭嗜冷菌，避免其繁殖代谢产生的酶类影响产品的保质期。

以管式热交换为基础的间接超高温瞬时灭菌加工过程中，牛乳的温度变化大致如下：

巴氏杀菌后的原料乳经（1）4℃→预热至 75℃（3）→75℃均质（4）→加热至 137℃（5）→137℃保温 4s→盐水冷却至 6℃（6）→（无菌贮罐 6℃）→无菌包装 6℃。

五、超高温处理对乳的影响

原料乳在经过超高温灭菌处理的同时，会促使原料乳中的各种成分发生一系列化学反应，从而引起理化性质、感官和营养价值的变化。

（一）对微生物的影响

原料乳中存在的细菌按照存在形式可以分为营养细胞和芽孢两种，通常原料乳中含有细菌营养体和芽孢的混合菌丛，超高温处理需要尽可能地杀死耐热芽孢，这些耐热性细菌可能会造成灭菌乳长期贮存时的变质。

1. 灭菌效率

在一定的超高温灭菌或其他处理下，并非所有微生物都会被立即杀灭，而总是按一定的比例被杀死，一部分则残存下来，不同的处理条件下，比例不同。影响灭菌率最重要的是耐热的芽孢形成菌的芽孢数。

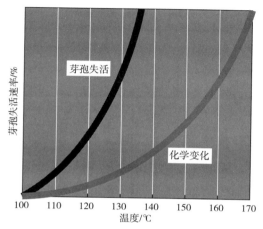

图4-35　温度上升对化学特性和
芽孢失活影响的速度曲线

热加工处理的灭菌效率随加工温度的上升而快速上升。Q10表明了系统温度每上升10℃，反应速度增加的倍数。风味变化的Q10为2~3（绝大多数化学反应），也就是说，如果系统温度上升10℃，则化学反应速度就会加倍或加速三倍。杀灭细菌芽孢的Q10一般情况下为8~30。温度上升对化学特性及对芽孢失活的影响如图4-35所示。

2. 商业无菌

CAC/RCP 40—1993《低酸性食品的无菌操作和包装卫生操作规范》规定，商业无菌（commercial sterility）是指在正常的非冷藏条件下，食品在生产、分销和贮存过程中没有能够在食品中生长的微生物。图4-36所示为两种常见的加热灭菌处理的温度曲线图。由图可见，在液态乳加工过程中，保持式灭菌方式需要的灭菌时间较长，以分钟作为单位，而超高温瞬时灭菌方式需要时间较短，以秒作为单位。

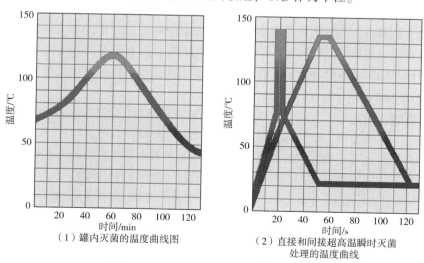

（1）罐内灭菌的温度曲线图　　　（2）直接和间接超高温瞬时灭菌
处理的温度曲线

图4-36　不同灭菌条件下的温度曲线

（二）对理化性质的影响

生产灭菌乳采用的高温处理，会使产品产生一系列的物理化学变化，具体情况如表4-3所示。

表 4-3	灭菌乳在加热处理和贮藏过程中理化性质的变化
化学成分和特性	产生的变化
蛋白质	发生变性（50%~85%），在酪蛋白胶粒表面与κ-酪蛋白形成复合物，酪蛋白胶粒发生一定的分解，形成单个酪蛋白；在贮藏过程中发生水解，非蛋白氮增加，聚合；形成乳酮糖基赖氨酸和果糖基赖氨酸
矿物质	由于在加工过程中形成磷酸盐沉积，钙和镁的量会降低
乳糖	美拉德反应，异构化形成乳酮糖
凝乳酶凝乳时间	在超高温瞬时灭菌和保持式灭菌过程中增加，而超高温瞬时灭菌乳在贮藏过程中减少
对酒精的敏感性	超高温瞬时灭菌乳：在贮藏过程中增加　保持式灭菌乳：在贮藏过程中没有变化
对钙的敏感性	超高温瞬时灭菌乳：在贮藏过程中显著增加　保持式灭菌乳：一定程度的增加
脂类	在贮藏过程中会发生氧化分解（这是因为脂肪酶被重新激活）

　　当牛乳长时间处于高温下时，会产生一些化学反应产物，导致牛乳变色（褐变），并伴随产生蒸煮味和焦糖味，最终出现大量的沉淀。因此，在灭菌乳的生产过程中，选择正确的时间/温度组合使芽孢的失活达到满意程度的同时，确保乳中的化学变化保持在最低水平是非常重要的。图 4-37 所示为原料乳的热加工效率和芽孢失活限制线之间的关系。A 线所示是能够引发牛乳褐变的时间/温度组合的低限。B 线所示是完全灭菌（杀灭耐热芽孢）所要求的时间/温度组合的低限。罐内灭菌和超高温瞬时灭菌处理区域也在图中标出。从图中可以看出，两种加工方法在取得相同灭菌效率的同时，化学反应却存在着相当大的差别：褐变反应程度、维生素和氨基酸降解的程度差别很大。这就是为什么超高温瞬时灭菌乳比罐内灭菌乳（二次灭菌乳）的滋味和营养价值要好的原因。

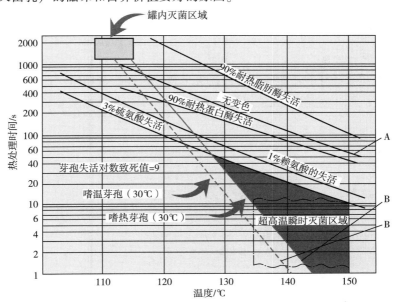

图 4-37　原料乳热加工效率和芽孢失活限制线

有研究表明，超高温瞬时灭菌乳样品在5℃和30℃保存4个月，贮藏过程中，非蛋白氮、非酪蛋白氮、可溶性钙、可溶性镁和蛋白质水解均显著增加。酪蛋白胶束的粒径和zeta电位有轻微变化。在贮藏过程中，牛乳样品的pH、黏度、盐平衡和含氮组分均发生了变化，影响了牛乳的品质。有专家认为，蛋白质水解导致了牛乳的酸化并伴随凝胶化，对牛乳的稳定性产生了影响。

（三）对营养价值的影响

超高温瞬时灭菌处理对牛乳营养成分的影响如表4-4所示。超高温瞬时灭菌处理对脂肪、矿物质的营养价值影响较小，但经超高温瞬时灭菌处理后，乳中蛋白质和维生素的营养价值有一定的改变。

表4-4　　　　　　　　　　超高温瞬时灭菌处理对牛乳成分的影响

成分	变化情况
脂肪	无变化
乳糖	临界变化
蛋白质	乳清蛋白部分变性
矿物质	部分转变成不溶性
维生素	水溶性维生素损失较高

热处理对乳中的主要蛋白质——酪蛋白不构成影响。而乳清蛋白的变性并不说明超高温瞬时灭菌乳的营养价值就比原料乳低，相反，热处理提高了乳清蛋白的可消化吸收率。乳中必需氨基酸——赖氨酸在生产中损失，使产品的营养价值产生微小改变。然而赖氨酸的损失率仅为0.4%~0.8%，这一数值与巴氏杀菌乳的损失是相同的，二次灭菌乳有6%~8%的赖氨酸损失。

乳中不同的维生素的热稳定性差异较大。通常脂溶性维生素如维生素A、维生素D、维生素E对热稳定，而水溶性维生素如维生素B_2、维生素B_3、维生素C和生物素对热不稳定。超高温瞬时灭菌处理乳的维生素B_1损失低于3%，二次灭菌乳的损失为20%~50%。其他热敏性维生素，如维生素B_6、维生素B_{12}、叶酸和维生素C，在瓶装式灭菌乳中损失率可高达100%。但这些维生素如叶酸和维生素C的损失主要发生在贮藏期间，是由于乳中或包装产品中含氧量高，贮藏期间发生氧化造成的，且牛乳并不是提供维生素C和叶酸的良好来源。

🔍 思考题

1. 液态乳的种类有哪些？怎么分类？
2. 巴氏杀菌乳的定义是什么？加工工艺流程及技术要点？
3. 均质的作用及如何提高均质效果？
4. 超高温杀菌乳的生产工艺流程及技术要点？
5. 商业无菌的定义是什么？

再制乳和含乳饮料

第一节　再制乳的加工

一、再制乳

再制乳（reconstituted milk）是将乳粉、奶油等乳产品，添加或不添加其他营养成分或物质，加水还原后加工制成的与鲜乳组成特性相似的液态乳制品。

再制乳的生产克服了自然原料乳的季节性、区域性等限制，保证了淡季乳与乳制品的供应。目前世界乳粉总产量的 1/3 用于再制乳制品的加工。所有再制乳制品的营养价值与相应的新鲜乳制品的营养价值基本相同，这是因为在喷雾干燥乳粉和乳脂肪产品的加工过程中，营养质量的变化很小，基本可以忽略，而且就再制过程本身而言，对乳成分没有明显的影响。

再制乳制品的商业化生产开始于 20 世纪 60 年代，当时建立的工厂主要是用喷雾干燥乳粉生产再制淡炼乳和再制甜炼乳。随后在 20 世纪 60 年代后期和 20 世纪 70 年代，很快出现了超高温瞬时灭菌再制乳的生产。从 20 世纪 70 年代到 20 世纪 80 年代，再制乳制品生产技术得到进一步发展，现在可以用稳定的粉状乳品原料生产所有的传统乳制品。

（一）再制乳加工工艺

再制乳的加工工艺根据乳粉的含脂情况分为两种，具体的加工工艺流程如图 5-1 所示。

图 5-2 所示为带有脂肪供入混料罐的大型再制乳连续生产线，在生产线上乳脂被计量泵泵入混料罐中。水在泵送途中经板式换热器加热后定量加入一个混料罐 7 中，当罐被灌满一半时，循环泵 5 启动，水流过旁通管道从混料罐进入一个高速混料系统。在如图 5-3 所示的高速混料器中，干物料通过漏斗按高达每分钟 45kg 的比例分散，在循环泵 5 和增压泵 6 之间通过形成一个真空，使混料器将干物料吸入桨叶空隙中。混料罐的搅拌器在启动循环泵的同时开始启动，促使水粉混合，同时水连续流入罐中。当所有的乳粉被加入后，停止搅拌器和循环泵，静置直至所有的脱脂粉完全溶解。此时将熔化好的无水奶油加入脂肪罐 1 中，用泵经称重漏斗 3 加入混合罐中。重新开动搅拌器，使乳脂在脱脂乳中分散开来。用泵把混合后的乳输送到双联过滤器 8 中，滤去机械杂质，在热交换器 9 中预热到 60~65℃，泵入均质机 11，在混粉操作过程中，产品吸入大量的空气，这些空气会导致在巴氏杀菌器上产生糊片以

及均质问题，可在均质前的生产线上加上一个真空脱气罐10以减少这些问题，产品被预热到比均质温度高7~8℃的温度，然后在脱气罐中闪蒸，在此真空度可调整，以使产品出口具有正确的均质所需温度，如65℃。均质后的再制乳经板式热交换器9进行巴氏杀菌并冷却，随后泵入罐12或直接灌装。

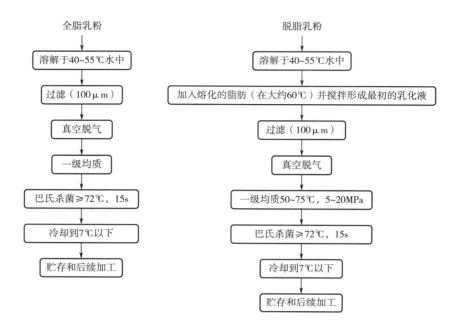

图5-1 再制乳的加工工艺流程

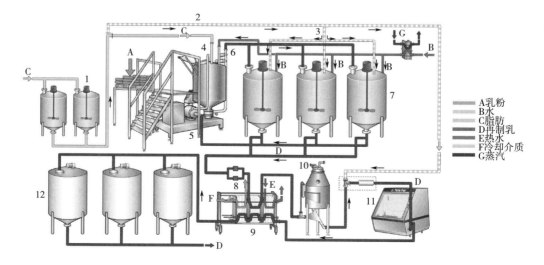

图5-2 带有脂肪供入混料罐的再制乳连续生产线

1—脂肪罐 2—脂肪保温管 3—脂肪称重漏斗 4—高速混料器 5—循环泵 6—增压泵
7—混料罐 8—过滤器 9—板式热交换器 10—真空脱气罐 11—均质机 12—贮料缸

图 5-4 所示为带有管线脂肪混合的再制乳生产线。当混料罐已充满并且内容物也已经有足够时间使脱脂乳粉充分水合，复原脱脂乳泵送经过双联过滤器 6 到一个平衡缸 7，这一平衡缸保证加工过程中物料流速稳定。供料泵 8 将脱脂乳泵送过板式热交换器 9 的预热段，在图 5-2 所示生产线中脂肪被加入混料罐，脂肪虽然可以消泡，限制由空气引起的泡沫产生，然而在现有工艺下，泡沫很严重，所以最好在生产线上热交换器预热段 9 后安装真空脱气罐 10，乳被预热到均质所需温度约高 8℃的温度，随后乳在脱气罐中闪蒸。如前所述，乳随后流经一个脂肪喷射器 13，在此，来自脂肪缸 11 的液体脂肪由一个正位移计量泵 12 连续定量

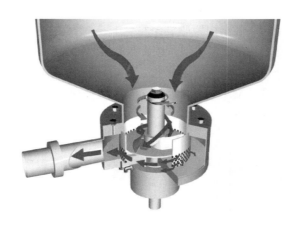

图 5-3　高速混料器

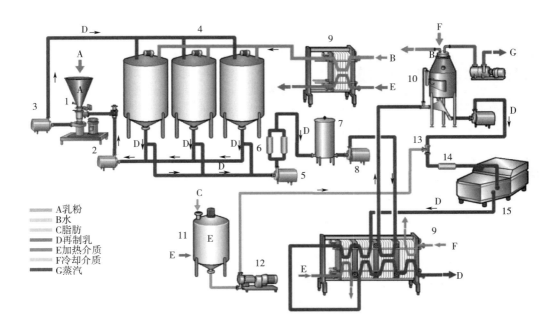

图 5-4　带有管线脂肪混合的再制乳生产线

1—高速混合器漏斗　2—循环泵　3—增压泵　4—混合泵　5—排料泵　6—过滤器
7—平衡缸　8—供料泵　9—板式热交换器　10—真空脱气器　11—脂肪缸
12—正位移计量泵　13—脂肪喷射器　14—管线混合器　15—均质机

地注入流体中，在喷射器下游的管线混合器 14 中完全混合。混合之后，再制乳立即连续流到一个高生产能力的均质机 15，在均质机中脂肪被分散成细小、均一、分散的脂肪球，均质后液体返回到板式热交换器 9 进行巴氏杀菌和冷却。离开巴氏杀菌器的乳就可以立即进行包装。

（二）工艺要点

1. 原料要求

（1）乳粉　乳粉质量直接影响再制乳制品的品质。因此，要严格控制乳粉的质量。再制乳生产中所用脱脂乳粉、乳粉的标准如表 5-1 和表 5-2 所示。

在再制乳生产中，使用中低温的脱脂乳粉与乳清蛋白氮值<6.0 的乳粉相比，具有良好的风味，但中低温的脱脂乳粉的使用会使长保质期产品的保质期缩短。

乳粉在复原过程中会经历最适合嗜热微生物生长的温度，因此乳粉中嗜热孢子数应低于500CFU/g，嗜热菌数应低于5000CFU/g。同时注意所选乳粉本身应在生产中进行低热处理，以避免在还原乳生产时出现沉淀。

表 5-1　　　　　　　　　　　再制乳的原料脱脂乳粉标准

指标	标准	指标	标准
水分	<4.0%	菌落总数	$<1.0×10^4CFU/g$
脂肪	<1.25%	大肠杆菌	阴性
滴定酸度（以乳酸计）	0.1%~0.15%	滋气味	无异味
溶解度指数	>1.25%		

表 5-2　　　　　　　　　　　再制乳的原料乳粉标准

指标	标准	指标	标准
乳清蛋白氮	>3.5（低温或中温干燥）	微生物	优质
溶解度指数	<0.25mL	丙酮酸盐实验	<90mg
风味	纯正乳香味		

乳粉通常用多层膜包装，无水奶油（anhydrous milk fat，AMF）需用涂漆的钢桶。它们都应该在低温、干燥的条件下贮藏。温度低于25℃贮藏可以延长保质期。在集装箱运输中，原料不应该长期暴晒。同时，乳粉的包装袋或 AMF 的钢桶也不能长期暴晒。脱脂乳粉（skim milk powder，SMP）、全脂乳粉（whole milk powder，WMP）、中脂乳粉（buttermilk powder/skim milk powder，BMP）和用多层袋（内衬塑料袋）包装的稀奶油粉应该在低湿度条件下通风贮藏，相对湿度在65%下可以延长保质期。包装袋不能直接和墙壁或地面接触。在再制加工过程中，被除去外包装纸的内塑料袋装乳粉不应该长期暴露在光线中。所有乳原料都应该在保质期内使用：脱脂乳粉为 24 个月；全脂乳粉为 18 个月；中脂乳粉为 12 个月；稀奶油粉为 9 个月；无水奶油为 12 个月。

（2）奶油　再制乳的风味主要来自脂肪中的挥发性脂肪酸，因此必须严格控制脂肪的质量标准。无水奶油的质量标准如表 5-3 所示。

再制乳的配方成分范围从 11% 总固体（即 8% 非脂乳固体和 3% 脂肪）到 12.5% 总固体（9% 非脂乳固体和 3.5% 脂肪）。用脱脂乳粉和无水奶油替代全脂乳粉（WMP）也可以加工成再制乳，但由于缺乏含磷脂的乳脂肪物质，结果缺少一些全脂乳粉再制乳的天然奶油风味。当使用脱脂乳粉（SMP）和无水奶油时，可以通过适当添加中脂乳粉（BMP）来补充所缺少的奶油风味。用中脂乳粉替换大约 8% 脱脂乳粉可以达到和全脂乳粉再制乳及鲜牛乳相同的磷脂含量。与脱脂乳粉相比，使用全脂乳粉作为生产还原乳的主要原料具有明显的优势，即乳脂肪成分不需要特殊处理。对于不同的产品需要不同比例的脂肪和非脂乳固体，这样可以选择全脂乳粉以得到最方便的乳脂肪来源，并添加定比例的脱脂乳粉或稀奶油粉进行调整，很容易得到所需要的产品组分。

表 5-3   无水奶油质量标准

指标	标准	指标	标准
脂肪含量	>99.8%	铜	<0.05mg/kg
含水量	<0.1%	铁	<0.02g/kg
游离脂肪酸	<0.3%	大肠杆菌	阴性
过氧化值	<0.3 氧的 0.5mol/kg	滋气味	无异味，具有奶油固有的香气

（3）水　水是再制乳制品的主要成分，但是水的质量经常被忽略。再制乳使用的水必须是饮用水。一般水的总硬度（相当于碳酸钙）不应该超过 100μg/g，总不溶物应低于 500μg/g，最好在 300μg/g 以下。水处理方法推荐使用反渗透法（可除去全部化学杂质）和钠离子交换法（可除钙和镁硬度）。需要定期检测水中的芽孢，因为产品中的芽孢菌污染大多来自非乳成分。水的氯处理对抑制细菌的营养体很有效，但对芽孢影响很小。

（4）其他添加物　在用脱脂乳粉和乳脂肪加工再制乳时，一般需要加入食品乳化剂，如单酰甘油和二酰甘油的复配物。在配方中加入中脂乳粉时也需使用乳化剂。复配乳化剂添加脂肪量的 5% 左右就能有效地改善乳化作用，减少奶油层形成。乳化剂也会影响产品的风味。以全脂乳粉为原料的再制乳可以不使用乳化剂，因为全脂乳粉中保留了部分脂肪球膜物质，这样再制乳的风味和乳化效果已经超过以脱脂乳粉和乳脂肪为配方原料的再制乳。

再制乳常用的乳化剂包括单酰甘油、蔗糖酯、磷脂等。其他常见添加剂有可以改进产品外观、质地和风味，形成黏性溶液，兼备黏结剂、增稠剂、稳定剂、填充剂和防止结晶脱水作用的添加剂，其中主要有阿拉伯胶、果胶、琼脂、海藻酸盐、羟甲基纤维素、水解胶体等；强化营养成分的盐类包括各种钙盐、锌盐等；用于改善再制乳稳定性的盐类包括柠檬酸盐、磷酸盐等；改善口感和香气的风味料包括天然和人工合成的香精；改善产品色泽的色素，常用的有胡萝卜素、胭脂树橙等。现也有许多公司生产的复合稳定剂，可用于再制乳生产。

2. 配料计算

在再制乳生产中，为达到要求的非脂乳固体和一定的脂肪含量，一般要对脱脂乳粉和奶油的用量进行计算。

（1）脱脂乳粉的计算　计算公式如下：

$$S \times m = (100 - W - F_s)X \qquad (5-1)$$

$$X = \frac{S}{100 - W - F_s} \times m \qquad (5-2)$$

式中　S——再制乳所要求的非脂乳固体含量,%;

　　　W——脱脂乳粉含水量,%;

　　　F_s——脱脂乳粉的脂肪含量,%;

　　　m——再制乳生产量;

　　　X——脱脂乳粉需求量。

[例] 要生产100kg非脂乳固体含量为8.5%、脂肪含量为3.1%的再制乳,一般脱脂乳粉的含水量4%左右,脂肪含量约为1.25%,求脱脂乳粉用量。

通过计算可得脱脂乳粉需要量为:

$$X = \frac{8.5}{100 - 4 - 1.25} \times 100 = 8.97(\text{kg})$$

(2) 奶油用量的计算

通常,无水奶油的含脂率最少要达到99.8%。因此,相应的奶油用量计算公式为:

$$F \times m = F_b \times Y + F_s \times X \qquad (5-3)$$

$$Y = \frac{F \times m - F_s \times X}{F_b} \qquad (5-4)$$

式中　F——再制乳所要求的脂肪量,%;

　　　F_b——无水奶油的脂肪含量,%;

　　　F_s——脱脂乳粉中的脂肪含量,%;

　　　m——再制乳生产量;

　　　X——脱脂乳粉的计算用量;

　　　Y——无水奶油的计算用量。

通过计算可得无水奶油需要量为:

$$Y = \frac{3.1 \times 100 - 1.25 \times 8.97}{99.8} = 2.99(\text{kg})$$

3. 主要工艺点

(1) 混合、水合　再制乳生产过程中,应注意水粉混合温度和水合时间。当水温从0℃增加至50℃过程中,乳粉的润湿度随之上升,50~100℃,随温度上升,润湿度不再增加且有可能下降。低温处理乳粉比高温处理乳粉易于溶解,这对于蛋白质恢复到其一般的水合状态是很重要的,这一过程在40~50℃条件下至少需20min。一般情况下新鲜的、高质量的乳粉所需水合时间短,水合时间不充足,将导致最终产品感官缺陷。

乳粉,包括全脂乳粉和脱脂乳粉,最佳的再制温度为40~50℃,等到完全溶解后,停止搅拌器,静置水合温度最好控制在30℃左右,水合时间不得少于2h,最好为6h。在此温度下的乳粉润湿度更高,同时最有利于蛋白质恢复到其一般的水合状态。尽量避免低温长时间水合(6℃、12~14h),产品水合效果不好,且低温导致再制乳中的空气含量过高。尽量减少泡沫产生,利用脱气装置除去多余气泡。泵和管道连接处不能有泄漏,搅拌器的桨叶要完全浸没于乳中。再制乳水合没有彻底完成之前,不应添加脂肪。在小型乳品厂(大约每批5t乳)或老式的生产装备中通常使用简单的搅拌罐将乳粉分散,将计算好的乳粉直接加到相应的水中（一般 45℃）。当再制脱脂乳粉和脂肪时，如果没有足够的搅拌，脂肪会很快上浮分层。因此，有效的均质是很重要的。不过，为了避免这个问题，在小型的生产操作中建议使用现代化高剪切力的混合系统。在大型生产系统中（每批 10t 以上），通常采用循环水再制系统，使水（大约 45℃）从一大罐（如 10~20t 罐）通过散粉装置加入乳粉，然后如此循环直到加入全部乳粉。

在一些混合设备中，可以在真空下进行混合。图 5-5 显示了一个带真空混合器的重组装置。由于在搅拌容器中采用了真空，所以在搅拌过程中，产品中吸收的空气非常少，起泡也非常少。当使用真空进行混合时，成分被吸入一个充满水的容器 2 在液体表面以下的一点。因此，粉末的润湿度得到了改善，消除了粉末表面漂浮结块的风险。真空混合的另一个好处是，它促进了自动粉末，随着粉末吸入直接从筒仓罐 5 到混合容器 2。干粉成分在一个单独的房间，搅拌器和搅拌装置在生产车间。

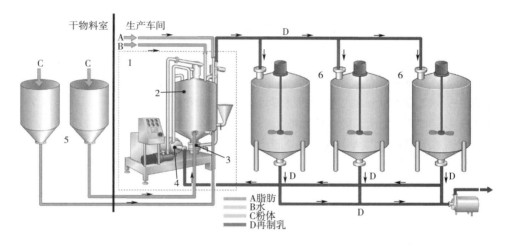

图 5-5　真空混合重组装置

1—真空搅拌机（虚线内）　2—装满水的容器　3—混合单元　4—循环泵　5—筒仓罐　6—循环罐

（2）脱气　再制乳中空气含量过高往往易形成泡沫，并易在巴氏杀菌过程中形成乳垢，在均质机中产生空穴作用，同时增加脂肪氧化可能性。因此，需要真空脱气装置或静置脱去再制乳中的空气。实验表明，含 14%~18% 乳固体的脱脂乳在 50℃ 下溶解制得脱脂乳中的空气含量与一般脱脂乳中的含量相同。在混合温度为 30℃ 时，即使再制脱脂乳保持 1h 后，空气含量仍然比正常脱脂乳高 50%~60%。

在小批量生产操作中，混料与加工都在带有双速搅拌器的冷热缸中进行。经计量的水加入罐中，并加热至 43~49℃ 后，加入乳粉并缓慢搅拌直至乳粉全部溶解，最终液体在静置下脱气。

（3）均质　无水奶油为脂肪连续相，因此在生产再制乳时，要求必须均质，不仅把脂肪分散成微细颗粒，而且促进了其他成分的溶解水合过程，从而对产品的外观、口感、质地都有很大改善。另外，在加工过程中失去了原有的脂肪膜，虽经过均质，但由于缺乏脂肪膜的保护，脂肪颗粒仍容易再凝聚。因此，需要添加乳化剂，以保持均质后脂肪球的稳定性。

均质必须在 40℃ 以上进行，均质温度越高，均质效果越好。建议高于 50℃，最好是 70~

75℃（但是不要超过85℃）。国内目前常用的均质压力为5~20MPa、温度65℃。均质后脂肪球直径为1~2μm。

在脱脂乳粉和乳脂肪再制的乳中，使用的是纯粹的乳脂肪，不存在天然的脂肪球膜，所以再制乳中的脂肪球表面完全是乳蛋白，缺少天然的膜物质成分。在脱脂乳粉和乳脂肪的再制乳中即使加入中脂乳粉，中脂乳粉中的天然膜物质成分在均质过程中也没有特别转移到脂肪球表面，虽然中脂乳粉的天然膜物质少部分结合在脂肪球表面，但是并不多，大部分还是分布在再制乳的水相中。

均质前要进行脂肪的预分散，这一过程能使脂肪完全分散并形成乳状液。在乳脂肪在线添加系统中，脂肪添加和均质工序之间，一般要有某种类型的混合器（如静态混合器）使得脂肪有效混入乳中并且不在管道上层形成奶油层。如果是把脂肪加到罐中，罐内必须保持足够的搅拌力，同时将乳泵入均质机，以防止脂肪在罐中形成漂浮或奶油层。如果脂肪预分散不好，不均匀的高浓度脂肪（超过约10%）就会到达均质机头，乳蛋白浓度就会相对不足，不能完全包裹在均质中新产生的脂肪表面，这会导致"均质聚集物"的形成，未被完全保护的脂肪球就会聚集在一起，将迅速地上浮并形成奶油层。

（4）热处理及冷却　再制乳的热处理方法，依生产产品特性不同而不同。可采用巴氏杀菌、超高温瞬时灭菌及保持式杀菌等方法进行并冷却处理，巴氏杀菌温度≥72℃，时间≥15s。在乳中，72℃至少15s的加热处理才能杀死有害细菌、大部分可以在低温（<7℃）下生长的腐败菌，如嗜冷细菌、酵母菌和霉菌。

（5）包装　超高温瞬时灭菌或灭菌处理产品需采用无菌包装；巴氏杀菌产品通常采用卫生灌装。

二、花色乳

花色乳即调味乳，是以牛乳（或羊乳）或还原乳为主料，添加调味剂，经过巴氏杀菌或灭菌制成的液体乳制品。

一般调味乳中蛋白质含量在2.3%以上。目前市场上常见的品种有甜乳、可可乳、咖啡乳、果味乳、果汁乳等。可可乳中的巧克力、可可粉本身的含糖量并不高，但是这类产品中大多数会同时添加较多的蔗糖，一般为3%~10%，儿童过量饮用容易造成龋齿。咖啡乳中含有少量的咖啡因成分，儿童也不适宜过多饮用。下面以巧克力牛乳为例进行介绍。

（一）配方和工艺流程

巧克力牛乳一般以原料乳或乳粉为主要原料，然后加入糖、可可粉、稳定剂、香精或色素等，再经热处理而制得。具体的配方如表5-4所示，加工工艺流程如图5-6所示。

（二）操作要点

1. 可可粉的预处理

由于可可粉中含有大量的芽孢，同时有许多颗粒，因此为保证灭菌效果和改进产品的口感，在加入牛乳之前，可可粉必须经过预处理。可可粉的质量不同，采用的热处理强度也不同。可可粉推荐的质量标准如表5-5所示。生产实践中，一般先将可可粉溶于热水中，然后将可可浆加热到85~95℃，并在此温度下保持20~30min，最后冷却，再加入牛乳中。这样处理后会使可可浆中的芽孢菌因生长条件不利而变成芽孢，而在后续冷却后这些芽孢又转变为营养细胞，营养细胞更容易杀灭，可以较好地保证灭菌效果。

2. 稳定剂的溶解

一般将稳定剂与5~10倍的糖先进行混合，然后溶解于45~65℃的软化水中，高速剪切10min，再将蔗糖酯、柠檬酸钠等辅料加入配料缸内，并加入可可液，高速剪切使物料充分乳化均匀。

3. 配料

将所有的原辅材料（表5-4）加入配料罐中后，低速搅拌15~25min，以保证所有的物料混合均匀，尤其是稳定剂能均匀分散于乳中。为保证可可粉、稳定剂能完全与牛乳混合，最好在灭菌前将混合料冷却至10℃以下，并在此温度下老化4~6h。

表5-4　　　　　　　　　　　　巧克力牛乳配方

成分	用量/%	成分	用量/%
原料乳（乳粉）	35~95	香兰素或麦芽酚	适量
糖	3~8	香精	适量
可可粉	0.1~3	色素	适量
稳定剂	0.2~0.5		

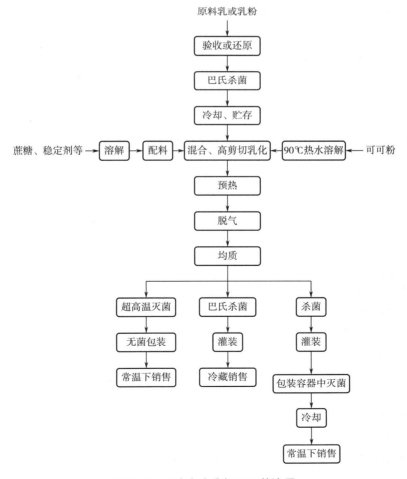

图5-6　巧克力牛乳加工工艺流程

表5-5 可可粉推荐质量标准

指标	标准	指标	标准
pH	6.8~7.2	菌落总数	<5000CFU/mL
可可粉	<1.75%	霉菌数	<50CFU/mL
粒度	99.5%通过200目	酵母菌数	<50CFU/mL
水分	<4.5%	大肠菌群	阴性
脂肪	10.0%~12.0%	嗜热芽孢总数	<200CFU/mL
脂肪酶活性	阴性	嗜温芽孢总数	<500CFU/mL

4. 脱气、均质、灭菌

在生产巧克力牛乳时，通常灭菌系统中都有脱气和均质处理装置。脱气一般放在均质前，主要是为除去原料中以及前处理过程中混入的空气，以免最终产品中空气含量过高，影响产品的感官、营养成分以及对均质头造成损坏。均质可放在灭菌前，也可放在灭菌后。一般来说，灭菌后均质产品的口感及稳定性较灭菌前均质要好，但操作比较麻烦，且操作不当易引起细菌的再污染。通常先对巧克力乳进行脱气处理，将物料预热至78~80℃，然后进入脱气罐，罐内液位保持在75%~85%，在-0.07~-0.05MPa压力下脱气。脱气后乳的温度一般为70~75℃，此时在25MPa下进行均质，为保护均质机，最好在配料罐和灭菌设备之间先进行过滤处理（一般为100目的滤网）。均质后于136~138℃、4s超高温杀菌，由于可可粉中含有大量芽孢，因此，巧克力牛乳的灭菌强度较一般风味乳饮料要强。对超高温灭菌的巧克力牛乳来说，常采用的灭菌公式为139~142℃、4s。而对二次灭菌的巧克力牛乳来说，一般先采用超高温灭菌（135~137℃、2~3s），然后灌装后再进行115~121℃、15~20min的灭菌，最后冷却到25℃以下。

5. 冷却

为保证加入的稳定剂如卡拉胶起到应有的作用，在灭菌后应迅速将产品冷却至25℃以下。

（三）质量控制

1. 乳粉质量

选用原料质量的高低直接影响到成品的好坏。若原料质量不好，如酸度过高、蛋白质稳定性不佳等，势必影响到加工设备的连续运转时间，同时也是产品出现沉淀、分层等质量缺陷的主要原因。

2. 可可粉质量

要生产高品质的巧克力牛乳，必须使用高质量的碱化可可粉。巧克力牛乳的热稳定性较普通乳差，这是由于可可粉的pH与牛乳相差过大，加入后会引起牛乳pH的变化，可可粉同蛋白质产生凝聚从而影响到蛋白质的稳定性。因此，应考虑可可粉的pH，即可可粉的碱化度，碱化度越高，成品的颜色越深，气味越好，同时酪蛋白微粒同可可粉颗粒的结合力随碱化度的增加而加强。如果使用可可粉的碱化度不足，将使蛋白质、可可粉形成的网络强度不足，引起可可粉的沉淀。由于可可粉中含有大量的芽孢，同时含有许多颗粒，因此为保证灭菌效果和改进产品的口感，在加入牛乳之前可可粉必须经过预处理，一般可可粉的质量不同，采用的热处理强度也不同。另外加入牛乳前通过胶体磨，以降低其粒度大小。如果可可粉颗粒过大，体系无法悬浮可可粉的颗粒，稳定性变差。如果可可粉的用量过少，卡拉胶、可可粉颗粒、脂肪球及蛋白质之间形成的网状结构的强度可能减弱，也无法悬浮可可粉的颗粒。因此一般可可粉的用量为 0.7%～3%，其中大于 $75\mu m$ 的颗粒总量应小于 0.5%。

3. 稳定剂的种类及质量

悬浮可可粉颗粒最佳的稳定剂是卡拉胶，这是因为一方面它能与牛乳蛋白相结合形成网状结构，另一方面它能形成水凝胶。卡拉胶在巧克力牛乳中可形成触变性凝胶结构，从而达到悬浮可可粉的效果。

卡拉胶在巧克力乳中是有效的稳定剂，卡拉胶是由半乳糖及脱水半乳糖所组成的多糖硫酸酯的盐，是一种高分子亲水性胶体。由于其中硫酸酯结合形态的不同，可以分为 K（kappa）型、I（Iota）型和 L（Lambada）型，因此在挑选卡拉胶时必须严格要求卡拉胶的类型，并且考虑卡拉胶的水合成胶性、溶解性以及卡拉胶同其他配料的反应。其中 K 型同乳反应形成网络坚固，纯的 I 型卡拉胶不能在巧克力乳中应用，因为 I 型卡拉胶能够使巧克力在贮存过程中有变黏稠的倾向，而 L 型卡拉胶在乳中形成的网络非常弱，因此在选择卡拉胶类型时应特别注意。实验证明，选择卡拉胶的类型应介于 K 型和 I 型之间。另外，消费者根据巧克力乳的风味释放情况判定巧克力乳的质量，而稳定剂的选用应不干扰风味物质的释放，稳定剂系统中如果有淀粉物质存在，将在口中产生黏稠感。卡拉胶的用量范围较窄，用量过多、过少都会出现问题，卡拉胶的用量过大，将使巧克力产生凝胶现象，若卡拉胶用量过少，形成的网状结构的强度不足以悬浮可可粉的颗粒，也会引起沉淀。在使用卡拉胶的同时也可通过添加一些盐类，如柠檬酸三钠、磷酸氢二钠等来增强卡拉胶的作用。

4. 蛋白质和脂肪含量

若牛乳中蛋白质和脂肪含量过低，那么同样卡拉胶形成的触变性凝胶强度弱，无法悬浮可可粉颗粒导致沉淀，解决办法为增加蛋白质和脂肪含量或增加稳定剂用量。牛乳中的脂肪影响成品质地和乳油质感，同时减轻成品的颜色，由于脂肪覆盖了天然的可可粉风味，所以脱脂乳的巧克力风味浓于全脂乳。脂肪球是形成网络的一部分，蛋白质覆盖在脂肪球膜上同可可颗粒黏合在一起，可防止脂肪悬浮于产品的表面，所以低脂肪含量使网络变弱，因此在低脂巧克力乳中应增加稳定剂的用量。牛乳中的蛋白质含量随季节发生变化，影响了蛋白质同卡拉胶形成的网络，因此应根据蛋白质含量调整配方，原则上蛋白质含量低时应加大稳定剂的用量。

5. 灌装温度

通常卡拉胶在 25℃ 以下才能形成凝胶，因此，若灭菌后不及时将巧克力乳温度降至 25℃ 以下，那么巧克力乳在仓库内就需要很长时间（尤其在夏季）才能从灌装时的 30℃ 以上冷却至 25℃ 以下。在形成网状结构之前，可可粉的颗粒就可能已经沉淀于包装的底部，那么卡拉胶就起不到悬浮可可粉颗粒的作用。因此，应将产品迅速冷却使卡拉胶形成网络结构，起到稳定的作用。

第二节 含乳饮料的加工

含乳饮料是指以鲜乳或乳制品为原料，经发酵或未经发酵加工制成的制品。含乳饮料分为中性乳饮料和酸性乳饮料，酸性乳饮料按照蛋白质及调配方式又分为调配型含乳饮料和发酵型含乳饮料。

国外主要是利用大麦、小麦、燕麦、黑麦、大米、高粱、藜麦等谷物为原料，利用乳酸发酵制作非酒精性发酵饮料（pH 3.5~4.5），还有利用发芽谷物进行发酵制作风味更好的有利于乳酸菌增殖的饮料。同时更侧重于对饮料的活菌数和功能特性［血管紧张素 I 转化酶（ACE）抑制活性，1,1-二苯基-2-三硝基苯肼（DPPH）、2,2'-联氮双（3-乙基苯并噻唑啉-6-磺酸）二铵盐（ABTS）抑制活性，α-葡萄糖苷酶抑制活性］进行评价，测定发酵完成后饮料中的淀粉、单糖含量和有机酸的含量。一般发酵方式采用益生菌和普通乳酸菌混合菌种发酵。乳酸发酵玉米饮料在墨西哥的东南地区很受欢迎，这种饮料一般主要在家庭自然发酵完成，发酵后以肉桂、可可粉调味。

一、中性乳饮料

中性乳饮料主要是以水、牛乳为基本原料，加入其他风味辅料，如咖啡、可可、果汁等，再加以调色、调香制成的饮用牛乳。其中蛋白质含量不低于 1.0% 的称为乳饮料。

（一）工艺流程

中性乳饮料加工工艺流程如图 5-7 所示。

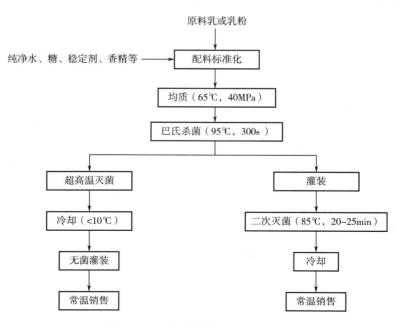

图 5-7　中性乳饮料加工工艺流程

（二）工艺要点

1. 配料

用鲜乳作为原料的，验收合格后直接进行配料，如用乳粉时，应先将乳粉按照要求的比例在 45~50℃的热水中还原，再将糖和稳定剂、香精、色素混合在内，混合均匀后冷却至 10℃以下。

2. 巴氏杀菌

配料后的料液进行巴氏杀菌预处理，将料液预热至 65℃，在 25~30MPa 下进行均质，然后在 95℃下保温 300s，再冷却。用超高温灭菌、无菌包装需要冷却到 10℃以下，而采用超高温灭菌、二次灭菌则无须冷却。

3. 超高温灭菌或二次灭菌

超高温灭菌产品首先要预热至 70~75℃进行均质，然后在 138~142℃下灭菌，再冷却到 10℃以下进行灭菌包装。二次灭菌产品灌装后进行预热杀菌、冷却。

（三）影响中性乳饮料质量的因素

1. 原料乳或乳粉的质量

原料乳或乳粉中蛋白质的稳定性直接影响灭菌设备的运转情况和产品的保质期，若稳定性差将导致设备连续运转时间短、能耗增加及设备利用率降低，同时产品的后续保质期也受到影响。

如果原料乳中的菌落总数高，其中细菌产生的毒素经灭菌后可能仍会残留，在保质期会产生变味。如原料乳中的嗜冷菌数量过高，在贮存的过程中这些细菌会产生耐热的酶类，灭菌后仍有少量残留，导致产品在贮藏过程中组织状态发生变化。

2. 香精色素质量

根据产品处理的情况不同，分别选用不同的焦糖色素。尤其是超高温灭菌产品必须选用耐高温的香精、色素。

二、酸性乳饮料

酸性乳饮料包括调配型酸乳饮料和发酵型酸乳饮料。调配型酸乳饮料是以乳或乳制品为原料，加入水、白砂糖、甜味剂、酸味剂、果汁、茶、咖啡、植物提取液等调制而成的饮料制品。产品经过灭菌处理，保质期比较长。发酵型酸乳饮料是指以鲜乳或乳制品为原料经发酵，添加水和增稠剂等辅料，经加工制成的产品。其中由于杀菌方式不同，可分为活性乳酸菌饮料和非活性乳酸菌饮料。

（一）调配型酸乳饮料

调配型酸乳饮料一般以原料乳或乳粉为主要原料，其他原料包括乳酸、柠檬酸、糖、稳定剂、香精、色素等，有时根据产品需要也加入一些维生素和矿物质，如维生素 A、维生素 D 和钙盐等。调配型酸乳饮料的加工一般是先用酸溶液将牛乳的 pH 从 6.6~6.8 调整到 4.0~ 4.2，然后加入其他配料，再经混合搅拌均匀、热处理，最后进行灌装。

1. 工艺流程

调配型酸乳饮料加工工艺流程如图 5-8 所示。

2. 工艺要点

（1）原料乳　必须使用高质量的原料乳或乳粉为原料，若原料乳或乳粉的蛋白质稳定性

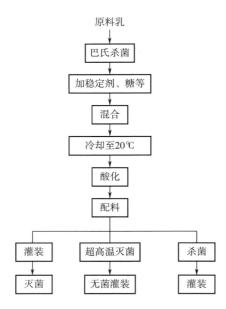

原料乳

↓

巴氏杀菌

↓

加稳定剂、糖等

↓

混合

↓

冷却至20℃

↓

酸化

↓

配料

灌装　　超高温灭菌　　杀菌

灭菌　　无菌灌装　　灌装

图5-8　调配型酸乳饮料加工工艺流程

差，会影响设备的连续运转时间，并使产品出现沉淀、分层等质量问题。

（2）稳定剂的添加　在高速搅拌（2500~3000r/min）下，将稳定剂慢慢地加入60~80℃的热水中或将稳定剂与为其质量5~10倍的糖预先混合，然后在正常搅拌速度下将稳定剂和糖的混合物加入70~80℃的热水中溶解。

在长保质期乳酸菌饮料中最常使用的稳定剂是纯果胶或其他稳定剂的复合物。通常果胶对酪蛋白颗粒具有最佳的稳定性，这是因为果胶是一种聚半乳糖醛酸，它的分子链在酸碱度为中性和酸性时是带负电荷的，因此，当将果胶加入酸乳中时，它会附着于酪蛋白颗粒的表面，使酪蛋白颗粒带负电荷。由于同性电荷互相排斥，因此，可避免酪蛋白颗粒间相互聚合成大颗粒而产生沉淀。考虑到果胶分子在使用过程中的降解趋势以及它在 pH 4.0 时稳定性最佳，因此，建议杀菌前将乳酸菌饮料的 pH 调整到3.9~4.2。不同的加工工艺会使酪蛋白形成的颗粒的体积不同。若颗粒过大，则需要使用更多的果胶去悬浮；若颗粒过小，由于小颗粒具有相对大的表面积，故需更多的果胶去覆盖其表面，果胶用量应增加。

（3）混合　将稳定剂溶液、糖溶液等杀菌、冷却后加入巴氏杀菌乳中，混合均匀后，再冷却至20℃以下。在制作果蔬乳酸菌饮料时，要首先对果蔬进行加热处理，以起到灭酶作用，通常在沸水中放置6~8min。经灭酶后打浆或取汁，再与杀菌后的原料乳混合。

（4）酸化　酸化过程是调配型酸乳饮料生产中最重要的步骤，成品的品质取决于调酸过程。为得到最佳的酸化效果，酸化前应将牛乳的温度降至20℃以下；为保证酸溶液与牛乳充分均匀混合，混料罐应配备一台高速搅拌器（2500~3000r/min）。同时，酸液应缓慢地加入配料罐内的湍流区域，以保证酸液能迅速、均匀的分散于牛乳中。加酸过快会使酸化过程形成的酪蛋白颗粒粗大，产品易产生沉淀；有条件的工厂，可将酸液薄薄地喷洒到牛乳的表面，同时进行足够的搅拌，以保证牛乳的界面能不断更新，从而得到较缓慢、均匀的酸化效果。

（5）配料　酸化过程结束后，将香精、色素、有机酸等配料加入酸化的牛乳中，同时对产品进行标准化。

（6）杀菌　由于调配型酸乳饮料的 pH 一般在3.9~4.2，因此它属于高酸性食品，其杀灭的对象菌为霉菌和酵母菌。通常采用高温瞬时的巴氏杀菌或低温长时间杀菌方法。理论上说，采用95℃、30s 的杀菌条件即可，但考虑到各个工厂的卫生情况及操作情况，通常大多数工厂对无菌包装的产品，均采用105~115℃、15~30s 的杀菌方式。也有一些厂家采用110℃、6s 或137℃、4s 的杀菌方式。对包装于塑料瓶中的产品来说，通常在灌装后再采用80~85℃、20~30min 的杀菌。

3. 质量控制

（1）沉淀及分层　沉淀是调配型酸乳饮料生产中最为常见的质量问题，主要原因为：

①选用的稳定剂不合适：即所选稳定剂在产品保质期内达不到应有的效果。为解决此问题，可考虑采用果胶或与其他稳定剂复配使用。稳定剂的用量一般为 0.35%~0.6%。

②酸液浓度过高：调酸时，若酸液浓度过高，会造成局部酸度偏差太大，导致局部蛋白质沉淀。解决的办法是，酸化前将酸液稀释为 10% 或 20% 的溶液，同时，也可在酸化前，将一些缓冲盐类如柠檬酸钠等加入原料乳中。

③调配罐内的搅拌器的搅拌速度过低：搅拌速度过低，就很难保证整个酸化过程中酸液与牛乳能均匀地混合，从而导致局部 pH 过低，产生蛋白质沉淀。因此，为生产出高品质的调配型酸乳饮料，车间内必须配备一台带高速搅拌器的配料罐。

④调酸不当：加酸速度过快，可能导致局部牛乳与酸液混合不均匀，从而使形成的酪蛋白颗粒过大，且大小分布不匀。

（2）产品口感过于稀薄 有时生产出来的酸性含乳饮料喝起来像淡水一样，造成此类问题的原因包括，原料乳的热处理不当，最终产品的总固形物含量过低以及稳定剂用量少。

（3）脂肪上浮 在采用全脂乳或脱脂不充分的脱脂乳作原料时，由于均质处理不当等原因引起，应改进均质条件，同时可添加酯化度高的稳定剂或乳化剂，如卵磷脂、单硬脂酸甘油酯、脂肪酸蔗糖酯等。最好采用含脂率较低的脱脂乳或脱脂乳粉作为原料。

（4）杂菌污染 在乳酸菌饮料的贮存方面，最大的问题是酵母菌的污染。由于添加了蔗糖、果汁，当制品混入酵母菌时，在保存过程中，酵母菌迅速繁殖产生二氧化碳气体，并形成酯臭味等不愉快风味。另外在乳酸菌饮料中，因霉菌耐酸性很强，其繁殖也会损害制品的风味。

酵母菌、霉菌的耐热性弱，通常在 60℃、5~10min 加热处理即被杀死。所以，在制品中出现的污染，主要是二次污染所致。使用蔗糖、果汁的乳酸菌饮料其加工车间的卫生条件必须符合国家卫生标准要求，以避免制品二次污染。

（二）发酵型酸乳饮料

发酵型酸乳饮料通常是以牛乳或乳粉、植物蛋白乳（粉）或糖类为原料，经杀菌、冷却、接种乳酸菌发酵剂发酵制成酸乳，再加入糖、稳定剂等其他原辅料，经混合、标准化后无菌灌装而成的产品。

1. 工艺流程

发酵型酸乳饮料加工工艺流程如图 5-9 所示。

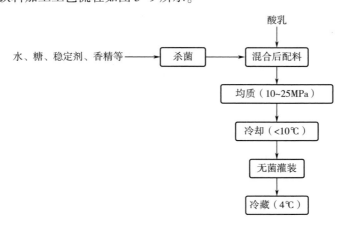

图 5-9 发酵型酸乳饮料加工工艺流程

2. 工艺要点

（1）发酵乳　通过添加脱脂乳粉或蒸发原料乳或添加酪蛋白粉、乳清粉使发酵乳最终非脂乳固体含量达到15%~18%，以满足后续调配的要求。

（2）冷却、破乳和配料　发酵过程结束后要进行冷却后破乳，破乳的方式可以采用一边破乳一边加入已杀菌的稳定剂、糖液等混合料。在长保质期酸乳饮料中最常见的稳定剂是果胶或果胶与其他稳定剂的混合物。目前有研究报道将高分子多糖，如可溶性大豆多糖、水溶性豌豆多糖作为酸性含乳饮料的稳定剂，这类多糖不仅具有一定的生物活性，可以在酸性条件下稳定酪蛋白，同时大豆多糖作为稳定剂的酸性乳饮料具有低黏度的优点，可以用于制备清爽型乳饮料。实际生产中一般将大豆多糖和羧甲基纤维素、果胶、聚乙交酯等复配使用。

（3）均质　均质使混合料液滴微细化，提高料液黏度，抑制粒子的沉淀，增强稳定剂的稳定效果。酸性含乳饮料较适宜的均质压力为10~25MPa，温度为53℃左右。

3. 质量控制

（1）活菌数的控制　活性乳酸菌饮料中的乳酸菌要求达到10^7CFU/mL，一般在酸乳饮料中添加柠檬酸调整酸度，但柠檬酸会导致贮藏期间饮料活菌数下降，所以一般将苹果酸和柠檬酸混合使用，可以抑制活菌数的下降，同时又可以改善柠檬酸的涩味。

（2）沉淀控制　沉淀是酸乳饮料最常见的质量问题，乳蛋白中的酪蛋白等电点为4.6，而酸乳饮料的pH在3.8~4.6，此时酪蛋白处于高度不稳定状态。另外，加酸浓度过高，加酸时混合液温度过高或加酸速度过快及搅拌不均匀都会引起局部过度酸化而发生分层和沉淀。为使酪蛋白胶粒在溶液中呈现悬浮状态，不发生沉淀，应注意以下几点。

①均质：均质后的酪蛋白微粒失去静电荷、水化膜的保护，致使粒子间的引力增强，容易聚集成大颗粒而沉淀，因而在均质时必须与稳定剂配合使用。

②稳定剂：一般使用亲水性和乳化性较高的稳定剂，稳定剂不仅能提高饮料的黏度，防止蛋白质粒子因重力作用而下沉，更重要的是其本身是一种亲水性高分子化合物，在酸性条件下与酪蛋白结合形成胶体保护，防止凝集沉淀。常用的稳定剂有瓜尔胶、果胶、海藻酸丙二醇酯。一般都是复配使用，瓜尔胶与羧甲基纤维素钠配合使用，海藻酸丙二醇酯、羧甲基纤维素钠、果胶复配使用。此外还有变性淀粉和其他植物来源的多糖等。日本采用蔗糖脂肪酸酯、海藻酸丙二醇酯和甲基化果胶等作为液态乳酸菌饮料的稳定剂，或采用果胶、卡拉胶和碱性多聚磷酸盐作为液态乳酸菌饮料的稳定剂。美国采用乙二胺四乙酸（EDTA）、低甲基化果胶、高甲基化果胶、六偏磷酸、柠檬酸钠作为乳酸菌饮料的稳定剂。

③添加蔗糖：添加10%~13%的蔗糖不仅可以改善饮料的口感，同时糖在酪蛋白表面形成薄膜，可以提高酪蛋白与其他分离介质的亲水性，并能提高饮料黏稠度，有利于酪蛋白的稳定性。

④有机酸的添加：添加柠檬酸不当会引起饮料沉淀，因此一般在低温条件下加入，同时添加速度要缓慢，搅拌速度要快，一般将低浓度的酸液以雾化的形式加入。

⑤发酵乳的搅拌温度：为避免产生沉淀，一般要将发酵乳冷却后再进行搅拌，高温搅拌会收缩硬化，造成蛋白质颗粒的沉淀。

三、植物蛋白饮料

近年来，植物蛋白饮料在市场上越来越畅销，花色品种也越来越多。根据其加工特性，可将植物蛋白饮料分为以下四类。

（1）调制植物蛋白饮料　植物的籽仁经原料预处理，加水磨浆，浆渣分离，加入稳定乳化剂，经过调配和杀菌工序制成的纯植物蛋白饮料，要求成品蛋白质含量≥1%，脂肪≥1%，保质期在6个月以上。

（2）牛乳-植物蛋白饮料　植物的籽仁经原料预处理，加水磨浆，浆渣分离，加入牛乳和食品添加剂等，杀菌后得到保质期在3个月以上的均匀乳液即为牛乳-植物蛋白饮料。此类植物蛋白饮料蛋白质含量≥1%。

（3）牛乳-果蔬复合植物蛋白饮料　植物蛋白饮料中加入牛乳、果汁或蔬菜汁，经加工处理所得的为牛乳-果蔬复合植物蛋白饮料。牛乳-果蔬复合植物蛋白饮料多为酸性蛋白饮料，因此，必须添加蛋白质稳定剂，使蛋白质不凝集而呈稳定状态。

（4）发酵型植物蛋白饮料　发酵型植物蛋白饮料又称植物乳酸菌饮料，是以植物的籽仁为主要原料，经乳酸菌发酵而制得的饮料。植物乳酸菌饮料在发酵过程中加入少量的乳粉于植物籽仁浆中。

植物蛋白饮料的主要原料为植物核果类及油料植物的种籽，这些籽仁含有大量脂肪、蛋白质、维生素、矿物质等，是人体生命活动中不可缺少的营养物质。植物蛋白及其制品内含大量亚油酸和亚麻酸，但却不含胆固醇，长期食用，不仅不会造成血管壁上的胆固醇沉积，而且还能有助溶解已沉降的胆固醇，植物籽中含有较多的维生素E，可防止不饱和脂肪氧化、去除过剩的胆固醇、防止血管硬化、减少褐斑，并且有预防老年病发生的作用。植物蛋白饮料还富含钙、锌、铁等多种矿物质和微量元素，为碱性食品，可以缓冲肉类、鱼、蛋、家禽和谷物等酸性食品的不良作用，以豆乳喂养的婴儿，其肠道细菌与母乳喂养的婴儿相同，当中的双歧杆菌更占优势，可抑制其他有害细菌的生长，预防感染，对婴儿有保护作用。下面以牛乳-植物蛋白饮料为例进行介绍。

（一）工艺流程和要点

1. 工艺流程

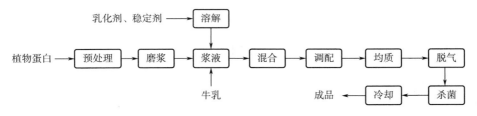

图5-10　牛乳-植物蛋白饮料加工工艺

2. 工艺要点

（1）磨浆　牛乳-植物蛋白饮料质量的好坏很大程度上取决于植物蛋白及牛乳原料的品质，应选择颗粒饱满、肉质乳白，剔除霉烂、虫蛀的植物蛋白颗粒。一般植物蛋白中蛋白质和油脂含量较高，原料特征与核桃和杏仁类似。参考现在市面上所售核桃露、杏仁露的制浆工艺均为水磨制浆或先研磨成酱状，再进一步调配。酶解后虽然蛋白质提取率较高，但产品色泽暗黄，植物蛋白特征风味完全被蛋白质水解后的苦涩味所掩盖，考虑到产品的口感，故一般选择水磨法来磨浆。磨浆时的料水比、磨浆时间、磨浆温度以及磨浆pH都会影响磨浆的效果以及浆液的品质。各种不同的植物蛋白原料特性不同，磨浆的合适条件也不同。

（2）调配　把各种乳化剂、稳定剂、甜味剂按比例配成较浓的浆液，然后以一定的比例同植物蛋白原浆混合，按配方补足水量，搅拌均匀，调整 pH。

（3）均质　将配制好的料液预热，在一定的温度、压力下均质。均质的目的就是提高植物蛋白乳的口感与稳定性，在适当的温度和高压下胶体液颗粒在剪切力、冲击力的作用下进行微细化，形成均匀的分散液。

（4）杀菌　植物蛋白乳饮料中富含蛋白质、糖类、矿物质等营养成分，是细菌的良好培养基，所以装瓶后应及时进行杀菌。若温度太低或时间太短，则杀不死全部微生物，尤其是耐热性细菌如嗜热脂肪芽孢杆菌、嗜热解糖梭状芽孢杆菌、致黑梭状芽孢杆菌等的芽孢体，这些芽孢体在合适的条件下即可迅速繁殖，使糖类分解而不断产酸，引起 pH 下降，破坏了植物蛋白乳饮料的稳定体系。另一方面，植物蛋白乳饮料是一种多相热力学不稳定体系，若杀菌温度过高，时间过长，则会加速饮料稳定性破坏，使产品发生分层。另外，植物蛋白乳饮料杀菌温度过高，还会引起感官品质的下降等现象。温度过高，时间过长，蛋白质变性严重，保存时间越短，感官指标较差。为了确保杀菌的安全性，使饮料有较长的保质期，一般采用的是 125℃，15～20min 的灭菌条件，综合指标好，达到了行业标准。

（二）质量控制

牛乳-植物蛋白饮料是一种复杂的不稳定体系，在贮存过程中，很容易出现蛋白质及固体颗粒聚沉和脂肪上浮现象，在其他条件确定的情况添加适量的乳化稳定剂是解决植物蛋白饮料不稳定的一种重要方法。食品乳化剂通常是非离子型表面活性剂，其分子内部既有亲水基团，又有疏水基团。当乳化剂加入饮料中时，其分子向着水油表面定向吸附，降低了表面张力，从而有效防止乳液中粒子间相互聚合，防止脂肪上浮，达到稳定效果。在植物蛋白饮料中加入适量的稳定剂，可提高复合饮料的黏度，防止蛋白质粒子因重力作用下沉，特别是稳定剂的加入能与蛋白质及其颗粒相互作用以络合或静止吸附等方式聚集在被保护的颗粒表面，使其电荷或界面膜增强，在一定程度下阻止颗粒相互聚集变大而沉淀，使蛋白质以胶粒状态悬浮于溶液的体系中。在植物蛋白饮料的生产过程中一般经过两道均质工序，一般均质压力为 20MPa 和 40MPa，对于防止蛋白质沉淀和脂肪上浮具有十分重要的意义。

四、再制甜炼乳

虽然甜炼乳生产是一项比较古老的技术（该制品在 1856 年就实现了商业化生产），但是甜炼乳生产是一个比较复杂的工艺过程，其中包含了许多关键步骤，每一个步骤都需要认真仔细地控制。甜炼乳不是灭菌制品，主要依靠高含糖量来进行保存。

甜炼乳在工业中有着广泛的应用，可以作为咖啡和茶饮料的增白剂（也赋予产品奶油口感），可以作为乳固体来源应用在食品生产中，也可以作为糖果和焙烤食品的一种配料成分。

甜炼乳有两个产品标准：美国标准（AS）和英国标准（BS），如表 5-6 所示。

与其他再制乳一样，再制甜炼乳原料可以采用乳脂肪和脱脂乳粉，可以添加或不添加一定比例的中脂乳粉（通常为 10%，按乳粉总量计算），也可以采用全脂乳粉。英国和美国的标准是代表性的产品组成，但是也有其他类型的产品，例如低脂产品。所有这类产品都有一个共同的限定，就是产品的"糖比"，即蔗糖：（水+蔗糖），该数值应该不低于 62.5%（质量分数）（否则将不能有效地抑制细菌的成长），而且不能高于 64.5%（否则蔗糖将结晶析出）。

表 5-6　　　　　　　　甜炼乳美国标准和英国标准的对比　　　　　单位:%（质量分数）

组成	美国标准 （8%脂肪，20%非脂乳固体）	英国标准 （9%脂肪，22%非脂乳固体）
脂肪	8.0	9.0
非脂乳固体	20	22
糖（葡萄糖）	45.4	43.5
总乳固体	73.4	74.5

必须添加晶种提供结晶形成所需要的晶核，以控制乳结晶，确保形成大量细小结晶（<10μm），避免形成少量大块结晶。为了达到这种效果，添加的乳糖晶种必须非常细小，一般要在每 1mm³ 炼乳中提供大约 100 万个晶核。

（一）生产工艺

1. 再制

再制甜炼乳的生产有几种工艺，可根据配料情况加以选择。产品的配方可以完全由干粉配料和水组成，当然也可以使用液体糖浆产品。如果使用液体糖浆，就需要经蒸发过程，因为相对于最终再制甜炼乳产品中所需要的糖含量，液体糖浆含有过多的水分，而要在液体糖浆中分散和溶解乳粉又无法实行。这两种工艺及其参数如图 5-11 所示，使用的都是全脂乳粉，一个是干粉料配方，一个是加液体浆的配方。首先乳粉被再制成高浓度乳（根据配方情况，在使用全脂乳粉时再制成大约48%干物质），然后加糖。如果配方是基于脱脂乳粉和乳脂肪的，那么一般要先加脱脂乳粉，然后加糖，再加乳脂肪。如果这些主要配料都添加进去，总干物质浓度通常可以达到约72%（使用液体糖浆的除外），这样物料的黏度非常大，要混合如此黏稠的物料需要强力搅拌系统。

物料混合后从罐中泵出，经过一个过滤器以除去未分散的粉料团块。建议过滤器的滤网大小应该在100μm，但是过滤器组台应该比过滤普通牛乳采用的大一些，否则高黏度的再制甜炼乳将对过滤器系统产生过高的背压。

过滤后，应该对再制甜炼乳进行脱气，然后再均质。最好是将物料加热至70~72℃，然后经闪蒸进入真空脱气室，温度降低5~7℃，迅速达到均质温度，再进行均质。

2. 均质

甜炼乳只需要轻度均质处理，因为产品本身黏度很大，可以有效阻止脂肪球上浮。均质作用可以增加黏度，这是再制工艺中甜度控制的主要手段。一般均质压力范围是 2~7MPa。应当注意不要超过这个压力，因为较高的均质压力常常会导致产品黏度过大，容易产生老化增稠作用。可以采用两段均质或者一段均质。

3. 巴氏杀菌

巴氏杀菌具有两个作用：第一个作用是杀死可以在产品中繁殖的霉菌和酵母，第二个作用是产生所需要的浓度。厂家不同巴氏杀菌的条件也不同，典型的条件是 80~90℃，从 30s到 3min。改变巴氏杀菌的条件是控制产品黏度的有效手段。在实际中很少采用增加保温时间的方法，而是稍微升高一点巴氏杀菌温度就可以增加产品的黏度。巴氏杀菌之后的步骤必须保证无菌条件，从而确保产品不受到二次污染。

4. 乳糖结晶

控制乳糖结晶的主要作用就是让最终产品中99%的乳糖结晶大小小于10μm，而且绝大部分在5μm以下，否则舌头就可以感到产品中的结晶体，产生砂状口感。

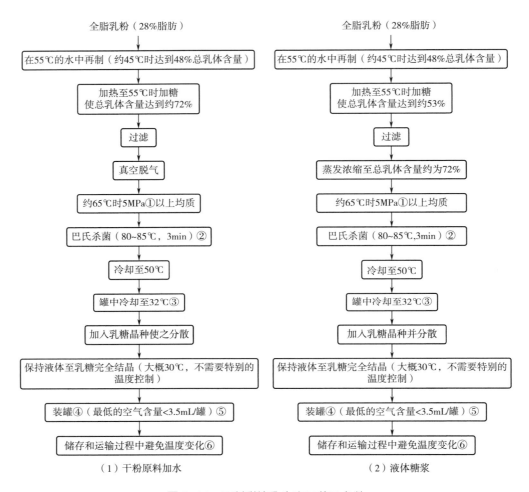

图5-11　再制甜炼乳生产工艺及参数

①—黏度控制点　②—典型值；黏度控制点—自此之后基本无菌　③—经闪蒸将固体浓度提高到73.4%

④—灭菌罐，高度卫生装罐　⑤—抑制霉菌繁殖　⑥—避免乳糖晶体不节制增长

炼乳从巴氏杀菌器的冷却部分出来的温度约为50℃，需要进一步冷却到30~32℃再添加乳糖晶种。通常这一冷却步骤采用真空蒸发，达到最终需要的总干物质浓度，在这一过程中10%的水分被去除。乳糖结晶的温度是关键，如果温度太高，乳糖晶种将溶解，这样将不会发生强制结晶作用，而且由此导致的自发结晶作用将产生大的结晶体，从而导致不良的"砂状"质地；反之，如果温度太低，那么结晶过程和乳糖晶种分散过程同时发生，相互干扰，晶种很难被有效地分散，从而导致乳糖晶种聚集。

乳糖晶种的添加量为每吨甜炼乳加入约500g。乳糖晶种必须是α-乳糖水合物，是非常细的粉末，流动性好，而且无菌或近似无菌（否则将污染已经杀菌的产品）。经剧烈搅拌，完全迅速地分散晶种，这一过程可以借助连续真空沸腾搅拌。其目的是使每 $1mm^3$ 形成大约 106 个结晶核。只有这样，结晶体才能达到所需要的大小。

乳糖晶种的添加方法可以是直接加入乳糖粉，也可以将晶种分散在一部分甜炼乳中然后加入。建议采用后者，因为比较容易控制。无论哪个方法，必须在近似无菌条件下添加，即控制耐高渗的酵母和霉菌污染的可能性。完成了乳糖晶种的添加和分散，而且物料达到了所需要的总干物质浓度，这样就不要继续冷却了，直接转移到结晶罐。在结晶罐保持连续搅拌几个小时进行结晶。

5. 灌装

灌装过程必须在近似无菌的条件下进行。灌装机应该在单独的操作间里，排除一些腐败微生物，特别是酵母和霉菌，而且用过滤的空气进行空气调节。在灌装前，罐体和盖子应该迅速用热空气或火焰灭菌。灌装间是关键的卫生区域，在灌装间里操作人员的活动尽可能减少，而且操作人员进入这个区域必须穿上卫生服，包括帽子、面具、防护服和专用鞋。最后，为了限制进入产品的霉菌污染物的生长，灌装罐的顶隙最好小一些，可接受的限度为每个标准 397g 罐（300mL）顶隙<3.5mL。

（二）配料

1. 乳粉

乳的热处理，或者乳粉类型的选择，是控制甜炼乳黏度的一种有效方法。不过，应避免在没有理解其中原理的情况下，过于强调特定的预热处理范围以此试图控制产品黏度。一般来说，低预热处理会产生较低的产品黏度，但是较高的预热处理并不一定会相应地产生较高的产品黏度。虽然单纯地升高温度或延长保温时间，表现为产品黏度升高，但是在预热保温时间较长的区域，产品黏度经过一个最大值而后又回落下来，这样如果升高热处理温度就会越过这点，不是使产品黏度升高了，而是降低了。通常的做法是避开一些极端的热处理条件。在使用脱脂乳粉的时候，最好选用中温粉。

全脂乳粉通常是经中温工艺处理而生产出来的，这样用于再制甜炼乳的标准全脂乳粉就含有所需的脂肪含量（美国和英国的标准为 28%）。为了获得一致的产品黏度，建议选择来源可靠的乳粉供应商，它们会提供质量稳定一致的产品，这样就可以避免其他因素影响，通过调整均质条件对再制甜炼乳的黏度进行微调。

2. 糖（蔗糖）

因为糖是甜炼乳的主要成分，占产品 40% 以上，因此糖的质量是极为重要的，直接使用的结晶糖应达到"A1 级"，不需进一步纯化。最低要求如下：蔗糖含量不低于 99%、无变色、霉菌<10 个/10g、酵母<10 个/10g。如果使用液体糖浆，可能就需要进一步精制。

3. 乳糖晶种

有效控制乳糖结晶是生产优质甜炼乳的重要步骤，乳糖晶种就是这一过程的关键。事实上，乳糖晶种就是非常精细的粉状 α-乳糖水合物（$C_{12}H_{24}O_{12}$）。它应该是低水分含量、具有良好的流动性、没有结块、霉菌<10 个/10g、酵母<10 个/10g。在实际使用时，精细的乳糖晶种在每吨再制甜炼乳使用不到 500g 就可以在每立方毫米最终产品中产生出不低于 100 万个乳糖结晶体。这就要求晶种颗粒的平均体积约为 $0.4\mu m^3$。实际上，良好的乳糖晶种是由少量相对大一些的颗粒和非常大量的很细小的颗粒（低于 $0.1\mu m$）组成的。采用粉碎法获得的乳糖粉，99.9%（质量分数）以上的颗粒<45μm，大颗粒数量极少。

为了得到满意的无菌（或近似无菌）乳糖晶种粉（即很细的粉）可采用如下方法：将普通乳糖粉（α-乳糖水合物）加热到93℃（最好在真空条件下），将它转化为α-乳糖无水物，然后用撞击式粉碎机将α-乳糖无水物粉碎成粉，最后将得到的乳糖粉装罐并密封，在烤箱内130℃灭菌1~2h。

4. 其他添加物

在国际食品法典上规定的唯一可以在甜炼乳中使用的添加剂就是氯化钙，其可用来增加产品黏度（添加量<0.5g/kg）。

（三）产品问题（产品缺陷）

1. 罐内霉斑

罐内霉斑通常是由产品污染和顶隙过大引起的。要求检查和纠正生产卫生问题，特别是灌装区域，严格灌装操作，减小顶隙。

2. 胀罐

胀罐是由耐高渗酵母的繁殖引起的。这就要求必须改善生产卫生状况。

3. 异味（腐臭味）

异味（腐臭味）通常是耐高渗细菌引起。在产品中检验这些微生物，要全面彻底地清洗整个车间，包括糖的贮藏间等，因为很可能是一种在整个工艺过程中能够存活的细菌，要将它从整个工厂中排除。

4. 砂状质地

砂状质地由大块乳糖结晶引起。需要用显微镜确认该问题，检查乳糖晶种是否合适，改善乳糖结晶操作。

5. 不适当的黏度

不适当的黏度一般是由乳粉配料的差异性引起。需要调整均质条件（如果有余地），调整巴氏杀菌温度，或者如果黏度低，最后的办法就是加入氯化钙。

🔍 **思考题**

1. 再制乳的加工工艺及要点。
2. 巧克力牛乳加工工艺及要点。
3. 调配型酸乳饮料的加工工艺及质量控制。
4. 发酵型酸乳饮料加工工艺及与调配型酸乳饮料加工工艺的异同。

第六章

CHAPTER

稀奶油和奶油

第一节　乳的分离

一、乳的分离方法及原理

（一）乳分离的概念和目的

牛乳中脂肪的相对密度（0.93）和乳脂肪以外成分的相对密度（1.043）不同。当乳静置时，由于重力作用，脂肪球逐渐上浮，使乳的上层形成含脂率很高的部分，习惯上这种含脂率高的部分称为"稀奶油"，而下面含脂肪很少的部分称为"脱脂乳"，如图6-1所示。因此，把乳分成稀奶油和脱脂乳的过程称为乳的分离。

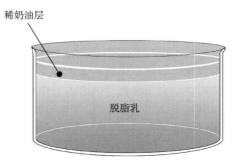

稀奶油层

脱脂乳

图6-1　乳脂分离示意图

在乳制品生产中离心分离的目的主要是得到稀奶油和（或）甜酪乳，分离出乳清或甜奶油、乳或乳制品进行标准化以得到要求的脂肪含量。另一个目的是清除乳中杂质和体细胞等。离心分离也用于除去细菌及其芽孢。

（二）乳的分离方法

稀奶油分离的方法一般有"重力法"和"离心法"两种。"重力法"又称"静置法"。

将乳置于干燥的深罐或盆中，静置于冷的地方，经 24~36h 后，由于乳脂肪的密度低于乳中其他成分，因此，密度小的脂肪逐渐上浮到乳的表面而形成含脂率 15%~20% 的稀奶油。静置法比较简便，不需特殊设备，但是静置法耗时长，需要的容器大，生产效率低，且乳脂肪分离不彻底，所以不能用于工业化生产，此方法已经被淘汰。

"离心法"是采用牛乳分离机将稀奶油与脱脂乳迅速而较彻底地分开，此方法生产效率高，卫生、产品质量得到保障。现代化生产普遍采用此方法。

（三）离心分离机的工作原理

乳脂离心分离机的工作原理主要是将牛乳灌入高速旋转的分离钵中，利用设备的离心力将乳脂肪分离出来，其分离速率公式如下：

$$v = \frac{2ar^2(\rho_1 - \rho_2)}{9\eta} \tag{6-1}$$

式中　a——离心加速度，cm/s^2；

　　　ρ_1——脱脂乳的密度，g/cm^3；

　　　ρ_2——乳脂肪球的密度，g/cm^3；

　　　r——乳脂肪球的半径，cm；

　　　η——乳浆的黏度，$Pa \cdot s$。

二、影响乳分离的因素

利用分离机分离牛乳时，其分离效率除了与分离机本身的结构和能力密切相关外，更重要的是使用分离机的技术，分离机的转速、乳的温度、乳的杂质度以及牛乳的流量等都是影响分离效果的直接因素。

（一）乳脂分离机的转数

乳脂分离机的转数随各种分离机的机械构造而异。过去手摇分离机的摇柄转数为 45~70r/min 时，分离钵转数则在 4000~6000r/min。现代较先进的封闭式奶油分离机的转数一般为 6000~9000r/min，转数越快分离效果越好。正常分离时应当保持在规定转数以上，但最大不能超过其规定转数的 10%~20%，超负荷过多，会使机器的寿命大大缩短，甚至损坏。

（二）乳的温度

温度低时，乳的密度较大，黏度增加，使脂肪的上浮受到一定阻力，分离不完全，故乳在分离前必须加热。加热后的乳密度大大降低，同时由于脂肪球和脱脂乳在加热时膨胀系数不同，脂肪的密度较脱脂乳降低得更多，使乳更易分离。但如果乳温过高，会产生大量泡沫，不易消除，故分离的最适宜温度应控制在 32~35℃。

（三）乳中杂质含量

前面已经提到，分离机的能力与分离钵的半径成正比，如果乳中杂质度高时，分离钵的内壁间隙很容易被杂质阻塞，其作用半径就渐渐缩小，分离能力也随之降低，故分离机每使用一定时间即需清洗一次。同时在分离之前必须对原料乳进行严格的过滤，以减少乳中的杂质。此外，当乳的酸度过高而产生凝块时，因凝块容易黏在分离钵的四壁，也与杂质一样会影响分离效果。

（四）乳的流量

单位时间内乳流入分离机内的数量越少，则乳在分离机内停留的时间就越长；分离杯盘间乳层越薄，分离的越完全。但分离机的生产能力也随之降低，故对每一台分离机的实际能力都应加以测定，对未加测定的分离机，应按其最大生产能力降低 10%～15% 来控制进乳量。

除上述条件外，乳的含脂率和脂肪球的大小对分离效果也有一定的影响。乳中含脂率较高，分离后的稀奶油含脂率更高，但流失于脱脂乳中的脂肪也相对增加。也就是说，乳的含脂率与稀奶油的浓度及存留于脱脂乳中的脂肪均呈正比。将进入分离机中的乳量适当减少，以延长分离时间，可使分离趋于完善。乳中的脂肪球越大，在分离时越容易被分离出来，反之则不容易被分离。当脂肪球的直径小于 0.2μm 时，则不能被分离，所以均质后的乳就不可能得到有效的分离。

第二节　稀奶油的加工

根据 GB19646—2010《食品安全国家标准　稀奶油、奶油和无水奶油》对稀奶油的定义，稀奶油（cream）是以乳为原料，分离出的含脂肪的部分，添加或不添加其他原料、食品添加剂和营养强化剂，经加工制成的脂肪含量 10.0%～80.0% 的产品。稀奶油是牛乳的脂肪部分，它是将脱脂乳从牛乳中分离出来后而得到的一种水包油（O/W）型乳状液。稀奶油可以赋予食品良好的口感，比如甜点、蛋糕和一些巧克力糖果；它也可以制作各种饮料，如咖啡和奶油利口酒；也可作为工业原料。

稀奶油的黏度、稠度及功能特性（如搅打性）随脂肪含量而变化，也因加工方法不同而异。另外，牛乳的化学组成和乳脂中呈味脂肪含量会随季节而变化，因此不同季节牛乳制成的稀奶油品质也不相同。

一、稀奶油的种类及组成

（一）稀奶油的种类

稀奶油制品通常按照加工工艺、杀菌方式进行分类。

1. 按照加工工艺，稀奶油主要包括：

（1）半脱脂稀奶油　脂肪含量在 12%～18%，在咖啡及浇淋水果、甜点和谷物类早餐中应用。

（2）一次分离稀奶油　脂肪含量在 18%～35%，在咖啡，或在水果、甜点及汤和风味配方食品中应用。

（3）发泡（搅打）稀奶油　脂肪含量在 35%～48%，在甜点、蛋糕和面点等馅心的填充物中应用。

（4）二次分离稀奶油　脂肪含量高于 48%，用作甜点的浇淋/匙取稀奶油，加入蛋糕、面点中以增强起泡性等。

（5）凝结稀奶油　脂肪含量在 55%，属于英国西南部一些地区生产的一种独特产品，通常作为一种茶点和餐后甜点。

2. 按照杀菌工艺，稀奶油分为巴氏杀菌稀奶油、超高温瞬时杀菌稀奶油以及灭菌稀奶油。

（二）稀奶油的组成

稀奶油的脂肪范围较广，脂肪含量不同的稀奶油其组成成分和密度存在差异，具体如表6-1所示。

表6-1　　　　　　　　稀奶油的含脂率与各种成分及密度的关系

项目	含脂率/%		
	20	30	40
水分/%	72.2	63	53.2
蛋白质/%	3.09	2.88	2.71
乳糖/%	4.10	3.87	3.62
灰分/%	0.62	0.58	0.53
相对密度	1.013	1.007	1.002

稀奶油可以作为一种乳制品直接利用，也可以进一步加工制成奶油和冰淇淋等乳制品。脱脂乳可加工成酸乳制品、脱脂乳粉、干酪素及乳糖等制品。

二、稀奶油的加工工艺

（一）一般加工工艺

稀奶油加工工艺与液态乳接近，先从牛乳中分离出脂肪，当达到所需要的脂肪含量时进行加热处理，并采用合适的包装以保证产品安全，达到要求的保质期，为消费者提供良好的感官特性和风味。稀奶油一般加工工艺如图6-2所示。

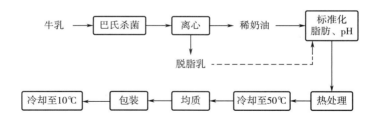

图6-2　稀奶油一般加工工艺

1. 对原料乳的要求

用于制造稀奶油的生乳必须符合GB19301—2010《食品安全国家标准　生乳》的要求，其他原料应符合相应的安全标准和（或）有关规定。

2. 稀奶油的分离

乳脂是由许多不同熔点的三酰甘油组成的混合体，因此，它具有较大的熔点范围。在-40~37℃范围内，乳脂中的固态脂肪与液态脂肪共存。在生乳中，脂肪球膜维持着脂肪的完整和特殊的稳定性。1mL生乳中大约分散有1010个脂肪球，脂肪球一般直径为1~8μm。稀奶油分离的基本依据是脂肪球（≈0.9g/mL）与水相（≈1g/mL）之间的密度差。

目前，稀奶油的分离主要采用离心分离技术，生产中常用半封闭式或封闭式离心机。从理论上讲，随着乳液温度升高，两相的密度升高幅度不同，因此，不同温度下分离效果也不同。在实际生产中，分离温度为50~60℃，一方面，高于60℃会导致蛋白质变性沉淀在分离机的碟片上，降低分离效率，同时也使脱脂乳中的脂肪含量升高；另一方面，当低于35℃时，剪切力的作用会降低脂肪球膜的稳定性，则降低了分离效果。

通常情况下，分离后得到稀奶油中的脂肪含量为30%~40%，脱脂乳中的脂肪含量为0.05%。分离后得到的稀奶油在进一步加工前，其脂肪含量可通过添加脱脂乳来标准化。稀奶油的标准化可以手工进行，也可以利用标准化系统在线进行。标准化时通常添加0.15%的稳定盐（$Na_3C_6H_5O_7 \cdot 5H_2O$）。

加工过程中，为了避免乳和稀奶油中脂肪球的机械破碎，应尽量降低搅拌、泵送及混合时的压力，以增加脂肪得率。在线流变应控制其形成剪切率值低于计算得到的可造成脂肪球破碎的临界剪切率值。一般夏季结晶脂肪含量较低，这就需要比冬季更低温度贮藏和运输。乳中混入空气会增大脂肪球破坏的风险，因为起泡也可充当脂肪球聚集的核心而促使脂肪球结合。脂肪球的破坏不仅会造成脂肪的损失，还可能给产品带来感官缺陷，乳脂絮凝以及类凝胶稀奶油等的形成，会造成管道堵塞等问题。

3. 稀奶油的热处理与和均质

根据产品的特性及要求、贮藏时间等，稀奶油的热处理可采用不同方法。

（1）巴氏杀菌稀奶油　根据生产量不同，稀奶油可以用保温杀菌或高温短时杀菌工艺进行杀菌。大规模生产中，常用连续式的高温短时杀菌巴氏杀菌加工工艺，一般用板式热交换器或管式热交换器。半脱脂稀奶油和一次分离稀奶油要求高压均质，二次分离稀奶油可以采用低压均质，以提高黏度；而发泡稀奶油不应均质。否则会破坏产品充气形成稳定泡沫的能力。

稀奶油巴氏杀菌后常产生硫化物的滋气味，这种现象在12~24h后减弱，但不会完全消失。巴氏杀菌能达到破坏牛乳固有脂肪酶的目的，从而可以防止因乳脂肪酶的存在而影响稀奶油的风味，以及游离脂肪酸的产生而缩短产品的保质期。

（2）超高温瞬时灭菌稀奶油　稀奶油的超高温瞬时灭菌可采用直接加热和间接加热（板式或管式热交换器）两种方式，如果采用直接加热方式，稀奶油会被稀释10%~15%，为除去因稀奶油和蒸汽直接接触而带入的水分，在均质前应安装一套真空浓缩装置。直接加热后的真空脱水，往往也脱去稀奶油中的香气物质。因此，稀奶油通常采用间接式灭菌，可以较好保持产品的风味。

（3）保持式灭菌稀奶油　稀奶油灌装或装瓶后灭菌的方式。首先对稀奶油进行脂肪含量的标准化，然后再140℃、2s灭菌，以减少细菌芽孢数，在50~75℃进行一级或二级均质，然后加入稳定性盐类以防止颗粒状物质的产生，然后将稀奶油装入罐内密封，在间歇式杀菌釜（118℃、18~30min）或连续式灭菌釜（119.5℃、26min）中灭菌。

（4）凝结稀奶油　早在19世纪发明奶油分离机前，凝结稀奶油就已出现，在传统生产过程中，牛乳经过滤倒入平底锅，放置6~14h，让脂肪自然上浮至牛乳表面，然后水浴加热，在82~91℃保持40~50min，再冷却24h，此时，形成稀奶油层硬皮，很容易从乳中将之提起来。该产品中脂肪含量超过55%，一般在67%左右。目前，这类产品已实现工业化生产。

4. 稀奶油的冷却和包装

经杀菌、均质后的稀奶油应迅速冷却至 2~5℃，然后在此温度下保持 12~24h 进行物理成熟，使脂肪由液态转变为固态（即结晶脂肪），同时，蛋白质进行充分的水合作用，黏度提高。在完成物理成熟后进行装瓶，或在冷却至 2.5℃ 后立即将稀奶油进行包装，然后在 5℃ 以下冷库（0℃ 以上）中保持 24h 以后再出厂。无论是巴氏杀菌、超高温灭菌还是保持灭菌稀奶油的包装，都应注意以下事项：①避光：因为光照会引起脂肪自动氧化产生酸败味，经均质的稀奶油对光非常敏感；②密封不透气：否则稀奶油会吸收各种来源的气味而腐败；③不透水、不透油：吸收水分或脂肪会使稀奶油变质；④慎重选择包装材料，防止包装材料本身包含的某些化学物质或印刷标签的油墨、染料等渗入稀奶油中；⑤包装容器的设计要有利于摇匀内容物。

巴氏杀菌稀奶油保质期较短，通常采用普通包装形式；超高温瞬时灭菌稀奶油往往采用无菌包装形式，可长期保存；保持式灭菌稀奶油一般采用玻璃瓶或听装。

（二）发酵稀奶油加工工艺

发酵稀奶油在许多国家都有生产，这些产品主要用于沙司或调味料中使用，获得更加完美的风味。发酵稀奶油的脂肪含量为 10%~40%，生产过程与其他发酵乳制品基本相同。发酵稀奶油的加工工艺流程如图 6-3 所示。

1. 脂肪标准化

按照生产标准要求，调整稀奶油的脂肪含量。标准化时，可添加脱脂粉或脱脂乳粉，也可采用标准化系统自动标准化。此时，也可添加法规允许的稳定剂，如变性淀粉、明胶等。

2. 均质

均质的目的是使产品形成一定的质地和黏度。均质温度一般为 4~6℃，均质压力根据脂肪含量和添加剂的不同而异。一般原则是脂肪含量越低，所需均质压力越高。例如，含脂肪 10%~12% 的稀奶油均质压力范围为 15~20MPa，含脂肪 20%~30% 的稀奶油均质压力范围为 10~12MPa。

3. 热处理

均质后的稀奶油要在 75~90℃ 热处理 5~10min。温度和时间组合的选择依据是最终产品的要求。温度和时间组合的确定主要考虑产品的色泽、风味、口味和稠度等因素。

4. 冷却

将热处理后的稀奶油冷却至 22~32℃，该温度的选择取决于发酵过程。快速凝乳的温度更接近于嗜温菌生长所需的适宜温度。如果需要延长凝乳时间（如一整夜），那么，为了获得相同的最终 pH，就应选择较低的温度。

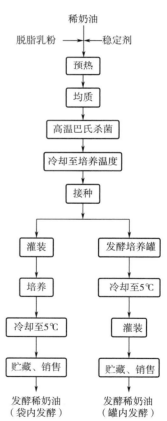

图 6-3　发酵稀奶油加工工艺流程

5. 接种

经过预处理的稀奶油冷却至接种温度，然后添加 1%~2% 的生产发酵剂。应用在发酵稀奶油中的发酵剂通常是干酪发酵剂菌种，例如，乳酸乳球菌乳酸亚种、乳酸乳球菌乳脂亚种、产丁二酮乳酸乳球菌乳酸亚种和肠膜串珠菌乳脂亚种等。

6. 发酵

凝乳方法决定了发酵温度的选择。典型短时凝乳方法是 30~32℃/5~6h，长时凝乳方法是 30~32℃/5~6h。

一般可将物料灌装到零售容器中转移至培养室进行发酵（类似于凝固型酸乳），也可在发酵罐中发酵。无论哪种发酵温度，确定发酵时间时都应考虑最终产品的 pH；当接近这一 pH 时，就要开始冷却，终止发酵。终止发酵的 pH 具体还要根据排空发酵罐所需的时间、产品冷却所需的时间以及最终产品所需的 pH 来确定。

7. 灌装

如果产品的发酵是在发酵罐中进行的，那么冷却时，一旦达到所要求的 pH，就需迅速冷却产品，立即开始灌装。

（三）搅打稀奶油加工工艺

市售稀奶油中脂肪含量差异大。脂肪含量较高（通常为 35%~40%）的奶油比较厚重，可以被搅成厚厚的泡沫，被称为"搅打奶油"。通过搅打产生泡沫，并添加一定量的糖，经过巴氏杀菌后制成，产品包装有瓶装、杯装、听装。搅打稀奶油的透射电镜图如图 6-4 所示。

斯堪尼亚公司生产搅打稀奶油的工艺流程如图 6-5 所示。稀奶油在较高温度下放在敞口的大桶里进行搅拌除臭，但是不允许真空脱气，原因是脂肪球的稳定性会被破坏，影响产品的风味。

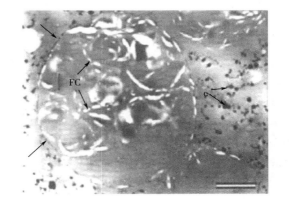

图 6-4　搅打稀奶油的透射电镜图

注：采用冷冻置换与低温包埋保护脂肪晶体（FC）的完整性脂肪球膜蛋白（箭头），酪蛋白（c）清晰可见。图中标尺为 1.5μm。

1. 原料乳处理

将符合食品安全标准的原料乳加热至分离温度（62~64℃），离心分离，达到稀奶油所需的脂肪含量，对稀奶油进行标准化。生产搅打稀奶油的原料质量要求很高，只有高品质的原料才能保证稀奶油的纯正风味。因此，任何一种情况下，分离温度应严格控制在 62~64℃。将稀奶油泵入储料罐中，温度仍然保持在 62~64℃，储存 15~30min，目的是钝化大部分脂肪酶。

稀奶油流入热交换器的流速应非常接近进料至储罐的平均流速。这样就可以在一段时间内收集储存罐中少量多余的奶油，确保奶油的机械搅拌最少。

储液罐没有搅拌器，奶油中约 50% 的空气会自然消除。同时除去挥发性气味，降低巴氏杀菌器中的污染风险。把奶油放在 63℃ 左右的槽中，会使大多数脂肪酶失活，并停止游离脂肪酸的水解。最长保存时间，包括填充和清空，应为 4h 左右。对于较长的生产运行，应交替安装和使用两个储槽，中间清洗一个储槽，同时使用另一个储槽。

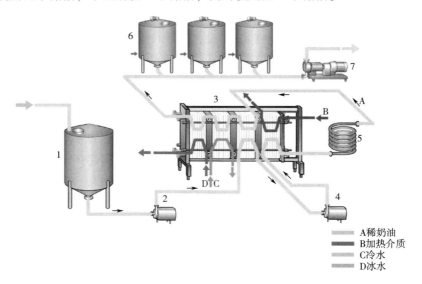

图 6-5　斯堪尼亚公司工业生产搅打稀奶油的工艺流程

1—原料储料罐　2—物料泵　3—板式热交换器（加热或巴氏杀菌用）　4—增压泵

5—保温管　6—成熟罐　7—产品泵

2. 稀奶油的热处理

稀奶油从储存罐被泵送到热交换器（图 6-5 中 3）中的再生加热部分。然后，增压泵（图 6-5 中 4）通过加热段和保温管（图 6-5 中 5）泵送稀奶油。由于泵送是在高温（超过 60℃）下进行的，此时稀奶油对机械处理不太敏感，因此产品泵 7 和增压泵 4 都可以是离心泵。

但是，高脂肪含量的稀奶油在热处理过程中涉及几个问题，在设计生产线时必须认真考虑。最重要的问题是如何避免脂肪结晶过程中的剪切和湍流。脂肪球中的脂肪在较高温度下呈液态，但脂肪球却在即使>40℃时也不受温度影响。

3. 稀奶油的冷却

巴氏杀菌后，通常在 80~95℃ 以上持续 10s，奶油被泵送至热交换器中的冷却段，同时在深度冷却段冷却至 8℃，然后继续进入成熟罐（图 6-5 中 6）。在热交换器中冷却至平均温度 8℃ 是脂肪含量为 35%~40% 的奶油的最佳选择。脂肪含量较高时，必须使用较高的冷却温度，以防止奶油因黏度迅速增加形成"奶油栓"，而堵塞冷管道。这使得冷却段的压降急剧上升，进而导致脂肪球受损，甚至可能导致该段的稀奶油泄漏。必须停止该进程，并将系统冲洗、清理和重新启动。

由于刚冷却的脂肪球不稳定，在从热交换器的冷却段运输到处理罐进行最终冷却和脂肪结晶的过程中，应避免剪切和湍流（无泵和尺寸适当的管道）。因此，这种运输的压力必须由增压泵提供。

4. 稀奶油的包装

成熟后，奶油被泵送到包装机。稀奶油大部分脂肪已经完成结晶，能够耐住一定的剪切处理。在较低的压力下（0.12MPa），可使用变频的离心泵。压力高于 0.12MPa，但不超过 0.3MPa 条件下，推荐使用罗茨泵，最大转速为 250~300r/min。

（四）咖啡稀奶油加工工艺

将含有 10%~18% 脂肪的奶油称为半脱脂稀奶油或咖啡稀奶油。据统计，约有 63% 的消费者会在饮用咖啡时添加糖或奶油球。稀奶油使咖啡呈现乳白色，同时提升风味。咖啡稀奶油多数为常温产品，脂肪含量 10%~12% 产品常温可放置 4 个月，而脂肪含量为 15%~20% 产品建议冷藏。咖啡稀奶油的加工工艺如图 6-6 所示。

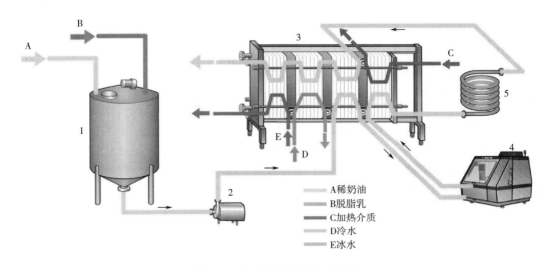

图 6-6　咖啡稀奶油的加工工艺

1—标准化罐　2—产品泵　3—板式热交换器　4—均质机　5—保温管

将未处理的牛乳在热交换器中再加热至分离温度 62~64℃。然后牛乳流入分离器分离，得到所需脂肪含量（通常为 35%~40%）的脱脂牛乳和稀奶油。奶油的处理方法与搅打奶油相同，奶油和脱脂乳的混合由计量泵完成，计量泵将脱脂乳注入奶油生产线。然后将奶油温度调整到均质温度。均质后，奶油返回热交换器，在 85~90℃ 下进行 15~20s 的巴氏杀菌，然后冷却至约 5℃ 并包装。

生产咖啡稀奶油必须满足两个要求：奶油的黏度应符合当地消费者的要求；奶油应具有良好的咖啡稳定性。当倒入热咖啡时，它不能絮凝。

脂肪含量低的稀奶油黏度相对较低，在一些市场上可以被接受，但其他市场更需要黏度较高的稀奶油。因此，选择正确的均质温度和压力非常重要。一般而言，稀奶油的黏度随均质压力的增加而增加（表 6-2），随温度的升高而降低（表 6-3）。

在恒温（57℃）时，三种不同压力（10MPa、15MPa、20MPa）下稀奶油黏度随着均质压力增大，稀奶油的黏度增大（表 6-2）。使用 SMR 黏度计测量黏度，稀奶油流过计量器的时间越长（以秒为单位），黏度就越高。在 20MPa 下均质的稀奶油的黏度最高。

表 6-2　　　　　　　　　　稀奶油黏度随均质压力的变化（57℃）

均质压力/MPa	黏度（S-1）
10	18
15	28
20	45

表 6-3　　　　　　　　　　　稀奶油黏度随均质温度的变化（15MPa）

均质温度/℃	黏度（S-1）
35	49
50	35
65	10

在恒压（15MPa）时，三种不同温度（35℃、50℃、65℃）下稀奶油黏度随着均质温度增大，稀奶油的黏度降低（表 6-3）。然而，脂肪必须是液体才能达到均质效果，这意味着均质温度应大于 35℃。

均质机（换热器上下游）的温度、压力和位置对奶油咖啡稳定性影响很大。在法律允许的情况下，添加碳酸氢钠（最高 0.02%）可以在一定程度上提高奶油的咖啡稳定性。咖啡稳定性是一种热稳定性，是一个复杂的问题，涉及几个因素：①咖啡的温度：咖啡越热，奶油越容易絮凝。②咖啡的种类和制备方法：咖啡越酸，奶油越容易絮凝。③用来煮咖啡的水的硬度：奶油在硬水中比在软水中更容易絮凝，因为钙盐增加了蛋白质的凝结能力。

三、稀奶油的产品特性及质量控制

（一）一般性问题

1. 热稳定性

稀奶油在杀菌或灭菌时常发生凝结，通过调节 pH、添加稳定剂（如柠檬酸盐），可改善稀奶油的热稳定性，充分均质能防止稀奶油迅速沉淀和脂肪球聚合，但均质压力越大，热稳定性越差。

2. 絮凝性及黏度

稀奶油发生絮凝与温度有关，温度越低，就越容易发生。凝结度对稀奶油黏度起重要作用。因为脂肪球有效体积的部分增大，凝结后使稀奶油的黏度增加。主要有两方面的原因：首先乳浆进入脂肪球（这部分乳浆本来是固定不动的）；其次是因为奶油凝块的不规则外形，当其在受到剪切而旋转时，脂肪块的有效体积增大。影响黏度的主要因素包括均质压力、脂肪和温度。二次均质可以避免均质团的生成，大大降低黏度。通过添加稳定剂防止再均质时絮凝的产生。

3. 避免破坏脂肪球

脂肪球的破坏不仅会造成脂肪的损失，还可能给产品带来感官缺陷，如脂肪絮凝、稀奶油塞形成等问题。为了避免乳和稀奶油中脂肪球的破碎，加工过程避免将空气混入乳中，因为气泡可作为脂肪球聚集的核心，促使脂肪球聚结。

4. 分离温度对稀奶油质量的影响

目前普遍采用 50~55℃的温度来分离牛乳，这样可减少牛乳中固有脂肪酶产生的酶解反应。同时，温度过高可导致蛋白质变性并沉淀在分离碟片上，会引起稀奶油的酸败和脂肪球的破坏。

5. 巴氏杀菌对稀奶油风味的影响

稀奶油巴氏杀菌后常产生硫化物风味，这种风味在 12~24h 后减弱，但不会完全消失。

巴氏杀菌的一个重要作用就是破坏牛乳中固有脂肪酶，因为脂肪酶的存在会分解乳脂产生游离脂肪酸，进而影响稀奶油产品的风味，缩短产品保质期。

（二）发酵稀奶油

1. 产品风味及色泽

刚生产出来的发酵稀奶油 pH 约为 4.5，有轻微的酸味以及适度的"乳酪"或"奶油"风味。发酵稀奶油呈乳黄色，状态黏稠，质地均匀（没有乳皮）。如果稀奶油发酵是在发酵罐内进行的，那么产品与生产设备接触时间较长，受到污染的可能性增大，容易产生不良风味。

2. 发酵稀奶油的黏度

发酵后的稀奶油经过搅拌、泵送以及包装后，黏度一般会有所下降。凝固型的产品稠度较大，但由于生产时需在室温下长时间发酵，所以每批次产品的品质可能略有差别。

第三节　奶油的加工

一、奶油的种类及性质

奶油（butter）是人类最早生产的乳制品之一，它的历史可以追溯到 14 世纪。奶油是以乳和（或）稀奶油（经发酵或不发酵）为原料，添加或不添加其他原料、食品添加剂和营养强化剂，经加工制成的脂肪含量≥80% 的产品。奶油主要成分是牛乳的脂肪。

（一）奶油的种类

根据制造方法、所用原料或生产地区不同而分成不同种类，如表 6-4 所示。

表 6-4　　　　　　　　　　　　　　奶油的主要种类

种类	特征
甜性奶油	用甜性稀奶油（新鲜稀奶油）制成的，分为加盐和不加盐两种，具有特有的乳香味，含乳脂肪 80%~85%
酸性奶油	用酸性稀奶油（发酵稀奶油）制成的奶油，目前用纯乳酸菌发酵剂发酵后加工制成，有加盐和不加盐两种，具有微酸和较浓的乳香味，含乳脂肪 80%~85%
重制奶油	用稀奶油和甜性、酸性奶油，经过熔融，除去蛋白质和水分而制成。具有特有的脂香味，含脂肪 98% 以上
无水奶油	杀菌的稀奶油制成奶油粒后经熔化，用分离机脱水和脱除蛋白，再经过真空浓缩而制成，含乳脂肪高达 99.9%
连续式机制奶油	用杀菌的甜性或酸性稀奶油，在连续式操作制造机内加工制成，其水分及蛋白质含量有的比甜性奶油高，乳香味高

根据所用原料奶油分为新鲜奶油和酸性奶油（发酵稀奶油）；根据加盐与否奶油又可分为无盐、加盐和特殊加盐的奶油；根据脂肪含量分为一般奶油和无水奶油；以植物油替代乳脂肪的人造奶油。奶油除以上主要种类外还有各种花色奶油，如巧克力奶油、含糖奶油、含

蜜奶油、果汁奶油等。

（二）一般奶油的特点

一般奶油分为甜性和发酵（酸性）两类，加盐奶油的主要成分为脂肪（80%～82%）、水分（15.6%～17.6%）、盐（1%～2%）以及蛋白质、钙和磷（1%～2%）。奶油还含有脂溶性的维生素 A、维生素 D 和维生素 E。奶油应呈均匀一致的颜色、稠密而味纯。水分应分散成细滴，从而使奶油外观干燥。硬度应均匀，这样奶油就易于涂抹，并且入口即化。

酸性奶油应有丁二酮气味，而甜性奶油则应有稀奶油味，也可具有轻微的"蒸煮味"。发酵稀奶油比用新鲜稀奶油做的奶油具有某些优点，如芳香味更浓，奶油制得率更高，并且由于细菌发酵剂抑制了不需要的微生物的生长，因此在热处理后再次感染杂菌的危险性较小。酸性稀奶油得到的酸酪乳要比甜性奶油所得的鲜酪乳难处理；另外在酸性奶油的生产中，大部分金属离子进入脂肪相，从而使得酸性奶油易于氧化，相比之下在加工甜性奶油时，大部分金属离子随着酪乳排走了。因此这种奶油被氧化的可能性极小。

（三）影响奶油性质的主要因素

奶油中主要是乳脂肪，因此乳脂肪的性质直接决定奶油的性状，影响因素如下：

1. 脂肪性质与乳牛品种、泌乳期季节的关系

有些乳牛（如荷兰牛、爱尔夏牛）的乳脂肪中由于油酸含量高，因此制成的奶油比较软，而另一些乳牛如娟姗牛的乳脂肪由于油酸含量比较低，而熔点高的脂肪酸含量高，因此制成的奶油比较硬。

在泌乳初期，挥发性脂肪酸多，而油酸比较少，随着泌乳时间的延长，这种性质变得相反。至于季节的影响，春夏季由于青饲料多，因此油酸的含量高，奶油也比较软，熔点也比较低。由于这种关系，夏季的奶油容易变软。为了要得到较硬的奶油，在稀奶油成熟、搅拌、水洗及压炼过程中，应尽可能降低温度。

2. 奶油的色泽

奶油颜色从白色到淡黄色，深浅各不同，这主要取决于其中胡萝卜素的含量，受季节影响。为使奶油的颜色全年一致，往往加入色素以增加其颜色。奶油长期暴晒于日光下时，会发生褪色。

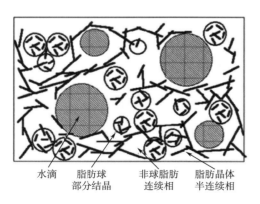

水滴　脂肪球　　非球脂肪　脂肪晶体
　　　部分结晶　连续相　　半连续相

图 6-7　奶油的物理结构（室温）

3. 奶油的芳香味

奶油有一种特殊的芳香味，这种芳香味主要由丁二酮、甘油及游离脂肪酸等综合而成。其中丁二酮主要来自发酵时细菌的作用。因此，酸性奶油比新鲜奶油芳香味更浓。

4. 奶油的物理结构

奶油的物理结构为水在油中的分散系（固体系）。即在脂肪中分散有游离脂肪球（脂肪球膜未破坏的一份脂肪球）与细微水滴，此外还含有气泡，如图 6-7 所示。水滴中溶有乳中除脂肪以外的其他物质及食盐，因此也称为乳浆小滴。

二、奶油的加工工艺

一般奶油的加工工艺流程如图 6-8 所示，批量和连续生产酸性奶油的生产线如图 6-9 所示。

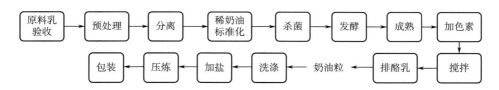

图 6-8　一般奶油的加工工艺

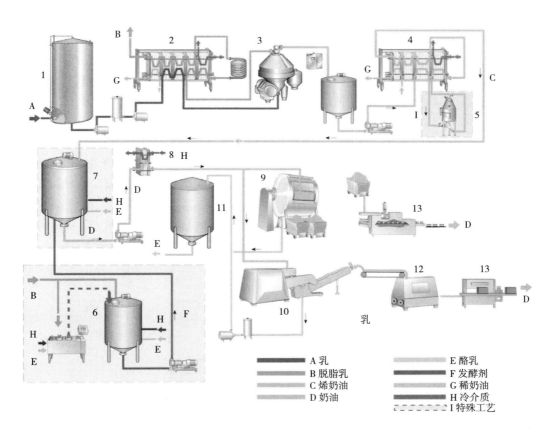

图 6-9　批量和连续生产发酵奶油的生产线

1—原料贮藏罐　2—巴氏杀菌机（牛乳预热和脱脂乳杀菌）　3—乳脂分离机　4—巴氏杀菌机（稀奶油杀菌）
5—真空脱气（机）　6—发酵剂制备系统　7—稀奶油的成熟和发酵　8—板式热交换器（温度处理）
9—奶油搅拌器　10—连续奶油制造机　11—酪乳暂存罐　12—带传动的奶油仓　13—包装机

三、奶油加工工艺要点

（一）原料乳及稀奶油的验收及质量要求

制造奶油用的原料乳必须来自健康家畜，其滋气味、组织状态、脂肪含量及密度等都必须符合正常牛乳的标准。含抗生素或消毒剂的稀奶油不能用于生产酸性奶油。乳质量略差而不适于制造乳粉、炼乳时，可用作制造奶油的原料，但这并不意味着制造奶油可用质量不良的原料。凡是要生产优质的产品必须要有优质原料，这是乳品加工的基本要求。例如，初乳由于含乳清蛋白较多，末乳脂肪球过小，故不宜采用。

（二）原料乳的初步处理

用于生产奶油的原料乳要过滤、净乳，其过程同前所述，而后冷藏并标准化。

1. 冷藏

有些嗜冷菌菌种产生脂肪分解酶，能分解脂肪，并能经受100℃以上的温度，所以防止嗜冷菌的生长是极其重要的。原料到达乳品厂后，立即冷却到2~4℃，并在此温度下贮存。

2. 乳脂分离及标准化

生产奶油时必须将牛乳中的稀奶油分离出来，工业化生产采用离心法实现。生产操作时将离心机开动，当达到稳定时（一般为4000~9000r/min），将预热到35~40℃（分离时乳温为32~35℃）的牛乳输入，控制稀奶油和脱脂乳的流量比为1：（6~12）（视具体情况而定）。

稀奶油的含脂率直接影响奶油的质量及产量。例如，含脂率低时，可以获得香气较浓的奶油，因为这种稀奶油较适于乳酸菌的发育；当稀奶油过浓时，则容易堵塞分离机，乳脂肪的损失量较多。为了减少加工时乳脂肪的损失，保证产品的质量，加工前稀奶油的标准化是一个关键的技术指标。例如，用间歇方法生产新鲜奶油及酸性奶油时，稀奶油的含脂率以30%~35%为宜；以连续法生产时，规定稀奶油的含脂率为40%~45%。由于夏季容易酸败，所以用比较浓的稀奶油进行加工。根据标准，当获得的稀奶油含脂率过高或过低时，可以利用皮尔逊法进行计算调节。

[例] 今有120kg含脂率为38%的稀奶油用以制造奶油。根据上面标准，需将稀奶油的含脂率调整为34%，如用含脂率0.05%的脱脂乳来调整，则应添加多少脱脂乳？

解：按皮尔逊法

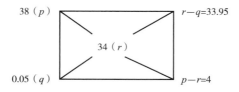

从上图可以看出，33.95kg稀奶油需加脱脂乳（含脂0.05%）4kg，则120kg稀奶油需加脱脂乳为：

$$\frac{120 \times 4}{33.95} = 14.1\text{kg}$$

另外，稀奶油的碘值是成品质量的决定因素。如不校正，高碘值的乳脂肪（即含不饱和脂肪酸高）生产出的奶油过软。当然也可根据碘值，调整成熟处理的过程，硬脂肪（碘值低于28g/100g）和软脂肪（碘值高达42g/100g）也可以制成合格硬度的奶油。

（三）稀奶油的中和

稀奶油的中和直接影响奶油的保存性和成品的质量。制造甜性奶油时，奶油的pH（奶油中水分的pH）应保持在中性附近（6.4~6.8）。

1. 中和的目的

稀奶油经中和后，可以改善奶油的香味。酸度高的稀奶油杀菌时，其中的酪蛋白凝固而结成凝块，使一些脂肪酸被包在凝块内，搅拌时流失在酪乳里，造成脂肪损失，而且贮藏过程中易发生水解和氧化，这在加盐奶油中特别显著。

2. 中和程度

（1）稀奶油的酸度在 0.5%（55°T）以下时，可中和至 0.15%（16°T）。

（2）若稀奶油的酸度在 0.5% 以上时，过度降低其酸度，则易产生特殊气味，所以中和的限度以 0.15% ~ 0.25% 为宜。

3. 中和剂的选择

（1）中和剂的种类　一般使用的中和剂为石灰或碳酸钠。石灰不仅价格低廉，而且钙的残留有利于提高奶油的营养价值。但石灰难溶于水，必须调成乳剂加入，同时还要均匀搅拌，不然很难达到中和的目的。碳酸钠因易溶于水，中和速度快，不易使酪蛋白凝固，但中和时很快产生二氧化碳，如果容器过小，稀奶油易溢出。

（2）中和的方法　用石灰中和时一般调成 20% 的乳剂，经计算后再徐徐加入。稀奶油中的酸主要为乳酸，乳酸与石灰反应如下：

$$CaO + H_2O \rightarrow Ca(OH)_2$$
$$56 \qquad\qquad 74$$
$$Ca(OH)_2 + 2CH_3CH(OH)COOH = Ca(C_3H_5O_3)_2 + 2H_2O$$
$$74 \qquad\qquad 2\times 90$$

因此，中和 90 份乳酸需要 28 份石灰。

用碳酸钠中和时边搅拌边加入 10% 的碳酸钠溶液，中和时不宜加碱过多，否则会产生不良气味。

（四）真空脱气

通过真空处理，可将具有挥发性、风味异常的物质除掉。首先将稀奶油加热到 78℃，然后输送至真空机，使稀奶油在 62℃ 时沸腾。这一过程也会引起挥发性成分和芳香物质逸出。经处理后的稀奶油，回到热交换器进行杀菌。

（五）稀奶油的杀菌

1. 杀菌目的

杀死有害微生物，破坏各种酶，增加奶油保存性和风味；加热杀菌可以除去稀奶油中特异的挥发性物质，故杀菌可以改善奶油的香味。

2. 杀菌及冷却

由于脂肪的导热性很低，能阻碍温度对微生物的作用；同时为了将脂肪酶完全破坏，有必要进行高温巴氏杀菌。稀奶油杀菌方法分为间歇式和连续式两种。经杀菌后应迅速进行冷却，以保证较低的杂菌数，并能制止芳香物质的挥发。一般采用 85 ~ 90℃ 的巴氏杀菌，但是还应注意稀奶油的质量。例如，稀奶油含有金属气味时，应该将温度降低到 75℃、10min 杀菌，以减轻它在奶油中的显著程度。如果有特异气味时，应将温度提高到 93 ~ 95℃，以减轻其缺陷。但热处理不应过分强烈，以免引起蒸煮味之类的缺陷。经杀菌后将其冷却至发酵温度或物理成熟温度。

（六）细菌发酵

酸性奶油的生产需进行发酵。一般都是先进行发酵，然后才进行物理成熟。发酵与物理成熟同时在成熟罐内完成，生产甜性奶油时，则不经过发酵过程。

1. 发酵的目的

加入专门的乳酸菌发酵剂可产生乳酸，在某种程度上起到抑制腐败性细菌繁殖的作用，因此可提高奶油的稳定性和脂肪得率；发酵剂中含有产生乳香味的噬柠檬酸链球菌和丁二酮乳链球菌，故发酵法生产的酸性奶油比甜性奶油具有更浓的芳香风味。

2. 发酵用的菌种

生产酸性奶油用的纯发酵剂是产生乳酸和产生芳香风味菌种。一般选用的菌种有下列几种：乳酸链球菌、乳脂链球菌、噬柠檬酸链球菌、副噬柠檬酸链球菌、丁二酮乳链球菌。细菌产生的芳香物质中，乳酸、二氧化碳、柠檬酸、丁二酮和乙酸是最重要的。

3. 稀奶油发酵

经过杀菌、冷却的稀奶油输送到发酵成熟槽内，温度调到 18~20℃ 后添加相当于稀奶油 1%~5% 的工作发酵剂，发酵最终酸度一般随脂肪含量的增加而增加，如表 6-5 所示。添加时进行搅拌，徐徐添加，使其均匀混合。发酵温度保持在 18~20℃，每隔 1h 搅拌 5min。控制稀奶油酸度最后达到表 6-5 中规定程度时，则停止发酵，转入物理成熟。

表 6-5　　　　　　　　　　　　　　稀奶油发酵的最终酸度

稀奶油中脂肪含量/%	最终酸度/°T	
	加盐奶油	不加盐奶油
24	30.0	38.0
26	29.0	37.0
28	28.0	36.0
30	28.0	25.0
32	27.0	34.0
34	26.0	33.0
36	25.0	32.0
38	25.0	31.0
40	24.0	30.1

（七）稀奶油的热处理及物理成熟

1. 稀奶油的物理成熟

稀奶油中的脂肪经加热杀菌熔化后，为了使后续搅拌操作能顺利进行，保证奶油质量（不致过软及含水量过多）以及防止乳脂肪损失，需要冷却至奶油脂肪的凝固点，以使部分脂肪变为固体结晶状态，这一过程称为稀奶油的物理成熟。通常制造新鲜奶油时，在稀奶油冷却后，立即进行成熟，制造酸性奶油时，则在发酵前或后，或与发酵同时进行。成熟通常需要 12~15h。

脂肪变硬的程度决定于物理成熟的温度和时间，随着成熟温度的降低和保持时间的延长，大量脂肪变成结晶状态（固化）。成熟温度应与脂肪变成固体状态的最大可能程度相适应。夏季 3℃ 时脂肪最大可能的硬化程度为 60%~70%；而 6℃ 时为 45%~55%。在某种温度下脂肪组织的硬化程度达到最大可能时称为平衡状态，成熟时间与温度的关系如表 6-6 所示。

表 6-6　　　　　　　　　　　　　　稀奶油成熟时间与温度的关系

温度/℃	物理成熟应保持的时间/h	温度/℃	物理成熟应保持的时间/h
2	2~4	6	6~8
4	4~6	8	8~12

通过观察证实，在低温下成熟发生平衡状态的时间要早于高温。例如，在 3℃时经过 3~4h 即可达到平衡状态；6℃时要经过 6~8h；而在 8℃时要经过 8~12h。在规定温度及时间内达不到平衡状态是因为部分脂肪处于过冷状态，在稀奶油搅拌时会发生过硬情况。就牛乳脂肪而言，即使在 13~16℃保持很长时间也不会发生明显凝固现象，这个温度称为临界温度。

稀奶油的成熟条件对以后的全部工艺过程和产品质量有很大影响。稀奶油在低温下进行成熟，也会造成不良结果，会使稀奶油的搅拌时间延长，获得的奶油团粒过硬，有油污，而且水容量很低，同时组织状态不良。如果成熟的程度不足，就会缩短稀奶油的搅拌时间，获得的奶油团粒松软，油脂损失于酪乳中的数量显著增加，并在奶油压炼时造成水的分散困难。

2. 稀奶油物理成熟的热处理程序

奶油的硬度是一个复杂的概念，包括诸如硬度、黏度、弹性和涂抹性等性能，影响着其他的特点，主要是滋味和香味，乳脂中不同熔点脂肪酸的相对含量，决定奶油硬或软。软脂肪将生产出软而滑腻的奶油，而用硬乳脂生产的奶油，则又硬又浓稠。但是，如果采用适当热处理程序，使之与脂肪的碘值相适应，那么奶油的硬度可达到最佳状态。这是因为冷热处理调整了脂肪结晶的大小、固体和连续相脂肪的相对数量。

（1）乳脂结晶化　巴氏杀菌引起脂肪球中的脂肪液化，但当稀奶油在随后被冷却时，该脂肪的一部分将产生结晶，如果冷却迅速，晶体多而小；如果是逐渐地冷却，晶体数量少，但颗粒大。冷却过程越剧烈，结晶成固体相的脂肪就越多，在搅拌和压炼过程中，能从脂肪球中挤出的液体脂肪就越少。

该结晶体通过吸附，将液体脂肪结合在它们的表面。因为如果结晶体多而小，总表面积就大得多，所以它可比大而少的结晶体吸附更多的液体脂肪。在前一种情况，搅拌和压炼，将从脂肪球中压出少量的液体脂肪，这样连续脂肪相就小，奶油就结实。在后一种情况，则正好相反，大量的液体脂肪将被压出；连续相就大，奶油就软。所以，通过调整该稀奶油的冷却程序，有可能使脂肪球中晶体的大小规格化，从而影响连续脂肪相的数量和性质。

（2）冷热处理程序编制　如果要得到均匀一致的奶油硬度，必须调整物理成熟的条件，使之与乳脂的碘值相适应。表 6-7 所示即对不同碘值的稀奶油进行热处理程序的例子。

①含硬脂肪多的稀奶油的处理：为了在碘值低（碘值在 29g/100g 以下）即乳脂中硬脂含量高时取得最佳的奶油硬度，应将硬脂肪转化成尽可能小的结晶，从而使少量的液体脂肪相增加到最大限度，其中很多能在搅拌和压炼中被压出去，结果制成的奶油具有较大的液体脂肪连续相且硬脂肪被浓缩至固相。

表 6-7 不同碘值的稀奶油热处理程序

碘值/（g/100g）	温度程序/℃	奶油种发酵剂的大约百分数/%
<28	8-21-20	1
28~29	8-21-16	2~3
30~31	8-20-13	5
32~34	6-19-12	5
35~37	6-17-11	6
38~39	6-15-10	7
>40	20-8-11	8

注：温度程序中三个温度依次是稀奶油在巴氏杀菌后的冷却温度，加热、酸化温度及成熟温度。

为取得这一结果所需的处理程序包括以下步骤：迅速冷却到约 8℃，并在此温度下保持约 2h；然后用 27~29℃ 的水徐徐加热到 20~21℃，并在此温度下至少保持 2h，再冷却到约 16℃。在此过程中，当冷却到约 8℃ 时引起大量小结晶的形成，这些小结晶将液体连续相的脂肪结合到它们的表面；当稀奶油被徐徐加热到 20~21℃ 时，大量的结晶熔化，仅留下硬脂肪结晶，它们在 20~21℃ 保持期间晶体增大，在 1~2h 后，大部分硬脂肪已结晶，结合了少量的液体脂肪；通过将温度下降到约 16℃，最硬的一部分脂肪将被固定成结晶形式，而剩余了的被液化。在 16℃ 的保温期中，16℃ 熔点的脂肪或更高熔点的脂肪将添加到结晶中去。这样，该处理就促使高熔点脂肪集结吸收了少量低熔点液体脂肪的大结晶体，从而使大部分的纯脂肪在搅拌和压炼时被压出。

②含中等硬度脂肪稀奶油的处理：随着碘值的增加，热处理温度从 20~21℃ 相应地降低。结果将形成大量的脂肪结晶，并吸附比带硬脂肪程序的表面更多的液体脂肪。对于高达 39g/100g 的碘值，加热温度可降至 15℃。在较低的温度下，酸化时间延长。

③含软脂肪很多的稀奶油的处理：当碘值大于 39~40g/100g 时，在巴氏杀菌后稀奶油冷却到 20℃，并在此温度下酸化约 5h。当酸度约为 33°T 时冷却到约 8℃，如果是 41°T 或者更高则冷却到 6℃。一般认为，酸化温度低于 20℃，就生成软奶油。

（八）添加色素

奶油的颜色在夏季放牧期呈现黄色，冬季则颜色变淡，甚至呈白色。奶油作为商品时，为了使奶油颜色全年一致，当颜色太淡时，即需添加色素。使用的色素必须是符合国家规定的油溶性不含毒的食用色素。最常用的一种称为胭脂树橙，是天然植物性色素。3% 的橙溶液（溶于食用植物油中）叫作奶油黄。通常用量为稀奶油的 0.01%~0.05%。可以对照"标准奶油色"的标本，调整色素的加入量。合成色素一般对人体有毒性作用，故不准使用。现在常用胡萝卜素等来调整奶油的颜色，但成本会提高。色素添加通常是在杀菌后搅拌前直接加入搅拌器中。

（九）奶油的搅拌

将稀奶油置于搅拌器中，利用机械的冲击力使脂肪球膜破坏而形成脂肪团粒，这一过程称为"搅拌"（churning），搅拌时分离出来的液体称为酪乳。

1. 搅拌的目的和条件

稀奶油的搅拌是奶油制造的一个重要工艺过程。搅拌的目的是使脂肪球互相聚结而形成奶油粒,同时析出酪乳。此过程要求在较短时间内奶油粒形成彻底,且酪乳中残留的脂肪越少越好。影响奶油粒形成因素如下:

(1)稀奶油的脂肪含量 稀奶油中含脂率的高低决定脂肪球间的距离。稀奶油中含脂率越高则脂肪球间距离越近,形成奶油粒也越快。但如稀奶油含脂率过高,搅拌时形成奶油粒过快,小的脂肪球来不及形成脂肪粒,使排出的酪乳中脂肪含量增高。一般稀奶油达到搅拌的适宜含脂率为30%~40%。

(2)物理成熟的程度 成熟良好的稀奶油在搅拌时产生很多的泡沫,有利于奶油粒的形成,使流失到酪乳中的脂肪大大减少。搅拌结束时奶油粒大小的要求随含脂率而异。一般脂肪率低的稀奶油为2~3mm,中等脂肪率的稀奶油为3~4mm,脂肪率高的稀奶油为5mm。

(3)搅拌的最初温度 实践证明,稀奶油搅拌时适宜的最初温度是:夏季8~10℃,冬季11~14℃。若比适宜温度过高或过低时,均会延长搅拌时间,且脂肪损失增多。稀奶油搅拌时温度在30℃以上或5℃以下,则不能形成奶油粒,必须调整到适宜的温度进行搅拌才能形成奶油粒。

(4)搅拌机中稀奶油装填量 搅拌时,如搅拌机中装的量过多或过少,均会延长搅拌时间。一般小型手摇搅拌机要装入其体积的30%~36%,大型电动搅拌机可装入50%为适宜。如果稀奶油装得过多,则因形成泡沫困难而延长搅拌时间,但最少不得低于20%。

(5)搅拌的转速 稀奶油在非连续操作的滚筒式搅拌机中进行搅拌时,一般采用40r/min左右的转速。如转速过快或过慢,均延长搅拌时间(连续操作的奶油制造机例外)。

2. 搅拌方法

先将冷却成熟好的稀奶油的温度调整到所要求的范围后装入搅拌机,开始搅拌时,搅拌机转3~5圈,停止旋转排出空气,再按规定的转速进行搅拌到奶油粒形成为止。在遵守搅拌要求的条件下,一般完成搅拌所需的时间为30~60min。图6-10所示为间歇式生产中的奶油搅拌器。

根据以下情况判断搅拌程度:

(1)在窥观镜上观察,由稀奶油状变为较透明、有奶油粒。

(2)搅拌到终点时,搅拌机里的声音有变化。

(3)手摇搅拌机在奶油粒快出现时,可感到搅拌较费力。

(4)停机观察时,形成的奶油粒直径以0.5~1cm为宜,搅拌结束后的酪乳含脂率一般为0.5%左右。如酪乳含脂率过高,则应从影响搅拌的各因素中找原因。

3. 奶油颗粒的形成

成熟的稀奶油中脂肪球既含有结晶的脂肪,又含有液态的脂肪。脂肪结晶在某种程

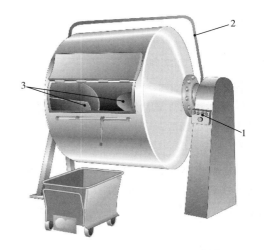

图6-10 间歇式生产中的奶油搅拌器

1—控制板 2—紧急停止 3—角开挡板

度上已形成。这样它们便形成一层外壳，即使是软的，但都接近脂肪球的膜。

稀奶油从成熟罐通过一台将其温度提高到所需温度的板式热交换器，泵入奶油搅拌机或连续式奶油制造机。当稀奶油被剧烈搅拌时，形成了蛋白质泡沫层。因为表面活性作用，脂肪球的膜被吸到气-水界面，脂肪球被集中到泡沫中。继续搅拌时，蛋白质脱水，泡沫变小，使泡沫更为紧凑，因此对脂肪球施加压力，这样引起一定比例的液体脂肪从脂肪球中被压出，并使某些膜破裂。液体脂肪，也含有脂肪结晶，以一薄层分散在泡沫的表面和脂肪球上。当泡沫变得相当稠密时，更多的液体脂肪被压出，这种泡沫因不稳定而破裂。脂肪球凝结进入奶油的晶粒中，如图 6-11 所示。开始时这些是肉眼看不见的，但当搅拌继续时，它们变得越来越大，脂肪球聚合成奶油粒，其过程如图 6-12 所示。使剩余在液体即酪乳中的脂肪含量减少，这样，稀奶油被分成奶油粒和酪乳两部分，在传统的搅拌中，当奶油粒达到一定大小时，搅拌机停止并排走酪乳。在连续式奶油制造机中，酪乳的排出也是连续的。

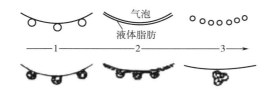

图 6-11　在搅拌过程中脂肪球与气泡之间的相互作用

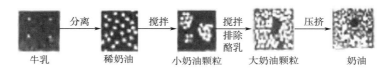

图 6-12　奶油粒形成过程

黑色为水相，白色为脂肪相

4. 搅拌回收率

搅拌回收率，是测定稀奶油中有多少脂肪已转化成奶油的标志。它以酪乳中剩余的脂肪占稀奶油中总脂肪的百分数来表示，该值应低于 0.70。

（十）奶油粒的洗涤

在搅拌后要用水洗涤奶油粒，水洗的目的是为了除去奶油粒表面的酪乳和调整奶油的硬度，同时，若用有异常气味的稀奶油制造奶油时，能使部分气味消失，并调整水分，但水洗会减少奶油粒的数量。

1. 水温

水洗用的水温在 3~10℃，可按奶油粒的软硬、气候及室温等因素决定合适的温度。一般夏季水温宜低，冬季水温稍高。水洗次数为 2~3 次。稀奶油的风味不良或发酵过度时可洗 3 次，通常 2 次即可。如奶油太软需要增加硬度时，第一次的水温应较奶油粒的温度低 1~2℃，第二次、第三次各降低 2~3℃。水温降低过急时，容易产生奶油色泽不均匀，每次的水量要与酪乳等量为原则。

2. 水质

奶油洗涤后，有一部分水残留在奶油中，所以洗涤水应是质量良好，符合卫生要求的饮用水。细菌污染的水应事先煮沸再冷却，含铁量高的水易促进奶油脂肪氧化，须加注意。如用活性氯处理洗涤水时，有效氯的含量不应高于 200mg/kg。

（十一）奶油的加盐

加盐奶油在水洗后应加要求量的食盐，奶油加盐的目的是为了增加风味，抑制微生物繁殖，提高奶油保藏性。但酸性奶油一般不加盐。通常食盐的浓度在 10% 以上，大部分的微生物（尤其是细菌类）就不易繁殖。奶油中约含 16% 的水分，成品奶油中含盐量以 2% 为标准，此时奶油水中含盐量 12.5%。因此，加盐在一定程度上能达到防腐的目的。由于在压炼时有部分食盐流失，因此在添加时应按 2.5%~3% 加入。

用于奶油生产的食盐必须符合国家特级或一级标准。加盐时先将盐在 120~130℃ 干燥箱中烘烤 3~5min，然后过 30 目筛。待奶油搅拌机中排除洗涤水后，将烘烤、过完筛的盐均匀撒在奶油表面，静置 5~10min 后旋转奶油搅拌机 3~5 圈，再静置 10~20min 后则可进行压炼。

在间歇生产的情况下，盐撒在奶油的表面；在连续式奶油制造机中，则在奶油中加盐水。盐粒的大小不宜超过 50μm，若盐粒较大则在奶油中溶解不彻底，会使产品产生粗糙感。盐的溶解性与温度关系不大，大约 26% 时达到饱和，因此加入盐水会提高奶油的含水量。为了减少含水量，在加入盐水前要保证奶油粒中的含水量为 13.2%。

（十二）奶油的压炼

将奶油粒压成奶油层的过程称压炼（working）。搅拌产生的奶油晶粒，当酪乳被排走后开始压炼，以此挤压除去奶油颗粒之间的水分。通过压炼，脂肪球受到高压，液体脂肪以结晶体形态被压出并形成脂肪连续相，从而使水呈细微分散的状态。这种状态既保留了水分，又防止聚结。在压炼过程中，要定期检查水分含量，并按照成品奶油要求进行调整，直至获得所需要的水分。小规模加工奶油时，可在压炼台上用手工压炼。一般工厂均在奶油制造器中进行压炼。

1. 压炼的目的

压炼的目的是使奶油粒变为组织致密的奶油层，水滴分布均匀，食盐全部溶解，并均匀分布于奶油中。同时调节水分含量，即在水分过多时，排除多余的水分；水分不足时，加入适量的水分并使其均匀吸收。

2. 压炼的方法、压炼程度及水分调节

新鲜奶油在洗涤后立即进行压炼，应尽可能完全地除去洗涤水，然后关上旋塞和奶油制造器的孔盖，并在慢慢旋转搅桶的同时开动压榨轧辊。

奶油压炼一般分为三个阶段。压炼初期，被压榨的颗粒形成奶油层，同时，表面水分被压榨出来。此时，奶油中水分显著降低。当水分含量达到最低限度时，水分又开始向奶油中渗透。奶油中水分容量最低的状态称为压炼的临界时期，压炼的第一阶段到此结束。压炼的第二阶段，奶油水分逐渐增加。在此阶段水分的压出与进入是同时发生。第二阶段开始时，这两个过程的进行速度大致相等。但是，末期从奶油中排出水的过程几乎停止，而向奶油中渗入水分的过程则加强，这样就引起奶油中的水分增加。压炼第三阶段，奶油的水分显著增高，而水分分散加剧。根据奶油压炼时水分所发生的变化，使水分含量达到标准化，每个工厂应通过实验来确定在正常压炼条件下调节奶油中水分的曲线图。为此，在压炼中，每通过

压榨轧辊 3~4 次，必须测定一次水分含量。

根据压炼条件，开始时碾压 5~10 次，以便将颗粒汇集成奶油层，并将表面水分压出。然后稍微打开旋塞和桶孔盖，再旋转 2~3 转，随后使桶口向下排出游离水，并从奶油层的不同地方取出平均样品，以测定水分含量。在这种情况下，奶油中水分含量如果低于许可标准，可以按式（6-2）计算不足的水分。

$$X = \frac{M(A - B)}{100} \qquad (6-2)$$

式中　　X——不足的水量，kg；

　　　　M——理论上奶油的质量，kg；

　　　　A——奶油中允许的标准水分，%；

　　　　B——奶油中含有的水分，%。

将不足的水量加到奶油制造器内，关闭旋塞后继续压炼，不让水流出，直到全部水分被吸收为止。压炼结束之前，再检查一次奶油的水分。如果已达到标准再压炼几次，使其分散均匀。

在制成的奶油中，水分应成为微细的小水滴均匀分散。当用铲子挤压奶油块时，不允许有水珠从奶油块内流出。在正常压炼的情况下，奶油中直径小于 15μm 的水滴的含量要占全部水分的 50%。直径达 1mm 的水滴占 30%，直径大于 1mm 的大水滴占 5%。奶油压炼过度会使奶油中含有大量空气，致使奶油中物理化学性质发生变化。正确压炼的新鲜奶油、加盐奶油和无盐奶油，水分都不应超过 16%。

奶油的压炼，也影响产品的感官特性，即香味、滋味、贮存质量、外观和色泽。成品奶油应是干燥的，即水相必须非常细微地被分散，肉眼应当看不到水滴。

（十三）奶油的包装

奶油一般根据其用途分为餐桌级奶油、烹调级奶油和食品工业级奶油。餐桌级奶油是直接涂抹面包食用（又称涂抹奶油），因此必须是优质的，都要小包装。一般用硫酸纸、塑料夹层纸、铝箔纸等包装材料。也有用小型马口铁罐真空密封包装或塑料盒包装。烹调或食品工业级奶油一般都用较大型的马口铁罐、木桶或纸箱包装。小包装用的包装材料应具备下列条件：韧性好并柔软；不透气、不透水、具有防潮性；不透油；无味、无臭、无毒；能遮蔽光线；不受细菌的污染。

小包装一般用半机械压型手工包装或自动压型包装机包装。包装规格小包装有几十到几百克，大包装有 25~50kg，根据不同要求有多种规格。无论什么规格包装应特别注意：保持卫生，切勿以手接触奶油，要使用消毒的专用工具；包装时切勿留有间隙，以防发生霉斑或氧化等变质。

（十四）奶油的贮藏和运输

为保持奶油的硬度和外观，奶油包装后应尽快进入冷库并冷却到 5℃，存放 24~48h。一旦经过充分的冷却，以后即使温度上升也不会使它变得如同冷冻前在相同温度下那样软。贮藏时，成品奶油包装后需立即送入冷库内冷冻贮藏，冷冻速度越快越好。一般在 -15℃ 以下冷冻和贮藏，如需长期保藏时需在 -23℃ 以下，但只有高质量的奶油，才能用来进行深冻贮藏。奶油出冷库后在常温下放置时间越短越好，在 10℃ 左右放置最好不要超过 10d。奶油的另一个特点是较易吸收外界气味，所以贮藏时应注意不得与有异味的物质贮藏在一起，以免影响奶油的质量。奶油运输时应注意保持低温，以用冷藏汽车或冷藏火车等运输为好，如在常温运输时，成品奶油到达用货部门时的温度不得超过 12℃。

四、奶油的连续化生产

奶油的连续化生产方法是在 19 世纪末开始采用，20 世纪 40 年代得到发展，形成了三种不同工艺，但都以传统方法为基础。弗里茨（Fritz）法主要在西欧使用。此法生产的奶油水分更细微、均匀，但奶油表面较粗糙和较稠密，其他方面与传统方法生产的奶油基本一致。稀奶油从成熟罐连续进入奶油制造机之前，制备工艺与传统搅拌法中稀奶油的制备相同。

图 6-13 所示为连续奶油制造机。稀奶油首先加到双重冷却的装有搅打设施的搅拌筒 1 中，搅打设施由一台变速马达带动。在搅拌筒中，进行快速转化，当转化完成时，奶油团粒和酪乳通过分离口 2，也叫第一压炼区，在此奶油与酪乳分离。奶油团粒在此用循环冷却酪乳洗涤。在分离口，螺杆把奶油进行压炼，同时也把奶油输送到下一道工序。

在离开压炼工序时，奶油通过一锥形槽道和一个打孔的盘，即榨干区 3 以除去剩余的酪乳，然后奶油团粒继续到第二压炼区 4，每个压炼区都有自己不同的马达，使它们能按不同的速度操作以得到最理想的结果，正常情况下第一阶段螺杆的转动速度是第二段的两倍。紧接着最后压炼阶段可以通过高压喷射器将盐加入喷射区 5。下一个阶段是真空压炼区 6，此段和一个真空泵连接，在此可将奶油中的空气含量减少到和传统制造奶油的空气含量相同。最后压炼阶段 7 由四个小区组成，每个区通过一个多孔的盘相分隔，不同大小的孔盘和不同形状的压炼叶轮使奶油得到最佳处理。第一小区也有一喷射器用于最后调整水分含量，一旦经过调整，奶油的水分含量变化限定在 ±0.1% 的范围内保证稀奶油的特性保持不变。

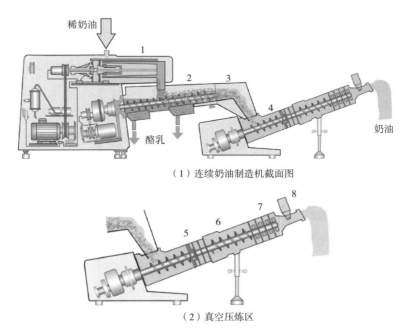

（1）连续奶油制造机截面图

（2）真空压炼区

图 6-13 连续奶油制造机

1—搅拌筒 2—第一压炼区 3—榨干区 4—第二压炼区 5—喷射区 6—真空压炼区
7—最后压炼阶段 8—水分控制设备

五、奶油的缺陷及其加工原因

由于原料质量、加工工艺和贮藏条件不当，奶油会发生一些缺陷。

（一）风味缺陷

正常奶油应该具有乳脂肪的特有香味或乳酸菌发酵的芳香味，但有时出现下列异味：

1. 鱼腥味

鱼腥味是奶油贮藏时很容易出现的异味，其原因是卵磷脂水解，生成了三甲胺。如果脂肪发生氧化，这种缺陷更易发生，这时应提前结束贮藏。生产中应加强杀菌和卫生措施。

2. 脂肪氧化味与酸败味

脂肪氧化味是空气中氧气和奶油中不饱和脂肪酸反应造成的。而酸败味是脂肪在解脂酶的作用下生成低分子游离脂肪酸。奶油在贮藏中往往首先出现氧化味，接着便会产生脂肪水解味。这时应该提高杀菌温度，既杀死有害微生物，又要破坏解脂酶。在贮藏中应该防止奶油长霉，霉菌不仅能使奶油产生土腥味，也能产生酸败味。

3. 干酪味

奶油呈干酪味是生产卫生条件差、霉菌污染或原料稀奶油的细菌污染导致蛋白质分解造成的。生产时应加强稀奶油杀菌，以及设备和生产环境消毒工作。

4. 肥皂味

肥皂味是稀奶油中和过度，或者是中和操作过快，局部皂化引起的。应减少碱的用量或改进操作。

5. 金属味

由于奶油接触铜、铁设备而产生金属味。应该防止奶油接触生锈的铁器或钢制阀门等。

6. 苦味

苦味产生的原因是使用末乳或奶油被酵母污染。

（二）组织状态缺陷

1. 软膏状或黏胶状

压炼过度，洗涤水温度过高或稀奶油酸度过低和成熟不足等。总之，液态油较多，脂肪结晶少则形成黏性奶油。

2. 奶油组织松散

压炼不足、搅拌温度低等造成液态油过少，出现松散状奶油。

3. 砂状奶油

此缺陷出现于加盐奶油中，盐粒粗大未能溶解所致。有时出现粉状，并无盐粒存在，是中和时蛋白质凝固混合于奶油中导致的。

（三）色泽缺陷

1. 条纹状

此缺陷容易出现在干法加盐的奶油中，盐加得不均，压炼不足等。

2. 色暗而无光泽

压炼过度或稀奶油不新鲜。

3. 色淡

此缺陷经常出现在冬季生产的奶油中，由于奶油中胡萝卜素含量太少，致使奶油色淡，甚至白色。可以通过添加胡萝卜素加以调整。

4. 表面褪色

奶油暴露在阳光下，发生光氧化造成。

第四节　无水奶油的加工

GB 19646—2010《食品安全国家标准　稀奶油、奶油和无水奶油》规定，无水奶油（butter oil），是一种几乎完全由乳脂肪构成的产品，保质期长。如果采用半透明密封包装，即使在热带气候，无水奶油也能在室温下贮藏数月。在冷藏条件下，无水奶油的贮藏期可长达1年。无水奶油主要应用于再制乳或还原乳的生产中，同时还广泛地应用于冰淇淋和巧克力工业中以及婴儿食品和方便食品的生产中。

一、无水奶油的种类

根据国际乳品联合会（FIL-IDF）标准68A：1977，无水奶油被加工成三种不同类型的产品：

1. 无水奶油　必须含有至少99.8%的乳脂肪，并且必须是由新鲜稀奶油或奶油制成，不允许含有任何添加剂，比如用于中和游离脂肪酸的添加剂。

2. 无水奶油脂肪　必须含有至少99.8%的乳脂肪，但可以由不同贮期的奶油或稀奶油制成，允许用碱去中和游离脂肪酸。

3. 奶油脂肪　必须含有99.3%的乳脂肪，原材料和加工的要求和无水奶油脂肪相同。

二、无水奶油的加工

（一）加工工艺

无水奶油的加工主要有两种方法：一种是直接用稀奶油（乳）来加工无水奶油；另一种是通过奶油来加工无水奶油。无水奶油的加工工艺流程图如6-14所示，加工基本原理如图6-15所示。无水奶油的质量取决于原材料的质量，无论选用什么方法加工，如果确定稀奶油和奶油质量存在不足，在最终蒸发步骤进行之前可以通过处理（洗涤）或中和乳油等手段提高产品质量。

（二）加工技术要点

1. 用稀奶油生产无水奶油

使用稀奶油作为原料来生产无水奶油的工艺是以乳化分裂原理为基础的。该工艺包括：先将稀奶油浓缩，然后把脂肪球膜进行机械分裂，从而使脂肪游离出来，这样就形成了一个连续相（含有分散水滴的连续脂肪相），分散的水滴能够从脂肪相中分离出来。可以用 Clarifixztor 净化分离系统，也可采用 Centrifixztor 离心分离系统来释放脂肪。

加工工艺：使用含脂率35%~40%的稀奶油，为了有效地钝化脂肪酶，稀奶油在热交换器中进行巴氏杀菌，然后再冷却到55~58℃。热处理后，稀奶油在专用的固体排除型离心机中浓缩到含脂率70%~75%时，经浓缩的稀奶油流入离心分离机，在这里乳脂肪受机械作用，

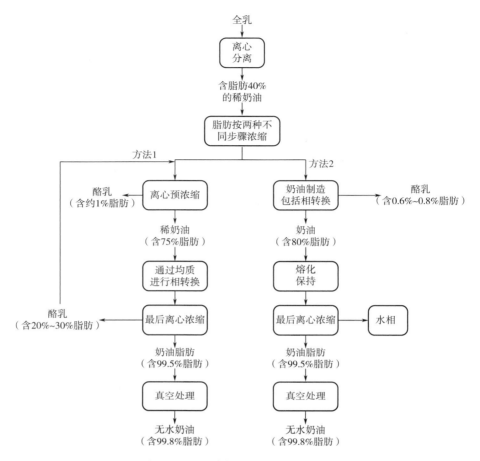

图 6-14 无水奶油的加工工艺流程

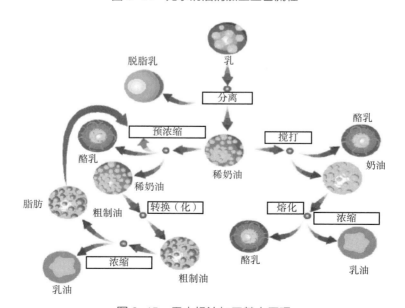

图 6-15 无水奶油加工基本原理

大部分脂肪球膜被破坏形成脂肪的连续相（破乳化作用）。原料乳脂中仍含有少量的脂肪球，即某些脂肪球的膜仍然是完整的，这些脂肪球必须除去，此过程在分离机中进行。经处理后，脂肪得到纯化，含脂率可达 99.5%，水分含量为 0.4%~0.5%。将脂肪预热到 90~95℃，再送入真空干燥机，可得到水分含量低于 0.1%的脱水乳脂肪，脱水乳脂肪冷却到 35~40℃，然后准备包装。

　　用稀奶油生产无水奶油的生产线如图 6-16 所示。巴氏杀菌的或没有经过巴氏杀菌的含脂肪 35%~40%的稀奶油由平衡槽 1 进入加工线，然后通过板式热交换器 2 调整温度或巴氏杀菌后再被输送到分离机 4 进行分离预浓缩，使脂肪含量达到约 75%（在预浓缩和到板式热交换器时的温度保持在约 60℃），"轻"相为浓缩稀奶油，被收集到缓冲罐 6，待进一步加工。同时"重"相即脱脂乳部分可以通过分离机 5 重新脱脂，脱出的脂肪再与平衡槽 3 中稀奶油混合，脱脂乳再回到板式热交换器 2 进行热回收后到一个贮存罐。经在罐 6 中间贮存后浓缩稀奶油输送到均质机 7 进行相转换，然后被输送到分离机 9 最终浓缩。由于均质机工作能力比最终浓缩器高，所以多出来的浓缩物要回流到缓冲罐 6。均质过程中部分机械能转化成热能，为避免干扰生产线的温度平衡，这部分过剩的热要在冷却器 8 中去除。最后，含脂肪 99.8%的乳脂肪在板式热交换器 11 中再被加热到 95~98℃，排到真空蒸发器 12 使水分含量不超过 0.1%，然后将干燥后的乳脂肪冷却到 35~40℃，这也是常用的包装温度。

　　用于处理稀奶油的无水奶油加工线上的关键设备是用于脂肪浓缩的分离机和用于相转换的均质机。

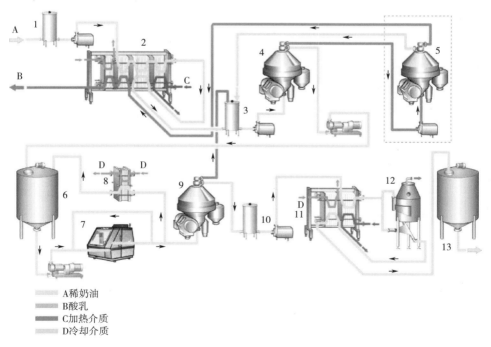

图6-16　用稀奶油生产无水奶油的生产线

1—平衡槽　2—板式热交换器（加热或巴氏杀菌用）　3—平衡槽　4—分离机（预浓缩）
5—分离机（再分离或备用）　6—缓冲罐　7—均质机　8—冷却器　9—分离机（最终浓缩）
10—平衡槽　11—加热/冷却的板式热交换器　12—真空蒸发器　13—贮存罐

2. 用奶油生产无水奶油

无水奶油经常用奶油来生产，尤其是那些预计在一定时间内消费不了的奶油。实验证明当使用新生产的奶油作为原料时，通过最终浓缩要获得鲜亮的奶油有一些困难，奶油会产生轻微混浊现象。当用贮存两周或更长时间的奶油生产时，这种现象则不会产生。

产生这种现象的原因还不十分清楚。但在搅打奶油时需要一定的时间，奶油状态才会稳定，并且加热奶油样品时新鲜奶油的乳浊液比贮存一段时期的奶油的乳浊液难破坏，而且看起来也不那么鲜亮。

不加盐的甜性稀奶油常被用做无水奶油的原料，但酸性稀奶油和加盐奶油也可以作为原料，图6-17所示为用奶油生产无水奶油的标准生产线，贮存过一段时间的每盒含25kg的奶油是该生产线的主要原料，另外也可以是在-25℃下贮存过的冻结奶油。盒子被去掉后，奶油在加热设备中被直接加热熔化，在最后浓缩开始之前，熔化的奶油温度应达到60℃。

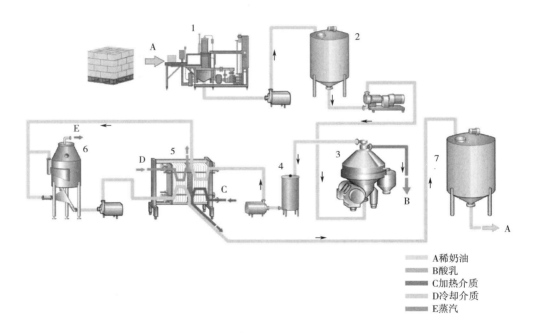

图6-17　用奶油生产无水奶油的标准生产线

1—奶油熔化和加热器　2—保温罐　3—分离机浓缩器　4—平衡槽
5—加热/冷却用板式热交换器　6—真空浓缩器　7—贮藏罐

直接加热（蒸汽喷射）结果总会导致含有小气泡分散相的新乳状液形成，这些小气泡的分离十分困难，在连续的浓缩过程中此相和乳油浓缩到一起会引起混浊。

熔化和加热后，热产品被输送到保温罐2，在此可以贮存20～30min，主要是确保完全熔化，但也是为了使蛋白质絮凝。从保温罐2产品被输送到分离机3最终浓缩，浓缩后上层轻相含有99.5%脂肪，再转到板式热交换器5，加热到90～95℃，再到真空浓缩器6，最后再回到板式热交换器5，冷却到包装温度35～40℃。重相可以被输送到酪乳罐或废物收集罐，这要根据它们是否是纯净无杂质或是否有中和剂污染来决定。

如果所用奶油直接来自连续的奶油生产机，也会和前面讲的用新鲜奶油的情况相同，出现云状油层上浮的可能，然而使用密封设计的最终浓缩器（分离机）通过调整机器内的液位就可以得到容量稍微少点的含脂肪99.5%的清亮油相。同时重相相对脂肪含量高一些，大约含脂肪7%，容量略微多一点，因此重相应再分离，所得稀奶油和用于制造奶油的稀奶油原料混合，再循环输送到连续奶油生产机。

3. 无水奶油的精制

对无水奶油精制有各种不同的目的和用途，精制方法如下：

（1）磨光　磨光包括用水洗涤从而获得清洁、有光泽的产品，其方法是在最终浓缩后的脂肪中加入20%~30%的水，所加水的温度应该和脂肪的温度相同，保持一段时间后，水和水溶性物质（主要是蛋白质）又一起被分离出来。

（2）中和　通过中和可以减少脂肪中游离脂肪酸的含量。高含量的游离脂肪酸（FFA）会引起乳脂肪及其制品产生臭味。将浓度为8%~10%的碱（NaOH）加到乳脂肪中，其加入量和油中游离脂肪酸的含量要相当，大约保持10s后再加入水，加水比例和洗涤相同，最后皂化的游离脂肪酸和水相一起被分离出来，油应和碱液充分地混合，但混合必须柔和，以避免脂肪的再乳化，这一点是很重要的。

（3）分级　分级是将脂肪分离成为高熔点和低熔点脂肪的过程。这些分馏物有不同的特点，可用于不同产品的生产。有几种分级脂肪的方法，但常用的方法不使用添加剂，其过程简单地描述如下：将无水奶油即通常经洗涤所得到的尽可能高的"纯脂肪"熔化，再慢慢冷却到适当温度，在此温度下，高熔点的分馏物结晶析出，同时低熔点的分馏物仍保持液态，经特殊过滤就可以获得一部分晶粒，然后再将滤液冷却到更低温度，其他分馏物结晶析出，经过滤又得到一级晶粒，可以一次次分级得到不同熔点的制品。

4. 分离胆固醇

分离胆固醇是将胆固醇从无水奶油中除去的过程。分离胆固醇经常用的方法是用改性淀粉或β-环状糊精和乳脂混合，β-环状糊精（β-CD）分子包裹胆固醇，形成沉淀。此沉淀物可以通过离心分离的方法除去。

5. 包装

无水奶油可以装入大小不同的容器，比如对家庭或饭店来说，1~19.5kg的包装盒比较方便，而对于工业生产来说，用最少能装185kg的桶比较合适。通常先在容器中注入惰性气体氮气（N_2），因为N_2比空气重，装入容器后下沉到底部，又因为无水奶油比N_2重，当往容器中注无水奶油时，无水奶油渐渐沉到N_2下面，N_2被排到上层，形成一"严密的气盖"保护无水奶油，防止无水奶油吸收空气发生氧化反应。

Q 思考题

1. 试述稀奶油的种类、特性及用途。
2. 简述稀奶油的加工工艺及要求。
3. 试述温度和时间对稀奶油杀菌及物理成熟的影响。
4. 试述奶油的缺陷及其产生的原因。
5. 奶油加工工艺及操作要点。
6. 请谈一谈稀奶油和奶油的差异。

第七章

炼乳

炼乳（condensed milk）是将新鲜牛乳经过杀菌处理后，蒸发去除其中大部分的水分而获得的一种浓缩的乳制品。甜炼乳起源于 1796 年，由法国尼克拉斯等人，进行了浓缩乳的保藏试验，1827 年，法国的阿贝尔为了延长保质期，而将煮浓的牛乳装入瓶装罐头中后，进行封闭。1835 年，英国人牛顿最终发明了加糖炼乳的制造方法。淡炼乳是瑞士梅依泊基（B. Meyenberg）发明的，并且获得了 1884 年美国专利。

炼乳的种类繁多，分类方式也很多，目前，最常见的分类方式是按照成品中是否加入糖、脱脂或者是否加入其他辅料，分为以下几种。

（1）甜炼乳（sweetened condensed milk）　是一种淡黄色的，加入了糖的浓缩乳。甜炼乳可以选用全脂或脱脂乳粉进行生产。

（2）淡炼乳（light condensed milk）　是一种颜色类似稀奶油的不加糖、经过浓缩和灭菌处理而制得的乳制品。

（3）半脱脂炼乳（condensed semi-skimmed milk）　是一种将原料离心脱脂后，去除 50% 的乳脂肪，通过浓缩而制成的乳制品。

（4）脱脂炼乳（condensed skimmed milk）　将原料中大部分乳脂肪经过离心去除后，经过浓缩而制成的乳制品。

（5）调制炼乳（modified condensed milk）　是将植物脂肪、蛋白质、蜂蜜类的营养物质等加入炼乳中，针对不同人群而制成的乳制品。

（6）强化炼乳（fortified condensed milk）　是在炼乳中，强化加入了微量元素以及维生素等。

在现代大规模工业化生产中，炼乳的品种主要包括淡（蒸发浓缩）炼乳以及甜炼乳两大类。

第一节　甜炼乳的加工

甜炼乳是在炼乳中加入了糖，由于糖的加入而增加了一定的渗透压，因此可以达到破坏微生物的目的。并且，水相中的糖浓度需要保证在 62.5%～64.5%。甜炼乳的原料可以分为全脂乳、脱脂乳以及再制乳三种。甜炼乳主要用于糖果、糕点、饮料以及其他食品的加工原料中。

一、甜炼乳的加工工艺

（一）甜炼乳加工工艺流程

甜炼乳的加工工艺流程如图 7-1 所示，生产线示意图如图 7-2 所示。

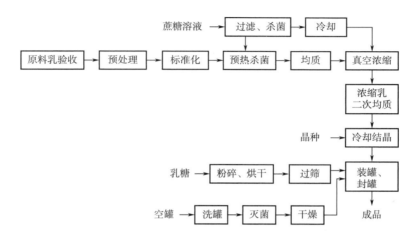

图 7-1 甜炼乳的加工工艺流程

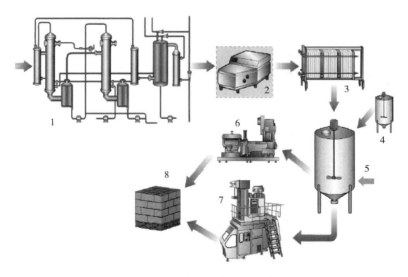

图 7-2 甜炼乳的生产线示意图

1—真空浓缩 2—均质 3—冷却 4—添加糖浆 5—冷却结晶罐
6—罐装装罐机 7—纸盒包装机 8—贮存

（二）甜炼乳的工艺要求

1. 原料乳的验收及预处理

要生产优质的甜炼乳，所用原料除了要符合一般的乳制品生产要求外，还需要严格的控制原料中芽孢和细菌的数量以及在70%中性酒精试验中，实验结果需要呈阴性。同时，原料乳的酸度不能高于18°T。经验收为合格的原料乳，可以经过称重、过滤、净乳、冷却之后，泵入贮乳罐中，进行下一步加工。

2. 乳的标准化

乳的标准化是通过调整原料乳中的脂肪含量，使得成品中脂肪（F）与非脂乳固体（SNF）的含量保持一定的比值。不同的国家，对这一比值的规定不同。在我国，炼乳质量标准规定为8：20。在实际的生产过程中，一旦原料乳的标准化有细微的差异，都会在蒸发浓缩之后产生几倍的不同，当脂肪含量过高时，可以通过添加脱脂乳或使用分离机去除部分稀奶油，若脂肪含量不足，则可以通过加入稀奶油而得到调整。基于现代自动标准化系统，保证了脂肪与非脂乳固体之间的比例，可以连续和极精准地进行生产。

3. 预热杀菌

（1）预热杀菌的目的 经过标准化的原料乳，在进行浓缩之前，必须通过加热杀菌的步骤，作为预热或预热杀菌，也可以对产品的质量产生特殊的作用。具体目的如下：

在杀灭原料乳中致病菌的同时，也可以抑制对终产物质量能够产生不良影响的其他微生物，从而提高终产物的贮藏性以及安全性。

通过控制预热温度的方式，可以使得乳蛋白不同程度的变性，从而防止终产物变稠。与此同时，也可以钝化或破坏酶的活性，以免终产品产生酶促褐变及脂肪水解等不良的反应。

在预热过程中，会使一些钙盐产生沉淀现象，从而提高了酪蛋白的热稳定性。

在真空浓缩过程之前，既可以防止原料乳在加热器中温度的急剧上升，在加热面上会产生焦化结垢，而影响终产物的质量和热传导的效率，同时，也可以保证在沸点时加入原料，使得浓缩过程稳定进行，从而提高蒸发的速度。

（2）预热杀菌的条件 预热过程中的时间、温度等条件，都会随着季节、原料乳的质量、预热所用设备等的不同，而有所不同。在目前实际生产中，所采用的预热条件从145℃超高温瞬时杀菌到63℃、30min的低温长时间杀菌，而其中，最常用的预热条件为80℃加热5~10min以及75℃加热10~20min。

4. 加糖

（1）加糖的目的 加糖是甜炼乳生产过程中，极为重要的一步，既可以赋予甜炼乳甜味，也可以抑制微生物的活性，从而增强终产品的贮藏性。蔗糖溶液所产生的渗透压与产品中的浓度成正比，因此，在炼乳中加入适量的蔗糖，可使残存的微生物产生严重的脱水而无法增殖，甚至死亡。从而蔗糖的加入会通过产生渗透压而达到防腐的作用。

（2）加糖量 在生产炼乳过程中，所选择糖的种类以蔗糖最佳，并且蔗糖的含量应≥99.6%，并且还原糖的含量应该低于0.1%。但是，由于葡萄糖的成本比蔗糖低，甜味更加柔和，并且具有不易结晶的特点，在一些国家生产炼乳的过程中，使用一部分葡萄糖替代蔗糖。

通常，在炼乳的终产品中，蔗糖含量在43%以上，水分含量在25.5%时，此时溶液渗透压为5.7MPa，可以抑制细菌的繁殖。若加入过多的蔗糖，会导致乳糖结晶析出而影响终产品的品质。因此，加糖量必须严格控制，通常用蔗糖比进行表示，是甜炼乳终产品中所加入的蔗糖与水溶液（蔗糖与水的总和）的比值。一般甜炼乳中蔗糖添加量的最适范围在62.5%~64.5%。加糖量的具体计算方式如下。

根据蔗糖比的具体要求，计算加糖量，见式（7-1）：

$$甜炼乳的蔗糖含量（\%）= \frac{（100 - 总乳固体）\times 蔗糖比}{100} \times 100 \qquad (7-1)$$

根据浓缩比对加糖量进行计算：

浓缩比是指炼乳终产物中所含有的总乳固体物质的含量与原料乳中所含有的总乳固体物质含量的比值。计算方式如式（7-2）、式（7-3）所示：

$$浓缩比 = \frac{炼乳中总乳固体（\%）}{原料乳的总乳固体（\%）} \qquad (7-2)$$

$$蔗糖添加量 = \frac{炼乳中的蔗糖（\%）}{浓缩比} \qquad (7-3)$$

［例］总乳固体为28%，蔗糖为45%的炼乳，其蔗糖比是多少？

解：

$$蔗糖比 = \frac{蔗糖}{100\% - 总乳固体} \times 100\% = \frac{45\%}{100\% - 28\%} \times 100\% = 62.5\%$$

［例］在炼乳生产中，使用的标准化原料乳中脂肪含量为3.16%，非脂乳固体含量为7.88%，生产的终产物中，总乳干物质含量为28%，脂肪含量为8%，若需要制备蔗糖含量为45%的甜炼乳，则每100kg原料乳应添加蔗糖的量是多少？

解：

$$浓缩比 = \frac{28 - 8}{7.88} = 2.538$$

$$应添加蔗糖量 = \frac{45}{2.538} = 17.73（kg）$$

（3）加糖方法　在生产甜炼乳的过程中，加糖方法需要根据甜炼乳的脂肪游离情况、变稠情况、所采用的预热条件以及浓缩条件和设备等进行综合考量，并结合试验结果进行最终确定。加入蔗糖的方法可分为五种：

①将蔗糖直接投放到原料乳中，并随原料乳进行预热杀菌后，灌装浓缩。

②将含量为65%~75%的糖浆与原料乳分别进行预热杀菌，冷却至57℃之后进行混合及浓缩。

③后进糖法：将原料乳进行预热杀菌并进行真空浓缩，在将要完成浓缩过程时，将浓度约为65%的无菌蔗糖溶液加入真空浓缩反应罐中，随着原料乳共同进行最后短时浓缩。

④中间进糖法：先将原料乳总量的1/3~1/2输入浓缩罐进行浓缩，随后再进入糖液，最后再进入余下的牛乳浓缩。

⑤先进糖法：在进行真空浓缩时，先进入糖液，再进牛乳。本方法主要是提高炼乳的初始黏度，可以有效防止甜炼乳乳脂肪上浮。

加糖后，原料乳中的蛋白质会变稠及褐变，而微生物及酶类的抗热性会增加。在浓缩反应罐中，由于蔗糖溶液的相对密度较大，会改变原料乳的沸腾状况，从而减弱对流速度，因此位于盘管周围的原料乳会由于局部受热过度而引起部分蛋白质的变形，加速了终产品的变稠。

如上所述，在其他条件相同的情况下，越早的加入蔗糖，会使得终产物越剧烈地变稠。因此，可以通过加糖的不同方式而改善终产品的变稠度。在五种加糖方法中，以第三种方法最佳，由于第一种方法可以减少蒸发量、浓缩时间及燃料，同时可以简化操作步骤，而被一些工厂所选择。最佳的第三种加糖方法的具体操作步骤为：在熬糖锅内将蔗糖溶解于85℃以上的热水中，制成浓度65%~70%的糖浆（糖浆的浓度可以使用糖度计或折射仪进行快速检测），随后加热至95℃，5min进行杀菌，该过程无须搅拌，过滤后冷却至65℃备用。在原料乳的真空浓缩即将结束之前将制备的糖浆吸入到浓缩乳中进行混合。在制备糖浆过程中，蔗糖在酸性和高温条件下会转化成果糖和葡萄糖，并导致甜炼乳在贮存过程中变稠和变色的速度加快，因此糖液酸度必须在22°T以下，且不能在高温条件下持续时间太长。这也是要求严格控制蔗糖原料中糖含量小于0.1%的原因。

5. 浓缩

浓缩的目的是使得原料乳中的水分蒸发，提高乳固体含量，从而达到终产物中要求的浓度。目前，甜炼乳的生产过程中，主要采用真空浓缩的方法（即减压加热蒸发）。经过预热杀菌的原料乳在到达真空浓缩罐时，温度会在65~85℃，在排除二次蒸汽并不断提供热量时，浓缩条件为真空度78.45~98.07kPa，温度45~60℃，从而使得原料乳始终处于沸腾的状态。

根据蒸发时料液流动情况进行如下分类。

（1）非膜式蒸发器   在这种方式中，料液在蒸发器中聚集在一起，通过强制或者自然对流的方式完成均匀加热和蒸汽的逸出。

由于加热蒸发时料液较厚，因此该方式通常的特点是传热系数小，料液受热蒸发速度慢，加热时间长。而常见的非膜式蒸发器主要有盘管式、夹套式、强制循环式和标准式等。

（2）膜式蒸发器   膜式蒸发器工作时，料液沿着加热表面会分散成液膜的形式而流动，传热系数大，一般单程就可以完成规定的浓缩流程，并且停留时间较短，适合于乳制品及果汁的生产。常见的膜式蒸发器有长管式、板式、刮板式和离心式薄膜蒸发器等。

其中长管式蒸发器采用列管进行加热蒸发，由于使用加热管的管长与管径之比较大而得名。该类蒸发器根据液膜的运动方向又可以分为升膜式、降膜式和升降膜式蒸发器。

①升膜管式蒸发器：主要由垂直加热管束、液沫捕集器、离心分离室等组成，结构如图7-3所示。加热管的管径一般在30~50mm，管长在6~8m，管长/管径=100~150。升膜管式蒸发器占地面积少，料液传热效率高，受热时间短。由于液膜形成依赖于二次蒸汽，操作要求高。

②降膜管式蒸发器：主要由加热器体、泡沫捕集装置和分离室等部分组成，结构如图7-4所示。其中分离室设置于加热器体的下方。降膜管式蒸发设备具有传热效率高，料液受热时间短的优点，对食品营养成分的保护极为有利；在蒸发的过程中，是以薄膜状进行的，因此可以避免泡沫的形成；浓缩强度大，清洗较方便，料液保持量少。适合于乳制品以及果汁生产，但不适于易结晶料液的浓缩。

降膜管式蒸发器是乳品工业中最常用的蒸发器类型。其成功的关键是获得产品在受热面上的均匀分布。大部分采用垂直排列的管，产品在管的内表面向下流动，加热蒸汽在管的外表面凝结。管子的长度可达20m。管道的延长可以促进加热蒸汽在管道周围的良好循环，管子有外壳的，可以绝缘。

整个受热面被分成若干个部分，每一部分牛乳只流过一次。产品在受热面上的均匀分布对蒸发器的经济运行是非常重要的。间隙内的分布会使局部过热，导致产品黏在一起，从而阻碍热量传递并不利于清洁。产品均匀分布在蒸发器的头段（图7-5），这是通过加热器盖

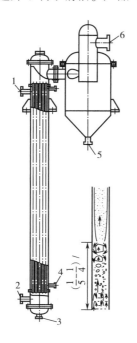

图7-3　升膜管式蒸发器

1—蒸汽进口　2—料液进口　3—排料口

4—冷凝水出口　5—浓缩液出口　6—二次蒸汽出口

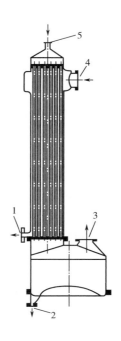

图7-4　降膜管式蒸发器

1—冷凝水出口　2—浓缩液出口

3—二次蒸汽出口　4—蒸汽出口　5—排料口

下的水平扩展板来实现的。在落水管周围钻出的孔将产品以均匀的薄膜形式引入管道。当产品进入撒料段时稍微过热，使其膨胀，从而保证了立即部分蒸发和良好的分布。蒸汽迫使产品到蒸发器管的内表面，在那里它作为一层薄膜流动。

从溶液中汽化水需要消耗很多能量，而这种能量是以蒸汽的形式提供的，为了减少蒸汽消耗量，通常蒸发设备会被设计成多效的。两个或更多个单元在较低的压力下操作，从而获得较低的沸点，在这种情况下，在前一效中产生的蒸汽被用作下一效的加热介质。在这种方式中，蒸汽的需要量大约等于水分挥发总量除以效数。在现代乳品业中，蒸发器效数可高达七效。

a. 单效降膜管式蒸发器：目前，降膜管

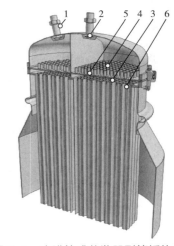

图7-5　降膜管式蒸发器列管板的头段

1—产品输送管　2—产品分配盘　3—分布板

4—蒸汽管　5—分布孔　6—沸腾管

式蒸发器主要用于乳品行业的高浓缩生产。整个列管式加热装置由不锈钢制成，并被分割成若干个彼此分开的部分。根据工艺的性质，在预浓缩设备中列管板被分为4~6个部分。

产品被泵到第一个加热部分的顶部，并分配到它的管中。产品的体积通过向下流动过程中产生的水的蒸发而减少。在该部分的底部，蒸汽被除去，产品被收集在一个水池中。产品被注入下一个部分，并回到顶部的列管板。随着浓度的增加，各分段的换热面越来越小。压缩机风扇将收集器中的蒸汽抽出并进行压缩。被压缩的蒸汽被强迫进入加热器的外壳，然后在管的外表面凝结。冷凝液被泵出，用于对产品进行预热。这种结构可以使乳清从固体含量6%浓缩到32%，使脱脂牛乳从固体含量9%浓缩到36%。由于同时流过蒸发管进行蒸发的原料乳很少，所以降膜式蒸发器中的原料乳停留时间极短，大约只有1min，这对于浓缩具有热敏感的乳制品有极大的益处。

b. 多效降膜管式蒸发器：通常采用多效蒸发器。理论是，如果两个蒸发器串联在一起，第二效蒸发器可以在比第一效更大的真空（因此温度更低）下发挥作用。第一效用于浓缩产品所产生的二次蒸汽可以作为下一效的加热介质，由于真空较高，第二效加热器的沸腾温度较低。大约1.2kg的一次蒸汽，可以从原料乳中蒸发掉2kg的水。

也可以将几个蒸发器的效果串联起来，进一步提高蒸汽经济性。然而，这使设备更昂贵，涉及较高的第一效温度。蒸发器系统中产品的总体积随串联效应的数目的增加而增加，这是对热敏性产品处理的一个缺点。然而，为了节约能源，乳制品行业长期以来一直使用四到七效蒸发器和附加设备。附加设备主要是利用机械或加热的方式对浓缩产品的二次蒸汽进行加压，优化多效蒸发系统的能量平衡。

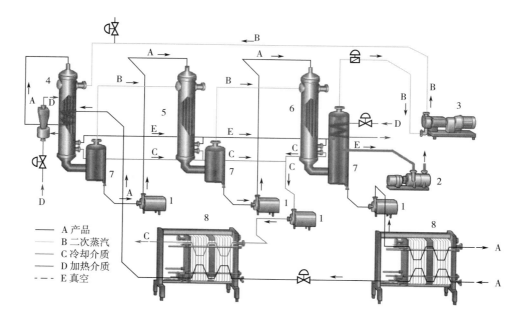

—— A 产品
—— B 二次蒸汽
—— C 冷却介质
—— D 加热介质
--- E 真空

图7-6　带机械式蒸汽压缩机的三效蒸发器

1—循环泵　2—真空泵　3—机械式蒸汽压缩泵　4—第一效蒸发器　5—第二效蒸发器

6—第三效蒸发器　7—蒸汽分离器　8—板式热交换器

如图 7-6 所示为带机械式蒸汽压缩机的三效蒸发器，蒸汽压缩系统或机械会将蒸发器里所有蒸汽抽出，经过压缩后再返回到蒸发器中，同时可以通过机械能驱动压缩机来完成压力的增加，在此过程中，除了一效的巴氏杀菌的蒸汽无热能提供给蒸发器并且无多余的蒸汽而被冷凝。

在机械式蒸汽压缩的过程中，所使用的蒸汽会在蒸发器中循环，从而可以使热能被高度回收。压缩蒸汽会从压缩泵 3 回到一效蒸发器加热产品，而从一效流出的蒸汽可以用于加热二效中的产品，并且从二效中出来的蒸汽可以用于加热三效的产品，以此类推。压缩泵可以将蒸汽压力从 20kPa 升高到 32kPa，同时将冷凝的温度从 60℃ 升高到 71℃。而 71℃ 的冷凝温度在一效蒸发器中不足以对产品进行消毒。因此，为了达到消毒的温度，需要在一效前面安装热压缩器，从而提高冷凝的温度。在第三效蒸发器的蒸汽被分离之后，蒸汽可以进入一个小型的冷凝器中，因此从蒸汽喷射器喷入的蒸汽会被冷凝。同时冷凝器还可以控制蒸发器中的热平衡，机械式蒸气压缩只需要 1kW 就可以蒸发 100～125kg 的水。带机械式压缩的三效蒸发器所需要的操作费用是带热压缩器的七效蒸发器所需操作费用的一半。

如图 7-7 所示为带热压机的双效降膜长管式蒸发系统。从产品中产生的二次蒸汽可以被热压机压缩，并用作加热介质，这改善了蒸发器的能量平衡。部分高压蒸汽（600～1000kPa）供应给热压机，压缩机利用高蒸汽压力增加动能，蒸汽从喷嘴高速喷出。这种喷射效应将蒸汽和产品的二次蒸汽混合，并将混合物压缩到更高的压力。使用热压机和多效机组优化能量平衡。

牛乳从平衡罐 1 泵到板式热交换器 2，进行巴氏杀菌，并加热到略高于第一蒸发器的沸点的温度。然后牛乳进入到第一效蒸发器 4 中，蒸发器处于一个相当于 60℃ 沸腾温度的真空中。当牛乳的薄膜在管中向下流动时，水分蒸发，牛乳浓缩。浓缩液与列管板底部的二次蒸汽在蒸汽分离器 5 中分离，然后泵送至第二效蒸发器 6。第二效的真空度较低，对应于 50℃ 的沸腾温度。在第二效蒸发器 6 中进一步蒸发后，浓缩液再次与列管板底部的二次蒸汽通过分离器 5 分离，然后泵出系统进行进一步处理。高压蒸汽注入热压缩机 7 增加从第一效产生的二次蒸汽的压力，高压蒸汽-二次蒸汽混合物用于第一效蒸发器 4 的加热。

带热压机的双效降膜蒸发器需要约 0.32kg 蒸汽才能蒸发 1kg 水，而五效蒸发器则只需要 0.09kg 蒸汽；没有热压机，每 1kg 水的蒸发分别需要 0.55 和 0.2kg 的蒸汽。对降低能源消耗的需求导致了具有六效以上设施的发展，但一般情况下，最高沸腾温度第一效应不超过 70℃，第二效应不超过 40℃。因此，40℃ 和 70℃ 之间的温度范围内效数越多，每个效的温差就越小。

浓缩的程度是由产品的性能（例如耐热性和黏度等）决定的。对于全脂乳和脱脂乳通常可以浓缩到 48%～52%。在生产如乳糖生产中的浓缩乳清这种固形物含量较高的浓缩制品时，蒸发器后必须添加一个增稠器。

6. 均质

（1）均质目的　在炼乳的生产过程中，如果放置时间过长，会产生脂肪上浮的现象，而在炼乳的上方形成稀奶油层甚至震荡后会形成奶油粒。因此，可以通过均质的方式将脂肪球破碎，达到防止脂肪上浮，增加脂肪球表面酪蛋白吸附量，改善黏度以及产品感官质量的作用。

（2）均质工艺　最佳的均质温度为 65℃，因为在这个温度下，2μm 以下的脂肪球含量可以达到较高的比率。然而，在实际的生产加工过程中，由于开始均质时压力的不稳定，会使得浓缩后立刻进行均质的温度在50~65℃变动，因此，物料最初的均质是不充足的，需要将这一部分物料再均质一次。

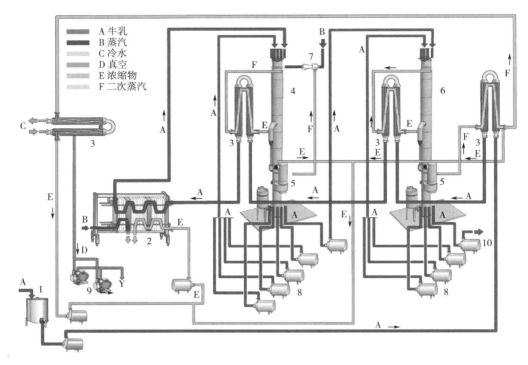

图7-7　带热压机的双效降膜长管式蒸发系统

1—平衡罐　2—板式热交换器　3—管式热交换器　4—第一效蒸发器　5—蒸汽分离器

6—第二效蒸发器　7—热压缩机　8—循环泵　9—真空泵　10—排出泵

在炼乳的生产过程中，可以采用一次或者二次均质，在我国通常采用一次均质，压力控制在10~14MPa，温度控制在50~60℃。若采用二次均质，则第一次的均质条件如上所示，第二次的均质压力控制在3.0~3.5MPa，温度控制在50℃左右。若采用二次均质的方法，第一次应该在预热之前进行，而第二次应该在浓缩之后进行。由于二次均质在提高产品质量的同时，也会增加设备投入和操作的成本，因此生产厂需结合多方面的因素选择均质的方法。但都要确保均质的效果，最快速的检测方法就是对均质后的物料进行显微镜的观察，若80%以上的脂肪球直径都可以保证在2μm以下，可以判断为均质已经充分了。

R乳糖的结晶方法分为间歇式和连续式两种，目前采用间歇式的较多，主要包括自然结晶和强制结晶两种。其中，自然结晶是自然进行的，不加控制也不添加晶种。这种方法所得到的晶体大而少。结晶时间不少于30h，在结晶的最初阶段需要进行搅拌，待温度降低到30℃以下，可停止搅拌。另一种强制结晶又可以分为缓慢结晶法和快速结晶法两种，都是在带有搅拌器的夹层结晶罐中完成，均需要通过控制冷却速度以及加入晶种，从而得到小而多的晶体。在甜炼乳的生产中，所使用的就是强制结晶。

7. 灌装和贮藏

（1）灌装　在经过冷却结晶的炼乳中，会含有大量的气泡，若直接进行装罐，会导致气泡进入罐内而影响终产物的品质，因此，在灌装前需要将气泡去除。当工厂采用手工的方式进行灌装时，需要提前静置12h，待气泡逸出后再进行灌装；若工厂采用自动装罐机进行灌装时，可以在罐内装入一定量的炼乳后，通过旋转盘的离心力，将罐中的气体消除，也可以用真空封罐机进行灌装和封罐。在进行灌装前，空罐必须进行清洗、蒸汽杀菌（90℃以上，持续10min）并进行烘干备用。在灌装过程中，尽量装满整个罐体，以尽量排除顶端间隙的空气。

（2）贮藏　炼乳终产物贮藏在仓库过程中，应保证产品距离保暖设施及墙壁至少为30cm。若在贮藏过程中温度经常变动，会引起乳糖形成大块的结晶，因此仓库温度需保持恒定，且不得高于15℃，空气的相对湿度也要保持在小于85%。与此同时，为防止乳糖产生沉淀，每月应翻罐1或2次。

二、甜炼乳的质量控制

（一）变稠（浓厚化）

甜炼乳在贮藏过程中，黏度的逐渐增加会导致终产物的流动性逐渐消失直至全部凝固，而这一现象即为变稠。甜炼乳的变稠主要由细菌性和物理化学性变稠两个因素造成。

1. 细菌性变稠

细菌性变稠是由于乳中微生物产酸以及凝乳酶对原料乳的凝固作用而产生的。其中常见的产酸微生物包括链球菌、乳酸杆菌、芽孢菌以及葡萄球菌，可以产生乳酸、甲酸、酪酸、乙酸等有机酸。由细菌引起的炼乳变稠，也常伴有异味、异臭以及酸度上升等现象。

预防细菌性变稠的措施主要有以下三种：

（1）保持一定浓度的蔗糖　为预防炼乳中细菌的滋生，蔗糖比必须保持在62.5%以上，同时需要保证产品中无蔗糖的结晶析出，因此蔗糖比要低于65%。

（2）保证预热杀菌的效果，并加强生产卫生的管理，例如，彻底清洗并消毒生产所涉及的设备，以防止细菌的混入。

（3）产品应贮藏于低温（10℃）条件下。

2. 理化性变稠

由于乳中所含的蛋白质会从溶胶态转变成凝胶态，牛乳酪蛋白或乳清蛋白的含量、酸度、脂肪含量、盐类的平衡状态、浓缩的温度和程度以及贮藏条件等因素，都会导致甜炼乳变稠凝固。

（二）膨罐（胖听）

甜炼乳在贮藏期间会产生膨胀的现象，具体的原因有以下三点：

（1）当产品贮藏在温度较高的条件下，厌氧性酪酸菌会大量繁殖而产生气体。

（2）酵母菌会在高浓度的蔗糖溶液中发酵而产气。

（3）甜炼乳中所残留的乳酸菌会通过繁殖产生乳酸，而乳酸也会与罐的材质中包含的锡作用，产生锡氢化合物。

以上微生物的存在可能有几个原因，例如，在生产过程中，杀菌不完全；混入了非无菌的空气及蔗糖等。

（三）纽扣状絮凝

纽扣状絮凝主要是由于霉菌的死亡所引起的，通常当甜炼乳被霉菌污染后，在适宜的环境条件下，会形成霉菌菌落，经过 2~3 周后，霉菌死亡，所分泌的酶类会使终产物在局部凝固，继续经过 2~3 个月后，随着凝固物的逐渐扩大，会形成白、黄或者赤褐色的纽扣状絮凝。

能够有效预防甜炼乳中纽扣状絮凝产生的主要方法：①生产过程中所涉及的所有设备和环境都需要经过彻底地清洗和消毒；②在生产的全过程中，需要进行有效地预热和杀菌；③在生产过程中要防止产品产生气泡；④在进行灌装和封口过程中，要尽量使用真空封罐的方式，并且尽可能将甜炼乳装满罐子不留空隙；⑤所生产的甜炼乳终产品需要在 15℃ 的条件下，倒置贮存。

（四）砂状炼乳

当乳糖晶体较为粗大时，会导致甜炼乳结构的粗糙。当乳糖晶体的大小在 15μm 以下时，甜炼乳具有柔软的组织状态；当乳糖晶体的大小在 15~20μm 时，甜炼乳具有粉状的口感；当乳糖晶体的大小在 20~30μm 时，甜炼乳会呈现砂状的口感；当乳糖晶体的大小大于 30μm 时，会导致甜炼乳具有极严重的砂状口感。造成晶体粗大的主要原因有以下四点。

1. 晶种的质量及添加量均不达标

在生产过程中，为促进乳糖结晶，所加入的晶体需要通过研磨，使大小在 3~5μm，并且需要进行烘干。而晶体的添加量也需要达到终产品质量的 0.025% 左右，若添加量不达标，会使晶体生长过快而产生乳糖结晶粗大的结果。

2. 晶种添加的方法及时间的错误

当加入晶种时，需要在强烈搅拌的条件下，用 120 目筛在 10min 内均匀地筛入。同时，晶种加入的时间需要根据结晶的最适温度进行相应调整。例如，当晶种加入的温度过高时，会使晶种的过饱和程度较低而导致晶种的部分溶解，最终会造成晶种添加量的不达标。

3. 贮存温度过高或温度波动过大

当贮存温度过高或温度波动过大时，都会导致甜炼乳中乳糖的再结晶。

4. 其他因素

除以上三点外，还有许多因素都会导致晶体粗大，例如，冷却速度过慢、冷却温度不够低以及搅拌不充分等。

（五）棕色化（褐变）

在贮藏过程中，乳中所含蛋白质会与蔗糖中所含还原糖发生氨基–羰基反应（羰氨反应），导致甜炼乳的颜色发生棕色化（褐变）。当糖的还原能力增强、温度与酸度的提高以及使用含有转化糖较多的蔗糖都会使棕色化现象更加严重。

因此，为了能够避免棕色化现象的发生，需要使用优质的蔗糖和牛乳，避免高温条件下长时间的热处理以及贮藏温度保持在 10℃ 以下。

（六）糖沉淀

能够造成糖沉淀的原因主要有以下两点。

1. 乳糖晶体的沉淀

由于甜炼乳的密度在 $1.30kg/m^3$ 左右，而 α–含水乳糖在常温下的密度为 $1.5453kg/m^3$。当甜炼乳在贮藏过程中，乳糖晶体会由于晶体的粗大而沉淀到罐底。因此，需要以预防晶体粗大的方式为前提，并控制产品的黏度来防止糖沉淀现象的发生。

2. 蔗糖沉淀

在甜炼乳的生产过程中，需要加入大量的蔗糖，若蔗糖比较大，在产品低温贮藏过程中，会导致蔗糖发生结晶以及沉淀的现象。因此，需要控制贮藏温度，同时需要将蔗糖比控制在 64.5% 以下。

（七）脂肪分离

当甜炼乳的黏度非常低时，极有可能造成脂肪分离的现象。甜炼乳终产品静置过程中，会使一部分的脂肪发生上浮的现象，并形成较为明显的淡黄色膏状脂肪层。随着货物搬运时，产生的振荡和摇动，使一部分上浮的脂肪层又重新混合，开盖后会呈现出斑纹状或斑点状的外观，严重影响终产品的质量。

为预防脂肪分离，通常可以采用如下三种方式：

①加强对产品黏度以及预热条件的控制。

②加强对浓缩时间和浓缩温度的控制，宜采用双效降膜式真空浓缩装置进行浓缩。

③将原料乳经过净化后，进行均质处理，并且应用加热的方式，将原料乳中的脂酶完全破坏。

（八）酸败臭味及其他异味

酸败臭味的产生是由于乳脂肪的水解而生成的刺激味。产生这种现象的原因可能是由于所用的原料乳中混入了含有较多脂酶的牛初乳或末乳；存在能够生成脂酶的微生物污染；原料乳灭菌后污染了未经灭菌的生乳；当预热温度低于 70℃ 时，也会导致乳中残留脂酶，以及原料乳未经加热处理就直接进行了均质等都会使在甜炼乳的终产品中，发生脂肪分解而形成酸败臭味。通常情况下，甜炼乳在短期贮藏时，并不会发生这种缺陷。此外，产品中出现的青草臭味以及鱼臭等异味，主要是由饲料或乳畜饲养管理不规范等原因导致的。此外，需要对甜炼乳的生产车间进行卫生的严格管理，例如，生产过程中如果使用了陈旧的镀锡管件、设备以及阀门等，当镀锡层剥离脱落后，极易使炼乳产生氧化现象而形成异臭味。若采用不锈钢设备进行替换，同时注意平时的清洗消毒，则可以很好地防止该现象的发生。

（九）柠檬酸钙沉淀（小白点）

有时在甜炼乳冲调后，会在杯底出现细小白色的沉淀，俗称"小白点"。柠檬酸钙是这种细小白色沉淀物的主要成分。由于柠檬酸钙在甜炼乳中的成分含量约为 0.5%，相当于每 1000mL 甜炼乳中会含有柠檬酸钙 19g，然而在 30℃ 条件下，1000mL 的水仅能溶解 2.51g 的柠檬酸钙。因此，柠檬酸钙在甜炼乳中是处于过饱和的状态，而处于过饱和状态下的结晶析出是必然的。另外，柠檬酸钙的析出与自身存在状态、乳中盐类平衡状态以及晶体大小等因素都有关。实践证明，在甜炼乳冷却结晶的过程中，通过添加柠檬酸钙胶体（或 15~20mg/kg 的柠檬酸钙粉剂）作为诱导结晶的晶种，可以有效促使柠檬酸钙晶核的快速形成，从而有利于形成细小的柠檬酸钙结晶，可达到预防及缓解柠檬酸钙沉淀产生的目的。

第二节　淡炼乳的加工

淡炼乳是鲜牛乳经过预热和浓缩之后，体积变为原来的 40%~45%，通过灌装成小听，

并经过卧式杀菌器或高压锅的加热灭菌后所制成的浓缩乳制品终产物。保持封闭状态的淡炼
乳可以在室温条件下长期贮藏，但开罐后需要在 1~2d 内用完。由于淡炼乳在生产过程中，
经过了高温灭菌，会导致原料乳所具有的芳香风味以及所含有的维生素产生不同程度的损
失，其中以维生素 B_1 和维生素 C 最为明显，但由于淡炼乳会形成质地较软的凝块，因而具
有不会引起乳过敏以及消化性良好等优点。淡炼乳的应用范围很广，例如，在补充一定量的
维生素后，可以用于制备婴儿以及体弱多病人群的食品；也可以用于制造糕点、咖啡以及冰
淇淋等食品。

一、淡炼乳的加工工艺

淡炼乳的加工工艺流程和生产线示意图分别如图 7-8 和图 7-9 所示。

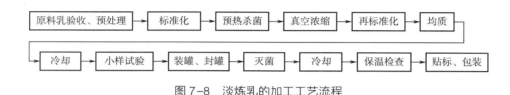

图 7-8　淡炼乳的加工工艺流程

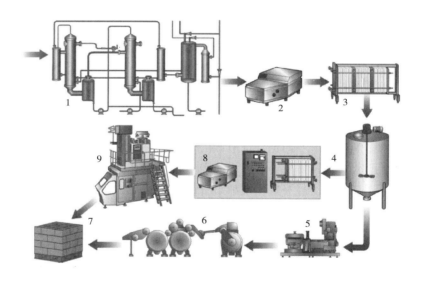

图 7-9　淡炼乳的生产线示意图

1—真空浓缩　2—均质机　3—冷却　4—中间罐　5—装罐　6—灭菌　7—贮存
8—超高温灭菌　9—无菌灌装（纸盒）

二、淡炼乳的生产

（一）原料乳的验收

由于淡炼乳在生产过程中，需要进行高温灭菌，因此对原料乳热稳定性的要求高于甜炼
乳，对原料乳需要进行一般的常规检验、72% 酒精试验、磷酸盐实验（测定原料乳中蛋白质

的热稳定性）以及相关的微生物检验。

（二）预处理及标准化

同甜炼乳的步骤。

（三）预热杀菌

淡炼乳生产过程中，预热杀菌的目的主要有：灭菌及破坏酶类，提高酪蛋白的稳定性，使得产品具有一定的黏度以及防止后期灭菌时产生凝固的现象。淡炼乳的预热杀菌条件通常为 95~100℃维持 10~15min。当温度低于 95℃时，原料乳的热稳定性降低；当温度在 95~100℃时，乳清蛋白凝固成可以分散在乳中的微小粒子，预防后续灭菌过程中形成凝块，并且在此温度范围内，随着温度的升高，热稳定性也随之增高；当预热杀菌温度高于 100℃时，会降低产品的黏度而影响产品稳定性。

随着加工工艺的发展，高温瞬时灭菌可以进一步提高产品的稳定性。应用超高温瞬时灭菌的方法，可以极大地降低乃至取消产品中稳定剂的加入量，但仍然可以保证较低的褐变程度以及较高的稳定性。

（四）浓缩方式

淡炼乳和甜炼乳的真空浓缩方式大致相同，由于淡炼乳在生产过程中不会单独加入蔗糖，而使得总乳干物质含量较低，因此，在进行蒸发的过程中，可以选择 0.12MPa 的蒸汽压力进行。在浓缩过程中，通常选择 54~60℃的恒温条件，浓缩比例控制在 2.3~2.5。大多数情况下，2.1kg 的原料乳可以生产出淡炼乳的量为 1kg。

（五）再标准化

在生产淡炼乳过程中，由于浓缩的浓度较难掌握，通常采用的应对措施是先浓缩到略高于标准浓度，再通过无菌水的加入调整至标准浓度。再标准化也被称为浓度标准化或加水。而加水量的计算方式如式（7-4）所示：

$$加水量 = A/F_1 - A/F_2 \qquad (7-4)$$

式中 A——单位标准化乳的全脂肪含量；

F_1——成品的脂肪，%；

F_2——浓缩乳的脂肪，%。

（六）均质

目的与甜炼乳的一致，但是淡炼乳需要在 50~60℃的条件下，采用二次均质，第一次的压力在 14~16MPa，第二次的压力在 3.5MPa 左右。最后用显微镜来验证均质的效果。

（七）冷却

经过均质后的淡炼乳，为预防产品褐变、变稠并提高稳定性，需要将物料迅速地降温。通常装罐的时间会直接影响冷却的温度，若生产当日完成灌装，需要冷却到 10℃以下即可，若生产次日完成灌装，需要冷却到 4℃以下才可以预防微生物的生长和繁殖。

（八）控制试验以及添加稳定剂

由于淡炼乳在生产的后期会进行高温灭菌，因此，为了避免由于产品热稳定性不好而造成的损失，需要在灭菌之前加入不同剂量的稳定剂，分别对小量罐进行封口及灭菌，随后通过逐一地开盖检验来确定稳定剂的添加量、灭菌过程的温度和时间，以上过程即可称为控制试验（或小样试验）。

添加剂的种类通常选择柠檬酸盐或磷酸盐，由于物料中 Mg^{2+} 以及 Ca^{2+} 盐过剩，当加入稳定剂后会发生不溶性反应，预防在高温灭菌过程中蛋白质变性凝固。同时，也可以根据体系具有最佳稳定性时，pH 需要维持在 6.6~6.7，并且结合牛乳 pH 来选择稳定剂的种类。稳定剂的添加量需要通过无水物进行计算并且控制在成品量的 0.05% 之内。

经过小样试验后，需要检查的内容包括：是否存在凝固物、风味、色泽以及黏度。黏度测试需要利用毛氏黏度计，在 20℃ 的条件下，符合要求的检测结果应该在 0.10~0.11Pa·s 的范围内。若在控制试验的结果中，都不符合相关要求，则需要继续更改试验的条件，直至达到要求为止。

稳定剂的添加形式共有两种：其一，在灭菌后一次性加入；其二，根据相关的生产经验，先加入一部分的稳定剂，随后进行灭菌试验，最后再将剩余的稳定剂加入。工厂实际生产过程中，需要根据产品的稳定性和生产设备的具体情况选择加入稳定剂的方式。需要注意的一点是，在向浓缩乳中添加稳定剂时，需要边搅拌边缓慢加入，这样才能使浓缩乳和稳定剂充分地混合均匀。

（九）装罐灭菌

向炼乳中加入稳定剂后，需要立即进行装罐及真空封罐，最后对封好的罐进行灭菌。灭菌的过程可以彻底地破坏酶类的活性、杀灭微生物、延长终产品的贮藏期限、提高产品黏度、预防脂肪上浮以及让炼乳具有特殊的芳香味。然而，在淡炼乳的生产过程中，涉及的二次杀菌会由于引起美拉德反应而导致终产品变成轻微的棕色。

目前常用的灭菌方式主要有保持式灭菌法、连续式灭菌法以及超高温瞬时灭菌法三种。

（1）保持式灭菌法　当进行小规模生产时，常采用保持式灭菌法，可以利用回转灭菌机进行，并按照控制试验的结果进行灭菌。通常需要在 116~117℃ 条件下恒温 15min。

（2）连续式灭菌法　当进行大规模生产时，常采用连续式灭菌法，该方法通常分为三个阶段：预热区、灭菌区和冷却区。封罐后罐内炼乳的温度会低于 18℃，进入预热区后，会将温度加热到 93~99℃，随后进入灭菌区，此时温度增加至 114~119℃，经过一定时间后，炼乳会进入冷却区降温至室温。

（3）超高温瞬时灭菌法　浓缩乳进行超高温瞬时灭菌法灭菌的条件为 140℃ 维持 3s，随后用无菌纸盒进行包装。

（十）振荡

由于灭菌操作不当或原料乳无较好热稳定性，会导致淡炼乳的终产物出现质地较软的凝块。为预防此现象的发生，可通过振荡的方式将凝块分散复原成均匀的流体，通常需要在灭菌后 2~3d 内，利用振荡机振荡 1~2min。

（十一）保温检查

淡炼乳在出厂之前，需要将终产品贮藏在 25~30℃ 的恒温条件下 3~4 周，随后需要通过外观检查是否有胀罐现象，以及开罐检查是否存在产品质量问题。同时，也可以在 37℃ 的条件下恒温放置 6~10d 后进行外观和开罐的检验，全部合格的产品才可以出厂。

三、淡炼乳的质量控制

淡炼乳的质量标准主要包括淡炼乳的感官指标、理化指标以及微生物指标，具体参数参照相关国家标准。

（一）脂肪上浮

在淡炼乳中，最为常见的质量问题就是脂肪上浮，主要的产生原因是均质的不完全以及终产物黏度的下降。因此，在生产过程中为了预防脂肪上浮，需要充分均质使得脂肪球的直径大部分都在 $2\mu m$ 以下，以及通过控制热处理的条件而保证黏度的相对稳定。

（二）胀罐

可以导致淡炼乳胀罐的原因及预防措施如下。

1. 细菌性胀罐

当灭菌不彻底或产生污染时，会导致产品中有细菌的存在，而由于细菌（尤以耐热性芽孢杆菌）生长过程中会产气而产生细菌性胀罐的现象。为此，需要加强灭菌以及采取有效措施预防污染。

2. 化学性胀罐

当淡炼乳中酸度偏高且长期贮藏时，产品中的酸性物质与罐壁材质包含的铁、锡等元素发生化学反应而产生氢气，从而产生化学性胀罐。

3. 物理性胀罐

物理性胀罐也可以称作"假胖听"，主要是由于装罐过满或产品运输是高空、高原、气压低等。

（三）褐变

在生产淡炼乳过程中，由于高温灭菌的过程会产生美拉德反应而使得产品呈现黄褐色，且随着灭菌温度的逐渐增高，恒温时间以及贮存时间的逐渐延长，发生褐变反应越严重。因此，为了尽量避免褐变的发生，可以采用如下几种方式：

（1）保证灭菌效果的同时，避免采用更高的灭菌温度及更长的恒温时间；

（2）尽量减少稳定剂的用量；

（3）用磷酸氢二钠替代对褐变具有促进作用的碳酸钠；

（4）产品需要在低于 $5\,℃$ 的条件下贮存。

（四）黏度降低

该现象通常在淡炼乳贮存期间产生，随着黏度的降低会导致产品中的部分成分发生沉淀以及脂肪上浮。随着贮存温度的提高，淡炼乳黏度下降的速度就越快，并且，当贮存温度低于 $-5\,℃$ 时，可以避免黏度的降低，但是当贮存温度小于 $0\,℃$ 时，会导致蛋白质不稳定，因此需要综合考虑贮存条件。

（五）凝固

能够导致凝固现象产生的因素主要有如下两点。

1. 理化性凝固

在生产淡炼乳的过程中，热稳定性差的原料乳、过度的灭菌和浓缩过程、过高的均质压力（超过 25MPa）和干物质含量都会造成凝固现象的产生。因此，可以采取的避免凝固的措施主要有：严格控制原料乳的热稳定性试验、通过加入稳定剂和增加通过离子交换树脂的步骤避免不均匀、遵循准确的灭菌和浓缩步骤以及避免采用过高的均质压力等。

2. 细菌性凝固

当淡炼乳存在耐热性芽孢杆菌的污染、封口不严密、灭菌不彻底、微生物生长过程中产生凝乳酶和乳酸等过程都会造成凝固现象的产生。因此，可以采取预防污染、保证封罐的严密性以及彻底灭菌等方法来避免淡炼乳的凝固。

（六）蒸煮味

蒸煮味是由于淡炼乳在经过长时间高温的灭菌过程中，乳中蛋白质分解而产生硫化物所产生的，会对产品的口感造成极大的影响。因此，可以通过严格控制热处理条件或者应用超高温瞬时灭菌法来替代较长时间的高温灭菌过程来避免蒸煮味的发生。

第三节　其他浓缩乳制品

一、乳清浓缩物

乳清是干酪生产过程中的副产品，通常可以分为甜乳清、中等酸乳清以及酸乳清三类，其中，甜乳清是酶凝干酪过程中的副产物，pH 5.8~6.6；中等酸乳清是在生产新鲜酸干酪（例如意大利乳清干酪）的过程中产生的，pH 5.0~5.8；酸乳清是在生产新鲜酸干酪和酸干酪素的过程中产生的，pH<5.0。

可以利用乳清生产乳清浓缩物来替代脱脂乳来应用于甜品、冰淇淋以及调味品等。并且乳清浓缩物也可以通过热处理和超滤的方式改变蛋白质的功能特性，从而提高人造黄油的稳定性和质地。

乳清浓缩物的生产步骤为：先除去甜乳清中残留的乳脂肪以及酪蛋白微粒，随后进行巴氏杀菌以及蒸发浓缩。然而，由于乳糖低溶解性的特点而限制了乳清浓缩的程度，使得总固形物含量最高为30%，而易发生微生物的生长和繁殖，所以乳清浓缩物的保质期较短，在7℃的条件下，只有2~3d。为了延长产品保质期，可以向乳清浓缩物中添加蔗糖，生产加糖浓缩乳清，并在焦糖的生产中使用。

二、酪乳浓缩物

酪乳是奶油生产过程中的副产品，由于富含乳脂肪而形成奶油的独特风味，因此，酪乳经过浓缩后，主要用于人造奶油和黄脂酱的生产。在酪乳经过热处理和加入钙盐的过程中，会改变蛋白质的结构而提高黄脂酱的水相黏度。酪乳浓缩物的生产步骤主要为：以酪乳为原料（酸度低于0.25%），按照加糖炼乳的生产方式进行。终产品的组成主要包括42.68%蔗糖、30.78%无脂乳固形物、25.24%水分以及1.30%脂肪。

> **🔍 思考题**
>
> 1. 炼乳的定义是什么？主要分类有哪些？
> 2. 甜炼乳的加工工艺流程及技术要点有哪些？
> 3. 淡炼乳的加工工艺及技术要点是什么？
> 4. 淡炼乳的质量控制有哪些？

第八章

乳粉

第一节　概述

一、乳粉的概念

乳粉（milk powder）是指以新鲜乳为原料，添加或不添加其他辅料（植物或动物蛋白质、脂肪、糖、维生素、矿物质），经过杀菌、浓缩、干燥等工艺过程制得的粉末状乳制品。由于生产中除去了乳中绝大多数的水分，不但极大地减轻了产品的体积和质量，便于储运，最重要的是可以有效地抑制微生物的生长，从而大大延长产品的保质期，脱脂乳粉最多具有约 3 年的保质期，全脂乳粉约有最长 6 个月的保质期，这是因为贮存过程中乳粉中的脂肪氧化产生变味。

乳粉有许多用途，是牛乳在食品工业中广泛应用的主要形式，主要生产应用如表 8-1 所示。

表 8-1　　　　　　　　　　　乳粉在食品工业中的主要应用

乳粉应用食品种类	作用
再制乳	主料
焙烤食品	加入生面团中增加面包的体积、提高持水能力、延长新鲜度的保持时间；替代鸡蛋
起酥食品	增加酥脆性；替代鸡蛋
牛乳巧克力	主要配料
香肠制品	提高蛋白质含量、提高保水性并改善风味；预制肉品
冰淇淋	主要配料

二、乳粉的种类

根据所用原料、原料处理及加工方法不同，乳粉主要有以下种类。

①全脂乳粉：以鲜乳直接加工而成，依据是否加糖可分为全脂乳粉和全脂加糖乳粉。

②脱脂乳粉：将鲜乳中的脂肪分离除去后用脱脂乳干燥而成。此部分又可以根据脂肪脱除程度分为无脂、低脂及中脂乳粉等；根据热处理强度，乳粉依脱脂乳在蒸发和干燥之前经受的温度、时间可分为特级低热、低热、中热和高热型脱脂乳粉，此类乳粉的差别在于乳清蛋白失活的程度。

③加糖乳粉：在乳原料中添加一定比例的蔗糖或乳糖后干燥加工而成。

④配制乳粉：鲜乳原料中或乳粉中配以各种人体需要的营养素加工而成。如婴儿乳粉、中老年乳粉、孕妇乳粉等。

⑤乳清粉：利用制造干酪或干酪素的副产品乳清制造而成的乳粉。

⑥功能性乳粉：在鲜乳中添加一定的功能活性因子经干燥后加工而成的能够调节人体生理功能、适宜特定人群食用、不以治疗疾病为目的的一类乳粉。如降糖乳粉、早产儿乳粉、补钙乳粉。

⑦乳油粉：鲜乳中添加一定比例稀奶油或在稀奶油中添加部分鲜乳后加工而成。

⑧酪乳粉：利用制造奶油时的副产品酪乳制造的乳粉。

⑨冰淇淋粉：鲜乳中配以适量香料、蔗糖、稳定剂及部分脂肪等经干燥加工而成。

⑩麦乳精粉：鲜乳中添加麦芽、可可、蛋类、饴糖、乳制品等经干燥而成。

三、乳粉的化学组成

乳粉的化学组成随原料乳种类及添加物的不同而有所差异，几种主要乳粉的化学成分平均值如表 8-2 所示。

表 8-2　　　　　　　　　　各种乳粉的化学成分平均值　　　　　　　　单位：%

品种	水分	脂肪	蛋白质	乳糖	无机盐	乳酸
全脂乳粉	2.00	26.00	26.50	38.00	6.05	0.16
脱脂乳粉	3.23	0.88	36.89	47.84	7.80	1.55
乳油粉	0.66	65.15	13.42	17.86	2.91	—
甜性酪乳粉	3.90	4.68	35.88	47.84	7.80	1.55
酸性酪乳粉	5.00	5.55	38.85	39.10	8.40	8.62
干酪乳清粉	6.10	0.90	12.50	72.25	8.97	—
干酪素乳清粉	6.35	0.65	13.25	68.90	10.50	—
脱盐乳清粉	3.00	1.00	15.00	78.00	2.90	0.10
婴儿乳粉	2.60	20.00	19.00	54.00	4.40	0.17
麦精乳粉	3.29	7.55	13.19	72.40[①]	3.66	—

注：①包括蔗糖、麦精及糊精。

四、乳粉的生产方法

依据牛乳干燥方式的不同，可将乳粉生产分为冷冻法和加热干燥法两大类。

（一）冷冻法

冷冻法生产乳粉可以分为离心冷冻法和低温冷冻升华法。

1. 离心冷冻法

离心冷冻法是先将牛乳在冰点以下浇盘冻结，并经常搅拌，使其冻成雪花状的薄片或碎片，而后放入高速离心机中，将呈胶状的乳固体分离析出，再在真空下加微热，使之干燥成粉。

2. 低温冷冻升华法

低温冷冻升华法是将牛乳在高度真空下（绝对压力67Pa），使乳中的水分冻结成极细冰结晶，而后在此压力下加微热，使乳中的冰屑升华，乳中固体物质便成为干燥粉末。此法生产出的乳粉外观似多孔的海绵状，溶解性极好。又因加工温度低，牛乳中营养成分损失少，几乎能全部保留，同时可以避免加热对产品色泽和风味的影响。

以上两种方法因为设备造价高，耗能大，生产成本高，仅适用于特殊乳粉的加工，大规模生产不宜使用。

（二）加热干燥法

目前国内乳粉的生产普遍采用加热干燥法，其中被广泛使用的干燥法是喷雾干燥法，这是世界公认的最佳乳粉干燥方法。在此之前还曾有过平锅法和滚筒干燥法。

1. 平锅法

平锅法是将鲜乳放于开口的平底锅中，加热浓缩呈浆糊状，而后平铺于干燥架上，吹热风使其干燥，最后粉碎过筛制成乳粉，是乳粉最早期的加工方法。

2. 滚筒干燥法

滚筒干燥法又称薄膜干燥法，用经过浓缩或未浓缩的鲜乳，均匀地淌在用蒸汽加热的滚筒上成为薄膜状，滚筒转到一定位置，薄膜被干燥，而后转到刮刀处时被自动削落，再经过粉碎过筛即得乳粉。此法生产的乳粉呈片状，含气泡少，冲调性差，风味差，色泽较深，国内已不采用这种生产方法，只有真空滚筒干燥法在国外乳粉生产上仍占一定的比例，且主要是利用滚筒干燥的强加热形式产生的"焦糖化"作用，将此类乳粉用于巧克力的加工。

3. 喷雾干燥法

喷雾干燥法是指鲜乳或浓缩乳在机械力或高速气流的作用下形成雾状，同时被吹入的热风吹干而形成粉末的一种干燥方法。喷雾干燥法分为压力喷雾干燥法、离心喷雾干燥法和高速气流喷雾干燥法。

除上述的一些干燥方法之外，还经常采用片状干燥法、泡沫干燥法、流化床干燥法等方法，来生产溶解性极佳的大颗粒速溶乳粉。

第二节 全脂乳粉的加工

一、全脂乳粉的加工工艺流程

各种乳粉的加工工艺流程如图 8-1 所示。全脂乳粉可根据原料乳中加糖与否分为全脂甜乳粉和全脂（淡）乳粉，两种乳粉的加工工艺基本一致。本节将以全脂乳粉为例，介绍加工方法及原理。

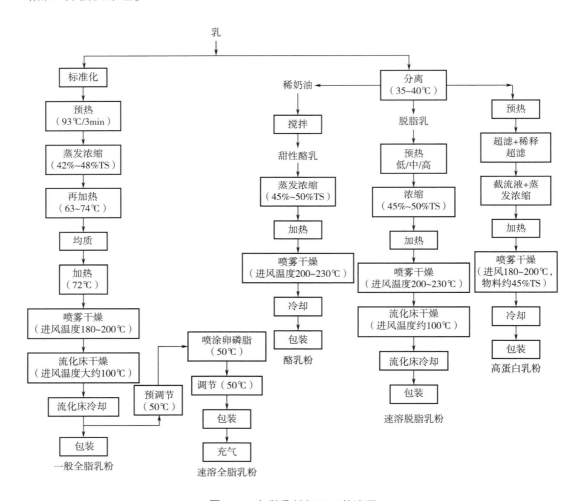

图 8-1 各种乳粉加工工艺流程

二、全脂乳粉的加工工艺要点

（一）原料乳的验收

原料乳验收必须符合国家生鲜牛乳收购的质量标准（GB19301—2010《食品安全国家标准 生乳》）规定的各项要求，严格地进行感官检验、理化性质检验和微生物检验。如不能立即加工需贮存一段时间，必须在净化后经冷却器冷却到4~6℃，再打入贮槽进行贮存。牛乳在贮存期间要定期搅拌和检查温度及酸度。

要注意生产乳粉的原料乳，在送到工厂之前，不允许进行强烈的、超长时间的热处理。因为这样的热处理会导致乳清蛋白凝聚，影响乳粉的溶解性和滋气味。使用过氧化物酶实验可以检测牛乳受热处理是否过于强烈，是否受过高温巴氏杀菌。

乳粉生产对微生物指标要求较高，要求菌落总数≤50000CFU/g，可以采用离心除菌和微滤的方式降低原料乳中微生物和体细胞的含量。

（二）标准化

全脂乳粉的标准化一般在离心净乳时同时进行。GB19644—2010《食品安全国家标准 乳粉》中要求脂肪≥26%，蛋白质≥34%非脂乳固体（非脂乳固体% = 100% - 脂肪% - 水分%），应根据此要求合理对原料乳进行标准化。

全脂甜乳粉的原料乳标准化时除了进行脂肪含量的调整外，还要进行蔗糖的标准化，即确定蔗糖添加量，一般全脂甜乳粉的蔗糖含量不超过20%。

蔗糖的质量均应符合国家特级品要求：色泽洁白，松散干燥，纯度大于99.65%，还原糖含量低于0.15%，水分在0.07%以下，灰分在0.1%以下，杂质度不高于40×10^{-6}。

加糖的方法有：①净乳之前加糖；②将杀菌过滤的糖浆加入浓缩乳中；③包装前加蔗糖细粉于乳粉中；④预处理前加一部分糖，包装前再加一部分。

选择何种加糖方法，取决于产品配方和设备条件。当产品中含糖在20%以下时，最好是在15%左右，采用①或②法为宜。当糖含量在20%以上时，应采用③或④法为宜。因为蔗糖具有热熔性，在喷雾干燥时流动性较差，容易粘黏壁和形成团块。带有二次干燥的设备，采用加干糖法为宜。溶解加糖法所制成的乳粉冲调性好于加干糖的乳粉，但是密度小，体积较大。无论何种加糖方法，均应做到不影响乳粉的微生物指标和杂质度指标。

（三）浓缩

1. 真空浓缩在乳粉加工中的意义

（1）节省能量 原料乳在干燥之前，先经真空浓缩除去乳中70%~80%的水分，可节省加热蒸汽和动力消耗，相应地提高了干燥设备的能力，降低成本。

（2）影响乳粉颗粒的物理性状 乳经浓缩至相对密度$d_{50}^{4} \geqslant 1.125$后进行喷雾干燥时，粉粒较粗大，乳糖形成较规则结晶，具有良好的分散性和冲调性，能迅速复水溶解。反之，如原料不经浓缩直接喷雾干燥，粉粒轻细，降低了冲调性，而且粉粒的色泽灰白，感官质量差。

（3）改善乳粉的保藏性 由于真空浓缩排除了乳中的空气和氧气，使粉粒内的气泡大为减少，从而降低了乳粉中脂肪氧化的作用，增加了乳粉的保藏性。经验证明，乳的浓度越高，乳粉中的气体含量越低。

（4）经浓缩后喷雾干燥的乳粉，与直接喷雾干燥的乳粉比较，颗粒较致密、坚实，相对密度较大，利于包装。

（5）真空蒸发浓缩较普通的加热浓缩比较，可以在较低温度下（40~80℃）完成水分的去除，可以更好地保护原料乳中热敏性营养物质。

2. 真空浓缩的要求

乳粉生产中的浓缩与炼乳相同，采用真空（减压）浓缩。原料乳浓缩的程度直接影响乳粉的质量，特别是溶解度，一般将固形物含量从13%左右浓缩到45%~55%的最终浓度。浓缩后的乳温一般47~50℃，这时的浓缩乳浓度应为14~16°Bé，相对密度为1.089~1.100；若生产大颗粒甜乳粉，浓缩乳浓度可提高至18~19°Bé。

乳粉的浓缩设备要选用蒸发速度快、连续出料、节能降耗的蒸发器。国内常采用双效降膜式、多效降膜式（三效、四效、五效、七效）等蒸发器（原理及操作见第七章），也可以采用列管式、板式、离心式、刮板式蒸发器等用于不同类型乳粉的加工。

因多效蒸发器设备价格昂贵，且运行复杂，因此乳粉浓缩设备的选用，须根据生产规模、产品品种、经济条件等实际情况决定。一般加工量小的乳粉厂，可选用单效蒸发器；加工量大的连续化生产线可选用双效或多效蒸发器。

（四）均质

均质可以使经过标准化处理处理的混合原料分散更加均匀。即使未进行标准化，经过均质的全脂乳粉质量也优于未经均质的，因为均质后的乳脂肪球直径变小，且分散均匀，制成的乳粉冲调复原性更好。均质的原理和操作见第四章内容。某些乳粉在干燥的过程中使用压力喷雾干燥，在高压泵的机械挤压和冲击作用下，也产生了类似均质的效果，因此工艺中可以不使用均质操作。

（五）杀菌

大规模生产乳粉的加工厂，为了便于加工，经均质后的原料乳用片式热交换器进行杀菌后，冷却到4~6℃，返回冷藏罐贮藏，随时取用。小规模乳粉加工厂，将净化、冷却的原料乳直接预热、均质、杀菌后用于乳粉生产。

原料乳的杀菌方法须根据成品的特性进行适当选择。杀菌温度和保持时间对乳粉的品质，特别是溶解度和保藏性有很大影响。一般认为，高温杀菌可以防止或推迟乳脂肪的氧化，但高温长时加热会严重影响乳粉的溶解度，最好采用高温短时杀菌方法。用于生产全脂乳粉的牛乳通常在80~85℃下巴氏杀菌，使绝大多数脂酶失活，使乳粉在贮存期间脂肪不被降解。也可以采用高温瞬时杀菌，不仅能使乳中微生物几乎全部杀死，还可以使乳中蛋白质达到软凝块化，食用后更容易消化吸收，近年来被人们所重视。

（六）喷雾干燥

干燥直接影响乳粉的溶解度、水分、杂质度、色泽和风味等，是乳粉生产中最重要的工序。工厂中目前广泛使用的干燥方式是喷雾干燥。经过浓缩处理后的原料乳，干物质含量为45%~55%，被泵送到喷雾干燥塔中进行干燥。整个干燥过程可分为三个步骤，即雾化、干燥和粉体分离。喷雾干燥设备类型又可分为一段式、二段式和三段式等，普通乳粉采用一段或二段式干燥方法，而二段和多段式干燥方法常用于速溶乳粉的加工。

1. 喷雾干燥过程

（1）雾化　浓缩液雾化的主要目的是提供一个非常大的表面，使水可以快速蒸发。产品被雾化得雾滴越小，其比表面积就越大，干燥过程就越有效和高效。1L的牛乳表面积约为

0.05m²。经雾化后，乳滴总表面积约35m²，即雾化使比表面积增加约700倍。

雾化的类型取决于产品，所需的颗粒大小和干燥产品所需的性能。这些可能包括质地、粒度、容重、溶解度、润湿性和密度。两种最常见的雾化系统是高压雾化和离心雾化（转盘雾化），两者之间有重要的功能区别。

①高压雾化：如图8-2（1）和图8-3（1）所示的是一个固定喷嘴，它沿空气流动的方向喷射牛乳。喷嘴的压力决定了颗粒的大小。在高压下（30MPa），粉末将非常细，具有很高的密度。在较低的压力（5~20MPa）下，会形成较大的颗粒，细粒含量较低。压力是通过多柱塞高压泵来建立的。这些大都是均质机，许多产品都需要均质机，也可以作为带有"旁路"均质装置的高压泵运行。

②离心雾化：离心雾化器由一个电动驱动器组成［图8-2（2）、图8-3（2）］，该驱动器旋转带有若干水平通道的圆盘。产品被送入圆盘中间，在离心力的作用下高速通过通道。转盘旋转速度为5000~25000r/min，取决于其直径。外围速度可达到100~200m/s。由于高速的出口，产品的流动被雾化成非常细的液滴。雾滴的大小（粉末的颗粒大小）可以通过改变雾化器的转速直接调节。离心泵通常足以给这种类型的雾化器供气。

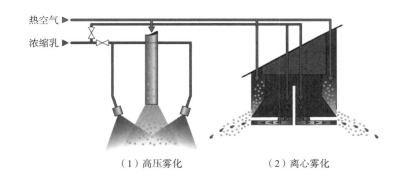

（1）高压雾化　　　　　　　　（2）离心雾化

图8-2　雾化器原理

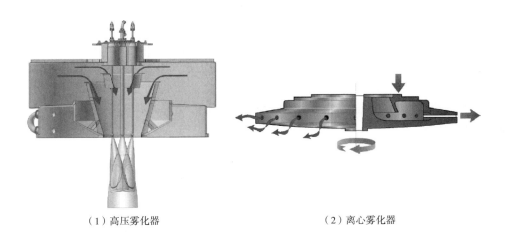

（1）高压雾化器　　　　　　　　（2）离心雾化器

图8-3　雾化器示意图

喷嘴喷雾的雾化颗粒度为150~300μm，比离心雾化的40~150μm的颗粒度更大。然而，离心雾化操作简单，对产品黏度和供应量的变化不敏感。

（2）干燥 干燥是一个传质过程，喷雾干燥是用热空气除去雾滴中的水分而干燥的。为了有效地干燥，需要三个必要条件，即空气是热的、干燥的和移动的。

当雾化的液滴进入烘干塔时，表面有一段短暂的升温时间，然后是恒速和减速干燥过程。在最初的恒速干燥阶段，干燥塔内的温度和湿度相对恒定，水分通过蒸发从雾滴表面除去。如图8-4所示为陡峭的曲线。随着干燥的进行，颗粒内部水分的去除会变得越来越困难，因为水必须从颗粒中心迁移到表面再被蒸发。干燥速率减慢，这被称为下降速率时期。这样，水分就与干燥的空气达到平衡（水分变平的曲线的最后一部分）。

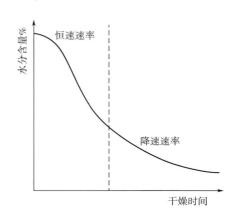

图8-4 干燥速率

在喷雾干燥过程中，一旦雾化的浓缩物与热空气接触，在0.01~0.04s的时间内水立即蒸发，粉末颗粒形成。通过将雾化器或高压喷嘴定位在空气分散器或文丘里管的出口，雾化产品和干燥空气（初始干燥）之间存在着密切的接触，细小的雾化液滴会立即蒸发吸收大量的蒸发潜热，导致塔内温度下降，全脂乳粉出口温度70~75℃，脱脂乳粉出口温度80~85℃。干燥结束，粉末沉淀在干燥室中，较大的颗粒因重力作用在底部排出。更细的粉末颗粒，即所谓的细粉，会随着出口的干燥空气一起离开干燥室。整个干燥过程仅需15~30s。根据干燥的产品类型，可采用一段或多段干燥。在单段干燥的情况下，最终产品的水分含量是在干燥室内达到的。对于多级干燥，在流化床中可以进行干燥脱水和冷却。

（3）乳粉分离 从干燥室排出的废气通过干燥室出口排出，通过旋风分离器或布袋除尘器或两者的组合分离废气中的粉末，沉积的粉末通过出口的旋转阀返回到系统输送管线。

2. 喷雾干燥塔

喷雾干燥塔是干燥系统的主体部分，在乳粉生产中最常见的是带圆锥体的圆柱形腔室。40°~50°的锥角便于粉剂在腔体底部出口排出。最常用的两种干燥室类型为宽体（wide body）干燥室和高形（tall form）干燥室，两种机型的外观结构及气流行走类型如图8-5所示。

从宽体干燥室排出的空气发生在干燥室的顶部。由于气室内气流的反转，粗颗粒被重力从空气中分离出来排出到流化床中。较小的颗粒被向上的气流夹带并离开顶部的干燥室，如图8-5（1）所示。

从高形干燥室排出的空气从锥形部分的顶部排出。圆柱形截面内的空气推动塞流，并在反锥形截面内反向流动。由于气流的反转，粗颗粒被重力从空气中分离出来排出到流化床中。较小的颗粒被气流夹带，并离开干燥室，如图8-5（2）所示。

3. 一段式干燥工艺

普通全脂乳粉可以采用一段式干燥方式进行干燥，系统包括一个带有雾化系统的干燥室、空气加热器、一个细粉回收装置和一个鼓风机。图8-6所示为一段式喷雾干燥系统。此法干燥后的乳粉水分含量往往偏高，即使提高出口温度，乳粉中最后约3%的水分仍极难除去。如果最终产品乳粉的湿度仍很高，在喷雾干燥中可结合使用再干燥段，形成两段式加工。

浓缩液通过高压泵 9 输送到集中集成在腔体顶部的雾化系统。该系统产生的水滴直径 40~125μm。干燥的空气通常吹过预过滤器 1 和细过滤器 3，然后通过一个蒸汽或燃气空气加热器 4。可利用间接热回收系统提高能源经济性，用排出空气的余热和加热器排出的烟气对空气进行预热。根据产品的不同，加热空气温度为 160~230℃。热风通过一个分配器 5，确保空气匀速进入干燥室，与雾化产品混合。当雾化产品进入干燥室时，自由水立即蒸发。液滴表面的水蒸发得非常快，水滴内部的水分通过毛细管作用迅速到达表面也是如此。然后热量通过对流传递到粒子中。这导致结合水的蒸发，扩散到粒子的表面。

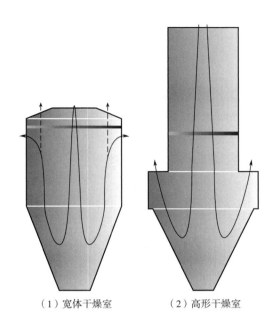

（1）宽体干燥室　　　（2）高形干燥室

图 8-5　喷雾干燥塔气流类型

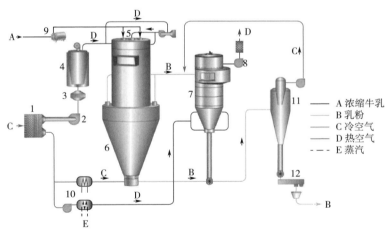

图 8-6　一段式喷雾干燥系统

1—预过滤器　2—进气风扇　3—细过滤器　4—空气加热器　5—空气分配器　6—干燥室
7—布袋式过滤器　8—排气扇　9—高压泵　10—空气处理装置　11—旋风分离器　12—粉筛

因为热风的热量不断被水的蒸发所消耗，当产品离开干燥室，加热到最高温度也低于空气 15~20℃，在正常条件下为 60~80℃。水滴的蒸发导致质量、体积和直径的显著减少。在理想的干燥条件下，质量会减少 50% 左右，体积减少 40% 左右。离开雾化器后，直径减小到雾滴尺寸的 75%。在干燥过程中，粉末沉淀在干燥室的底锥中，从系统中排出。由气动输送机输送到料仓或包装站，用冷空气冷却热粉。然后用旋风分离器 11 将粉末从运输的空气中分离出来。细小、轻的颗粒可能被吸出干燥室，与空气混合经布袋式过滤器 7，与主粉体混合。

压力喷雾干燥工艺参数如表 8-3 所示，离心喷雾干燥工艺参数如表 8-4 所示。

表 8-3　　　　　　　　　　　压力喷雾干燥法生产乳粉工艺参数

项目	全脂乳粉	全脂加糖乳粉	项目	全脂乳粉	全脂加糖乳粉
浓缩乳浓度/°Bé	12~13	14~16	喷雾角度/°	70~80	70~80
乳干物质含量/%	45~55	45~55	进风温度/℃	130~170	140~170
浓缩乳温度/℃	40~45	40~45	排风温度/℃	70~80	75~80
高压泵使用压力/MPa	13~20	13~20	排风相对湿度/%	10~13	10~13
喷嘴孔径/mm	1.2~1.8	1.2~1.8	干燥室负压/Pa	98~196	98~196
芯子流乳沟槽/mm	0.5×0.3	0.5×0.3			

表 8-4　　　　　　　　　　　离心喷雾干燥法生产乳粉工艺参数

项目	全脂乳粉	全脂加糖乳粉	项目	全脂乳粉	全脂加糖乳粉
浓缩乳浓度/°Bé	13~15	14~16	转盘数量/只	1	1
浓缩乳干物质含量/%	45~50	45~50	进风温度/℃	200 左右	200 左右
浓缩乳温度/℃	45~55	45~55	干燥温度/℃	90 左右	90 左右
转盘转速/(r/min)	5 000~20 000	5 000~2 0000	排风温度/℃	85 左右	85 左右

4. 二段和多段式干燥工艺

为提高乳粉的产品质量（流动性、分散性、低粉尘含量）、改进产品处理效果、提高操作效率以及环境可持续性，对一段式干燥方式进行了改进，促使了两段和多段式干燥系统的发展，如图 8-7 所示（干燥和冷却的段数根据实际生产设计，可通过控制空气处理装置 11 的加热或冷却调节）。目前的工厂加工中，多采用二段式干燥工艺进行脱水处理，在耗能更低的情况下，可以得到更低的乳粉水分含量。

牛乳的两段干燥方法最初的开发是为了在直接干燥加工中获得附聚的乳粉，但在 20 世纪 70 年代初，该法被改良用于非附聚乳粉的生产，这样产品质量提高的优势就与两段加工的更佳经济性结合在一起。

两段干燥方法生产乳粉包括了喷雾干燥第一段和流化床干燥第二段。乳粉离开干燥室的相对湿度比最终要求高 2%~3%，流化床干燥器的作用就是除去这部分超量湿度并最后将乳粉冷却下来。产品主要由单个颗粒组成，由于流化床对细粉的分离作用，提高了粉体的质量。由于整体热冲击较低，采用两段法干燥的粉末溶解度指数和空气含量较小，但容重较高。与单级干燥相比，最大的优点是通过增加送风和出风之间的温差来提高效率。干燥所需的能量比单级工艺低 10%~15%。

多级干燥，是在一级干燥系统基础上增加了一个或多个流化床干燥设备。流化床可以是静态/混合型床或振动/摇动床（平推流）或两者的组合，后者通常称为三级干燥。粉末带着较高的残留水分离开干燥室，并在流化床中进一步干燥，在流化床中，干燥结束于相对较低的温度，粉末也可以在流化床中冷却。

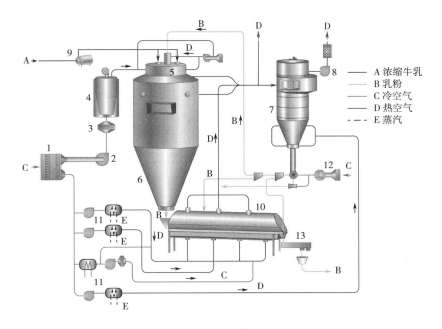

图8-7　多段式干燥系统

1—进气过滤器　2—进气风扇　3—细过滤器　4—空气加热器　5—空气分配器　6—干燥室
7—袋式过滤器　8—排气扇　9—高压泵　10—流化床　11—空气处理装置　12—风机　13—粉筛

5. 喷雾干燥的优缺点

（1）喷雾干燥的优点

①干燥速率快，物料受热时间短：如前所述，由于乳被雾化成微细雾滴，比表面积增加后，在高温干燥热风中强烈而迅速汽化，水分瞬间蒸发。

②干燥温度低，乳粉质量好：在喷雾干燥过程中，雾滴从周围热空气中吸收大量热量，而使周围空气温度迅速下降，同时保证了被干燥的雾滴本身温度大大低于周围空气的温度，干燥乳粉即使是其表面，一般也不高于干燥气流中湿球温度（50~60℃）。这是由于雾滴在干燥时的温度接近于液体的绝热蒸发温度，就是恒速干燥阶段的温度不会超过空气湿球温度的缘故。所以，尽管干燥室内的热空气温度很高，但干燥却极为缓和，物料受热时间短、温度低、营养成分损失少。

③工艺参数可调，容易控制质量：选择适当的雾化器，调节工艺条件，可以控制乳粉颗粒状态、大小、容重，并使含水量均匀，成品具有良好的冲调性。

④卫生质量好，产品不易污染：喷雾干燥是在密封状态下进行的，干燥室呈98~400Pa的负压，所以避免了粉尘的外溢，减少浪费，保证产品卫生。

⑤产品呈松散状态，不必再粉碎：喷雾干燥后，乳粉是粉末状，只要过筛，团块粉即可分散。

⑥操作方便，机械化、自动化程度高，有利于连续化和自动化生产，操作人员少，劳动强度低，具有较高的生产效率。

（2）喷雾干燥的缺点

①干燥塔体积庞大，占地面积、空间大，而且造价高、投资大。

②耗能、耗电多：为了保证乳粉中含水量的标准，一般将排风相对湿度控制到10%～13%，即排风的干球温度达到75～85℃。严格控制排风相对湿度，需耗用较多的热风量，热效率低。进风温度为150～170℃时，热效率仅为30%～50%；热风温度高于200℃时，热效率可达55%。每蒸发1kg水需要蒸发3.0～3.3kg，能耗高。

③粉尘黏壁现象严重，清扫、收粉的工作量大。如果采用机器回收装置，又比较复杂，易造成二次污染，且投资大。

（七）出粉、冷却、包装

喷雾干燥结束后，应立即将乳粉送至干燥室外并及时冷却，避免乳粉受热时间过长。特别是对全脂乳粉，受热时间过长会引起乳粉中游离脂肪的增加，严重影响乳粉的质量，使之在保存中容易引起脂肪氧化变质。乳粉的色泽，滋气味，溶解度同样会受影响。所以，在喷雾干燥以后，出粉和冷却也是一重要的环节。

1. 出粉与冷却

干燥的乳粉，落入干燥室的底部，粉温为60℃左右，应尽快出粉。冷却的方式一般有以下几种。

（1）气流出粉、冷却　这种装置可以连续出粉、冷却、筛粉、贮粉、计量包装。优点是出粉速度快。大约在5s内就可以将喷雾室内的乳粉送出，并在输粉管内进行冷却。其缺点是易产生过多的微细粉尘。另外，这种方式冷却效率低，一般只能冷却到高于气温9℃左右，特别是在夏天，冷却后的温度仍高于乳脂肪熔点以上。

（2）流化床出粉、冷却　流化床出粉和冷却装置的优点：①乳粉不受高速气流的摩擦，故乳粉质量不受损害。②可大大减少微细粉的数量。③乳粉在输粉导管和旋风分离器内所占比例少，故可减轻旋风分离器的负担。同时可节省输粉中消耗的动力。④冷却床冷风量较少，故可使用冷却的风来冷却乳粉，因而冷却效率高，一般乳粉可冷却到18℃左右。⑤乳粉经过震动的流化床筛网板，可获及颗粒较大而均匀的乳粉。从流化床吹出的微细乳粉还可通过导管返回到喷雾室与浓乳会合，重新喷雾成乳粉。

（3）其他出粉方式　可以连续出粉的几种装置还有搅龙输粉器，电磁振荡器，转鼓型阀，旋涡气封阀等。

2. 筛粉与晾粉

（1）筛粉　一般采用机械振动筛，筛底网眼为40～60目。目的是为了使乳粉均匀、松散，便于冷却。

（2）晾粉　晾粉过程中，不但使乳粉的温度降低，同时乳粉表观密度可提高15%，有利于包装。无论使用大型粉仓还是小粉箱，在贮存时严防受潮。包装前的乳粉存放场所必须保持干燥和清洁。

3. 包装

各国乳粉包装的形式和尺寸有较大差别，包装材料有马口铁罐、塑料袋、塑料复合纸带、塑料铝箔复合袋等。规格多为500g、454g，也有250g、150g。大包装容器有马口铁盒或软桶，1.5kg装；塑料袋套牛皮纸袋，25kg装。依不同客户的特殊需要，可以改变包装物质量。

包装方式直接影响乳粉的贮存期，如塑料袋包装的贮存期规定为 3 个月，铝箔复合袋包装的贮存期规定为 12 个月，真空包装技术和充氮包装技术可使乳粉质量保存 3~5 年。

包装过程中影响产品质量的因素如下。

（1）包装时乳粉的温度 乳粉出料后应进行冷却降温。如果生产出来的乳粉封闭于大的容器中，时间过长，会使蛋白质变性，造成溶解度下降，而且能引起走油，使脂肪成为连续相，使乳粉颗粒表面的脂肪暴露在周围的空气里，加速氧化味的出现。所以在大包装时应先将乳粉冷却至 28℃ 以下再包装，以防止过度受热。此外，如将热的乳粉装罐后，立即抽气，则保藏性比冷却包装更佳。

（2）包装室内湿度 乳粉的吸湿性很强，如在空气相对湿度 62%、温度为 18~20℃ 的情况下，全脂乳粉的均衡水分在 2d 之内可以增加到 8%~9%，乳粉潮湿会引起产品质量急剧降低，溶解度下降。并且由于蛋白质的变性和脂肪的氧化，乳粉还会出现特殊滋味。

此外，由于潮湿，乳糖结晶体能使脂肪发生游离，破坏脂肪球膜，更加剧了空气中的氧气与脂肪的作用。检验证明，贮存乳粉的房间，相对湿度不能超过 75%，温度也不应急剧变化，盛装乳粉的桶不应透水和漏气。在相对湿度低于 3% 的情况下，乳粉不会发生任何变化，因为这时全部水分都与乳蛋白质呈化学结合的状态存在。

（3）空气 为了消除由于乳粉罐中存在多余的氧气而使脂肪发生氧化的缺陷，最好在包装时，使容器中保持真空，然后填充氮气，可以使乳粉贮藏 3~5 年。

三、乳粉颗粒的理化特性

（一）颗粒大小与形状

乳粉颗粒的大小与形状因操作方法和工艺条件不同而异。一般用滚筒法生产的乳粉，呈不规则的片状，不含有气泡。喷雾法生产的乳粉，常具有单个或几个气泡，乳粉颗粒呈单球状或葡萄状。压力喷雾的乳粉颗粒大小在 10~100μm；离心喷雾的乳粉颗粒大小在 30~200μm；大颗粒速溶乳粉颗粒大小在 100~800μm；脱脂乳粉颗粒大小在 40~60μm。

乳粉颗粒的大小对乳粉的冲调性、复原性、分散性及流动性有很大影响。当乳粉颗粒达 150μm 左右时，冲调复原性最好；小于 75μm 时，冲调复原性较差。

（二）乳粉中的气泡

喷雾干燥的乳粉都含有气泡，气泡的位置不一定在乳粉颗粒的中心，其大小和多少也不一致。压力喷雾法干燥的全脂乳粉颗粒中含有空气量 7%~10%（体积分数）；脱脂乳粉颗粒中约含 13%。离心喷雾法干燥的全脂乳粉含 16%~22%；脱脂乳粉约含 35%。含气泡多的乳粉浮力大，下沉性差，且易氧化变质。

（三）色泽与风味

正常乳粉的色泽呈淡黄色，滋气味应具有牛乳的特有乳香，风味微甜。一旦色泽和风味改变，乳粉质量将会发生改变。使用加碱中和的原料乳时，乳粉的色泽会加深，滋气味劣化；喷雾干燥时，温度过高或时间过长，会使乳粉色泽加深，甚至呈深褐色有焦粉。贮藏时温度高、乳粉中水分超过 5% 时，乳粉的颜色会变褐，甚至产生陈腐味及氧化味。

（四）密度

乳粉的密度有三种表示方法：表观密度，容积密度和真密度。

1. 表观密度

表观密度表示单位体积中乳粉的质量。它包括颗粒间空隙中的空气，与乳粉大小及内部结构有关。一般滚筒干燥的乳粉表观密度为 $0.3 \sim 0.5 g/mL$，喷雾干燥的乳粉表观密度大，为 $0.5 \sim 0.6 g/mL$。表观密度大，则单位质量所占体积小，有利于包装。

2. 容积密度

容积密度表示乳粉颗粒的密度。它包括乳粉颗粒内部的气泡，而不包括乳粉颗粒间空隙的气体。其大小表明颗粒组织松紧状态或含有气泡多少。

3. 真密度

真密度不包括空气的乳粉本身的密度。全脂乳粉的真密度为 $1.26 \sim 1.32 g/mL$，脱脂乳粉的真密度为 $1.44 \sim 1.48 g/mL$。

乳粉的密度受板眼孔径、喷雾压力、浓缩乳浓度和黏度、干燥时的热风温度、出粉和输粉方式等因素的影响。一般浓度越高，乳粉的密度也越大，干燥温度增高时，因颗粒膨胀而中空，会使密度降低。

（五）乳粉的成分及其状态

1. 乳粉中的脂肪

乳粉颗粒中脂肪的状态随干燥方式和操作方法而异。脂肪状态对乳粉的贮藏性有影响。压力喷雾乳粉因高压泵起到了一定的均质作用，因而脂肪较小，一般为 $1 \sim 2 \mu m$，离心法为 $1 \sim 3 \mu m$。

乳粉中能直接用四氯化碳抽提出来的脂肪都是游离脂肪，这种脂肪含量高时，乳粉极易氧化，不耐保藏，冲调性较差。滚筒干燥的乳粉中游离脂肪占脂肪总量的 $91\% \sim 96\%$，喷雾干燥的乳粉中为 $3\% \sim 14\%$。因此，滚筒干燥的乳粉很容易氧化酸败变质。将浓缩乳均质可降低游离脂肪的含量。乳粉在出粉、运输和包装时，受到摩擦则会使游离脂肪含量增加，乳粉在高温下贮藏、暴晒也会增加游离脂肪的含量。

2. 乳粉中的蛋白质

乳粉颗粒中蛋白质的状态，特别是酪蛋白的状态，与乳粉的冲调复原有关。在乳粉加工过程中要尽量保持乳蛋白原来的状态，以获得良好的复原性。喷雾干燥乳粉中的蛋白质变性很少，但是，即使是优质牛乳，在加工过程中受热条件控制稍有不当，也会引起乳蛋白变性，使乳粉溶解度降低，产生不溶性沉淀物，变性的酪蛋白酸钙。

全脂乳粉冲调后，有的在表面出现一层泡沫浮垢，这是脂肪-蛋白质络合物，影响乳粉的复原性。当乳粉在高温下贮藏时，会增加这种络合物的产生。

3. 乳粉中的乳糖

新制成的乳粉所含的乳糖呈非结晶的玻璃状态。α-乳糖与 β-乳糖的无水物保持平衡状态，其比例大致为 $1 : 1.6$。乳粉中呈玻璃状态的乳糖，吸湿性很强，所以很容易吸潮。如果将乳粉放置在潮湿的空气中，则乳糖开始吸收水分逐渐变为含有一分子结晶水的结晶乳糖。

4. 乳粉中的水分

乳粉中的水分与酪蛋白呈化学结合状态存在。GB 19644—2010《食品安全国家标准 乳粉》规定乳粉中水分 $\leqslant 5\%$。

（六）乳粉的溶解度与复原性

乳粉溶解度的高低反映乳粉中蛋白质的变性程度，优质乳粉的溶解度应达99.90%以上，甚至是100%。用水冲调复原时，应是均一的鲜乳状态，其中蛋白质和脂肪也都恢复成牛乳原来的良好分散状态。而质量差的乳粉用水冲调时，却不能完全复原成鲜乳状态。

（七）乳粉的润湿性

乳粉的润湿性是表示乳粉颗粒的亲水性。尽管乳粉的溶解度达到99%以上，用水冲调复原时，却出现乳粉颗粒的结团浮于表面现象，不都完全复原成鲜乳状态，这表明乳粉的润湿性差。润湿性与乳粉颗粒大小、密度有关。乳粉颗粒如果是由细小颗粒附聚成较大的颗粒，形成了毛细管，润湿性显著增进。如在乳粉颗粒变形时，添加少量的食用润湿剂（如卵磷脂），润湿性显著提高，冲调时乳粉能迅速溶解。

四、乳粉常见的质量缺陷及产生原因

在乳粉的生产过程中，如果操作不当，就有可能出现各种质量问题。目前乳粉常见的质量问题主要有：水分含量过高、溶解度偏低、易结块、颗粒形状和大小异常、有脂肪氧化味、色泽较差、菌落总数过高、杂质度过高等。

（一）乳粉水分含量过高

1. 水分含量对乳粉质量的影响

多数乳粉的水分含量在2%～5%。水分含量过高，会促进乳粉中残存的微生物生长繁殖，产生乳酸，从而使乳粉中的酪蛋白发生变性而变得不可溶，这样就降低了乳粉的溶解度。当乳粉水分含量为3%～5%时，贮存一年后乳粉的溶解度仅略有下降；当乳粉水分含量提高至6.5%～7%时，贮存一小段时间后，其中的蛋白质就有可能完全不溶解，产生陈腐味，同时产生褐变。但乳粉的水分含量也不宜过低，否则易引起乳粉变质而产生氧化臭味，一般喷雾干燥生产的乳粉当水分含量低于1.88%时就易引起这种缺陷。

2. 乳粉水分含量过高的原因

喷雾干燥过程中，进料量、进风温度、进风量、排风温度、排风量控制不当；雾化器因阻塞等原因使雾化效果不好，导致雾化后的乳滴太大而不易干燥；乳粉包装间的空气相对湿度偏高，使乳粉吸湿而水分含量上升；乳粉冷却过程中，冷风湿度太大，从而引起乳粉水分含量升高；乳粉包装封口不严或包装材料本身不密封而吸潮。

（二）乳粉的溶解度偏低

1. 乳粉溶解度的定义

乳粉溶解度是指乳粉与一定量的水混合后，能够复原成均一的新鲜牛乳状态的性能。因为牛乳是由溶液、悬浮液、乳浊液三种体系构成的一种均匀、稳定的胶体性液体，而不是纯粹的溶液，所以乳粉的溶解度也只是一个习惯称呼而已。乳粉溶解度的高低反映了乳粉中蛋白质的变性程度。溶解度低，说明乳粉中蛋白质变性的量大，冲调时变性的蛋白质就不可能溶解，或黏附于容器的内壁，或沉淀于容器的底部。

2. 导致乳粉溶解度下降的原因

（1）原料乳的质量差，混入了异常乳或酸度高的牛乳；蛋白质热稳定性差，受热容易变性。

（2）牛乳在杀菌、浓缩或喷雾干燥过程中温度偏高，或受热时间过长，使牛乳蛋白质受热过度而变性。

（3）喷雾干燥时雾化效果不好，使乳滴过大，干燥困难。

（4）牛乳或浓缩乳在较高的温度下长时间放置会导致蛋白质变性。

（5）乳粉的贮存条件及时间对其溶解度也会产生影响。当乳粉贮存于温度高、相对湿度大的环境中，其溶解度会有所下降。

（6）不同的干燥方法生产的乳粉溶解度有所不同。一般来讲，滚筒干燥法生产的乳粉溶解度较差，仅为70%~85%，而喷雾干燥法生产的乳粉溶解度可达99.0%以上。

（三）乳粉结块

乳粉极易吸潮而结块，这主要与乳粉中含有的乳糖及其结构有关。乳糖是乳粉的主要成分之一，不同的产品含量不同。全脂乳粉中含有38%左右的乳糖，脱脂乳粉中含有50%左右的乳糖，全脂甜乳粉中含有30%左右的乳糖，婴儿配方乳粉中含有55%左右的乳糖。

采用一般工艺生产出来的乳粉，其乳糖呈非结晶的玻璃态，具有很强的吸湿性。造成乳粉吸湿结块主要可能发生在干燥和包装贮存两个过程中，乳粉吸收了空气中的水分。

（四）乳粉颗粒的形状和大小异常

1. 乳粉颗粒的形状和大小

乳粉颗粒的形状取决于干燥方法。滚筒干燥法生产的乳粉颗粒呈不规则的片状，且不含有气泡；而喷雾干燥法生产的呈球状，可单个存在或几个粘在一起呈葡萄状。一般来说，压力喷雾法生产的乳粉直径较离心喷雾法生产的乳粉颗粒直径小。压力喷雾干燥法生产的乳粉，其颗粒直径为10~100μm，平均为45μm；而离心喷雾干燥法生产的乳粉，其颗粒直径为30~200μm，平均100μm。

2. 乳粉颗粒大小及分布率对产品质量的影响

乳粉颗粒直径大，色泽好，则冲调性能及润湿性能好，便于饮用。如果乳粉颗粒大小不一，而且有少量黄色焦粒，则乳粉的溶解度就会较差，且杂质度高。

3. 影响乳粉颗粒形状及大小的因素

（1）雾化器出现故障，将有可能影响乳粉颗粒的形状。

（2）干燥方法不同，乳粉颗粒的平均直径及直径的分布状况也有所不同。

（3）同一干燥方法，不同类型的干燥设备，所生产的乳粉颗粒直径不同。例如，压力喷雾干燥法中，立式干燥塔较卧式干燥塔生产的乳粉颗粒直径大。目前立式压力喷雾干燥法正在尝试高塔和大孔径喷头干燥法以及采用二次干燥技术，以增大乳粉颗粒的直径。

（4）浓缩乳的干物质含量对乳粉颗粒直径有很大的影响。在一定范围内，干物质含量越高，则乳颗粒直径就越大，所以在不影响产品溶解度的前提下，应尽量提高浓缩乳的干物质含量。

（5）压力喷雾干燥中，高压泵压力的大小是影响乳粉颗粒直径大小的因素之一。使用压力低，则乳粉颗粒直径大，但不影响干燥效果。

（6）离心喷雾干燥中，转盘的转速也会影响乳粉颗粒直径的大小。转速越低，乳粉颗粒的直径就越大。

（7）喷头的孔径大小及内孔表面的粗糙度状况也影响乳粉颗粒直径的大小及分布状况。喷头孔径大，内孔粗糙度高，得到的乳粉颗粒直径大，且颗粒大小均一。

（五）乳粉的脂肪氧化味

1. 乳粉中脂肪的状态

乳粉颗粒中脂肪的状态因干燥的方法不同而异。滚筒干燥的乳脂肪球直径大多为 1 ~ 7μm，但大小范围幅度较大，少量脂肪球直径可达几十微米。在喷雾干燥过程中，脂肪球在机械力或离心力的作用下直径变小。压力喷雾干燥制得的乳粉脂肪球直径一般为 1 ~ 2μm，离心喷雾干燥制得的乳粉脂肪球直径一般为 1 ~ 3μm。

喷雾干燥制得的乳粉脂肪呈球状，且存在于乳粉颗粒内部。而滚筒干燥法生产的乳粉由于脂肪球受到机械力的摩擦作用，脂肪球彼此聚积成大团块，大多集中在乳粉颗粒的边缘。喷雾干燥乳粉中游离脂肪占脂肪总量的 3.0% ~ 14.0%，而滚筒干燥乳粉中游离脂肪占总脂肪含量的 91% ~ 96%。

2. 影响乳粉游离脂肪含量的因素

（1）喷雾干燥前浓缩乳若采用二级均质法，可使乳粉中游离脂肪含量下降。

（2）在出粉及乳粉输送过程中，应避免高速气流的冲击和机械擦伤。干燥后的乳粉应迅速冷却，采用真空包装或抽真空灌惰性气体的密封包装。产品应贮存于适宜的温度下，这样可防止游离脂肪的增加；否则即使是质量较好的乳粉，由于处理和贮存不当，也会使游离脂肪的含量大大增加。

（3）当乳粉水分含量增加到 8.5% ~ 9.0% 时，因乳糖的结晶，游离脂肪增加。

3. 乳粉脂肪氧化味产生的原因及防止措施

乳粉脂肪氧化味产生的原因是乳粉的游离脂肪酸含量高，易引起乳粉的氧化变质而产生氧化味；乳粉中脂肪在解脂酶及过氧化物酶的作用下，产生游离的挥发性脂肪酸，使乳粉产生刺激性的臭味；乳粉贮存环境温度高、湿度大或暴露于阳光下，易产生氧化味；由于乳糖的结晶，乳粉颗粒表面产生很多裂纹，脂肪就会逐渐渗出，同时外界的空气也很容易渗透到乳粉颗粒中，引起氧化变质。为此，防止措施如下：

（1）严格控制乳粉生产的各种工艺参数，尤其是牛乳的杀菌温度和保温时间，必须使解脂酶和过氧化物酶的活性丧失。

（2）严格控制产品的水分含量在 2.0% 左右。

（3）保证产品包装的密封性。

（4）产品贮存在阴凉、干燥的环境中。

（六）乳粉的色泽较差

乳粉的色泽受以下因素的影响：

（1）如果原料乳酸度过高而加入碱中和后，所制得的乳粉色泽较深，呈褐色。

（2）若牛乳中脂肪含量较高，则乳粉颜色较深。

（3）若乳粉颗粒较大，则颜色较黄；乳粉颗粒较小，则颜色呈灰黄。

（4）空气过滤器过滤效果不好，或布袋过滤器长期不更换，会导致回收的乳粉呈暗灰色。

（5）物料热处理过度或乳粉在高温下存放时间过长，会使产品色泽加深。

（6）乳粉水分含量过高，或贮存环境的温度和湿度较高，易使乳粉色泽加深，严重的甚至产生褐色。

（七）菌落总数过高

乳粉中菌落总数过高的原因：

（1）原料乳污染严重，菌落总数过高，杀菌后残留量太多。

（2）杀菌温度和时间没有严格按照工艺条件的要求进行。

（3）板式换热器垫圈老化破损，使生乳混入杀菌乳中。

（4）生产过程中，受到二次污染。

（八）杂质度过高

杂质度过高的原因：

（1）原料乳净化不彻底。

（2）生产过程中受到二次污染。

（3）干燥时热风温度过高，导致风筒周围产生焦粉。

（4）分风箱热风调节不当，产生涡流，使乳粉局部受热过度而产生焦粉。

第三节　速溶乳粉的加工

速溶乳粉是指具有极佳溶解性的脱脂和全脂乳粉，将其放于冲调水的表面，在没有搅拌的情况下，乳粉会迅速下沉并迅速溶解而不结块。这种乳粉的粒度比一般乳粉大（受附聚的影响），甚至可速溶于冷水中。速溶工艺并没有改变乳粉的溶解度，而是使其比普通乳粉具有更好的复原性。

一、速溶乳粉的特点

速溶乳粉是采用附聚工艺制成的颗粒状制品，全脂乳粉颗粒与附聚乳粉颗粒在 SEM 下的显微结构如图 8-8 所示。附聚乳粉具有以下特点：

①速溶乳粉的颗粒直径大，一般为 $100 \sim 800 \mu m$。

②速溶乳粉的溶解性、可湿性、分散性和沉降性等性能都得到极大的改善，具有良好的复原特性。

 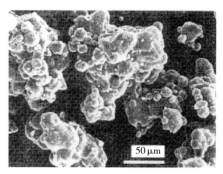

（1）非附聚乳粉颗粒　　　　（2）附聚乳粉颗粒

图 8-8　乳粉的显微结构

③速溶乳粉中的乳糖是呈结晶状的乳糖水合物，在包装和保存过程中不易吸潮结块。

④由于速溶乳粉的直径大而均匀，减少了制造、包装及使用过程中粉尘飞扬的程度，避免损失，改善了工作环境。

⑤速溶乳粉的比容大，表观密度低，则包装容器的体积相应增大，一定程度上增加了包装费用。

⑥速溶乳粉的水分含量较高，不利于贮藏；对脱脂速溶乳粉而言，易于褐变，并具有一种粮谷的气味。

二、影响乳粉速溶性的因素

速溶乳粉具有良好的复原特性，主要受乳粉加工的附聚程度的影响，表现在其良好的分散性、可湿性、沉降性和溶解性上。

乳粉的分散性与溶解性无关，但与水分迅速渗透到乳粉中有关。乳粉的可湿性取决于乳粉颗粒与水面和空气三相的接触角 θ。θ 值越小亲水性越强，可湿性越好。附聚后的乳粉颗粒间隙变宽，水分更容易渗透，提高了乳粉分散性。全脂乳粉应喷涂卵磷脂以保证较小的 θ 值，而提高可湿性。一旦乳粉被润湿，即乳粉颗粒内部的气相被液相取代，乳粉下沉，下沉有利于其溶解，而沉降性主要取决于乳粉颗粒密度。一旦乳粉颗粒润湿沉降，其还原性就取决于溶解性。溶解性是决定乳粉还原性总体质量的关键因素。

乳粉要想在水中迅速溶解必须经过速溶化处理，乳粉颗粒经处理后形成更大一些的、多孔的附聚物。乳粉要得到正确的多孔率首先要经干燥把颗粒中的毛细管水和孔隙水用空气取代。然后颗粒需再度湿润，这样，颗粒表面迅速膨胀关闭毛细管，颗粒表面就会发黏，使颗粒黏接在一起形成附聚。

另外，普通脱脂乳粉中的乳糖呈不定型的玻璃状非结晶状态，是 α-乳糖与 β-乳糖的混合物，储存过程中具有很强的吸湿性能，容易吸潮结块，影响速溶性。将普通脱脂乳粉吸湿后再进行干燥，使结晶以外的水分蒸发掉，可得到乳糖的结晶状态，不易吸潮结块，便于速溶。

三、乳粉的速溶化

一般一级干燥生产的乳粉颗粒没有附聚工艺，无速溶性，体积密度较大。为了生产能够在冷水中分散还原较好的速溶性乳粉，需要改变干燥过程。速溶乳粉与普通乳粉的生产工艺的不同就在于增加了乳粉的附聚操作。

附聚是乳粉速溶化的基本方法，本质就是乳粉颗粒聚集在一起，并增加了乳粉颗粒的间隙空气，有助于乳粉的分散性和润湿性的提高。

附聚可以通过细小颗粒的碰撞形成，颗粒最终的特性取决于颗粒的水分含量和附聚方式。在喷雾干燥过程中，附聚作用可以自然形成，也可以通过引入细粉或者改变干燥模式强制形成。脱脂速溶乳粉和全脂速溶乳粉，因含脂量的差异，对乳粉颗粒的润湿性影响较大，全脂速溶乳粉除附聚操作以外需要增加乳粉颗粒的亲水性。

（一）脱脂乳粉的速溶化

1. 直通附聚法

指在同一干燥室内完成雾化、干燥、附聚、再干燥等操作，使产品达到标准要求的方法。将干乳粉细颗粒循环返回到主干燥室中，一旦干燥颗粒被送入干燥室，其表面即会被蒸发的水分所润湿，颗粒开始膨胀，毛细管和孔关闭并且颗粒变黏，其他乳颗粒黏附在其表面上，于是形成附聚物。直通附聚法也称作内部喷雾附聚法（inter-spray agglomeration），可以采用压力式（图 8-9）或离心式（图 8-10）两种喷雾方法进行附聚。一般采用增高干燥室高度或增大其直径、延长物料的干燥时间、使物料在较低的干燥温度下等方法达到预期的干燥目的。

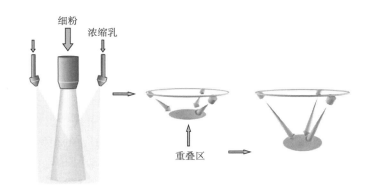

细粉　浓缩乳

重叠区

图 8-9　压力式喷雾附聚法

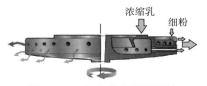

浓缩乳　细粉

图 8-10　离心式喷雾附聚法

附聚一般是在雾化区进行的，此处雾滴仍然是湿的，因此能够发生颗粒之间的结合。并且，不是所有的雾化颗粒都凝聚在一起，大部分颗粒随出口空气离开干燥机，只有细粉在旋风分离器和/或袋式过滤器中分离后收集，回收到雾化区用于与液滴附聚。

附聚有两种模式：湿润雾滴之间的碰撞干燥，以及细小的颗粒与湿润雾滴的碰撞。喷雾液滴之间的碰撞可以通过单个喷雾的交叉来实现，这称为喷雾间附聚；在单个喷雾射流中，粒子之间也会发生碰撞，这称为喷雾内附聚。将干燥的细颗粒再循环到雾化区是附聚过程中的一个重要因素，因为在许多情况下，没有细颗粒再循环形成的附聚体太小。因此，良好的附聚过程需要喷雾间附聚和细粉再循环之间的有效结合。

如图 8-9 所示，附聚过程发生在多个喷嘴喷出物料的交叉重叠区。在交叉区或重叠区，浓缩乳与细小、干燥的颗粒接触。浓缩乳的喷嘴尖端有一个角度，此外，它们可以内外调节。有角度的喷枪尖端可以使喷枪交叉，并且喷枪的倾斜角度的调节，可以改变干燥轨迹到交叉区域的距离。这一干燥轨迹的长度决定了雾滴在重叠区域的湿度，从而可以控制团聚的性质。直通附聚法生产速溶乳粉的工艺流程如图 8-11 所示。

2. 流化床附聚法

比较有效的速溶化可通过流化床附聚法获得。流化床连接在主干燥室底部，由一个多孔底板和外壳构成。外壳由弹簧固定并有马达可使之振动，当一层乳粉分散在多孔底板上时，振动乳粉以匀速沿壳长方向运送。

此工艺中速溶化方法是对流化床中的附聚物再加湿，如图8-12所示。流化床与喷雾干燥塔的出料口相连，并由底部穿孔的套管组成。适当温度的空气通过底部筛板以足以使粉末悬浮和流化的速度吹入。外壳安装在弹簧轴承上，可以由电机振动。所述底板上的孔在产品流动方向上形状为喷嘴，产品在流出方向上进料。振动支持流化和输送粉末。各部分之间和出口处的堰挡板决定了流化粉末层的高度，而流化床的长度决定了停留时间。

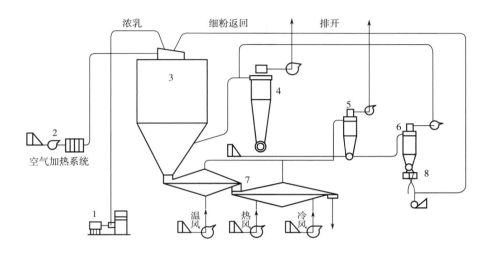

图8-11　直通附聚法生产速溶乳粉的工艺流程

1—高压泵　2—空气加热系统　3—干燥室　4、5、6—旋风分离器　7—流化床　8—集粉器

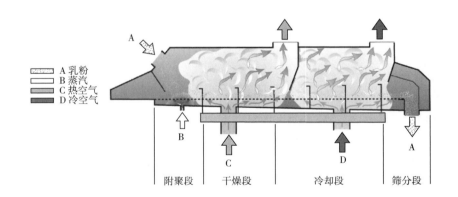

图8-12　速溶乳粉的流化床附聚干燥

喷雾干燥塔为第一干燥区，在此浓缩乳与细粉进行第一次附聚，最终一次附聚后的乳粉颗粒水分含量为10%~12%，作为基粉，进入流化床。基粉从喷雾干燥塔输送到流化床的附聚段，蒸汽加湿。气流和振动传递粉末通过干燥段（二次干燥）。附聚发生在干燥的第一阶段，湿润的颗粒相互黏附形成团聚体。水在通过干燥阶段时从附聚颗粒中蒸发出来。然后，乳粉颗粒被冷却并带着所需的剩余水分离开流化床，最终附聚乳粉颗粒的水分含量低于5%。附聚的大颗粒和细颗粒通过筛板筛分后，速溶化的附聚颗粒通过一个温和的运输系统输送，

然后灌装。从流化床排出的空气含有一定量的细粉，被吹到干燥设备主空气系统的旋风分离器或过滤器中。

（二）全脂速溶乳粉的干燥工艺

全脂速溶乳粉中水不溶性的脂肪含量较高，因此，除考虑脱脂速溶乳粉的因素外，还得考虑解决脂肪对乳粉速溶性的影响。

1. 基粉的要求

全脂乳粉的速溶加工过程是从生产基粉开始，卵磷脂化的乳粉在25℃的水中具有速溶性。基粉除了要达到普通乳粉的标准外还要达到下列要求。

（1）游离脂肪的含量要尽量地低，可通过在雾化前对浓缩乳进行均质来实现。

（2）颗粒的密度要尽可能地高，以增加沉降性，因此需要使用高浓度的浓缩乳以使包埋在乳粉颗粒中的空气达到最小值。将进风温度升高到170～180℃也可以增加乳粉颗粒的密度。

（3）乳粉颗粒应该是多孔附聚物，不能有细粉。绝大部分乳粉颗粒的直径应该为100～250μm，低于90μm的颗粒不应超过15%～20%。体密度应该在0.45～0.50g/cm³的范围内。为了达到这一要求，乳的浓缩度要高，雾化过程中要使用与干燥能力相适应的最低雾化速度。这种工艺条件会产生大颗粒的乳粉，从而延长干燥的时间，使得没有干燥完全的乳粉混合在一起的机会增多。为了克服干燥时间长的缺点，应该采用二级或三级干燥工艺，使干燥室中的温度比一级干燥温度低，得到的产品游离脂肪含量较低。

2. 工艺要求

用喷雾干燥法制造全脂速溶乳粉可采用一段法及二段法，但不论采用哪一种生产方法，其工艺过程中均包括下述两个关键性的环节：

（1）采用高浓度、低压力、大孔径喷头，生产颗粒大且附聚颗粒直径较大和颗粒分布频率在一定范围内的乳粉，用以改善乳粉的下沉性。

（2）喷涂卵磷脂以改善乳粉颗粒的润湿性、分散性，使乳粉的速溶性大为提高。

3. 一段法制造全脂速溶乳粉

全脂速溶乳粉的一段法生产方式如图8-13所示，其中雾化器按照图8-9的方式布置压力式喷头，中心位置的喷头4走预热后的卵磷脂，中心喷嘴外布置一圈热风及热水，外围喷

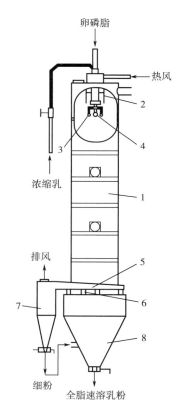

图8-13　一段法生产全
脂速溶乳粉示意图
1—干燥塔　2—调节板
3—浓缩乳喷嘴　4—卵磷脂喷嘴
5、6—旋风分离器导管
7—旋风分离器　8—塔底

头 5~6 个，向内倾斜角度为 37°~45°，进行一次造粒，卵磷脂均匀混合于基粉内，为便于低温干燥并形成较高密度的颗粒，塔体一般较高，可达 22~23m，直径 6m，当基粉掉落到干燥塔底部 8 时（水分含量 5%~8%），与切线方向进入的、来自旋风分离器分离出的细粉混合，完成附聚，细粉进料口设置于距塔底约 1m 高度处。此法整个过程均在一个干燥塔内完成。

4. 三段法制造全脂速溶乳粉

在喷雾干燥塔内采用直通式附聚方式，即细粉与浓缩乳混合喷雾附聚的方法制造出水分含量为 5%~8% 的全脂乳粉，此时呈热塑性状态，当沉降于干燥室底部时，因相互粘连而部分产生附聚；随即自干燥室内卸出进入流化床进行二级干燥，在流化床二级干燥末端，喷涂 70℃ 的卵磷脂溶液，然后在三级流化床的孔板下吹入 50~60℃ 的热风使乳粉进一步干燥，最终过筛后即得到全脂速溶乳粉（图 8-14）。

全脂乳粉含有 25% 以上的脂肪，乳粉颗粒或附聚团粒的外表面都有许多脂肪，使颗粒表面游离脂肪增多，受表面张力的影响，乳粉在水中不易润湿和沉降，不容易在水中溶解。卵磷脂是一种食品用表面活性剂，具有亲水和亲油特性，喷涂于乳粉颗粒的表面，可以增强其亲水性，提高其润湿性。一般的喷涂厚度为 0.1~0.15μm，用量为乳粉质量的 0.2%~0.3%，超过 0.5% 时，卵磷脂味道明显。使用时，需配成 60% 的无水乳脂溶液。在喷涂过程中必须防止乳粉的物理性破碎以及水分的吸收。

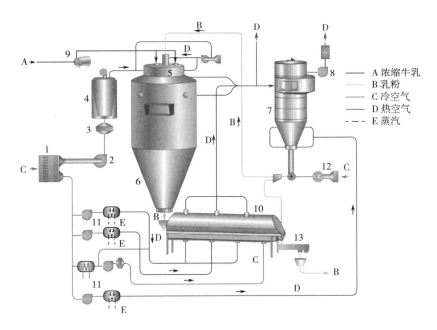

图 8-14　三段法生产全脂速溶乳粉

1—进气过滤器　2—进气风扇　3—细过滤器　4—空气加热器　5—空气分配器　6—干燥室
7—袋式过滤器　8—排气扇　9—高压泵　10—流化床　11—空气处理装置　12—风机　13—粉筛

第四节 婴儿配方乳粉的生产

在我国，婴幼儿配方乳粉是配制乳粉中最主要的一个品种，也是 20 世纪 50 年代发展起来的一种乳制品，配方乳粉已经成为儿童食品工业中最重要的食品之一。实际生产和销售中，根据婴幼儿生长的不同阶段，将婴幼儿配方乳粉分为 0~6 个月婴儿乳粉、6~12 个月较大婴儿乳粉和 12~36 个月幼儿配方乳粉等。各阶段的营养素配比主要根据婴幼儿的成长需要设定，本节将主要以婴儿配方乳粉（0~6 月）为例介绍基本设计依据和方法等。

一、婴儿配方乳粉配方设计依据

（一）母乳与牛乳成分的差异

哺乳动物的乳汁首要的功能是以最有效的方式来哺育其幼仔。除需满足新生儿营养需求外，还提供包括免疫保护、生长促进、激素及其他生物活性成分。母乳是一种复杂的生物学液体，其中含有数以百计的成分，可以理想地满足出生后 4~6 个月婴儿的各种营养需求。GB 10765—2021《食品安全国家标准 婴儿配方食品》中规定，婴儿配方乳粉是指以乳类及乳蛋白制品为主要蛋白来源，加入适量的维生素、矿物质和（或）其他原料，仅用物理方法加工制成的产品。适于正常婴儿食用，其能量和营养成分能够满足 0~6 月龄婴儿的正常营养需要。以牛乳为主要原料生产婴儿配方乳粉时，不仅从各种营养素的数量上模拟母乳的相应比例，更要从质上尽可能接近母乳成分的功能。母乳与牛乳的主要营养素对比如表 8-5 所示。

表 8-5　　　　　　　　　　　　牛乳与母乳的主要营养素的对比

	热量/ （kJ/100g）	水分/ （g/100g）	总干物质/ （g/100g）	蛋白质/ （g/100g）	脂肪/ （g/100g）	乳糖/ （g/100g）	灰分/ （g/100g）
母乳	251	88.0	11.8	1.4	3.1	7.1	0.2
牛乳	209	88.6	11.4	2.9	3.3	4.5	0.7

（二）母乳化调整方法

婴幼儿配方乳粉在发展初期只是根据母乳和牛乳成分差异，宏观地模拟母乳，而对一些生物活性因子考虑较少。目前，随着研究的深入，对免疫球蛋白、乳铁蛋白、乳过氧化物酶、溶菌酶和刺激因子等活性物质逐渐明了了，开发研制具有与母乳等同或生理功能相似的婴幼儿配方乳粉成为热点。一般常规的母乳化调整如下：

1. 调整乳清蛋白和酪蛋白的比例，达到母乳中蛋白质的比例（如乳清蛋白：酪蛋白＝6：4）；同时，根据母乳中蛋白质组成不同进行组成上的调整（如相应添加 α-乳白蛋白、降低 β-乳球蛋白）。

2. 调整牛乳中饱和脂肪酸和不饱和脂肪酸的比例。牛乳与母乳相比，乳脂肪中必需脂肪酸含量较低，以亚油酸为例，在母乳中为 3.5%~5%，在牛乳中为 1%。低级脂肪酸或不饱和脂肪酸比高级脂肪酸或饱和脂肪酸更容易消化吸收。与母乳相比，牛乳的脂肪不容易被消化和利用。可采用亚油酸强化、脂肪酸结构的母乳化等措施提高牛乳脂肪的吸收率。

3. 调整配方乳中碳水化合物的比例,特别是调整 α-乳糖和 β-乳糖的比例为 4:6,甚至可添加一些功能性低聚糖调节婴儿肠道菌群。

4. 根据母乳和牛乳中维生素、矿物质的差异进行强化,以及对一些生理活性物质的添加。

二、婴儿配方乳粉配方设计原则

(一)原料基本要求

GB 10765—2021《食品安全国家标准 婴儿配方食品》中明确规定:

1. 产品中所使用的原料应符合相应的安全标准和(或)相关规定,应保证婴儿的安全,满足营养需要,不应使用危害婴儿营养与健康的物质。

2. 所使用的原料和食品添加剂不应含有麸质。

3. 不应使用氢化油脂。

4. 不应使用经辐照处理过的原料。

(二)必需成分

产品中所有必需成分对婴儿的生长和发育是必需的。具体包括以下要求:

1. 产品在即食状态下每 100mL 所含的能量应在 250kJ(60kcal)~295kJ(70kcal)范围。能量的计算按每 100mL 产品中蛋白质、脂肪、碳水化合物的含量,分别乘以能量系数 17kJ/g、37kJ/g、17kJ/g(膳食纤维的能量系数为 8kJ/g),所得之和为千焦/100 毫升(kJ/100mL)值,再除以 4.184 为千卡/100 毫升(kcal/100mL)值。

2. 婴儿配方乳粉每 100kJ(100kcal)所含蛋白质、脂肪、碳水化合物的量应符合表 8-6 的规定。

表 8-6　　　　　　　　　婴儿配方乳粉中蛋白质、脂肪和碳水化合物指标

营养素	指标			
	每 100kJ		每 100kal	
	最小值	最大值	最小值	最大值
蛋白质[①]/g	0.43	0.72	1.8	3.0
脂肪[②]/g	1.05	1.43	4.4	6.0
其中:亚油酸/g	0.07	0.33	0.3	1.4
α-亚麻酸/mg	12	N. S.[③]	50	N. S.[③]
亚麻酸与 α-亚麻酸比值	5:1	15:1	5:1	15:1
碳水化合物[④]/g	2.2	3.3	9.0	14.0

注:①乳清蛋白含量应≥60%;婴儿配方食品中蛋白质含量的计算,应以氮(N)×6.25。

②终产品脂肪中月桂酸和肉豆蔻酸(十四烷酸)总量≤总脂肪酸的 20%;反式脂肪酸最高含量≤总脂肪酸的 3%;芥酸含量≤总脂肪酸的 1%;总脂肪酸指 $C_4 \sim C_{24}$ 脂肪酸的总和。

③N. S. 为没有特别说明。

④碳水化合物的含量 A_1,按式(8-1)计算:

$$A_1 = 100 - (A_2 + A_3 + A_4 + A_5 + A_6) \qquad (8-1)$$

式中　A_1——碳水化合物的含量，g/100g；

$\quad\quad A_2$——蛋白质的含量，g/100g；

$\quad\quad A_3$——脂肪的含量，g/100g；

$\quad\quad A_4$——水分的含量，g/100g；

$\quad\quad A_5$——灰分的含量，g/100g；

$\quad\quad A_6$——膳食纤维的含量［可按低聚糖和（或）多聚糖的添加量计］，g/100g。

母乳中蛋白质的含量为 1.0%～1.5%，酪蛋白：乳清蛋白为 4：6。而牛乳中酪蛋白含量高，在婴幼儿胃内易形成较大的坚硬凝块。考虑蛋白质消化吸收性，可采用乳清蛋白或植物蛋白调整蛋白质的组成和含量。

除对蛋白质的数量和种类设计外，还应该考虑满足婴幼儿必需氨基酸的需求。蛋白质在消化道中经酶作用分解成氨基酸后才会被吸收，再合成自身的蛋白质。因此，机体对蛋白质的需求实际是对氨基酸的需要。蛋白质的氨基酸组成，尤其是必需氨基酸的组成决定了其营养价值。

国际食品法典委员会（CAC）和欧洲食品科学委员会（SCF）对蛋白质质量有较严格的要求，两者都规定了婴儿配方食品中蛋白质每单位能量中各种必需氨基酸和条件必需氨基酸的含量必须等同于参照蛋白（母乳蛋白）中相应的氨基酸的含量。

我国国家标准中对于婴儿配方食品中蛋白质的质量要求"乳清蛋白不低于60%"，而氨基酸为可选择配比成分，非强制要求成分。

3. 首选碳水化合物应为乳糖、乳糖和葡萄糖聚合物。只有经过预糊化后的淀粉才可以加入婴儿配方食品中，不得使用果糖。

碳水化合物主要供给婴儿能量，促成发育。母乳中的碳水化合物以乳糖为主，乳糖是婴儿食品中最好的碳水化合物来源。由于蔗糖有导致婴儿龋齿的危险，避免添加；而果糖会对果糖不耐受的婴儿健康有危害，不允许添加。但对于一些先天缺乏乳糖酶的婴儿，配方中的乳糖可导致婴儿腹泻等现象的发生。对于这类有特殊需要的婴儿乳粉在设计时就要考虑无乳糖或低乳糖配方。

母乳中也含有相当数量和种类的低聚糖（human milk oligosaccharides，HMOs），在母乳干物质中含量仅次于乳糖和脂肪，为 12～14g/L。母乳低聚糖一般由 3～14 个单糖组成，已鉴定出超过 200 种以上结构。母乳低聚糖核心结构主要有 5 种基本单糖：L-岩藻糖、D-葡萄糖、D-半乳糖、N-乙酰氨基葡萄糖和由唾液酸衍生的 N-乙酰神经氨酸，母乳中含量较高的母乳低聚糖种类为 2'-岩藻糖乳糖（2'-fucosyllactose，2'-FL）、3'-岩藻糖乳糖（3'-fucosyl-lactose，3'-FL）、乳糖-N-四糖（lacto-N-tetraose，LNT）、6'-唾液酸乳糖（6'-sialyllactose，6'-SL）和 3'-唾液酸乳糖（3'-sialyllactose，3'-SL）。母乳低聚糖在婴儿体内只有约 1% 被消化吸收，其余进入肠道内，主要起到益生元的作用，促进肠道内双歧杆菌的增殖；也可以保护新生儿不受病原体感染、预防腹泻及呼吸道感染等。牛乳中低聚糖的含量约为成熟母乳的 1/20，因此在婴儿配方乳粉的设计上应考虑这部分成分的补充，国外婴儿配方乳粉中通常会加入乳酮糖（β-D-Gal-（1→4）-β-D-Fru）来模拟母乳低聚糖，用以促进双歧杆菌增殖。国内主要是将低聚半乳糖（Glu-［Gal］n，$n=2\sim5$）和低聚果糖（Glu-α-1,2［β-Fru1,2］n，$n=2\sim9$）按照 9：1 的比例添加到婴儿配方乳粉中，用以模拟母乳低聚糖分子大小分布。

非国标强制要求和推荐添加成分。

4. 维生素

婴儿配方乳粉中维生素的指标要求如表8-7所示。

表8-7　　　　　　　　　　　　婴儿配方乳粉中维生素指标

营养素	指标			
	每100kJ		每100kal	
	最小值	最大值	最小值	最大值
维生素 A/μgRE[①]	14	36	60	150
维生素 D/μg[②]	0.48	1.2	2.0	5.0
维生素 E/mgα-TE[③]	0.12	1.20	0.5	5.0
维生素 K_1/μg	0.96	6.45	4.0	27.0
维生素 B_1/μg	14	72	60	300
维生素 B_2/μg	19	120	80	500
维生素 B_6/μg	8.4	41.8	35	175
维生素 B_{12}/μg	0.024	0.359	0.10	1.50
烟酸（烟酰胺）/μg[④]	96	478	400	2000
叶酸/μg	2.9	12.0	12	50
泛酸/μg	96	478	400	2000
维生素 C/mg	2.4	16.7	10	70
生物素/μg	0.48	2.39	1.5	10.0
胆碱/mg	0.48	23.9	20	100

注：①RE 为视黄醇当量。1μgRE＝1μg 全反式视黄醇（维生素 A）＝3.33IU 维生素 A。维生素 A 只包括预先形成的视黄醇，在计算和声称维生素 A 活性时不包括任何的类胡萝卜素组分。

②钙化醇，1μg 维生素 D＝40IU 维生素 D。

③1mg d-α-生育酚＝1mg α-TE（α-生育酚当量）；1mg dl-α-生育酚＝0.74mg α-TE（α-生育酚当量）。

④烟酸不包括前体形式。

5. 矿物质

牛乳中的矿物质含量高于母乳3倍，而婴幼儿的肾脏功能尚未健全，不能充分排泄体内蛋白质所分解的过剩电解质。特别是初生婴儿，相比于较大婴儿来说，在配方乳粉设计时对于灰分的考虑更应该注意，其灰分含量 GB 10765—2021《食品安全国家标准　婴儿配方食品》要求不超过4.0%。考虑采用乳清粉时，一般采用脱盐率>90%或乳清浓缩蛋白和乳糖。微量的铜、镁、锰、铁等元素的存在对于婴幼儿的造血效果和发育极为重要，均需强化。婴儿配方乳粉中矿物质的指标要求如表8-8所示。

表 8-8　　　　　　　　　　　　　　　婴儿配方乳粉中矿物质指标

营养素	指标			
	每 100kJ		每 100kal	
	最小值	最大值	最小值	最大值
钠/mg	7	14	30	59
钾/mg	17	43	70	180
铜/μg	14.3	28.7	60	120
镁/mg	1.2	3.6	5.0	15.0
铁/mg	0.10	0.36	0.42	1.50
锌/mg	0.12	0.36	0.50	1.50
锰/mg	0.72	23.9	3.0	100.0
钙/mg	12	35	50	146
磷/mg	6	24	25	100
钙磷比值	1:1	2:1	1:1	2:1
碘/μg	3.6	14.1	15	59
氯/mg	12	38	50	159
硒/μg	0.72	2.06	3.0	8.6

（三）可选择成分

除必需成分外，可以在产品中选择添加表 8-9 中一种或多种成分，并符合表中的含量规定。

表 8-9　　　　　　　　　　　　　　　婴儿配方乳粉中可选择性成分指标

可选择成分	指标			
	每 100kJ		每 100kal	
	最小值	最大值	最小值	最大值
肌醇/mg	1.0	9.6	4	40
牛磺酸/mg	0.8	4	3.5	16.7
左旋肉碱/mg	0.3	N.S.[1]	1.3	N.S.[1]
二十二碳六烯酸（DHA）[2]/mg	3.6	9.6	15	40
二十碳四烯酸 AA/ARA/mg	N.S.[1]	19.1	N.S.[1]	80

注：①N.S 为没有特别说明。

②如果婴儿配方食品中添加了二十二碳六烯酸（22:6 n-3），至少要添加相同量的二十二碳四烯酸（20:4 n-6）。长链不饱和脂肪酸中二十碳五烯酸（20:5 n-3）的量不应超过二十二碳六烯酸的量。

1. 牛磺酸

牛磺酸是一种非蛋白氨基酸。母乳各个阶段的乳汁中都含有牛磺酸（5.1～11.9mg/

100kcal）。配方食品中几乎不含牛磺酸，因此大多数婴儿配方食品中都有添加。强化牛磺酸的配方有可能对婴儿的体格及智力发育有促进作用。关于婴儿配方食品中牛磺酸含量，欧洲食品科学委员会（SCF）（2003）和国际食品法典委员会（CAC）（2004）建议牛磺酸含量≤12mg/100kcal；GB 10765—2021《食品安全国家标准　婴儿配方食品》中牛磺酸可添加要求如表 8-9 所示。

2. 肉碱

母乳中肉碱含量为 0.9~1.2mg/100kcal，牛乳中富含肉碱（50mg/100kcal），因此以牛乳蛋白为基础的配方中不必强化。但若以大豆蛋白为基础的配方中几乎不含肉碱，必须强化。GB 10765—2021《食品安全国家标准　婴儿配方食品》中肉碱可添加要求如表 8-9 所示。

3. 肌醇

肌醇在新生儿血液中的高含量水平表明它在婴儿早期发育中有重要作用，可能对肺表面活性剂的形成和肺的发育有作用。母乳中肌醇含量较高，为 22~48mg/100kcal。美国食品与药物管理局（FDA）（1985）规定非乳基配方中肌醇含量 4mg/100kcal，欧洲食品科学委员会（SCF）（2003）和国际食品法典委员会（CAC）（2004）都规定婴儿配方中肌醇含量为 4~40mg/100kcal。GB 10765—2021《食品安全国家标准　婴儿配方食品》中肌醇可添加要求如表 8-9 所示。

4. 多不饱和脂肪酸

被明确定义的人体必需脂肪酸有两类，一类是以 α-亚麻酸为母体的 $\omega-3$ 系列多不饱和脂肪酸；另一类是以亚油酸为母体的 $\omega-6$ 系列不饱和脂肪酸。已有大量研究表明长链多不饱和脂肪酸对婴儿的健康和生长发育有至关重要的作用，尤其对细胞膜组成和功能、基因表达、脑和视神经发育等发挥重要作用。GB 10765—2021《食品安全国家标准　婴儿配方食品》中推荐可添加的多不饱和脂肪酸为二十二碳六烯酸（22：6 $n-3$，DHA）和二十碳四烯酸（20：4 $n-6$，AA/ARA），具体添加要求如表 8-9 所示。

5. 氨基酸

为改善婴儿配方食品的蛋白质质量或提高其营养价值，可参考表 8-10 中推荐的婴儿配方食品中必需和半必需氨基酸的种类和量进行强化，原料氨基酸来源和特性符合 GB 10765—2021《食品安全国家标准　婴儿配方食品》相应的规定。

表 8-10　　　　　　　　　　婴儿配方食品中必需与半必需氨基酸含量值

氨基酸	指标		氨基酸	指标	
	mg/gN	mg/100kcal		mg/gN	mg/100kcal
半胱氨酸	131	38	苯丙氨酸	282	81
组氨酸	141	41	苏氨酸	268	77
异亮氨酸	319	92	色氨酸	114	33
亮氨酸	586	169	酪氨酸	259	75
赖氨酸	395	114	缬氨酸	315	90
甲硫氨酸	85	24			

三、婴幼儿配方乳粉生产的工艺流程

（一）工艺流程

各国不同品种的婴幼儿配方乳粉，生产工艺有所不同，婴幼儿配方乳粉的基本生产工艺流程如图 8-15 所示。

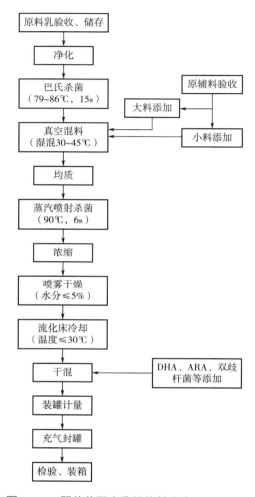

图 8-15　婴幼儿配方乳粉的基本生产工艺流程

（二）工艺要点

1. 原料乳的验收和预处理

应符合生产特级乳粉的要求。巴氏杀菌以后的牛乳如需缓存，应储存在 0~6℃ 。

2. 真空混料

大料添加是指巴氏乳和脱盐乳清粉等添加到真空混料罐；小料添加是指将复配维生素、复配矿物质等小料水溶解后添加到真空混料罐。

3. 均质、杀菌、浓缩

混合料均质压力一般控制在 18MPa；杀菌和浓缩的工艺要求和乳粉生产相同。浓缩后浓乳浓度 1110.0~1130.0kg/m^3。

4. 喷雾干燥

进风温度为 140~160℃，排风温度为 80~88℃。

5. 粉体暂存环境条件

环境储存要求，温度 16~25℃，相对湿度≤65%。

6. 包装

充氮包装要求残氧量≤3%。

🔍 **思考题**

1. 乳粉的概念是什么？主要分类？
2. 全脂乳粉的加工工艺流程？
3. 喷雾干燥的技术要点有哪些？优缺点是什么？
4. 乳粉的包装过程中质量控制有哪些？
5. 乳粉常见的质量缺陷及产生原因有哪些？
6. 速溶乳粉的特点有哪些？
7. 速溶乳粉的工艺流程要点有哪些？
8. 国内婴幼儿配方乳粉生产企业如何做大做强？

第九章

CHAPTER

9

发酵乳制品

第一节　概　述

一、发酵乳的概念和功能

（一）概念

发酵乳（fermented milk）是指原料乳在特定微生物的作用下，通过乳酸菌发酵或乳酸菌、酵母菌共同发酵制成的酸性乳制品。在保质期内，该类产品中的特征菌必须大量存在，并能继续存活和（或）具有活性。GB19302—2010《食品安全国家标准　发酵乳》中将发酵乳定义为：以生牛（羊）乳或乳粉为原料，经杀菌、发酵后制成的 pH 降低的产品。发酵乳是一类乳制品的综合名称，种类很多，包括酸乳、开菲尔、发酵酪乳、酸奶油、乳酒（以马乳为主）等。

（二）发酵乳的功能

1. 治疗乳糖不耐症

相较于白种人，黄种人和黑种人体内的乳糖分解酶较少，因此在饮用牛乳后易出现腹泻等不良反应，如果加入乳酸菌，可分解牛乳中 20%～40% 的乳糖，防止腹泻的产生。

2. 抑制肾病、胆固醇等疾病的发生

高胆固醇含量的食物和酸乳一起食用，人体血液中的胆固醇含量就会降低。实验证明，酸乳可抑制肾病的发生。

3. 抗癌、抗突变、免疫作用

有的细菌可产生抗生素，促进细胞再生，产生抗体，加强对癌细胞的抑制作用。

4. 其他作用

促进钙、镁、单糖等营养物质的吸收，产生 B 群维生素等大量有益物质；降血压，控制体内毒素，提高肝功能等。

二、发酵乳的分类

发酵乳的分类方式较多，GB19302—2010《食品安全国家标准　发酵乳》将发酵乳分为：发酵乳、酸乳、风味发酵乳、风味酸乳；根据微生物代谢产物的不同可将发酵乳制品分为三大类：乳酸发酵类、酵母-乳酸发酵类、霉菌-乳酸发酵类；按成品风味分为：天然纯发酵乳、加糖发酵乳、调味发酵乳、果料发酵乳、复合型和营养保健型发酵乳等，表9-1所示为发酵乳的种类和相关信息。

表9-1　　　　　　　　　　　　　　发酵乳的种类

种类	名称	原产地	主要原料
酸性发酵乳	酸乳	保加利亚	牛乳、脱脂乳、蔗糖
	发酵乳酪	美国	酪乳、脱脂乳
	嗜酸菌乳	德国	牛乳
	双歧杆菌乳	德国	牛乳
	保加利亚乳	保加利亚	酪乳、脱脂乳
	冰岛酸乳	冰岛	脱脂乳
醇性发酵乳	牛乳酒	高加索	牛乳、山羊乳、绵羊乳
	马奶酒	中亚	马乳、牛乳
	蒙古乳酒	蒙古	牛乳、脱脂乳
酸性奶油	格拉德菲尔	斯堪的纳维亚	稀奶油
浓缩发酵乳	乐口托福	斯堪的纳维亚	浓缩乳

第二节　发酵剂的制备

一、发酵剂

（一）定义

发酵剂（starter culture）从大的范围上讲是一种培养物，可以使酸乳、酪乳、酒、奶油、干酪、纳豆和其他发酵产品生产的细菌以及其他微生物存活。当处理过的原料接种发酵剂时，在适当的条件下生长繁殖，通过发酵剂的作用，产生的代谢产物使发酵乳制品的物理化学性质发生改变，如酸度、滋味、香味等，并且还可以延长贮藏期，改善营养价值。

（二）发酵剂的组成

发酵剂的来源广泛，许多微生物都可以作为发酵剂使用，包括乳杆菌属、微球菌属、葡萄球菌属、片球菌属、链球菌属、乳球菌属和芽孢杆菌属等，以及酵母菌、霉菌和放线菌等部分菌类。针对不同的产品选择合适的一种或几种发酵剂。

（三）发酵剂的菌种选择

根据产品不同的特性，选取相应的菌种作为发酵剂。这些微生物主要是乳酸菌，有些发酵乳制品（如干酪）用到酵母菌和霉菌。常用菌种及其特性如表9-2所示。

菌种的选择不仅影响酸乳的产品质量（如感官风味等），而且还直接影响酸乳的产量和经济效益（如发酵周期的长短等）。因此，菌种的选择是制备高效发酵剂和生产优质酸乳的关键环节和首要任务。选择优质的发酵剂应从以下几个方面考虑。

1. 产酸能力

不同的发酵剂产酸能力会有很大的差异。判断发酵剂产酸能力的方法有两种，即测定酸度和绘制产酸曲线。产酸能力强的发酵剂在发酵过程中容易导致产酸过度和后酸化过强，所以生产中一般选择产酸能力中等或弱的发酵剂。

表9-2　　　　　　　　　　　　　常用菌种及其特性

种类	菌种名称	最适生长温度/℃	最大耐盐性/%	产酸	柠檬酸发酵
乳杆菌类	瑞士乳杆菌	40~50	2	2.5~3.0	-
	乳酸乳杆菌	40~50	2	1.5~2.0	-
	保加利亚乳杆菌	40~50	2	1.5~2.0	-
	嗜酸乳杆菌	35~40	-	1.5~2.0	-
链球菌类	乳酸链球菌	30左右	4~6.5	0.8~1.0	-
	乳脂链球菌	25~30	4	0.8~1.0	-
	丁二酮链球菌	30左右	4~6.5	0.8~1.0	+
	嗜热链球菌	40~45	2	0.8~1.0	-
	噬柠檬酸明串珠菌	20~25		小	+

2. 滋气味和芳香味的产生

优质的酸乳必须具有良好的滋味和芳香味。一般酸乳发酵剂产生的芳香物质为乙醛、丁二酮、丙酮和挥发性酸。评价方法有：

（1）感官评价　进行感官评价时应考虑样品的温度、酸度和存放时间对品评的影响。品尝时样品温度应为常温，低温对味觉有阻碍作用；酸度不能过高，酸度过高会将香味完全掩盖；样品要新鲜，用生产24~48h内的酸乳进行品评为佳，是滋味、气味和芳香味的形成阶段。

（2）挥发性酸的量　通过测定挥发性酸的含量来判断芳香物质的产生量，挥发性酸含量越高就意味着产生的芳香物质含量越高。

（3）乙醛生成能力　乙醛形成酸乳的典型风味，不同的菌株产生乙醛能力不同，因此乙醛生成能力是选择优良菌株的重要指标之一。

（4）黏性物质的产生　发酵剂在发酵过程中产黏有助于改善酸乳的组织状态和黏稠度，特别是酸乳干物质含量不太高时显得尤为重要。但一般情况下对酸乳的发酵风味有不良影响，因此选择这类菌株时最好和其他菌株混合使用。

（5）蛋白质的水解性　乳酸菌的蛋白质水解活性各不相同，如嗜热链球菌在乳中只表现很弱的蛋白质水解活性，但保加利亚乳杆菌则可表现较高的蛋白质水解活性，能将蛋白质水解产生大量的游离氨基酸和肽类。

（四）发酵剂的分类

1. 按发酵剂制备形式分类

（1）液体发酵剂 液体发酵剂是由生产商企业研发的，通过三到四个步骤逐级培养和扩大培养而制成的一种传统发酵剂。由于生产过程要求严格，需要在无菌卫生的环境下通过专业人员按照规定操作进行生产培养，过程复杂烦琐，稍有不慎就容易染上杂菌。这种培养条件一般对于中小型企业相对来说很难做到，且重复培养过程增加了产品的成本。

（2）浓缩冷冻发酵剂 浓缩冷冻发酵剂是由专门生产发酵剂的生产厂家所生产的一种新型发酵剂，可直接投入生产，不需要乳制品生产企业对其进行活化或培养。

（3）冷冻干燥发酵剂 冷冻干燥发酵剂是一种新型发酵剂，其制作过程是通过大批量培养菌种后进行离心浓缩而后通过冷冻干燥进行保藏。用该种方法生产的发酵剂，活菌含量高且活性强，方便储存运输。

2. 按发酵剂菌种的类别分类

由发酵剂的来源可知，很多微生物都可作为发酵剂，主要包括乳酸菌发酵剂、酵母发酵剂和霉菌发酵剂，通过液体发酵剂的方法制备而成。

（1）乳酸菌发酵剂 乳酸菌发酵剂可分为直投式菌种发酵剂和传代式菌种发酵剂。直投式菌种发酵剂是指将菌种经过适度处理后直接投入到乳饮料的原料中。这种菌种发酵剂操作方便、使用简单，适用于各大中小型企业使用。但其缺点是，价格昂贵，成本较高。传代式菌种发酵剂需将菌种进行斜面活化后再进行扩大培养，再根据产品特点按比例投入生产中。其优点为价格便宜，适合小型乳制品生产企业。

（2）酵母发酵剂 通常应用于乳酒酿造，分为乳糖发酵型酵母和乳糖非发酵型酵母。牛乳或乳清中的乳糖需要用乳糖发酵型酵母才能发酵。目前，国内尚没有这种活性干酵母出售，需要从菌种逐级扩大制备发酵剂。

（3）霉菌发酵剂 对霉菌成熟干酪来说，已使用的菌种主要有卡门培尔干酪青霉和白地霉。用传统的固体表面发酵方法，可生产孢子作为发酵剂。

（五）乳酸菌发酵剂的作用

传统发酵剂添加到原料乳中，在一定条件下生长繁殖，细菌产生一些能赋予产品特性如酸度（pH）、滋味、香味和黏稠度等的物质，改善了产品的营养价值和可消化性。乳酸菌发酵剂产生的作用简述如下。

（1）碳水化合物分解 发酵剂以原料乳中乳糖作为碳源，将其转化为乳酸。半乳糖则残留在产品中。乳酸的形成使乳清蛋白和酪蛋白复合体中的磷酸钙和柠檬酸钙逐渐发生溶解，钙-酪蛋白-磷酸盐复合物解离，形成酸乳凝乳。同时，体系中还产生了独特的风味物质，如乙醛、丙酮和丁二酮等。

（2）蛋白质分解 发酵剂具有较弱的蛋白质分解活性，产生的肽和氨基酸可作为风味物质的"前体"，主要以德氏乳杆菌和保加利亚菌种引起，若温度过高则产生苦味肽。

（3）脂肪分解 发酵剂中乳酸菌含有的脂肪酶，可将部分甘油酯水解为脂肪酸和甘油，对短链脂肪酸作用效果更强。影响这类反应的主要因素是脂肪含量及均质过程。酸乳中脂肪含量越高，脂肪水解就越多。而均质过程有利于这类生化反应的进行，脂肪水解产物（游离脂肪酸和酯类）会对酸乳风味产生巨大贡献。

（4）在酸乳中的作用　①产酸：乳酸菌利用鲜牛乳发酵，将碳水化合物转化为有机酸促使 pH 下降，酪蛋白凝固形成均匀细小的结块产生良好的风味。发酵过程菌株产酸能力各不相同，发酵前期以嗜热链球菌产酸主导产酸，而发酵后期以保加利亚乳杆菌产酸主导。生产中一般以产酸能力中等菌株为宜，产酸过强易导致产品酸度过强，营养成分受到损害，口感较差。②产香：发酵剂将部分蛋白质和脂质降解形成代谢产物，其中影响风味最主要的以明串球菌属、部分链球菌（如丁二酮乳酸链球菌）和杆菌分解柠檬酸生成丁二酮、轻丁酮、丁二醇等四碳化合物和微量的挥发酸、乙醇、乙醛等。在发酵乳中，乙醛风味物质主要来自保加利亚乳杆菌，丁二酮风味物质主要来自嗜热链球菌，对风味有重要作用。

（5）其他　发酵剂在生长过程中，原料乳中各种成分都或多或少地发生了变化，这些变化又可以概括为以下 3 点：

①化学成分的变化：包括糖代谢、蛋白质代谢、脂肪代谢、维生素含量变化和矿物质变化，如形成不稳定的酪蛋白磷酸钙复合体等；

②物理性质的变化：pH 从 6.6 降低到 4.4~4.0，形成软质的凝乳。产生了细菌与酪蛋白微胶粒相连的黏液，赋予搅拌型酸乳黏浆状的质地；

③微生物指标的变化：酸和某些抗菌剂的产生有助于防止有害微生物的生长，由于德氏乳杆菌和嗜热链球菌的共生作用，酸乳中的活菌数一般会大于 10^7CFU/mL，同时还含有核酸、蛋白质、脂肪、碳水化合物和酶，尤其是乳糖酶（β-半乳糖苷酶）。

二、发酵剂的制备

（一）常见酸乳使用发酵剂的一般制备过程

常见酸乳使用发酵剂的一般制备过程如图 9-1 和图 9-2 所示：

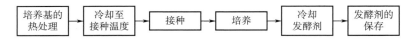

图 9-1　常见酸乳用发酵剂的制备流程

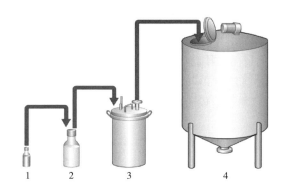

图 9-2　发酵剂的制作步骤

1—商品菌种　2—母发酵剂　3—中间发酵剂　4—生产发酵剂

1. 培养基的热处理

发酵剂制备的第一个阶段是培养基的热处理，即把培养基加热到 90~95℃，并在此温度下保持 30~45min。热处理能改善培养基的一些特性：最大程度消除培养基中原有微生物和某些抑菌物质，防止对发酵剂造成污染，影响产品营养成分。

2. 冷却至接种温度

加热后，培养基冷却至接种温度。接种温度根据使用的发酵剂类型而定。在培养多菌株发酵过程中，即使与最适温度有很小的偏差，也会造成菌种含量或活性不足，导致无法获得理想产品。常见的接种温度范围：嗜温型发酵剂为 20~30℃；嗜热型发酵剂为 42~45℃。

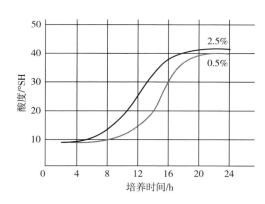

图 9-3　接种 0.5% 和 2.5% 嗜温发酵剂的
产酸曲线，接种温度 21℃

3. 接种

经过热处理的培养基，冷却至所需温度后，再加入定量的发酵剂，这就要求接种菌确保发酵剂的质量稳定，接种量、培养温度和培养时间在所有阶段，即母发酵剂、中间发酵剂和生产发酵剂中都必须保持不变。与温度一样，接种量的不同影响产生乳酸和芳香物质的细菌含量，进而造成产品风味的变化。图 9-3 所示为发酵剂的接种量如何影响酸化过程。曲线各自表示 0.5% 和 2.5% 的接种量，接种温度皆为 21℃。

4. 培养

接种结束时，细菌开始增殖。培养时间一般为 3~20h，主要由发酵剂种类及接种量决定。发酵过程要严格控制温度，且不允许与污染源接触。

球菌的较强酸性致使在发酵过程中占比较低，大多数酸乳中球菌和杆菌的比例为 1：1 或 2：1。通常情况下以 2.5%~3% 的接种量和 2~3h 的培养时间，要达到球菌：杆菌＝1：1 的比例，最适接种（和培养）温度为 43℃，效果最佳。在培养期间，制备发酵剂的人员要定时检查酸度发展情况。

5. 冷却发酵剂

当发酵剂达到预定的酸度时开始冷却，以阻止细菌的生长，保证发酵剂具有较高活力。发酵剂在接种的 6h 之内，将其冷却至 10~20℃，超出 6h，冷却至 5℃，为方便起见，工业生产中以 4h 一次制备发酵剂，保持高效活性。图 9-4 表示的是一种常见的产酸发酵剂，当接种 1% 的母发酵剂在 20℃ 培养时的生长曲线。

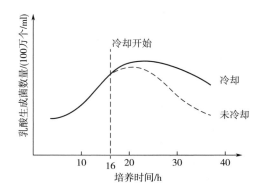

图 9-4　乳酸生成菌在培养结束后冷却
及未冷却时的生长曲线

6. 发酵剂的保存

冷冻是保存时保持发酵剂活力的常用方法之一，用液氮冷冻到 -160℃ 来保存发酵剂，效果很好。目前的发酵剂有浓缩发酵剂和冷冻干燥发酵剂等。

（二）发酵剂的质量要求及鉴定

1. 质量要求

菌种活力要强，接种后凝固时间无延长现象；凝块硬度适当，组织均匀而光滑，富有弹性，粉碎后略带黏性，表面无变色、龟裂产生气泡和乳清分离；具有特有的酸味，不得有任何异味；感官、酸度、挥发酸、滋味、活力等符合规定指标。

2. 质量鉴定

（1）感官检查　检查发酵剂的组织状态，凝块硬度，然后品尝酸味风味是否有异常。

（2）化学性质检查　测定酸度和挥发酸，酸度以 0.9%～1.0%（以乳酸计）为适宜。测定挥发酸，取 250g 发酵剂于蒸馏烧瓶中，用硫酸调节 pH 为 2.0，再用水蒸气蒸馏，收集最初的 1000mL，用 0.1mol/L 的 NaOH 滴定。

（3）发酵剂污染的检验　定期对连续繁殖的母发酵剂进行检验，在透明的玻璃器皿中观察其在凝结后气体的条纹及其表面的状况，用平皿计数琼脂检验污染情况。

第三节　酸乳的加工

一、酸乳的概念及分类

（一）酸乳的概念

联合国粮食与农业组织（FAO）、世界卫生组织（WHO）与国际乳品联合会（IDF）于 1977 年对酸乳作出如下定义：酸乳，即在添加（或不添加）乳粉（或脱脂乳粉）的乳（杀菌乳或浓缩乳）中，由保加利亚乳杆菌和嗜热链球菌进行乳酸发酵制成的凝乳状产品，成品中必须含有大量的、相应的活性微生物。

（二）酸乳的分类

通常根据成品的组织状态、口味、原料乳中脂肪含量、生产工艺和保质期等，将酸乳分成不同的类别。

1. 按成品的组织状态分类

凝固型酸乳其发酵过程在包装容器中进行，从而使成品因发酵而保留其均匀一致的凝乳状态。

搅拌型酸乳成品先发酵后灌装而得。发酵后的凝乳已在灌装前和灌装过程中搅碎而成黏稠且均匀的半流动状态。

饮用型酸乳类似搅拌型酸乳，但包装前凝块被分散成液体。

2. 按成品口味分类

天然纯酸乳产品只由原料乳加菌种发酵而成，不含任何辅料和添加剂。

加糖酸乳产品由原料乳和糖加入菌种发酵而成。

调味酸乳在天然酸乳或加糖酸乳中加入香料而成。

3. 按发酵后的加工工艺分类

浓缩酸乳是一种将正常酸乳中的部分乳清除去而得到的浓缩产品。

冷冻酸乳是一类在酸乳中加入果料、增稠剂或乳化剂，然后像冰淇淋一样进行凝炼处理而得到的产品。

充气酸乳在酸乳中加入部分稳定剂和起泡剂（通常是碳酸盐），经均质处理得到。这类产品通常是以充二氧化碳的酸乳碳酸饮料形式存在。

4. 按产品保质期长短分类

普通酸乳是按常规方法加工的酸乳，其保质期是在 0~49℃下冷藏 7d。

长保质期酸乳是对包装前或包装后的成品酸乳进行热处理，以延长其保质期。

二、酸乳的生产标准

（一）原料乳

原料乳直接影响酸乳和所有发酵乳的质量。蛋白质的含量会对酸乳的感官性质产生以下影响：

①改善酸乳风味和减轻酸味感；

②改善酸乳的硬度及黏度；

③防止乳清分离。

（二）配料

1. 蔗糖

在酸乳中加入蔗糖的主要目的是为了减少酸乳特有的酸味感觉，并提高酸乳黏度，有利于其凝固使其口味更柔和。蔗糖应符合 GB/T 317—2018《白砂糖》标准，添加量一般为 4%~8%，不能超过 12%，浓度过高会提高乳渗透压而对乳酸菌产生抑制作用。添加蔗糖最好在原料乳杀菌前进行，这样制作的酸乳硬度较好。

2. 稳定剂

在酸乳中使用稳定剂主要目的是提高酸乳的黏稠度并改善其质地、状态与口感，常用的有阿拉伯胶、瓜尔豆胶、琼脂、藻酸盐、卡拉胶等，添加量为 0.1%~0.5%。乳中添加稳定剂时一般与蔗糖、乳粉等预先混合均匀，边搅拌边添加，或将稳定剂先溶于少量水或溶于少量牛乳中，再于适当搅拌情况下加入。

3. 发酵剂

酸乳中的发酵菌种的类型与活性不同，其代谢产物也不同，从而使不同的产品具有不同的风味、质构及香气特征。一般的酸乳发酵剂是嗜热链球菌和保加利亚乳杆菌，这两种菌具有共生关系，能够相互促进产酸速度。

三、普通酸乳的加工工艺

酸乳加工主要分以下几个流程，原料乳的验收预处理、接种、分装、冷却、冷藏和后熟。其中原料乳的预处理最为关键，鲜乳总干物质含量不得低于 11.5%，非脂干物质不得少于 8.5%，否则会影响蛋白质的凝乳作用；时常对原料乳中抗生素及微生物含量进行检测，防止影响原料质量。

四、搅拌型酸乳加工

（一）工艺流程

搅拌型酸乳加工的工艺流程如图9-5所示。

图9-5 搅拌型酸乳加工的工艺流程

（二）操作要点

1. 原料乳的选择

应选择新鲜、品质好的原料乳。原料乳温度应低于15℃，菌落总数应低于10^4CFU/mL，不含抗生素和农药。生产酸乳的原料乳也可用乳粉复原调制而成，为保证产品的良好发酵，原料乳中绝不能含有抗生素。

2. 均质

原料乳预热到60℃，在15~20MPa的压力下均质，促使脂肪球直径减小，有利于酸乳的消化吸收。

3. 杀菌

适宜的杀菌工艺为90~95℃、3~5min或85℃、30min。生产过程中的热处理不仅是为了杀灭乳中的致病菌和有害微生物，同时可使部分乳清蛋白质变性沉淀，增加蛋白质的持水能力。

4. 接种

杀菌后的乳要马上冷却到40~45℃或发酵剂菌种生长需要的温度。一般液体发酵剂，其产酸活力在0.7%~1%，接种量应为2%~4%。接种是造成酸乳受微生物污染的主要环节之一，因此应严格注意操作卫生。发酵剂加入后要充分搅拌，使发酵剂与原料乳混合均匀。

5. 发酵

发酵预处理的牛乳冷却到培养温度后与发酵剂一并泵入发酵罐，保证发酵剂均匀分散。典型的搅拌型酸乳生产的培养条件为42~43℃、2.5~3h。用浓缩、冷冻和冻干菌种直接做发酵剂时考虑到其迟滞期较长，发酵时间为4~6h，并在罐上安装pH计实时检测酸值变化。

6. 冷却

冷却的目的是迅速抑制酸乳中乳酸菌的生长，降低酶活力，控制酸乳脂肪上浮和乳清析出的速度，使酸乳逐渐凝固，并延长酸乳的保质期。发酵终点时可将酸乳从保温培养室转移到天然空场进行自然冷却或送风性冷却。当酸乳冷却到109℃左右转入冷库，在2~7℃下进行冷藏后熟。若发现酸乳酸度偏高，可直接转入冷库，或将奶瓶浸入冷水中，进行冷水浴或循环式冷水浴冷却，冷水不能漫过瓶口。

7. 灌装

市场上酸乳的常见包装形式主要是玻璃和陶瓷罐包装、塑料材料包装、爱克林包装、复合材料包装和金属包装，其主要目的是能有效延长保质期并且能在一定程度上促进消费。

8. 后熟

酸乳发酵后冷却至 12±1℃ 进行后熟来控制产品的酸度，抑制乳酸菌和双歧杆菌生长繁殖，此过程一般在 12~24h，后熟过程注意不要开启搅拌，以免酸乳状态被破坏。

（三）质量问题

1. 乳清析出严重

乳清析出是酸乳生产中最常见也是最易产生的现象。酸乳进入流通渠道后，因搬动、贮藏条件发生变化，有少量乳清析出是正常现象。但若发酵不久有乳清析出或经过冷藏后熟后表面仍有大量乳清，就属于不正常现象。

2. 酸乳硬度不够，柔软呈稀粥状或黏糊状

主要原因是乳中蛋白质含量不足、菌种不当、发酵剂接种量过少、发酵时间和温度未达到要求等。

3. 酸度太高

夏季易出现此种情况，主要是温度过高、贮藏不好、乳酸菌持续发酵产生。

4. 产品呈黏丝状

主要原因是在原料乳蛋白质含量很高的情况下，又采用较高的均压力，使用的酸乳发酵剂中产黏液的菌株生长过于强烈、易受到杂菌感染。

5. 有怪味，苦涩味

原料乳本身有怪味、发酵剂或生产过程受到杂菌污染、酸乳贮藏时间过长，会产生苦味。

（四）质量控制

1. 原料乳的质量控制

原料乳对酸乳的质量有直接影响，要求菌落总数不高于 500000CFU/mL，总固形物含量至少为 11.5%，乳中无抑制微生物生长的酶或化学物质，以及抗生素。

（1）原料乳的标准化 酸乳的含脂率一般为 0.5%~3.5%，一般酸乳含脂率 ≥3%，部分脱脂酸乳含脂率 0.5%~3.0%。最小非脂乳固体含量为 8.2%，蛋白质和乳清蛋白比例的增加使酸乳凝固更结实，乳清不易析出。

（2）脱气 原料乳中空气含量越低越好，然而为增加非脂乳固体含量而添加乳粉，混入空气那是不可避免的，所以添加乳粉后应该脱气。脱气可改善均质机的工作条件。

（3）均质 均质和热处理对发酵乳的黏稠度有很好的效果。一般为了使产品获得最佳物理状态，牛乳的均质压力和温度为 18~20MPa 和 65~75℃。

2. 发酵剂的质量控制

乳品厂普遍用的发酵剂有两种形式：一种是直投式，一种是继代式。经接种后乳酸菌的发酵过程中经过物理、化学、生物化学等一系列反应，将乳中蛋白质、脂肪降解成游离氨基酸和脂肪酸等并产生乙醛、双乙酰等典型的风味成分。冷却停止发酵，防止酸乳过酸，若pH过高，凝块网状结构不稳定，酸乳黏度降低，乳清容易析出，应立即停止发酵。同时对发酵剂的保存及接种环节应严格管理，防止发酵剂被污染造成酸乳凝固不结实，乳清析出过多，并有气泡和异味产生。

3. 辅料的质量要求

（1）脱脂乳粉 脱脂乳粉要求质量高、无抗生素和防腐剂。脱脂乳粉可提高发酵乳干物

质的含量，改善产品的组织状态，促进乳酸菌产酸，一般添加量为1%~1.5%。

（2）稳定剂　在搅拌型酸乳生产中，通常添加亲水胶体一类的稳定剂。稳定剂在酸乳的生产中具有两种基本功能，即保水性和提高产品黏度的稳定性。添加量控制在0.1%~0.5%。

（3）糖和果料的添加　在酸乳生产中，常添加6%~8%的葡萄糖或蔗糖。过多会使乳酸菌处于高渗状态，抑制其生长繁殖，过低会使酸乳产生尖酸味。

4. 发酵过程的控制

发酵温度和发酵时间的控制尤为重要。可通过下列方法进行发酵终点的判断：发酵一段时间，抽样观察其组织状态并测定酸度，当组织状态良好，酸度达到即终止发酵。

多数企业使用嗜热链球菌与保加利亚乳杆菌的混合菌种，为保持菌种良好活性，最适温度为41~42℃培养，温度上下波动应控制在±4℃之内。发酵完成后，用冷风迅速冷却到10℃左右，防止发酵过度使酸度过高影响口感。

同时发酵时间应严格按照相关要求进行控制，发酵时间过短会导致乳酸菌未充分吸收乳中营养成分，造成原料浪费；发酵时间过长会导致乳酸菌继续大量繁殖造成酸度过高。

5. 冷藏过程的质量控制

发酵结束后进行冷却，尽量在1h以内将温度降到15℃以下，以便于迅速抑制酸乳中乳酸菌的生长，除了抑制其后酸化外，主要是促进香味物质的产生、改善酸乳的硬度。若酸乳为凝固型，发酵完成后进入冷藏时，避免碰撞和振动，以免破坏蛋白质的乳凝结构，导致乳清分离，资源浪费。除此之外，应严格控制冷藏期间各项参数，温度为-2~6℃的冷库为宜，相对湿度为90%左右，强制风冷却至5℃左右。冷库后酸化12~24h后才可出库，为保持黏性，酸乳应储存1~2d。

五、凝固型酸乳加工

（一）工艺流程

凝固型酸乳的加工工艺流程如图9-6所示。

图9-6　凝固型酸乳加工的工艺流程

（二）操作要点

1. 原料乳的选择

鲜牛乳色泽应洁白或白中微黄，具有天然乳香味，乳液均匀，不应出现豆腐脑状沉淀物质，脂肪含量不低于3%，蛋白质含量不低于2.95%，抗生素含量不得超标，不得检出防腐剂、过氧化氢、有害金属及掺杂物质。

2. 调配

将原料（香精、菌种除外）通过胶体磨，边倒入原料，边加50℃的热水，在混料缸中充分搅拌均匀。

3. 均质

均质温度 60℃ 左右，压力 15~17MPa。

4. 杀菌

采用 90℃ 杀菌 5min。

5. 接种灌装

将热处理后的物料瞬时降温到发酵剂菌种最适生长温度（42~45℃）。接种量要根据菌种活力、生产情况和混合菌种配比的不同而定。一般生产发酵剂，其产酸活力均在 0.7%~1.0%，此时接种量应为 2%~4%，接种完毕要及时灌装，加盖后送至恒温温室培养发酵。

6. 发酵

发酵的时间随菌种而异。使用保加利亚乳杆菌和嗜热链球菌的混合发酵剂时，可在 42~43℃ 下培养 3h；如用保加利亚乳杆菌和乳酸链球菌的混合发酵剂，可在 33℃ 下发酵 10h 左右，当酸度达到 0.7%~0.8%（乳酸度）时，从发酵室内取出。

这个工序主要是对发酵温度、发酵时间、球菌杆菌比例和判定发酵终点的管理，应设专人负责看管。

嗜热链球菌的最适生长温度稍低于保加利亚乳杆菌，混合发酵剂的发酵温度一般为 40~43℃。如果培养温度低于 41~42℃，则嗜热链球菌发育旺盛，酸味不足，酸乳硬度较小，达到规定酸度的时间较长；如果培养温度高于 41~42℃，则保加利亚乳杆菌发育旺盛，酸乳达到规定酸度时间较短，且存在酸度大、香气成分不足、储存过程中酸度增高等问题。

制作酸乳一般的培养时间为 41~42℃、3h（短时间培养）。在特殊情况下，30~37℃ 培养 8~12h（长时间培养）。发酵时间的影响因素包括接种量、发酵剂活性、培养温度、乳品厂所需的加工时间、冷却的速度和容器类型。

六、长期保存酸乳的加工

长期保存酸乳的加工工艺主要由生产原料前处理、混合物料超高温灭菌、酸牛乳发酵与发酵后热处理和无菌灌装等 4 个主要部分构成。

（一）长期保存酸乳的工艺流程

长期保存酸乳的工艺流程如图 9-7 所示。

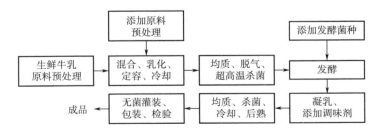

图 9-7　长期保存酸乳的工艺流程

（二）质量控制点

（1）配料温度 70~80℃，配料剪切乳化时间 15~20min。

（2）物料均质温度不低于 60℃，均质压力不低于 20MPa。均质温度或均质压力过低时，乳脂肪不易细化，产品易出现上浮或分层。

（3）物料超高温灭菌温度和时间要求为131℃、20s。

（4）酸牛乳发酵必须是在洁净夹套（可调节温度）无菌罐体中进行；同时须做到无菌添加发酵菌种和调味调色剂。

（5）酸牛乳发酵温度要求控制在43℃。温度过高或过低，易造成产品析水、质地粗糙和发酵缓慢等问题。

（6）酸牛乳发酵终止控制标准为pH 4.8，发酵时间一般在3～5h。

（7）酸牛乳搅拌破乳，需应用框式大桨叶搅拌器慢速度（300r/min）、短时间（8～10min），进行搅拌破碎凝乳。

（8）酸牛乳发酵终止后须进行巴氏杀菌热处理（杀菌温度75℃，杀菌时间25s）。

（9）酸牛乳巴氏杀菌热处理后，需降温至10℃以下，后熟10～12h，pH控制在4.5，过程须保证无菌。

（10）产品灌装、物料输送须保证无菌，应使用剪切力小的转子泵和无菌空气输送无菌灌装酸牛乳物料。

第四节　其他发酵乳制品的加工

一、开菲尔酒的加工

（一）开菲尔酒简介

开菲尔起源于高加索地区，原料为山羊乳、绵羊乳或牛乳。开菲尔是黏稠、均匀、表面光泽的发酵产品，口味新鲜酸甜，略带一些酵母味。产品的pH通常为4.3～4.4。

用于生产酸奶酒的特殊发酵剂是开菲尔粒。该粒由蛋白质、多糖和几种类型的微生物群如酵母、产酸和产香形成菌等组成。开菲尔粒呈淡黄色，大小如小菜花，形状不规则。在发酵过程中，乳酸菌产生乳酸，而酵母菌发酵乳糖产生乙醇和二氧化碳。在酵母菌的新陈代谢过程中，某些蛋白质发生分解从而使开菲尔酒产生一种特殊的酵母香味。乳酸、乙醇和二氧化碳的含量可由生产时的培养温度来控制。

（二）工艺流程

开菲尔酒加工的工艺流程如图9-8所示。

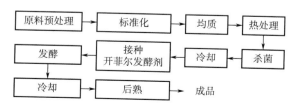

图9-8　开菲尔酒加工的工艺流程

（三）操作要点

1. 原料乳要求和脂肪标准化

原料乳可以是山羊乳、绵羊乳或牛乳，乳中不能含有抗生素和其他杀菌剂，开菲尔的脂肪含量为 0.5%~6%，常用 2.5%~3.5%。

2. 均质、热处理

标准化后，原料乳在 65~70℃、17.5~20MPa 的条件下进行均质。热处理条件为 90~95℃、5min 或 85℃、20~30min。

3. 发酵剂的制备

近年来使用脱脂乳和再制脱脂乳制作发酵剂。经预热的牛乳用活性开菲尔粒接种，接种量为 5% 或 3.5%，23℃培养，培养时间大约 20h，每隔 2~5h 间歇搅拌 10~15min。当 pH 为 4.5 时，用不锈钢筛过滤把开菲尔粒从发酵液中滤出，用凉开水冲洗再次用于培养新一批发酵剂。得到的滤液可作为生产发酵剂或作为母发酵剂接种到杀菌处理的牛乳中，接种量为 3%~5%，在 23℃下培养 20h 后制成生产发酵剂。在使用前把它冷却至 10℃左右，可以贮存几个小时。

4. 接种与发酵

牛乳热处理后，冷却至 23℃，添加 2%~3% 的生产发酵剂后搅拌凝块，同时在罐里预冷。当温度达到 14~16℃ 时停止冷却。随后保持 12~14h。当酸度达到 110~120°T（pH 约 4.4），开始产生典型的轻微"酵母"味时，进行最后的冷却。

5. 冷却

产品在板式热交换器中迅速冷却至 4~6℃，以防止 pH 的进一步下降，并包装产品。

二、马奶酒的加工

（一）马奶酒简介

传统的马奶酒是由鲜马乳加入发酵剂，经自然发酵形成的，是一种质地均匀、蛋白质颗粒细腻柔软、有辛辣气味的乳白色含气乳饮料。马奶酒的酸度和酒精含量比较高。马奶酒成品的酒精含量一般为 0.65%~2.5%（体积分数）。马奶酒是乳酸菌和酵母菌一起发酵的特色乳饮料。调整这两个菌的氧化需要特殊温度条件。

（二）工艺流程

马奶酒加工的工艺流程如图 9-9 所示。

图 9-9 马奶酒加工的工艺流程

（三）操作要点

马乳经杀菌冷却后，接入发酵剂，在 25~26℃ 下经 10~12h 发酵后，冷却到 6~8℃ 作为工作发酵剂。鲜马乳或经巴氏杀菌马乳在 31~35℃，接种一定量的工作发酵剂，接种后乳的酸度为 40~50°T，温度为 25~26℃，搅拌 10~15min，然后在 1h 的发酵过程中，搅乳 3~4 次，每次 1~2min，2~3h 后搅乳 30~60min，直到产品具有可接受的风味。马奶酒灌装到瓶中，不加盖，经一段时间成熟，使其进行酒精发酵和气体形成，包装后的瓶放于冷库中终止乳酸发酵。

三、乳酸菌制剂的加工

（一）乳酸菌制剂的概述

1. 微生态制剂

微生态制剂是一类安全有效的生物制剂，主要采用冻干技术、微胶囊技术、生物发酵技术等制成不同的种类。

2. 乳酸菌制剂

乳酸菌制剂是较为常见的微生态制剂，是指将乳酸菌培养后，再用适当的方法制备而成的带活菌的粉剂、片剂或丸剂等。

乳酸菌制剂是以其所含活菌的生命活动从而达到调节其宿主微生态平衡的，因此其中活菌含量的高低、活菌活力高低、保质期长短是评定质量的关键因素。

3. 生产工艺流程

乳酸菌制剂加工的工艺流程如图 9-10 所示。

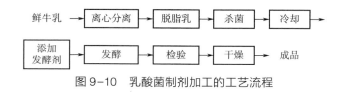

图 9-10　乳酸菌制剂加工的工艺流程

4. 工艺要点

将鲜牛乳离心分离除去脂肪得到脱脂乳作为原料乳。将乳高温至沸点持续 15min，冷却至 40℃ 左右，然后加入定量所需发酵剂进行发酵。待酸度达一定值以后，停止发酵，脱水干燥并粉碎，温度维持在 45℃ 以下，制成粉剂和片剂。

（二）乳酸菌制剂的发展

1. 乳酸菌微胶囊

乳酸菌微胶囊是一种把固体、液体、气体包裹在高分子材料内的微型胶囊，生产方法主要有相分离法、喷雾干燥法、聚合反应法等。将乳酸菌菌体包裹成微胶囊的优点是可以提高菌体本身对外界环境的抵抗力，延长菌体在低温下的贮存期，增大菌体在肠道的存活率。

2. 乳酸菌片剂

乳酸菌片剂是将乳酸菌与辅料如淀粉、蔗糖等相混合，并通过制片技术制成片状物，如乳酸菌素片、乳酸菌奶片及乳酸菌肠溶片。乳酸菌片剂的缺点是儿童不易吞服，且需要较高的保存条件。

3. 乳酸菌液态制剂

乳酸菌液态制剂包括很多乳酸菌发酵液态食品，部分食品经乳酸菌发酵后营养价值提高、保健功能增强、食品的保质期延长，例如，乳品乳酸菌发酵制品。

（三）乳酸菌制剂的生产技术

主要有真空干燥、喷雾干燥和真空冷冻干燥，真空冷冻干燥效果较好，应用也较为广泛。真空冷冻干燥（简称冻干）是先将物质中的水冻结成冰，然后让冰晶直接从固态升华成气态，从而除去水分的方法。优点是在低温下干燥的，使微生物等失去部分生物活性同时不会使蛋白质产生变性，适用于热稳定性能差的制品干燥保存；能维持物质原有的特性；物质干燥后体积、形状基本不变，复水时能迅速还原成原来的形状；在真空下保护了易氧化的物质；能除去物质中95%~99%的水分，延长制品的保存时间。

（四）乳酸菌制剂的生产应用

1. 乳酸菌制剂在猪生产中的应用

乳酸菌制剂能显著降低料肉比、腹泻率和死亡率，对猪肉品质也有明显的改善；降低粪便中的大肠杆菌，增加乳酸菌数量；提高血液中的白蛋白，降低尿素氮。乳酸杆菌能促进机体的免疫反应，激活机体免疫系统。

2. 乳酸菌制剂在家禽生产中的应用

肉鸡服用乳酸菌后，增强抗病能力，提高成活率和日增重，改善饲料利用率，促进生长；促进盲肠内容物中乳酸菌的数量，同时降低大肠杆菌的数量。

3. 乳酸菌制剂在乳牛生产中的应用

添加乳酸菌青贮能有效提高青贮饲料的品质，减少了饲料因霉变、产生霉菌毒素而引起的一系列乳牛疾病。长期饲喂乳酸菌青贮饲料还可以改善养殖场菌相，使养殖场处在健康的益菌环境中，减少疾病的发生。

乳酸菌制剂作为新型饲料添加剂能够预防消化道疾病、增强机体免疫机能、提高饲料利用率、提高生产性能，是绿色、安全、高效的抗生素替代品。

思考题

1. 什么是酸乳？酸乳可以分为哪几类？

2. 什么是发酵乳制品？发酵乳制品具有什么特点？

3. 简述发酵乳制品的种类，其中最常见的是什么？

4. 论述酸乳加工工艺中的关键操作要点。

5. 论述酸乳生产中需要注意的质量问题。

6. 对于发酵剂的制备还有哪些新型的制备方法？

7. 酸乳的营养价值丰富，哪些物质起主要作用？

8. 简述酸乳常见的质量问题及影响质量的因素。

9. 食用乳酸菌饮品时需要注意什么？

10. 乳酸菌制剂的生产应用有哪些？

11. 乳酸菌制剂能调节肠道微生物生态平衡，促进胃肠蠕动与胃液分泌，请简述其生产方法。

12. 凝固性酸乳的加工有哪些操作要点？

13. 开菲尔是最古老的发酵乳制品之一，发酵剂对开菲尔的风味至关重要，请简要介绍其发酵剂组成及作用。

14. 简述马奶酒生产过程中的操作要点。

第十章

干酪

第一节　概述

一、干酪的定义和起源

干酪是通过凝乳酶或其他适宜的凝乳剂对乳、脱脂乳、部分脱脂乳、稀奶油、乳清奶油（whey cream）或酪乳，或这些原料的任意组合凝乳后制成的新鲜或成熟的固态或半固态产品。通过部分排除水分后，从这些凝固物中得到乳清。制成后未经发酵成熟的产品称为新鲜干酪；经长时间发酵成熟而制成的产品称为成熟干酪。国际上将这两种干酪统称为天然干酪（natural cheese）。

据考证，干酪在公元前 6000~7000 年起源于人类文明的发源地之一的幼发拉底河和底格里斯河流域，主要以牛、羊乳作为干酪的生产原料。早期的游牧民族以动物皮装牛羊乳，由于天气炎热，乳糖发酵使乳变酸产生凝乳，他们将凝乳中的乳清排出或加盐以延长这类产品的保质期。这也是许多学者认为干酪起源于发酵乳制品的原因之一。

二、干酪的分类和品种

（一）干酪的分类

国际乳品联合会（IDF）认可大约 500 种干酪。但是，由于分类原则不同，目前尚未有统一且被全世界普遍接受的分类办法。传统的分类方法是以水分含量作为依据的，可将干酪分为超硬质干酪、硬质干酪、半硬质（或半软质）干酪和软质干酪。这种分类方法尽管应用较为广泛，但是存在严重的局限性，如契达干酪和埃蒙塔尔干酪均属于硬质干酪，但它们有不同的质地和风味，生产过程中采用的技术也有很大的不同，成熟过程中的微生物学和生物化学性质也非常不同。此外，干酪是通过水分蒸发开成外壳；干酪中的各种成分随着贮存时间延长而发生变化；水分含量从表面到内部存在着较为明显的梯度；对于成熟时间较长的干酪来说，水分含量将会在成熟期间降低 5%~10%，这些变化都使得以水分含量为标准的分类方法成为一个不确定因素。

通常，根据凝乳的方法不同，可将干酪分为以下四个类型：

（1）凝乳酶凝结干酪　大多数干酪属于此类。

（2）酸凝结干酪　如农家干酪、夸克干酪、稀奶油干酪。

（3）热/酸联合凝结干酪　如瑞考特。

（4）浓缩或结晶处理干酪　如麦索斯特干酪。

由于凝乳酶凝结干酪品种之间仍然存在着很大差异，因此可根据其成熟因素（如内部细菌、内部霉菌、表面细菌、表面霉菌种类等）或工艺技术对这些干酪进行另一种分类，如图10-1所示。

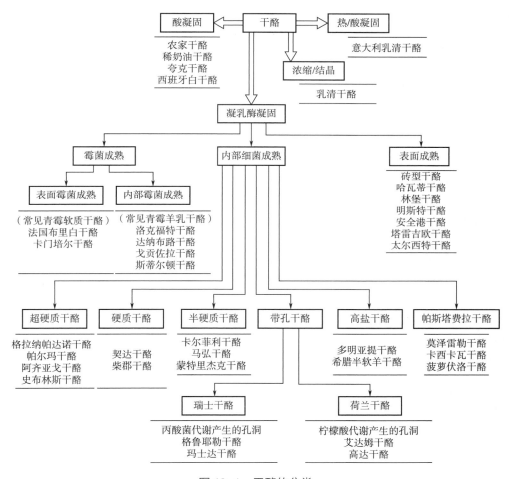

图 10-1　干酪的分类

此外，国际上常把干酪划分为三大类，即天然干酪、再制干酪和干酪食品。这三类干酪品种的主要规格和要求如表 10-1 所示。

表 10-1　　　　　　　　　　　天然干酪、再制干酪和干酪食品的主要规格

名称	规格
天然干酪	以乳、稀奶油、部分脱脂乳、酪乳或混合乳为原料，经凝固后，排出乳清而获得的新鲜或成熟的产品，允许添加天然香辛料以增加香味和滋味

续表

名称	规格
再制干酪	用一种或一种以上的天然干酪，添加食品卫生标准所允许的添加剂（或不加添加剂），经粉碎、混合、加热熔化、乳化后而制成的产品，含乳固体40%以上。此外，还规定：1. 允许添加稀奶油、奶油或乳脂以调整脂肪含量。2. 为了增加香味和滋味，添加香料、调味料及其他食品时，必须控制在乳固体的1/6以内。但不得添加脱脂乳粉、全脂乳粉、乳糖、干酪素以及不是来自乳中的脂肪、蛋白质及碳水化合物
干酪食品	用一种或一种以上的天然干酪或再制干酪，添加食品卫生标准所规定的添加剂（或不加添加剂），经粉碎、混合、加热熔化而成的产品，产品中干酪数量须占50%以上。此外，还规定：1. 添加香料、调味料或其他食品时，须控制在产品干物质的1/6以内。2. 添加不是来自乳中的脂肪、蛋白质、碳水化合物时，不得超过产品的10%

（二）世界主要干酪品种

1. 农家干酪（Cottage Cheese）

农家干酪是以脱脂乳、浓缩脱脂乳或脱脂乳粉的还原乳为原料制成的一种不经成熟的新鲜软质干酪。成品水分含量在80%以下（通常70%~72%）。

世界上美国产量最大，在法国、英国、日本也有生产。成品中常加入稀奶油、食盐、调味料等，作为佐餐干酪，一般多配制成色拉或糕点。

2. 稀奶油干酪（Cream Cheese）

稀奶油干酪是以稀奶油或稀奶油与牛乳混合物为原料制成的一种浓郁、醇厚的新鲜非成熟软质干酪。成品中添加食盐、天然稳定剂和调味料等。一般水分含量48%~52%，脂肪33%以上，蛋白质10%，食盐0.5%~1.2%。

可以用来涂布面包或配制色拉和三明治等，主产于英国、美国等。

3. 里科塔干酪（Ricotta Cheese）

里科塔干酪是意大利生产的乳清干酪，也称白蛋白干酪，分为新鲜和干燥的两种。前者制作时加入全脂乳，成品水分含量68%~73%，脂肪4%~10%，蛋白质16%，碳水化合物3%左右，食盐1.2%；后者制作时加入脱脂乳，成品水分含量60%，脂肪5.2%，蛋白质18.7%，碳水化合物4%，食盐1.5%。

4. 比利时干酪（Limburger Cheese）

比利时干酪具有特殊的芳香味，是一种细菌表面成熟的软质干酪。成品水分含量在50%以下，脂肪26.5%~29.5%，蛋白质20%~24%，食盐1.6%~3.2%。

5. 法国浓味干酪（Camembert Cheese）

法国浓味干酪原产于法国的卡曼贝尔村（Camembert），是世界上最著名的品种之一，属于表面霉菌成熟的软质干酪，内部呈黄色，根据不同的成熟度，干酪呈蜡状或稀奶油状。成品口感细腻，咸味适中，具有浓郁的芳香风味。成品中水分含量43%~54%，食盐2.6%。

6. 法国羊乳干酪（Roquefort Cheese）

法国羊乳干酪原产于法国的洛克伏尔村（Roquefort）。是以绵羊乳为原料制成的半硬质干酪，属霉菌成熟的青纹干酪。成品水分含量38.5%~41.0%，脂肪22.2%，蛋白质21.1%，食盐1.1%。

7. 德拉佩斯特干酪（Trappist Cheese）

德拉佩斯特干酪原产于南斯拉夫，也称修道院干酪。以新鲜全脂牛乳制造，有时也可混入少量绵羊乳或山羊乳，是以细菌成熟的半硬质干酪。成品内部呈淡黄色，风味温和。水分含量45.9%，脂肪26.1%，蛋白质23.3%，食盐1.3%~2.5%。

8. 砖状干酪（Brick Cheese）

砖状干酪起源于美国，是以牛乳为原料的细菌成熟的半硬质干酪，成品内部有许多圆形或不规则形状的孔眼。水分含量44%以下，脂肪31%，蛋白质20%~23%，食盐1.8%~2.0%。

9. 瑞士干酪（Swiss Cheese）

瑞士干酪是以牛乳为原料，经细菌（嗜热链球菌、保加利亚乳杆菌、薛氏丙酸杆菌）发酵成熟的一种硬质干酪。成品富有弹性，稍带甜味，是一种大型的干酪。由于丙酸菌作用，成熟期间产生大量CO_2，在内部形成许多孔眼。水分含量41%以下，脂肪27.5%，蛋白质27.4%，食盐1.0%~1.6%。

10. 契达干酪（Cheddar Cheese）

契达干酪原产于英国的契达村（Cheddar），是以牛乳为原料，经细菌成熟的硬质干酪。现在美国大量生产，故又称"美国干酪"。成品水分含量39%以下，脂肪32%，蛋白质25%，食盐1.4%~1.8%。

11. 荷兰干酪（Gouda Cheese）

荷兰干酪原产于荷兰的高达村，也称高达干酪，是以全脂牛乳为原料，经细菌成熟的硬质干酪。目前在各干酪生产国基本都有生产，其口感风味良好，组织均匀。成品水分含量在45%以下（通常为37%左右），脂肪26%~30.5%，蛋白质25%~26%，食盐1.5%~2%。

12. 荷兰圆形干酪（Edam Cheese）

荷兰圆形干酪是荷兰北部伊顿市所生产的一种硬质干酪，又称红波奶酪，具有独特的红色蜡封，也有其他颜色的蜡封，是世界上唯一保持完美球形的干酪，是荷兰各类干酪中第二重要的产品。干酪的内部呈淡黄色，成熟时干酪中会有小孔出现。整个约重2kg。以全脂牛乳或全脂牛乳与脱脂牛乳等量混合而生产的一种细菌成熟的硬质干酪，成熟期在半年以上。成品水分含量35%~38%，脂肪26.5%~29.5%，蛋白质27%~29%，食盐1.6%~2.0%。

13. 帕尔玛干酪（Parmesan Cheese）

帕尔玛干酪是原产于意大利帕尔玛市的一种细菌成熟的特硬质干酪。一般为两次成熟，需要三年左右的时间进行成熟。这种干酪保存性好，一般水分含量25%~30%，脂肪26%~28%，蛋白质36%~38%。

三、干酪的组成和营养价值

（一）干酪的组成

干酪含有丰富的蛋白质、脂肪等有机成分和钙、磷等无机盐类，以及多种维生素及微量元素。几种主要干酪的化学组成如表10-2所示。

1. 水分

干酪中水分含量与干酪的形体及组织状态关系密切，直接影响干酪的发酵速度。水分多时，酶的作用迅速，发酵时间短，成品易形成有刺激性的风味；水分少时，则发酵时间长，成品产生酯的风味。因此，干酪在加工时，控制水分含量很重要。在加工过程中，由于受加热条件、无脂乳固体含量、凝乳状态等因素影响，造成成品含水不一致。通常，农家干酪水分含量为70%~72%，软质干酪为40%~60%，半硬质干酪为38%~45%，硬质干酪为25%~36%，特硬质干酪为25%~30%。

2. 脂肪

脂肪在干酪中有很多重要的作用，如它可以影响干酪的硬度、黏性、口感和风味。干酪中脂肪含量为34%左右，一般占干酪总固形物的45%以上，其中66%是饱和脂肪酸，大约30%为单聚不饱和脂肪酸，而剩下的4%为多聚不饱和脂肪酸。通过调整原料乳的脂肪含量可以生产出不同脂肪含量的干酪，新鲜干酪的脂肪含量可以达到12%以上，而成熟干酪通常含有20%~30%的脂肪。干酪的脂肪含量通常以占干物质的百分含量（%F. I. S.）表示。

表10-2 不同干酪的组分含量

干酪名称	类型	水分/ （g/ 100g）	热量/ （kJ/ 100g）	蛋白质/ （g/ 100g）	脂肪/ （g/ 100g）	钙/ （mg/ 100g）	磷/ （mg/ 100g）	维生素			
								A/ （IU/ 100g）	B₁/ （mg/ 100g）	B₂/ （mg/ 100g）	B₅/ （mg/ 100g）
契达干酪 （Cheddar）	硬质（细菌发酵）	37.0	1680	25.0	32.0	720	478	1310	0.03	0.46	0.1
农家干酪 （Cottage）	软质（新鲜不成熟）	79.0	563	17.0	0.3	250	175	10	0.03	0.28	0.1
荷兰圆形干酪 （Edam）	硬质（细菌成熟）	33.8	1634	31.7	28.4	850	640	900	0.04	0.50	—
法国羊奶干酪 （Roquefort）	半硬（霉菌发酵）	40.0	1541	21.5	30.5	315	184	1240	0.03	0.61	0.2
法国浓味干酪 （Camembert）	软质（霉菌成熟）	52.2	1256	17.5	24.7	105	339	1010	0.04	0.75	0.8

干酪当中含有大量的亚油酸和亚麻酸，但是其中的反式脂肪酸含量较少。干酪当中胆固醇的含量存在较大的差异。如契达干酪中胆固醇含量为105mg/100g，而农家干酪的胆固醇含量为7mg/100g。在德国，由干酪摄入的脂肪只占总脂肪日摄入量（128g/人）的4.7%。研究人员对一些胆固醇氧化物（COPs）的摄入与慢性疾病的关系进行了大量的研究，但是在一般的工艺条件下，干酪的熟化和贮藏产生的这种COPs都是极少量的。

3. 蛋白质

干酪中蛋白质的含量一般为 20%~35%，且其蛋白质含量的变化与脂肪含量成反比。干酪中的蛋白质主要是酪蛋白，原料乳中的酪蛋白被酸或凝乳酶作用而凝固，形成干酪的组织，并包拢乳脂肪球。乳清蛋白不被酸或凝乳酶凝固，在酪蛋白形成凝块时，其中一小部分被机械地包含在凝块中，大部分乳清蛋白都在生产过程中转移到乳清中去了。因此在干酪生产过程中有 75%~85% 的总蛋白、95% 的酪蛋白由原料乳转移到干酪中，而乳清蛋白在整个干酪蛋白中占 4%~6%。如使用超滤技术生产干酪，不会产生乳清，绝大多数乳清蛋白成为最终产品的一部分，约占总蛋白 15%。但用高温加热乳制造的干酪中含有较多的白蛋白和球蛋白，给酪蛋白的凝固带来了不良影响，容易形成软质凝块。

干酪成熟过程中，在相关微生物的作用下使蛋白质分解，产生水溶性的含氮化合物，如肽、氨基酸等，形成干酪的风味物质。

4. 乳糖和乳酸

原料乳中的乳糖在干酪生产过程中大多数随乳清被排出。在成熟过程中，部分或全部被转化为乳酸，因此在许多干酪中几乎没有乳糖或其浓度很低（1%~3%），原料乳中的乳糖大部分转移到乳清中。残存在干酪凝块中的部分乳糖可促进乳酸发酵，产生乳酸抑制杂菌繁殖，提高添加菌的活力，促进干酪成熟。

5. 无机物

干酪中含钙、磷等多种重要的矿物质。同一种类的干酪，其脂肪含量越高，钙、磷的含量越低；而使用凝乳酶生产的干酪中，钙含量通常要高于用酸法生产的干酪。干酪中的钙、磷以及其他矿物质元素可被人体利用，这一点和乳中的这些矿物质元素没有区别。干酪同其他的乳制品一样，不能提供大量的铁。干酪中钠含量差异很大，这是由于各种干酪生产中加入的盐量不同。

6. 维生素

由于原料乳质量、生产工艺、发酵剂、成熟条件和成熟时间不同，不同种类干酪产品中的各种维生素含量也存在较大差异。由于大部分牛乳脂肪都残留在干酪的凝乳中，因此大部分脂溶性维生素也都进入了凝乳，相反，大部分水溶性维生素都在凝乳过程中随着乳清析出而排出。在干酪的成熟过程中，在微生物合成作用下，可以生成维生素 B，例如，在瑞士干酪中，由于丙酸菌的作用可以得到较高浓度的维生素 B_{12}。

（二）干酪的营养价值

干酪中含有丰富的营养成分，主要为蛋白质和脂肪，仅就此而言，等于将原料乳中的蛋白质和脂肪浓缩 10 倍。

每 100g 软质干酪可提供一个成年人日蛋白质需要量的 30%~40%，而每 100g 硬质干酪则可提供一个成年人日蛋白质需要量的 40%~50%。由于干酪中的蛋白质主要是酪蛋白，其生物学价值低于全乳蛋白质，但高于单纯的酪蛋白，以契达干酪（Cheddar）为例，其蛋白质效率比（PER 值）为 3.7，而酪蛋白仅为 2.5。干酪中的蛋白质经过发酵后，由于凝乳及微生物中蛋白酶的分解作用，形成胨、肽、氨基酸等，因此容易被消化吸收，干酪中蛋白质的消化率一般为 96.2%~97.5%，某些种类的干酪几乎可达 100%，这要高于全脂牛乳 91.9% 的消化率。一些短链肽可能通过肠壁进入肠内，甚至能直接通过细胞膜而被细胞直接吸收，并具有一定的生理功能活性。干酪中含有大量必需氨基酸，与其他动物性蛋白质比较，质优而量多，干酪蛋白质中必需氨基酸的利用率为 89.1%，而牛乳仅为 85.7%。

干酪中含有大量的钙和磷等无机成分，除能形成骨骼和牙齿外，与多种维生素在人体生长发育、各种生理活动及组织修复所需的营养成分方面有重要作用。每 100g 干酪平均含钙800mg，是牛乳的 6~8 倍。每 100g 软质干酪可提供人体钙日需求量的 30%~40%，磷日需求量的 12%~20%；每 100g 硬质干酪则可完全满足人体钙的日需求量和磷日需求量的 40%~50%，因此干酪是较佳的补钙食品，有利于儿童骨骼和牙齿生长，防止妇女和老年人骨质疏松，并具有抵抗龋齿的作用。

在干酪成熟过程中，脂肪被分解为脂肪酸，其中 40% 为不饱和脂肪酸，后者不仅是构成细胞的成分，还可降低血清胆固醇，并具有预防心血管病、高血压、高血糖等功效。

干酪中的维生素 A、维生素 B_2 能增进抗病能力，保护眼睛健康，并可养颜护肤。用于干酪发酵的乳酸菌及其代谢产物有利于维持人体肠道内正常菌群的平衡和稳定，增进消化功能，防止腹泻和便秘。另外，干酪中乳糖含量很低，因此干酪是乳糖不耐症和糖尿病患者可选的营养食品之一。

近年来，功能性干酪产品已经开始生产并正在进一步开发之中，某些功能性成分的添加，使干酪能够促进肠道内优良菌群的生长繁殖，增强对钙、磷等矿物质的吸收，并且具有降低血液内胆固醇及防癌抗癌等作用。

第二节　凝乳酶

很早以前人类已经开始把小牛或小羊的皱胃（第四胃）提取物应用于干酪加工。皱胃分泌一种具有凝乳功能的酶类，可以使小牛胃中的乳汁迅速凝结，从而减缓其流入小肠的速度。人们将皱胃的提取物添加到乳中，使乳迅速凝固，然后再加工成干酪。这种皱胃的提取物便称为粗制凝乳酶或皱胃酶（rennet）。依据现代的酶学命名规则可将皱胃酶（粗制凝乳酶）直接称为凝乳酶（chymosin，EC3.4.23.4）。实际上，早在 1840 年法国药剂师 Jean-Baptist Deschamps 就已经开始使用此名称。19 世纪末期，随着乳品加工业的发展，人们对皱胃酶的需求量逐渐增大，因此推动了皱胃酶工业化生产的进程。事实上，皱胃酶是第一个工业化生产的酶类，并且首次以酶活力为单位进行出售。20 世纪，随着干酪加工业在世界范围内的兴起，以宰杀小牛而获得皱胃酶的方式已经不能满足工业生产的需要，而且成本较高。为此，人们开发了多种皱胃酶的替代品，如从成年牛胃中获取的皱胃酶，或采用多种微生物来源和植物来源的凝乳剂等。在某些偏远乡村和地中海沿岸的某些地区，人们仍然沿用小羊皱胃的提取物来进行某些特殊品种干酪的加工。由于其中含有脂肪酶和前胃酯酶的缘故，用此种皱胃酶加工的干酪产品具有特殊而浓郁的辛辣风味。

一、凝乳酶的种类

干酪生产中应用的凝乳酶来源广泛。根据其来源不同分为动物性凝乳酶、微生物性凝乳酶、重组凝乳酶和植物性凝乳酶。表 10-3 所示为目前干酪生产中应用的主要凝乳酶。小牛与成年牛皱胃酶仍然是干酪生产中最重要的凝乳酶，但现在重组凝乳酶的用量在逐年增加。

来源于米黑毛霉（*Rhizomucor miehei*）的凝乳酶是第三种最常用的凝乳酶。

表 10-3　　　　　　　　　　　　　　商业上常用的凝乳酶

分类	来源	商品名称	酶的活性成分
动物性凝乳酶	牛胃	calf rennet，adult bovine rennet	凝乳酶 A 和凝乳酶 B，胃蛋白酶 A 等
		rennet paste	凝乳酶和脂酶
	绵羊胃	lamb rennet，sheep rennet	凝乳酶和胃蛋白酶
	山羊胃	kid-goat rennet，goat rennet	凝乳酶和胃蛋白酶
	猪胃	porcine coagulant	胃蛋白酶 A 和胃蛋白酶 B 等
微生物凝乳酶	米黑毛霉	miehei coagulant type L，TL and XL	米黑毛霉天冬氨酸蛋白酶
	微小毛霉 （*R. pusillus*）	pusillus coagulant	微小毛霉天冬氨酸蛋白酶
	栗疫病菌 （*C. parasitica*）	parasitica coagulant	栗疫病菌天冬氨酸蛋白酶
重组凝乳酶	黑曲霉	chymax TM	凝乳酶 B
	乳酸克鲁维酵母	maxiren TM	凝乳酶 B
植物性凝乳酶	刺苞菜蓟 （*Cynara cardunculus*）	cardoon	天冬氨酸肽酶 1，天冬氨酸肽酶 2 和天冬氨酸肽酶 3 或天冬氨酸肽酶 A 和天冬氨酸肽酶 B

（一）动物性凝乳酶

1. 牛皱胃酶

直到 20 世纪末，人们一直使用小牛的皱胃来进行皱胃酶加工。皱胃酶中的凝乳酶具有很强的凝乳功能，并且能够水解乳凝块中的大量蛋白质，但对于免疫球蛋白的水解作用极差，因此有利于幼年反刍动物的吸收。相反，对于其他的动物而言，免疫球蛋白则是通过血液由母体转入胎儿体内。

皱胃酶等电点 pI 为 4.45~4.65，作用的最适 pH 4.8 左右，凝固的最适温度为 40~41℃。皱胃酶在弱碱（pH 9）、强酸、热、超声波的作用下失活。制造干酪时的凝固温度通常为30~35℃，时间为 20~40min。如果皱胃酶添加过量、温度上升或延长时间，则凝块变硬。20℃以下或 50℃以上则凝乳酶活性减弱。

现在人们主要采用冷冻的皱胃进行皱胃酶的加工，即将冷冻的皱胃切成细末后置于3%~10%的 NaCl 溶液中浸提，使凝乳酶原和胃蛋白酶原溶出。然后，用 HCl 将浸出液的 pH调整至 2.0，并保持此 pH 条件 1h，目的在于激活两种酶原并使之转化成凝乳酶和胃蛋白酶；接下来调整提取液 pH 到 5.5，用微孔滤膜过滤，以除去浸出液中的微生物，再加入适量的NaCl，使液体中盐的含量达到 20%。由于浸提液中凝乳酶和胃蛋白酶的含量依牛的年龄和饲喂方式而存在差异，因此可以将非同批生产的皱胃提取液按适当的比例混合，使产品中凝乳酶和胃蛋白酶的比例达到人们所要求的水平。最后，将提取液稀释至不同的浓度以供生产需要。尽管皱胃酶经常是以液体形式存在，但也可以制成固体粉末。应该注意的是，在成年牛的皱胃酶加工过程中，由于其浸提液中常含有黏液物质，因此过滤较为困难。绵羊和公山羊的第四胃也可以用来加工皱胃酶，只是产量较低。

2. 其他动物性凝乳酶

胃蛋白酶作为皱胃酶的代用酶而应用到了干酪的生产中，其性质在很多方面与皱胃酶相似，如凝乳张力及非蛋白氮的生成、酪蛋白的电泳变化等。然而，由于胃蛋白酶的蛋白质分解力强，用其制作的干酪产品常略带苦味，如果单独使用会使产品存在口感方面的缺陷。其他主要动物性凝乳酶制剂有以下几种：

（1）猪胃蛋白酶　由猪的浸提物制成，是应用最早的皱胃酶替代物之一，可以单独或与小牛皱胃酶按 1∶1 的比例混合使用。猪胃蛋白酶最大的缺陷是对 pH 的依赖性较强，而且容易失活。例如，在正常的干酪加工条件（pH 约 6.5，温度接近 30℃）下，猪胃蛋白酶已经开始发生变性而逐渐失去活力，在此条件下保持 1h 之后其凝乳活性仅为原来的 50%。目前，猪胃蛋白酶已较少使用。

（2）鸡胃蛋白酶　由于某些原因，鸡胃蛋白酶也被当作皱胃酶的替代物而在某些特殊地域和范围内使用。其蛋白质水解能力过高，因此不适合于绝大多数干酪品种的加工。另外，多种来源于细菌的凝乳剂由于同样的原因而不能够广泛使用。

一般情况下，与小牛皱胃酶相比，利用皱胃酶替代物进行干酪加工经常导致产量的下降，并且会使干酪的风味发生变化。但对于短期成熟的干酪来说，这种差异相对较小。

（二）微生物来源的凝乳酶

微生物凝乳酶可以划分为霉菌、细菌、担子菌 3 种来源的制剂。事实上，生产中应用最多的是来源于霉菌的凝乳酶，其代表物是从微小毛霉中分离出的凝乳酶，分子质量为 29800Da，凝乳的最适温度为 56℃，蛋白质分解能力比皱胃酶强，但较其他蛋白酶的蛋白质分解能力弱，对牛乳的凝固作用较强。

在众多的皱胃酶替代物中，应用范围最为广泛的主要有 3 种，即米黑凝乳酶、微小毛霉凝乳酶和附生凝乳酶，其中米黑凝乳酶在微生物来源的凝乳酶替代产品中占有主导地位，它是由两个热敏程度不同，但蛋白质水解能力都比较低的菌株代谢产生的。附生凝乳酶的蛋白质水解能力较强，主要适用于帮助那些因高温（55℃）处理而酶活力尽失的干酪完成其后期成熟过程。

微生物凝乳酶是目前最有前途的发展方向之一。微生物生长周期短，培养方法简单、产量大，受气候、地域、时间限制小，用其生产凝乳酶成本较低，酶提取方便，经济效益高，用以制出的干酪保持干酪风味等优点，它的应用前景是很好的。从 1965 年起开始用微生物凝乳酶取代小牛凝乳酶制造干酪，用微生物凝乳酶生产的干酪目前已占世界干酪总产量的 1/3。但是也存在一些问题，如蛋白质水解高于皱胃酶，导致乳清中蛋白质含量高，干酪产量低。

（三）发酵生产的凝乳酶

近年来，现代基因工程方法已经应用于凝乳酶的生产。美国食品与药物管理局（FDA）在 1990 年批准了基因工程方法生产的重组凝乳酶可以在干酪加工中应用。凝乳酶是第一个应用基因工程技术把小牛胃中的凝乳酶基因转移到细菌或真菌中生产的一种酶。20 世纪 80 年代，在测定小牛凝乳酶基因序列的基础上，科学家利用基因重组技术对多种微生物进行改造，以求提高微生物发酵生成凝乳酶的产量。目前，市场上有两种通过发酵技术生产的凝乳酶制品，它们来源于黑曲霉和克鲁维氏酵母菌（均产生凝乳酶 B）。国际乳品联合会（IDF）建议将此类产品命名为发酵生产的凝乳酶（fermentation-produced chymosin 或 FPC）。第三类 FPC 是由大肠杆菌产生的，主要成分是凝乳酶 A，并且在 1990 年被美国食品与药物管理局（FDA）批准使用。

（四）植物性凝乳酶

许多植物来源的酶类都可以凝固乳蛋白。很久以前，葡萄牙人就利用刺苞菜蓟（*Cynara cardunculus*）的花提取物刺棘蓟（cardoon）来生产干酪。尤其是生产 Sera 和 Sera 干酪时，刺苞菜蓟凝乳剂比皱胃酶的效果更好。刺棘蓟（cardoon）含有几种天门冬氨酸蛋白酶，其对 κ-酪蛋白的特异性比凝乳酶更高。

植物性凝乳酶主要有无花果蛋白酶、木瓜蛋白酶和菠萝蛋白酶。

二、凝乳酶凝乳机理与活力测定

（一）凝乳酶的凝乳机理

凝乳酶在促进凝乳过程中的主要作用对象是酪蛋白。酪蛋白约占牛乳中蛋白质含量的 80%，可分为 α_{s_1}-酪蛋白、α_{s_2}-酪蛋白、β-酪蛋白和 κ-酪蛋白，其质量比约为 4：1：4：1.3。牛乳中这四种酪蛋白单体会与磷酸钙相互结合成直径为 $100\sim300nm$ 的胶束结构。目前，关于酪蛋白胶束的结构尚无定论，但是大都认为其由疏水性的 α_s-酪蛋白、β-酪蛋白构成了胶束内部，由亲水性的 κ-酪蛋白组成其外部。其中，α_s-酪蛋白、β-酪蛋白带有的多个磷酸根基团对 Ca^{2+} 敏感，能与 Ca^{2+} 桥接形成稳定的内部结构，而 κ-酪蛋白只有一个磷酸根基团，并使 Ca^{2+} 桥接终止，形成稳定的毛发层结构。同时，毛发层的 κ-酪蛋白由副 κ-酪蛋白与带有负电的酪蛋白糖巨肽组成，从而使胶束表面带有负电荷。酪蛋白胶束之间通过胶束间毛发层的空间位阻作用与静电斥力而稳定存在于牛乳中。

在凝乳的过程中，通过凝乳酶的作用可以破坏原本稳定的酪蛋白胶束结构，使得胶束之间发生聚集而形成凝乳。凝乳酶对酪蛋白胶束的作用在于特异性地作用于 κ-酪蛋白的第 $105\sim106$ 位的肽键位点，水解 κ-酪蛋白成酪蛋白糖巨肽和副 κ-酪蛋白。随着带负电的酪蛋白糖巨肽释放至乳清，酪蛋白胶束表面的负电荷减少，胶束间的静电斥力下降，毛发层切除致胶束间的空间位阻降低。最终，酪蛋白通过疏水键合与 Ca^{2+} 架桥作用聚集，从而形成凝乳。

凝乳酶对酪蛋白的凝固可分为 2 个过程：①酪蛋白受凝乳酶的作用变成副酪蛋白，即：κ-酪蛋白→副 κ-酪蛋白+糖肽。此过程称为一次相，属酶性变化。②生成的副酪蛋白在 Ca^{2+} 的存在下引起凝固，本来对 Ca^{2+} 就不稳定的 α_s-酪蛋白及 β-酪蛋白，失去了 κ-酪蛋白的胶体保护作用，则一并凝固。此过程称为二次相，属非酶性变化。在二次相的酪蛋白凝固与酸凝固的情形不同，牛乳在凝乳酶作用下凝固时，钙与磷酸盐并不从酪蛋白结构中游离出来。实际上，在室温以上将凝乳酶添加至牛乳，无法很清楚地分别出一次相及二次相，此两个过程有重叠现象。

除了形成牛乳凝胶外，凝乳酶也部分参与干酪的成熟，经加工处理后，在凝乳中含有 $2\%\sim3\%$ 的凝乳酶，这种残存的酶参与干酪的成熟过程。凝乳酶水解酪蛋白得率高，主要生成肽类，但几乎没有氨基酸。通过水解某些肽键的方法，把酪蛋白降解，从而促进微生物的生长。而微生物生长越迅速越旺盛，干酪的成熟也越快，而且微生物的生长造成了一个低的氧化还原电位的环境。同时干酪成熟期间形成的风味化合物（如甲硫醇）改善了其风味。在成熟期间所发生的酶解变化，不仅对风味的改善有重要作用，也影响干酪质地的变化。

（二）凝乳酶的活力及测定方法

凝乳酶的活力单位是指凝乳酶在35℃条件下使牛乳在40min凝乳时，单位质量的凝乳酶能使牛乳凝固的倍数。也就是1g或1mL凝乳酶在35℃、40min内凝固的牛乳的克数或毫升数。

由于牛乳凝固时间不同，因此很难标准化。以牛乳作基质时，若牛乳不加处理放置，则很难长期保存，所以测定酶活力时不能使用同一牛乳。通常，可用全脂乳粉12g或脱脂乳粉10g溶于水，制成100mL的乳液基质来测定。因此常用的凝乳酶活力测定方法为：取5mL100g/L的脱脂乳，在35℃保温5min，加入0.5mL适当稀释的凝乳酶，迅速混合均匀，准确记录从加入待测液到乳凝固的时间。以40min凝固100g/L的脱脂乳1mL所需的酶量定义为一个索氏单位（soxhelt unit，SU），按式（10-1）计算。

$$SU = 2400/T \times 5/0.5 \times D \tag{10-1}$$

式中　T——凝乳时间，s；

　　　D——稀释倍数。

三、凝乳酶的选择标准及其使用方法

（一）选择凝乳酶的标准

除了要满足相关法律法规的要求，如纯度，安全性，以及不存在有害成分如抗生素和防腐剂以外，凝乳酶还需要具有以下特点：

（1）较高的凝乳活力与非特异蛋白水解活力的比值（C/P）　较高的凝乳活力可以抑制干酪槽中过度的非特异蛋白水解，从而保护凝胶免受破坏以及减少蛋白质和脂肪在乳清中的流失。同时，还能抑制干酪成熟过程中的蛋白质过度水解（β-酪蛋白过度水解会使得干酪产生苦味），确保蛋白质和肽的正确比例，从而保证成熟干酪的风味、质地和功能特性。牛凝乳酶C/P比值高于其他来源的凝乳酶，例如，比毛霉凝乳酶高2倍，比胃蛋白酶、胰蛋白酶或木瓜蛋白酶高25倍。

（2）凝乳活力受pH的影响不大　干酪生产所用原料乳的pH可能每天都会有所不同，因而会导致凝乳切割时间发生变化。但是在工业化生产中，一般切割时间是固定的，因而使用对pH高度敏感的凝乳酶会导致产量降低，同时由于切割时凝块太软导致干酪缺陷。

（3）在干酪生产中正常pH和温度条件下性质稳定。

（4）较低的热稳定性　因干酪生产后续过程可以灭活乳清中残留的凝乳酶，从而在乳清加工过程中可以避免酶与含有乳清蛋白食品的相互作用。

（5）对干酪的产量没有影响。

（6）不会使干酪产品产生苦味。

（7）形成良好的干酪质地，没有缺陷。

（8）贮藏期间性质稳定，而且易于在干酪加工厂应用。

（二）使用方法

干酪加工过程中，在添加发酵剂后，乳的pH下降到一定程度时添加凝乳酶。传统的方法是将凝乳酶用水稀释后再添加，这样使凝乳酶易于在干酪槽中分散。稀释凝乳酶用的无菌水应该是不含氯的，温度不能太高，酸碱度近中性或微酸性。凝乳酶的添加量需根据酶的活力而定。一般以35℃保温条件下，经30~35min能进行切块为准。凝乳达到适宜的硬度并且切割，一直被认为是干酪加工中的关键因素。如果切割太早，凝乳太软，使得大量的脂肪随着排出的乳清流失，会使干酪的产量降低。如果切割太晚，凝乳太硬，会使乳清的排出延迟，导致干酪水分含量过高。为了生产产量、质地和风味俱佳的干酪，获得良好的凝乳状态是关键。理想的状态是加凝乳酶形成凝乳后迅速切割，排出乳清，同时使乳脂肪尽可能地保留在凝乳中。实际操作中，若想正确使用凝乳酶，干酪生产者要考虑以下几个参数：牛乳的冷藏时间、加热程度、高压均质、添加氯化钙、凝乳温度和切割时间。添加凝乳酶需注意的事项：①不要使原料乳中产生气泡；②沿干酪槽边缘徐徐加入；③搅拌时间不要太长。

第三节　干酪发酵剂

一、发酵剂的种类

在制造干酪的过程中，用来使干酪发酵与成熟的特定微生物培养物称为干酪发酵剂（cheese starter）。干酪发酵剂可分为细菌发酵剂与霉菌发酵剂两大类。

细菌发酵剂主要以乳酸菌为主，应用的主要目的在于产酸和产生相应的风味物质。其中主要有乳酸链球菌（*Str. lactis*）、乳酪链球菌（*Str. cremoris*）、干酪乳杆菌（*L. casei*）、丁二酮链球菌（*Str. diacetilactis*）、嗜酸乳杆菌（*L. acidophilus*）、保加利亚乳杆菌（*L. bulgaricus*）以及嗜柠檬酸明串珠菌（*Leu. citreum*）等。有时为了使干酪形成特有的组织状态，还要使用丙酸菌（*Propioni. bacterium*）。

霉菌发酵剂主要是用对脂肪分解强的卡门培尔干酪青霉（*Pen. camemberti*）、娄地青霉（*Pen. roqueforti*）等。某些酵母，如解脂假丝酵母（*Cand. lipolytica*）等也在一些品种的干酪中得到应用。

干酪发酵剂微生物及其使用制品如表10-4所示。

二、发酵剂的作用及组成

（一）干酪发酵剂的作用

发酵剂依据其菌种的组成、特性及干酪的生产工艺条件，主要有以下作用：

（1）发酵乳糖产生乳酸，促进凝乳酶的凝乳作用。由于在原料乳中添加一定量的发酵剂，产生乳酸，使乳中可溶性钙的浓度升高，为凝乳酶创造了一个良好的酸性环境，从而促进凝乳酶的凝乳作用。

（2）在干酪的加工过程中，乳酸可促进凝块的收缩，产生良好的弹性，利于乳清的渗出，赋予制品良好的组织状态。

（3）在加工和成熟过程中产生一定浓度的乳酸，有的菌种还可以产生相应的抗生素，可以较好地抑制产品中污染杂菌的繁殖，保证成品的品质。

（4）发酵剂中的某些微生物可以产生相应的分解酶分解蛋白质、脂肪等物质，从而提高制品的营养价值、消化吸收率，并且还可形成制品特有的芳香风味。

（5）由于丙酸菌的丙酸发酵，使乳酸菌所产生的乳酸还原，产生丙酸和二氧化碳气体，在某些硬质干酪产生特殊的孔眼特征。

综上所述，在干酪的生产中使用发酵剂可以促进凝块的形成；使凝块收缩和容易排除乳清；防止在制造过程和成熟期间杂菌的污染和繁殖；改进产品的组织状态；成熟中给酶的作用创造适宜的酸碱度条件。

表 10-4　　　　　　　　　　　　发酵剂微生物及其使用制品

发酵剂微生物		使用制品
一般名称	菌种名称	
乳酸球菌	嗜热乳链球菌（*Str. thermophilus*）	各种干酪，产酸、风味
	乳酸链球菌（*Str. lactis*）	各种干酪，产酸
	乳油链球菌（*Str. cremoris*）	各种干酪，产酸
	粪链球菌（*Str. faecalis*）	契达干酪
乳酸杆菌	乳酸杆菌（*L. lactis*）	瑞士干酪
	干酪乳杆菌（*L. casei*）	各种干酪，产酸、风味
	嗜热乳杆菌（*L. thermophilus*）	干酪，产酸、风味
	胚芽乳杆菌（*L. plantarum*）	契达干酪
丙酸菌	薛氏丙酸菌（*Prop. shermanii*）	瑞士干酪
短密青霉菌	短密青霉菌（*Brevi. lines*）	砖状干酪
		林堡干酪
酵母类	解脂假丝酵母（*Cand. lipolytica*）	青纹干酪
		瑞士干酪
曲霉菌	米曲霉（*Asp. oryzae*）	法国绵羊乳干酪
	娄地青霉（*Pen. roqueforti*）	法国卡门培尔干酪
	卡门培尔干酪青霉（*Pen. camemberti*）	

（二）干酪发酵剂的组成

作为某一种干酪的发酵剂，必须选择符合制品特征和需要的专门菌种来组成。根据制品需要和菌种组成情况可将干酪发酵剂分为单菌种发酵剂和混合菌种发酵剂两种。

1. 单菌种发酵剂

只含一种菌种，如乳酸链球菌（*Str. lactis*）或乳酪链球菌（*Str. cremoris*）等。其优点主要是长期活化和使用，其活力和性状的变化较小；缺点是容易受到噬菌体的侵染，造成繁殖受阻和酸的生成迟缓等。

2. 混合菌种发酵剂

指由两种或两种以上的产酸和产芳香物质形成特殊组织状态的菌种，根据制品的不同，侧重按一定比例组成的干酪发酵剂。干酪的生产中多采用这一类发酵剂。其优点是能够形成乳酸菌的活性平衡，较好地满足制品发酵成熟的要求，全部菌种不能同时被噬菌体污染，从而减少其危害程度；缺点是每次活化培养很难保证原来菌种的组成比例，由于菌相的变化，培养后较难长期保存，每天的活力有一定的差异。因此，对培养和生产中的要求比较严格。

干酪发酵剂一般均采用冷冻干燥技术生产和真空复合金属膜包装。下面介绍丹麦汉森公司（CHR. HANSEN/S LABORATORIUM Copenhagen Denmark）生产的几种干酪发酵剂。该公司的制品可分为两类：一类是一般冷冻干燥发酵剂，每克含菌量在 $2×10^9$ 以上；另一类是采用培养、浓缩、冻干技术生产的浓缩发酵剂，每克含菌量在 $5×10^{10}$ 以上。汉森公司干酪制品的特性和组成如表 10-5、表 10-6 所示。

表 10-5　　　　　　　　　　　丹麦汉森公司干酪发酵剂的特性

类别	品名（代号）	用途	培养温度
BD	CH~NORMAL 01 CH~NORMAL 11	荷兰干酪	19~23℃
B	6　9　40　41 44　53　56　60 70　72　75　76 82　83　91　92　253	农家干酪、契达干酪等 无孔或少孔的干酪	19~23℃
O	54　95　96　143 170　171　172　173 175　180　189　195 198　199	契达干酪、菲达干酪及非成熟干酪	19~23℃

表 10-6　　　　　　　　　　　丹麦汉森公司干酪发酵剂的菌种组成

菌种	品　名			
	BD	B	O	酸乳
乳酸链球菌（*Str. lactis*）			2%~5%	
乳脂链球菌（*Str. cremoris*）			95%~98%	
丁二酮链球菌（*Str. diacetylactis*）	60%~85%	90%~95%	95%~98%	
嗜柠檬酸明串珠菌（*Leu. citreum*）	15%~20%	<0.1%	<0.0001%	
嗜热乳链球菌（*Str. thermophilus*）	5%~30%	5%~10%	<0.0001%	50%
保加利亚乳杆菌（*L. bulgaricus*）				50%

三、干酪发酵剂的制备

在干酪的工业化生产过程中，工作发酵剂的贮存、扩培和销售所需的环境条件都需要进行严格的控制，力求在最大程度上维持发酵剂中微生物的组成及酸化活力的稳定性，尽量减少发酵剂受噬菌体或其他微生物污染的机会。在实验室中，单一或混合菌株发酵剂的贮存方法主要为深层冷冻法（虽然成本高，但细胞存活率高）或冷冻干燥法（成本低，贮存时间长，某些菌株存活率下降）。在实际应用过程中，应尽量减少发酵剂传代的次数，并且每次传代过程中所使用的培养条件应当完全一致。这些要求对于非确定性发酵剂（即从自然状态下获得的发酵剂，其中的微生物种类和数量是不确定的）来说尤为重要，否则将会导致其中不同菌株的细胞数量发生变化，或者造成某些菌株的丢失。

实际生产过程中，发酵剂的添加量需要根据具体的干酪品种、加工程序、原料乳的质量（如组成成分，是否含有抑菌素等），以及发酵剂菌株本身的酸化活力等因素来确定。最终应保证每升原料乳中含有 $10^8 \sim 10^9$ 的活菌数量。一旦现有的新鲜发酵剂不能满足生产需求，就需要将原来贮藏的备用发酵剂进行逐级扩大培养，直到满足生产需求的数量。

将发酵剂引入干酪生产过程主要有两种可供选择的方式：①将厂内原有的新鲜发酵剂扩大培养后直接投入原料乳中进行干酪生产，称为生产发酵剂；②采用冷冻或冷冻干燥的方法将发酵剂制成具有一定活菌数量的浓缩物（可以通过专门的发酵剂生产商加工成），直接投放到原料乳中进行干酪生产，称为直投式发酵剂（DVI）。

（一）生产发酵剂的制备

由新鲜发酵剂制备生产发酵剂的过程可直接在干酪加工厂内部进行，但是现在越来越多的厂家倾向于从发酵剂供应商手中购买直投式发酵剂（冷冻或冷冻干燥）来用于干酪的生产。生产发酵剂的制备主要经过发酵剂纯培养物（实验室试管）、母发酵剂（三角瓶规模），最后到生产发酵剂（种子罐规模）的过程。

1. 纯培养物

将优质脱脂乳加入试管中，添加适量石蕊溶液，经 120℃、15～20min 高压灭菌并冷却至接种温度，将保存的乳酸菌株或粉末发酵剂接种在这种培养基内，于 21～26℃（21～26℃ 之间的最适培养温度的确定依发酵剂菌株而定）条件下培养 16～19h。当乳凝固并达到所需酸度后，应在 0～5℃ 条件下保存，每 3～7d 转接种一次以维持活力，也可以冻结保存。

2. 母发酵剂

制作母发酵剂时，先在灭菌的三角瓶中加 1/2 量的脱脂乳（或复原的脱脂乳），20℃ 高压灭菌 15～20min 后，冷却至接种温度，按 0.5%～1.0% 的量接种菌种，培养 2～16h，酸度达 0.75%～0.80% 时终止培养，在 0～5℃ 条件下保存备用。

3. 生产发酵剂

生产发酵剂的制备通常在种子罐中进行，其体积依工厂的干酪日加工量而定。培养基的种类较为多样，除全脂、脱脂牛乳或复原乳以外，还可以在乳清当中添加不同的促生长因素（如酵母膏等）制备成一系列满足不同微生物生长需求的培养介质。其中以乳清为基质的培养基能够在很大程度上减少噬菌体污染的机会。此外，向培养基中添加一定量的磷酸盐或柠檬酸盐可以使 Ca^{2+} 钝化，因而也可以在一定程度上阻止乳酸菌噬菌体的污染。培养基必须经过杀菌处理才能够用于发酵剂的培养，杀菌方式可以采用实罐加热或超高温板式热交换器加热等。

发酵剂培养过程中，乳酸的产生使培养基的 pH 大幅度降低，从而在很大程度上限制了细胞数量的增长。如果可以人为控制培养基的 pH 并保持在相对较高的水平上，就能够使培养基中的细胞数量得到较为显著提高。实现此目标的方法主要有两种：一是采用内部 pH 控制，即向培养物中添加缓冲剂，如磷酸盐或柠檬酸盐等；二是外部 pH 控制，即人工或自动地向培养物中添加碱性物质，如氢氧化钠、氢氧化钾或氨水等。制备工作发酵剂所需的经济和技术水平是许多小型干酪生产者所不能达到的。现代的发酵剂制备装置主要包括清洗系统、杀菌系统、通气系统、温度控制系统以及 pH 控制系统和冷却系统等。培养温度和最适 pH 主要依赖于发酵剂菌株的特性。通常情况下，在过 16~20h 的恒温培养后，需要立即将培养物的温度降至 10℃ 以下，主要是因为低温有利于细胞活力的保持，如培养物在 4℃ 条件下保存 24~28h 之后仍然能够维持较高的细胞活力，而且 pH 也不会太低（如嗜温型发酵剂的 pH 通常在 5.0~5.2，而嗜热型的发酵剂则能够抵御更低的 pH）。当生产发酵剂制备完成后，需要利用能够控制流量（体积流量或质量流量）的泵将其输送到干酪槽中与原料乳混合。

（二）直投式发酵剂

几乎所有类型的干酪产品和发酵乳饮料都能够采用直投式发酵剂进行生产加工。但是在干酪加工业中，直投式发酵剂的使用程度主要受到生产规模和所生产的干酪品种的限制。通常情况下，生产工艺要求发酵剂在短时间内产生大量乳酸，以保证在 2~3h 内完成原料乳的预酸化过程，这就需要在一定程度上提高发酵剂的添加量。因此，如果采用直投式发酵剂，将会大大提高干酪的成本。尤其是对于那些年生产量在 1000t 以上的大型干酪加工厂，它们在直投式发酵剂上投入的资金将会相当大。相反，对于规模较小的干酪加工厂来说，使用直投式发酵剂进行继代培养来制备生产发酵剂将更为方便和经济，采用直投式的形式添加辅助发酵剂是比较理想的方式，它能够控制并促进干酪的后期成熟，从而有助于干酪特殊风味的形成。辅助发酵剂可以与乳酸菌发酵剂一起添加到原料乳当中，但辅助菌种在干酪的加工过程中（2~5h）并不生长，只有在形成凝块之后才表现出增殖的趋势，并将在后期成熟过程中大量繁殖达到较高的细胞数量。通常，生产中可以在一定程度上加大直投式辅助发酵剂的投入量，以便为多种风味物质的形成提供更多的酶类。

（三）霉菌发酵剂的调制

霉菌发酵剂（mold starter）的调制除使用的菌种及培养温度有差异外，基本方法与乳酸菌发酵剂的制备方法相似。将去除表皮后的面包切成小立方体，盛于三角瓶，加蒸馏水并进行高压灭菌；此时，如果添加少量乳酸增加酸度，则效果更好；将霉菌悬浮于无菌水中，再喷洒于灭菌面包上；置于 21~25℃ 的恒温箱中经 8~12d 培养，使霉菌孢子布满面包表面；从恒温箱中取出，约 20℃ 条件下干燥 10d，或在室温下进行真空干燥，最后研成粉末，经过筛后盛于容器中保存。

第四节　天然干酪的一般加工工艺及质量控制

各种天然干酪的生产工艺基本相同，只是在个别工艺环节上有所差异。现将半硬质或硬质干酪生产的基本工艺流程介绍如下（图 10-2）。

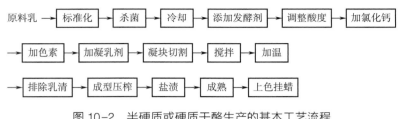

图 10-2 半硬质或硬质干酪生产的基本工艺流程

一、天然干酪生产

（一）生产技术

1. 原料乳的质量要求

用于干酪生产的原料乳主要是牛乳，也可用山羊乳、绵羊乳、水牛乳，许多世界著名的干酪是用绵羊乳制作的［例如罗克福（Roquefort）干酪，菲达（Feta）干酪，罗马诺（Romano）干酪和曼彻格（Manchego）干酪］；传统的马苏里拉（Mozzarella）干酪是用水牛乳制作的。不同原料乳的成分之间有显著的品种差异，因此会影响以它们为原料制成的干酪的特性。

用于干酪的原料乳的要求与酸牛乳相同，其中牛乳酸度 18°T、羊乳 10~14°T，抗生素检验阴性。同时，由于许多微生物会产生不良的风味物质或酶类，且有一些微生物耐巴氏杀菌，会引起干酪的品质问题。所以原料乳中的微生物数量应尽可能低，每毫升鲜乳中不宜超过 50 万个，体细胞数也是检测鲜乳质量的重要指标。

另外，生产干酪所用的水应该符合饮用水要求，用前进行软化和脱氯处理。

2. 原料乳的预处理

制作干酪的原料乳，依据不同的目的必须进行预处理。

（1）净乳 某些形成芽孢的细菌在巴氏杀菌时不能杀灭，对干酪的生产和成熟造成很大危害，如丁酸梭状芽孢杆菌在干酪的成熟过程中产生大量气体，破坏干酪的组织状态，且产生不良风味。所以用离心除菌机进行净乳处理，可去除 90%带孢子的细菌（因其密度大于不带孢子的细菌），有利于提高产品质量。离心除菌技术是降低生乳中芽孢菌数量的一种十分有效的手段。

除菌机是一种改进的密封式净乳机，相对密度较大的乳组分（菌体浓缩物）从牛乳中分离而除去。分离的菌体浓缩物占到整个牛乳量的 2%~3%，经灭菌后与分离后的、经杀菌的大部原料乳混合。

将生乳进行微滤处理时，由于脂肪球以及蛋白质颗粒大小接近细菌，甚至超过细菌，选用小孔径膜会堵塞滤膜，因此在微滤处理生乳时，通常先将脱脂乳通过孔径为 0.8~1.4μm 的滤膜进行微滤处理，蛋白质分子在膜表面也会形成一层膜，有助于阻碍微生物的通过。同时，将稀奶油进行灭菌处理后，按标准化要求加入到已经过滤处理的脱脂乳中。

（2）均质 均质可导致乳中结合水上升，一般不能生产硬质和半硬质类型的干酪。而生产蓝纹（Danablu）干酪和菲达（Feta）干酪的原料乳（或以 15%~20%稀奶油的状态）需经均质处理，目的是减少乳清排出，促进脂肪水解并使干酪增白，这些游离脂肪酸是这两种干酪风味物质的重要组成部分。

（3）标准化 生产干酪时，对原料乳除了对脂肪标准化外，还要对酪蛋白以及酪蛋白/脂肪的比例（C/F）进行标准化，一般要求 C/F=0.7。

［例］今有原料乳 1000kg，含脂率为 4%，用含酪蛋白 2.6%、脂肪 0.01% 的脱脂乳进行标准化，使 C/F=0.7，试计算所需脱脂乳量。

解：①全乳中的脂肪量 1000×0.04=40（kg）

②原料乳中酪蛋白比率：酪蛋白%=0.4F+0.9=（0.4×4%）+0.9=2.5%

③全乳中酪蛋白量 1000×0.025=25（kg）

④原料乳中 C/F=25/40=0.625

⑤希望标准化后 C/F=0.7

标准化后乳中的酪蛋白应该为 40×0.7=28（kg）

⑥应补充的酪蛋白量 28-25=3（kg）

⑦所需脱脂乳量为 3/0.026=115.4（kg）

加盐干酪在盐渍过程中，渗入干酪中的盐分使总干物质增加而脂肪量不变，所以相对含脂率 48% 的新鲜干酪，在吸取 1.7% 左右的盐分后含脂率降为 46.5%，盐分可使干酪总干物质含量增加约 2%，因此生产干酪时需考虑这一因素。

（4）原料乳的杀菌 传统上所有干酪都是用未经杀菌处理的乳（生乳）为原料制作的，因为生乳中的许多成分有助于干酪风味的形成。但未经杀菌处理的乳本身含有一些微生物，制作过程中稍不注意，不仅会使干酪变质，还会危害到消费者的健康。

杀菌的目的是为了杀灭原料乳中的致病菌和有害菌，使酶类失活，使干酪质量稳定、安全卫生。由于加热杀菌使部分白蛋白凝固，留存于干酪中，可以增加干酪的产量。但杀菌温度的高低，直接影响干酪的质量。如果温度过高，时间过长，则受热变性的蛋白质增多，破坏乳中盐类离子的平衡，进而影响皱胃酶的凝乳效果，使凝块松软，收缩作用变弱，易形成水分含量过高的干酪。因此，在实际生产中多采用 63℃、30min 的保温杀菌（LTLT）或 71~75℃、15s 的高温短时杀菌（HTST）。常采用的杀菌设备为保温杀菌罐或片式热交换杀菌机。

3. 添加发酵剂和预酸化

原料乳经杀菌后，直接泵入干酪槽（cheese vat）（图 10-3）中，干酪槽为水平椭圆形或方形不锈钢槽，而且具有夹层（可保温、加热和冷却）及搅拌器（手工操作时为干酪铲和干酪耙）。原料乳冷却到 30~32℃，然后加入经过搅拌并用灭菌筛过滤的发酵剂（也可加入冷冻型或直投式发酵剂），充分搅拌。为使干酪在成熟期间能获得预期的效果，达到正常的成熟，加发酵剂后进行短期发酵，为 30~60min，以保证充足的乳酸菌数量，此过程即预酸化。然后取样测定酸度，使最后酸度控制在 0.18%~0.22%。

不同类型的干酪需要使用发酵剂的剂量不同，通常液体发酵剂的接种量为 0.5%~3%。干酪生产过程中要避免牛乳进入干酪槽时混入空气，因为这将影响凝块的质量而且会引起酪蛋白损失于乳清中。

有时会发生酸化缓慢或产酸失败等异常现象。一个原因是乳中含有治疗牛乳房疾病的抗生素。另一个可能的因素是含有噬菌体，耐热病毒可在空气和土壤中见到。第三种引起异常的原因是乳品厂中使用的洗涤剂和灭菌剂，尤其在使用消毒剂时粗心大意是发酵剂异常的多发原因。

最常用的发酵剂是由几株菌种混合而成的，一般商业用发酵剂由二到六株菌组成。这些发酵剂不仅生产乳酸，还可能生产香味物质或通过柠檬酸发酵菌的作用形成 CO_2。具有生产 CO_2 能力的混合菌株发酵剂对于生产圆孔组织或者粒纹组织的干酪是必须的，生成的气体一开始溶解在干酪的液相中，但当液体饱和时，气体逸出并造成孔眼。例如，由嗜温发酵剂生产的荷兰干酪和曼彻格干酪，和由嗜热发酵剂生产的埃门塔尔干酪和格鲁耶尔干酪。单菌株发酵剂主要用于只需生成乳酸和降解蛋白质为目的干酪，如契达干酪及相关类型的干酪。要求使用前要保持活力、菌数。

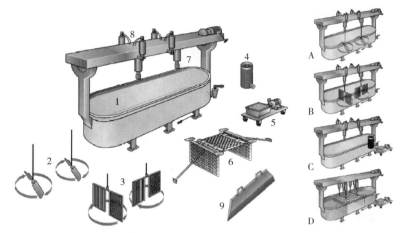

图 10-3　传统的带有干酪生产用具的普通干酪槽

A—槽中搅拌　B—槽中切割　C—乳清排放　D—槽中压榨　1—带有横梁和驱动电机的夹层干酪槽
2—搅拌器　3—干酪切割刀　4—置于出口处过滤器干酪槽内侧的过滤器
5—带有一个浅容器小车上的乳清泵　6—用于圆孔干酪生产的预压板
7—工具支撑架　8—用于预压设备的液压筒　9—干酪切刀

4. 添加添加剂

为了使加工过程中凝块硬度适宜、色泽一致，防止产气菌的污染，保证成品质量一致，原料乳需要加入相应的添加剂和调整酸度。

（1）添加氯化钙（$CaCl_2$）　产生好的凝乳依赖于乳中可溶性钙、胶体钙和络合钙之间的平衡。但是由于热处理、冷却或其他原因导致乳中钙的不平衡，故应加钙盐使之平衡，尤其使用植物或微生物凝乳剂时更应如此。常用的钙盐是氯化钙。

为了使原料乳改善凝固性能，提高干酪质量，可在 100kg 原料乳中添加 5~20g 的 $CaCl_2$（预先配成 10% 的溶液），以调节盐类平衡，促进凝块的形成。添加时必须精确定量，太多的钙盐会使 α_s-酪蛋白和 κ-酪蛋白解离，使 α_s-酪蛋白不再受到 κ-酪蛋白的保护而形成沉淀，导致凝块太硬，难于切割；添加太少则凝块易碎。

对于低脂干酪，如果法律允许，在加入氯化钙之前，有时可添加磷酸二钠（Na_2PO_4），它与 Ca^{2+} 形成胶体磷酸钙 $[Ca_3(PO_4)_2]$，这会增加凝块的塑性，与裹在凝块中的乳脂肪几乎具有相同的效果，通常用量为 10~20g/kg。

（2）添加色素　干酪的颜色取决于原料乳中脂肪的色泽，而脂肪色泽会受季节和饲料的影响。为了使产品的色泽一致，需在原料乳中加胡萝卜素等色素物质，现多使用胭脂树橙的碳酸钠抽出液，通常每1000kg原料乳中加30~60g。在蓝纹干酪生产中，有时添加叶绿素，来反衬霉菌产生的青绿色条纹。

（3）添加硝酸盐（$NaNO_3$或KNO_3） 如果干酪乳中有丁酸菌或产气菌时，会使原料乳异常发酵产气。硝石（硝酸钾或钠盐）可用于抑制这些细菌，在干酪加工中使用是为了抑制有害菌的生长。但是其用量必须依照牛乳的组成、各种干酪的加工工艺等进行精确确定。因为过量的硝石也会抑制发酵剂生长，硝石过量会影响干酪的成熟，甚至使成熟过程终止。硝石用量高也会使干酪脱色，引起红色条纹和不良的滋味。硝石在干酪乳中最大允许用量为30g/100kg，在一些国家禁止使用。如果牛乳经离心除菌或微滤处理，那么硝石的要求量就可大大减少甚至不用。也可以使用一些生物制剂如溶菌酶，起到抑制梭状芽孢杆菌的效果。

（4）添加CO_2 添加CO_2是提高干酪用原料乳质量的一种方法。CO_2天然存在于乳中，但在加工中大部分会逸失。通过人工手段加入CO_2可降低牛乳的pH 0.1到0.3个单位，缩短凝乳时间。CO_2的添加可在生产线上与干酪槽/缸进口联接处进行。注入CO_2的比例，及混入凝乳酶之前与乳的接触时间要在系统安装之前进行计算。使用CO_2混合物可节省一半的凝乳酶，而没有任何负效应。在牛乳中加入CO_2也可以延长低温下牛乳的保质期。这是因为产生的碳酸氢根尤其针对嗜冷菌有抑制作用。

5. 调整酸度

生产干酪凝乳酶作用的最初酸度要求为0.18%~0.22%，但依靠乳酸菌发酵产生的酸度很难控制其稳定一致。为保证产品质量，可用1mol/mL的盐酸调整酸度，调整程度随原料乳情况、干酪的品种而定，一般牛乳可调整至22°T或0.21%左右。

6. 添加凝乳酶和凝乳的形成

干酪的生产中，添加凝乳酶形成凝乳是一个重要的工艺环节。通常按凝乳酶效价和原料乳的量计算凝乳酶的用量。使用时先用1%的食盐水将酶配成2%溶液，并在28~32℃下保温30min，然后加入乳中。活力为1：10000到1：15000的液体凝乳酶的剂量在每100kg乳中可用到30mL。加入凝乳酶后，小心搅拌牛乳不超过3min，然后在32℃条件下静置30min左右，即可使乳凝固形成凝块。

凝乳酶的主要作用是促进乳的凝结，并为乳清的排出创造条件。除了几种类型的新鲜干酪，如农家干酪、夸克干酪，主要是通过乳酸来凝固外，其他所有干酪的生产都依靠凝乳酶或类似酶的反应来形成凝块。

为了保证干酪质量和降低生产成本，现在人们常用各种凝乳酶的混合制剂进行干酪的生产。凝乳酶制剂有三种状态：液态、粉状和片剂。使用前需要测定酶的活力。

7. 凝块切割

乳凝固后，凝块达到适当硬度时，通常要鉴定凝块的乳清排出质量。方法是将一把小刀刺入凝固后的乳表面下然后慢慢抬起，直至裂纹的出现呈适宜状态，一旦出现玻璃样分裂状态就可认为凝块已适宜切割；或者是用刀在凝乳表面切深为2cm、长5cm的切口，用食指斜向从切口的一端插入凝块中约3cm，当手指向上挑起时，如果切面整齐平滑，指上无小片凝块残留，且渗出的乳清透明时，即可开始切割。切割时需用干酪刀，干酪刀分为水平式和垂直式两种，钢丝刀间距一般为0.79~1.27cm，如图10-3所示。先沿着干酪槽长轴用水平式刀平行切割，再用垂直式刀沿长轴垂直切后，沿短轴垂直切，切成0.7~1.0cm³的小立方体，其大小决定于干酪的类型。切块越小，最终干酪中的水分含量越低。传统干酪的手工切割装置如图 10-4 所示，大型机械化生产中是用兼有锐切边和钝搅拌边的切割搅拌工具进行操作的，如图 10-5 所示。

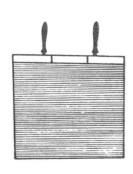

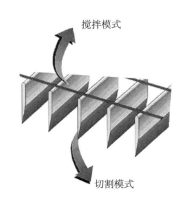

图 10-4　干酪手工切割装置

图 10-5　兼有锐切边和钝搅拌边的切割搅拌工具的截面

在现代化的水平密闭式干酪缸中（图 10-6），切割和搅拌由焊在一个水平轴上的工具来完成。水平轴由一个带有频率转换器的装置驱动，这个具有双重用途的工具是搅拌还是切割取决于其转动方向。凝块被剃刀般锋利的辐射状不锈钢刀切割，不锈钢刀背呈圆形，以给凝块轻柔而有效的搅拌。另外，干酪槽可安装一个自动操作的乳清过滤网，能良好分散凝固剂（凝乳酶）的喷嘴以及能与就地清洗系统连接的喷嘴。

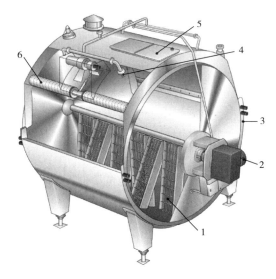

图 10-6　带有搅拌和切割工具以及升降乳清排放系统的水平密闭式干酪缸

1—切割搅拌工具　2—频控驱动电机　3—加热夹套　4—就地清洗喷嘴　5—入孔　6—乳清排放器

8. 搅拌及二次加温

为了促进干酪颗粒中的乳清排放，凝块切割后要对凝块搅拌及加温。测定乳清酸度达到要求后，开始徐徐搅拌（图 10-3 中 A、B），刚刚切割后的凝块颗粒对机械处理非常敏感，因此，搅拌必须很缓和并且足够慢，以确保颗粒能悬浮于乳清中。凝块沉淀在干酪的底部会导致形成黏团，这会使搅拌机械受很大阻力，且黏团会影响干酪的组织，导致酪蛋白的损失。约 15min 后，搅拌速度可逐渐加快。同时，在干酪槽的夹层里通入温水渐渐升温。初始时每 3~5min 升高 1℃，当温度升高到 35℃ 时，每隔 3min 升高 1℃。当温度达到最终要求（高脂干酪为 17~48℃，半脂干酪为 34~38℃，脱脂干酪为 30~35℃）时，停止加热，维持此时的温度一段时间，并继续搅拌。通过加热，产酸细菌的生长受到抑制，这样使得乳酸的生成量符合要求。除了对细菌的影响以外，加热也能促进凝块的收缩并伴有乳清析出（脱水收缩）。凝块的机械处理和由细菌持续产生的乳酸有助于挤出颗粒中的乳清。

加热的时间和温度由加热的方法和干酪的类型决定。加热到 44℃ 以上时，称为热烫。某些类型的干酪，如埃门塔尔干酪、格鲁耶尔干酪、帕尔玛干酪和哥瑞纳干酪，其热烫温度甚至高达 50~56℃，只有极耐热的乳酸菌可能存活下来。其中之一为薛氏丙酸杆菌，该菌对于埃门塔尔干酪特性的形成是至关重要的。但要注意加温速度不宜过快，过快时，会使干酪粒表面结成硬膜，影响乳清排出，最后使成品水分过高。通常加温越高，排出的水分越多，干酪越硬，这是特硬干酪的一种加工方法。

9. 排除乳清

在搅拌升温的后期，乳清酸度达 0.17%~0.18% 时，凝块收缩至原来的一半（豆粒大小），用手捏干酪粒感觉有适度弹性或用手握一把干酪粒，用力压出水分后放开，如果干酪粒富有弹性，搓开仍能重新分散，即排除全部乳清。乳清由干酪槽底部通过金属网排出。此时应将干酪粒堆积在干酪槽的两侧，促进乳清的进一步排出。此操作也应按干酪品种的不同而采取不同的方法。排除的乳清中脂肪含量一般约为 0.3%，蛋白质 0.9%。若脂肪含量在 0.4% 以上，证明操作不理想，应将乳清回收，作为副产物进行综合加工利用。

传统的干酪槽（图 10-3 中 C）安装一个自动操作的乳清过滤网，乳清排放形式很简单。

某些类型的干酪如荷兰干酪和荷兰圆形干酪，需要自颗粒中排出相对大量的乳清，为此，可通过向乳清和凝块混合物中直接加入热水的方法以提供热量（加水也降低了乳糖浓度）。某些生产人员也排放掉乳清以减少用于直接加热凝块所需的热量，对于个别品种的干酪，每次排掉总量 35% 的乳清，有时多达每一批体积的 50%。

全机械化干酪罐（图 10-6）带乳清排放系统。一个纵向的且带有槽的过滤网自不锈钢缆上悬下，该缆与外部的提升驱动机相连。过滤网通过一个接口，与乳清吸入管线相连，然后通过罐壁与外部的吸入管相连。在过滤网上安装液位电极控制升降电机。在整个乳清排放期间，保持过滤网正好位于液面以下，启动信号自动给出。预定的乳清量能被排掉，它通过提升电机的脉冲显示器来控制。安全开关显示了过滤网的高位和低位。乳清应该总是在高容量下排放，持续 5~6min。排放进行同时，搅拌停止，否则凝块可能形成黏团，所以乳清的排放总是在搅拌操作的间隙中进行，通常是在预搅拌的第二段和加热之后进行。

10. 堆叠

乳清排除后，将干酪粒堆积在干酪槽的一端或专用的堆积槽中，上面用带孔木板或不锈钢板压 5~10min，压出乳清使其成块，这一过程即为堆叠。有的干酪品种，在此过程中还要保温，调整排出乳清的酸度，进一步使乳酸菌达到一定的活力，以保证成熟过程对乳酸菌的需要。

一种高度先进的机械化"堆酿"机，称 Alfomatic，该机的原理如图 10-7 所示，集脱乳清、堆酿成片、熔融、凝块加盐于一体。这种机器带有四条传送带，四条传送带一条在一条上面，安装在一个不锈钢的框架内。每条传送带以预定的或可调的速度分别驱动。凝块和乳清混合物被均匀分散在乳清排放网上。大部分乳清由此排走。随后凝块落在多孔的第一条传送带上，并由搅拌器进一步促进乳清的排除。在每一条传送带上都有围栏以控制凝块的摊片宽度。第二条传送带上凝块能成片和熔融，随后被送到第三条传送带时，凝块翻转，堆酿，继续熔融。

在第三条传送带末端，凝块被切割成相同大小的条，然后落入第四条传送上。第四条传送带用于加盐，干盐在传送带前端加入凝块，随后搅拌使之有效混合，凝块被传送落入带有螺旋推进器的漏斗，由此进入成块器或再经传送带送到装模装置。

11. 成型压榨

成型压榨是指将堆积后的干酪块切成方砖形或小立方体，装入成型器中进行定型压榨。压榨是指对装在模中的凝乳颗粒施加一定的压力，压榨可进一步排出乳清，使凝乳颗粒成块，并形成一定的形状，在干酪成熟阶段提供干酪表面一坚硬外皮。为保证干酪质量的一致性，压力、时间、温度和酸度等参数在生产每一批干酪的过程中都必须保持恒定。压榨所用的模应该是多孔的，以便使乳清能够流出。

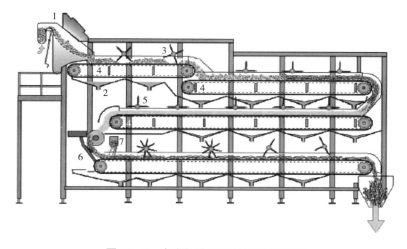

图 10-7　生产契达干酪的连续化系统

1—乳清过滤器（过滤网）　2—乳清收集器　3—搅拌器　4—变速驱动传送带
5—用于搅拌凝块的搅拌器（可选）　6—切成碎条　7—干盐加入系统

干酪成型器依干酪的品种不同，其形状和大小也不同。成型器周围设有小孔，由此渗出乳清。在内衬衬网的成型器内装满干酪块后，放入压榨机上进行压榨定型。压榨的压力与时间依干酪的品种各异。先进行预压榨，一般压力为 0.2~0.3MPa，时间为 20~30min。预压榨后取下进行调整，视其情况，可以再进行一次预压榨或直接正式压榨。将干酪取出反转后装入成型器内以 0.4~0.5MPa 的压力在 15~20℃（有的品种要求在 30℃ 左右）条件下再压榨12~24h。压榨结束后，从成型器中取出的干酪称为生干酪（green cheese）。

压榨的程度和压力依干酪的类型进行调整。在压榨初始阶段要逐渐加压，因为，初期用高压压紧干酪外表面会使水分封闭在干酪体内。使用的压力应以每单位面积而非每个干酪来计算，例如 300g/cm²。小批量干酪生产可使用手动操作的垂直或水平压榨，气力或水力压榨系统可使所需压力的调节简化，图 10-8 所示为垂直压榨器。

大批量生产所用的压榨系统有多种，如在压榨系统上配置计时器，用信号提醒操作人员按预定加压程序改变压力。图 10-9 所示为传送压榨装置，适用于当预压榨和最终压榨时间间隔应最小的情形。传送压榨和自动填充隧道式压榨设备通常都配置就地清洗系统。

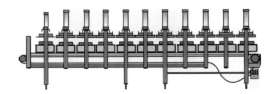

图 10-8　带有气动操作压榨平台的垂直压榨器　　　　图 10-9　传送压榨装置

上述压榨即可完成粒纹干酪，如图 10-10 所示；而对于圆孔干酪，如图 10-11 所示，则需预压榨成块并将其切成合适大小尺寸的条后再入模压榨；如果想生产帕斯塔-费拉塔（Pasta-Filata）干酪，把未加盐的切条送入热煮压延机（图 10-12）中。

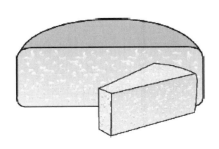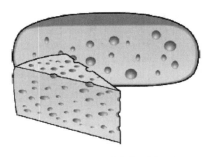

图 10-10　粒纹质地的干酪　　　　　　　　　图 10-11　圆孔干酪

12. 加盐

加盐的目的在于改进干酪的风味、组织和外观，排除内部乳清或水分，增加干酪硬度，限制乳酸菌的活力，调节乳酸的生成和干酪的成熟，防止和抑制杂菌的繁殖。加盐于凝块而导致排出的水分更多，这是借助于渗透压的作用和盐对蛋白质的作用。渗透压可在凝块表面形成吸附作用，导致水分被吸出。

除少数例外，干酪中盐含量为 0.5%~2%，而蓝纹干酪或白霉干酪的一些类型通常盐含量在 3%~7%。加盐引起的副酪蛋白上的钠和钙交换也给干酪的组织带来良好影响，使其变得更加光滑。

一般而言，乳中不含有任何抗菌物质的情况下，在添加原始发酵剂 5~6h 后，pH 达到

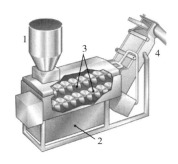

图 10-12 用于帕斯塔–费拉塔
干酪的连续热煮压延机

1—添料漏斗 2—控温热水罐
3—双对转螺杆 4—螺杆转送器

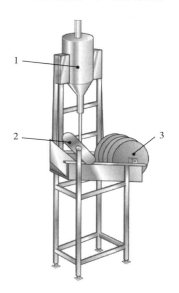

图 10-13 用于帕斯塔–费
拉塔类干酪的干盐机

1—盐容器 2—用于干酪
熔融的液位控制 3—槽轮

5.3~5.6，经排放乳清后的干酪粒或压榨出生干酪后加盐。加盐方法通常有下列三种：

（1）干盐法 干盐法是在定型压榨前，将所需的食盐撒布在干酪粒（块）中，或者将食盐涂布于生干酪表面。加干盐可通过手工或机械进行，将干盐从料斗或类似容器中定量（称量），尽可能地手工均匀撒在已彻底排放了乳清的凝块上。为了充分分散，凝块需进行 5~10min 搅拌。机械撒盐的方法很多，一种形式是与契达干酪加盐相同，即干酪条连续在通过契达机的最终段上，在表面上加定量的盐。另一种加盐系统用于帕斯塔–费拉塔干酪的生产，如图 10-13 所示。干盐加入器装于热煮压延机和装模机之间，经过这样处理，一般 8h 的盐化时间可减少到 2h 左右，同时盐化所需的场地面积变小。

（2）湿盐法 湿盐法是将压榨后的生干酪浸于盐水池中浸渍，盐水浓度第 1~2d 为 17%~18%，以后保持 20%~23% 的浓度。为了防止干酪内部产生气体，盐水温度应控制在 8℃ 左右，浸盐时间 4~6d。

盐渍系统有很多种，最常用的系统是将干酪放置在盐水容器中，容器应置于 12~14℃ 的冷却间，图 10-14 所示为一实际的手工控制系统，它是盐渍方法的基础，生产上连续盐渍分为表面盐化和深浸盐化。

①表面盐化：在盐化系统中，干酪被悬浮在容器内进行表面盐化，为保证表面湿润，干酪浸在盐液液面之下，容器中的圆辊保持干酪之间的间距，这一浸湿过程可以程序化，图 10-15 所示为表面盐化系统。

②深浸盐化：带有可绞起箱笼的深浸盐化系统也是基于同样的原理。笼箱大小可以按着生产量设计，每一个笼箱占一个浸槽，槽深 2.5~3m。为获得一致的盐化时

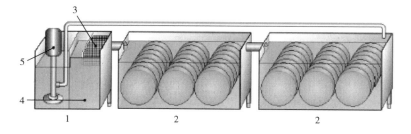

图 10-14 带有容器和盐水循环设备的盐渍系统

1—盐溶解容器 2—盐水容器 3—过滤器 4—盐溶解 5—盐水循环泵

间（先进先出），当盐浸时间过半时，满载在笼箱中的干酪要倒入到另一个空的笼箱中继续盐化，否则就会出现所谓先进后出的现象，在盐化时间上，先装笼的干酪和最后装笼的干酪要相差几个小时，因此，深浸盐化系统总要多设计一个盐水槽以供空笼使用。图 10-16 所示为一个深浸系统的笼箱。

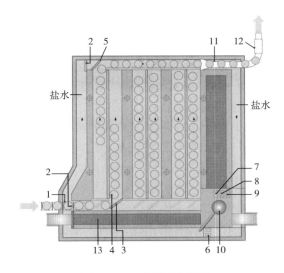

图 10-15　表面盐化系统

1—带可调板的入口传送装置　2—可调隔板　3—带调节隔板和引导门的入口　4—表面盐化部分
5—出口门　6—带滤网的两个搅拌器　7—用泵控制盐液位　8—泵　9—板式热交换器
10—自动计量盐装置（包括盐浓度测定）　11—带有沟槽的出料输送带　12—盐液抽真空装置　13—操作区

（3）混合法　混合法是指在定型压榨后先涂布食盐，过一段时间后再浸入食盐水中的方法。

13. 成熟

将生鲜干酪置于一定温度和湿度条件下，经一定时期在有益微生物（发酵剂）和酶的作用下，使干酪发生一系列的微生物、生物化学和物理方面的变化的过程，称为干酪的成熟（ripening curing）。成熟的主要目的是改善干酪的组织状态和营养价值，增加干酪的特有风味。

干酪的成熟通常在成熟库（室）内进行，如图

图 10-16　深浸盐化系统

10-17 所示。不同类型的干酪要求不同的温度和相对湿度。环境条件对成熟的速率，质量损失，硬皮形成和表面菌丛（表面黏液类型干酪，如瑞士提尔西特干酪，哈瓦蒂干酪）至关重要。成熟时低温比高温效果好，一般为 5~15℃。相对湿度，一般细菌成熟硬质和半硬质干酪为 85%~90%，而软质干酪及霉菌成熟干酪为95%。当相对湿度一定时，硬质干酪在 7℃条件下需 8 个月以上成熟，在 10℃时需 6 个月以上，而在 15℃时则需 4 个月左右。软质干酪或霉菌成熟干酪需 20~30d。

图 10-17 干酪
机械化贮存室

干酪成熟的过程及管理如下：

（1）前期成熟 将待成熟的新鲜干酪放入温度、相对湿度适宜的成熟库中，每天用洁净的棉布擦拭其表面，防止霉菌的繁殖。为了使表面水分蒸发得均匀，擦拭后要反转放置。此过程一般要持续 15~20d。

（2）上色挂蜡 为了防止霉菌生长和增加美观，将前期成熟后的干酪清洗干净后，用食用色素染成红色（也有不染色的）。待色素完全干燥后，在 160℃ 的石蜡中进行挂蜡。为了食用方便和防止形成干酪皮，现多采用塑料真空及热缩密封。

（3）后期成熟和贮藏 为了使干酪完全成熟，以形成良好的口感、风味，还要将挂蜡后的干酪放在成熟库中继续成熟 2~6 个月。成品干酪应放在 5℃ 及相对湿度 80%~90% 条件下贮藏。

干酪的成熟是个复杂的过程，其中以生物化学与微生物学为主。现在的研究普遍认为，干酪的成熟是以乳酸发酵、丙酸发酵为基础，受干酪的 pH、水分含量、盐分含量和贮存期间的温度、相对湿度、表面处理以及凝乳的化学组成、凝乳的微生物构成等综合因素的影响。

干酪中的乳糖含量仅 1%~2%。这是因为大部分的乳糖随乳清排出，剩余的乳糖绝大部分在干酪成熟的最初 24~48h 内由乳酸菌的作用转化为乳酸。乳酸与酪蛋白酸钙中的钙结合形成乳酸钙，乳酸菌所产生的酶和乳酸钙对于干酪的成熟具有很重要的作用。酶能将蛋白质分解为多肽和氨基酸，此外还形成乙醇、葡萄糖、CO_2 以及丁二酮等产物，使干酪产生气孔和特有的滋气味。由于乳酸菌不产生脂肪酶，而且凝乳酶中也不含脂肪酶，所以干酪中的脂肪与矿物质只有很小的变化。

干酪成熟受多种因素影响，如随着成熟期的延长水溶性含氮物增加；在其他条件相同时，水溶性含氮物的增加与温度成正比，但温度升高程度必须在工艺允许的范围内；水分含量增多时成熟度增加；质量大的干酪成熟度好；食盐多的干酪成熟较慢；凝乳酶量多者成熟较快。

成熟干酪的贮藏温度应适应各种微生物和酶活力的要求。通常最初几周内，干酪贮藏温度较高（称为发酵贮藏）。当成熟达到一定程度时，干酪转入低温贮藏（称为成熟贮藏）。在低温贮藏时，成熟继续，只是速度较慢。

（二）干酪的产率

干酪的产率受原料牛乳组成及制造技术的影响。牛乳中蛋白质含量低时，干酪的产率就低。在制造方法上，由于杀菌温度、切碎凝块、加温方法的不同，会使乳中部分干物质流失于乳清中，并使干酪的水分含量不一致。此外，成熟过程中，水分蒸发和包装处理方法等也影响干酪的产率。

通过干酪产率的计算可以测定干酪的生产效能并决定工艺参数是否经济合理。干酪的产率有多种表示方法，常根据特定的需要，应用不同的公式进行计算。干酪加工厂可通过不同的干酪产率计算方法，在保证干酪质量的前提下，尽量提高干酪的水分含量，以获得更多的经济效益。

1. 干酪的实际产率

$$干酪的实际产率 = \frac{干酪质量}{乳的质量 - 发酵剂质量 - 盐的质量} \tag{10-2}$$

干酪的实际产率可用于固定乳成分的情况下，同种干酪之间的比较，可以反映干酪之间水分含量和乳成分回收率的差异。

2. 水分调整后的干酪产率（MACY）

$$MACY(kg/100kg) = 干酪的实际产率 \times \frac{100 - 实际的干酪水分含量}{100 - 参照的水分含量} \tag{10-3}$$

MACY 适用于在固定乳成分的情况下，不同水分含量的多种干酪之间的产率比较，排除了不同品种之间水分含量对干酪产率的影响。

3. 干酪产率的预测

预测各种干酪产率的公式是范斯莱克（Van Slyke）公式，它是由范斯莱克于 1936 年从契达干酪的产率中分析得来的。

$$干酪产率 = \frac{[(0.93 \times A) + (B - 0.1)] \times 1.09}{100 - C} \tag{10-4}$$

式中　A—100kg 原料乳中脂肪的含量，kg；

　　　B—100kg 原料乳中酪蛋白的含量，kg；

　　　C—100kg 成品干酪中水分的含量，kg。

二、干酪的缺陷及其防止方法

干酪的缺陷是指干酪由于使用了异常原料乳、异常细菌发酵或在操作过程中操作不当等原因引起的干酪感官品质方面的缺陷。

（一）物理性缺陷及其防止方法

1. 质地干燥

凝乳块在较高温度下"热烫"引起干酪中水分排出过多导致制品干燥；凝乳切割过小、加温搅拌时温度过高、酸度过高、处理时间较长及原料含脂率低等都能引起制品干燥。对此，除改进加工工艺外，也可利用表面挂石蜡、塑料袋真空包装及在高温条件下进行成熟来防止。

2. 组织疏松

组织疏松即凝乳中存在裂隙。酸度不足，乳清残留于凝乳块中，压榨时间短或成熟前期温度过高等均能引起此种缺陷。防止方法：进行充分压榨并在低温下成熟。

3. 多脂性

多脂性是指脂肪过量存在于凝乳块表面或其中。其原因大多是由于操作温度过高，凝块处理不当（如堆积过高）而使脂肪压出。可通过调整生产工艺来防止。

4. 斑纹

操作不当引起。特别在切割和热烫工艺中由于操作过于剧烈或过于缓慢引起。

5. 发汗

指成熟过程中干酪渗出液体。其可能的原因是干酪内部的游离液体多及内部压力过大，多见于酸度过高的干酪。所以除改进工艺外，控制酸度也十分必要。

（二）化学性缺陷及其防止方法

1. 金属性黑变

由铁、铅等金属与干酪成分生成黑色硫化物，根据干酪质地和状态不同而呈绿、灰和褐色等色调。操作时除考虑设备、模具本身外，还要注意外部污染。

2. 桃红或赤变

当使用色素时，色素与干酪中的硝酸盐结合成更浓的有色化合物。对此应认真选用色素及其添加量。

（三）微生物性缺陷及其防止方法

1. 酸度过高

主要原因是微生物发育速度过快。防止方法：降低预发酵温度，并加食盐以抑制乳酸菌繁殖；加大凝乳酶添加量；切割时切成微细凝乳粒；高温处理；迅速排除乳清以缩短制造时间。

2. 干酪液化

由于干酪中存在液化酪蛋白的微生物而使干酪液化。此种现象多发生于干酪表面。引起液化的微生物一般在中性或微酸性条件下生长繁殖。

3. 发酵产气

通常在干酪成熟过程中能缓缓生成微量气体，但能自行在干酪中扩散，故不形成大量的气孔，而由微生物引起干酪产生大量气体则是干酪的缺陷之一。在成熟前期产气是由于大肠杆菌污染，后期产气则是由梭状芽孢杆菌、丙酸菌及酵母菌繁殖产生。可将原料乳离心除菌或使用产生乳酸链球菌肽的乳酸菌作为发酵剂，也可添加硝酸盐，调整干酪水分和盐分。

4. 苦味生成

干酪的苦味是极为常见的质量缺陷。酵母或非发酵剂菌都可引起干酪苦味。极微弱的苦味是构成契达干酪的风味成分之一，这由特定的蛋白胨、肽所引起。另外，乳高温杀菌、原料乳的酸度高、凝乳酶添加量大以及成熟温度高均可能产生苦味。食盐添加量多时，可降低苦味的强度。

5. 恶臭

干酪中如存在厌气性芽孢杆菌，会分解蛋白质生成硫化氢、硫醇、亚胺等。此类物质产生恶臭味。生产过程中要防止这类菌的污染。

6. 酸败

由污染微生物分解乳糖或脂肪等生成丁酸及其衍生物所引起。污染菌主要来自原料乳、牛粪及土壤等。

第五节　再制干酪的加工工艺及质量控制

一、再制干酪的概念及种类

（一）再制干酪的定义

再制干酪（processed cheese）是以不同种类或同种不同成熟期的天然干酪为主要原料，添加乳化剂、稳定剂、色素等辅料，经加热熔化、乳化、杀菌等工序制得的，可长时间保存的一种干酪制品，也叫融化干酪或加工干酪。再制干酪是在20世纪初由瑞士首先生产。目前，这种干酪的消费量占全世界干酪产量的60%~70%。

（二）再制干酪的特点

（1）由于在加工过程中进行加热杀菌，所以再制干酪食用安全、卫生，并且有良好的保存特性。

（2）通过加热熔化、乳化等工艺过程，再制干酪的口感柔和均一。

（3）再制干酪产品种类丰富，形态和花色多样，口味变化多。同时，改善了天然干酪凝乳的物理特性上的不足，使一些以前很难或不可能利用的天然干酪有可能被重新利用。

（4）再制干酪由于加入的各种配料和特有的加工技术，消除了天然干酪的刺激味道，更容易被消费者接受。

（5）再制干酪是以天然干酪为原料的，同时还可以添加各种风味物质和营养强化成分，能够满足人体的营养需要，还具有重要的生理功能。

（三）再制干酪的种类

再制干酪含乳固体40%以上，脂肪占总干物质的30%~45%，其他组分完全决定于水分含量和用于生产的原材料。再制干酪有两种类型：块状干酪和涂抹干酪。而在这两种类型中有许多不同的种类。块状干酪（水分含量46%）包括可用于切片冷食的干酪、切片烘烤的干酪或搓碎烘烤的干酪；而在涂抹干酪（水分含量58%）中包括许多不同稠度的干酪。再制干酪典型的混合物和制作条件如表10-7所示。为了在最终产品中获得理想的稠度、质构、风味及烘烤特性，严格控制干酪的混合、乳化盐的选择和剂量、机械处理及热处理的特性和程度是很关键的。

（四）再制干酪的包装形式、风味和食用方式

再制干酪的包装形式有很多，其中最为常见的有：三角形铝箔包装；偏氯乙烯薄膜棒状包装；纸盒、塑料盒包装；薄片或干粉包装等。再制干酪有不同的风味，加入肉制品或生鲜制品，如火腿味、鱼味等；加入香味料，如洋葱味、辛辣味等；加入各式水果，如草莓味、菠萝味等。再制干酪按食用方式分为冷食和热食两类。冷食再制干酪，可以在任何时间当小吃来消费。热食干酪，夹在吐司或汉堡中，加热使之熔化来增加食品的香味。

表 10-7   再制干酪典型的混合物和制作条件

原料或制作条件	涂抹型干酪	切片型干酪块	烘烤型薄片干酪
成熟度	由未成熟、中等成熟和成熟干酪混合	由未成熟、中等成熟干酪混合，主要是未成熟干酪	未成熟干酪
混合物中相对酪蛋白的含量	60%~75%	75%~90%	80%~90%
结构	短到长	长占绝对优势	长
混合乳化盐	基于中链到长链的磷酸盐	多聚磷酸盐和柠檬酸盐	磷酸盐和柠檬酸盐的混合物
乳化盐占原料干酪量	2.5%~3.5%	2.5%~3.5%	2.5%~3.5%
加水量	20%~45%	10%~25%	5%~15%
混合温度	85~98℃	80~85℃	78~85℃
传统反应釜中的加热时间	8~15min	4~8min	4~6min
pH	5.6~6.0	5.4~5.7	5.6~5.9
搅拌作用	快	慢	慢
辅料	乳粉或乳清粉（5%~12%）	无	无
均质	有益	无作用	无作用
灌装	10~30min	5~15min	尽快
冷却	30~60min，冷风或冷却隧道10~12h，室温		很快，传送带

二、再制干酪的加工工艺

（一）工艺流程

再制干酪的加工工艺流程，如图 10-18 所示。

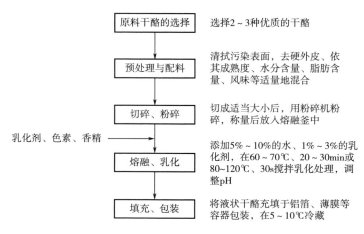

图 10-18 再制干酪加工工艺流程

（二）工艺要求

1. 原料的选择和预处理

（1）原料的选择 天然干酪的选择对再制干酪的品质影响非常重要，尤其是它的成熟度和品种。对于采用不同成熟度的天然干酪作为原料而言，其中短成熟期干酪提供质构，长成熟期干酪提供风味。如果干酪的成熟度高，生产出来的再制干酪质地会较硬，但风味丰满；如果使用未成熟的干酪，生产出的产品会具有很好的弹性和良好的切片特性；而成熟过度的产品中，很可能在杀菌后还残留芽孢菌，这容易发生变质，并产生膨胀的危险，所以有霉菌污染、气体膨胀、异味等缺陷者不能使用。

一般选择细菌成熟的硬质干酪如荷兰干酪、契达干酪和荷兰圆形干酪等。为满足制品的风味及组织，成熟 7~8 个月风味浓的干酪占 20%~30%。为了保持组织滑润，成熟 2~3 个月的干酪占 20%~30%，搭配中间成熟度的干酪 50%，使平均成熟度在 4~5 个月之间，水分含量 35%~38%，可溶性氮 0.6%左右。

（2）原料的清洗和预处理 对原料进行加工处理前，要对原料进行水洗，主要是因为外包装很脏或外皮较硬。清洗过程中，使用的主要设备是干酪储藏架，用于放置清洗过的和准备清洗的干酪。此外，还有面积较大的处理台、清洗盆、蒸气装置等。一些硬质干酪需要将它们的塑料或蜡质的外皮包装除去。所有的原料干酪在切割前都需要用纯净水进行处理。

预处理包括除掉干酪的包装材料，削去表皮，清拭表面等。削皮就是用刮刀除去蜡和包膜涂料剂，如果表面有龟裂、发霉、不洁的部分以及干燥变硬的部分也要除去；去皮的厚度要根据干酪的状态而定。去皮后的原料要切割成适度的大小，采用切碎机粉碎。

2. 切割和粉碎

近年来，干酪生产的自动化程度和机械化程度日益提高。干酪的最佳切割方式是使用一把两面握的切割刀或者是一条在两端装有木头把手的金属丝来进行手工切割，或者用切碎机将原料干酪切成块状，用混合机混合。然后用粉碎机粉碎成 4~5cm 的面条状，最后用磨碎机处理。近来，此项操作多在熔融釜中进行。

3. 熔融、乳化

调配混合好各组分应注意的要点：

（1）调好原料所有的组分比例，特别是脂肪和干物质的比例，包括选好的天然干酪、乳和非乳制品。

（2）注意各组分的添加量，例如，被用来改善再制干酪的涂抹性和稳定性的乳蛋白质，超过总质量的 12%时会影响产品的均一性。

（3）选择好添加辅料，例如，乳化盐与再制干酪的许多特性有关，它的主要功能是将油和脂肪分散在水中以在冷却后形成良好的结构，但是不同的乳化盐品种有不同的奶油化特性，正确添加对避免质地缺陷有很重要的作用；添加奶油到混合物中可调节脂肪含量并赋予产品滑润的质地和丰满的风味，产生和谐的颜色和风味；添加钙沉淀蛋白可减少乳化盐的使用量，减少钠含量；添加柠檬酸盐有助于形成一种结实的、可切片的弹性体；添加磷酸盐可使产品的涂抹性更好。

（4）注意添加顺次，例如，乳化盐添加是混合配料的最后一步。

最后对其进行称量、混合，经过粉碎后的数种干酪按照配方称量，在熔化锅中进行混合乳化。

首先在融化干酪蒸煮锅（也叫熔融釜）（图 10-19）中加入适量的水，通常为原料干酪重的 5%~10%。成品的水分含量为 40%~55%，但还应防止加水过多造成脂肪含量的下降。按配料要求加入适量的调味料、色素等添加物，然后加入预处理粉碎后的原料干酪，开始向熔融釜的夹层中通入蒸汽进行加热。当温度达到 50℃ 左右，加入 1%~3% 的乳化剂，如磷酸钠、柠檬酸钠、偏磷酸钠和酒石酸钠等。这些乳化剂可以单用，也可以混用。最后将温度升至 60~70℃，保温 20~30min，使原料干酪完全熔化。加乳化剂后，如果需要调整酸度，可以用乳酸、柠檬酸、乙酸等，也可以混合使用。成品的 pH 5.6~5.8，不得低于 5.3。乳化剂中，磷酸盐能提高干酪的保水性，可以形成光滑的组织状态；柠檬酸钠有保持颜色和风味的作用。在进行乳化操作时，应加快釜内的搅拌器的转数，使乳化更完全。在此过程中应保证杀菌的温度，一般为 60~70℃、20~30min，或 80~120℃、30s。乳化终了时，应检测水分、pH、风味等，然后抽真空进行脱气。

真空脱气的主要目的是排除产品中的空气，使切片、切块干酪的结构致密，无凹陷或孔洞，使涂抹干酪的表面更加光滑亮泽。决定脱气程度的主要工艺参数是真空度及脱气时间。真空度高、脱气时间长，自然脱气程度高。可是脱气时间一般也是物料处于熔融温度附近的时间，所以脱气时间长也就是熔融时间长，而熔融时间是需要控制的。因此应该在保证"奶油化"的前提下调整真空度，达到脱气效果。

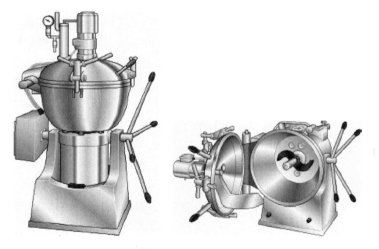

图 10-19　融化干酪蒸煮锅的外形及内部构造

4. 加工、充填、包装

混合物在一定的真空度持续搅拌后用蒸汽直接或间接的加热，加热常用设备有史帝芬熔化锅等；加热处理后的混合物用手工或用无菌泵排出到包装机器，然后完成包装；经过乳化的干酪应趁热进行充填包装；必须选择与乳化机能力相适应的包装机；包装材料多使用玻璃纸或涂塑性蜡玻璃纸、铝箔、偏氯乙烯薄膜等；包装的量、形状和包装材料的选择，应考虑到食用、携带、运输方便；包装材料既要满足制品本身的保存需要，还要保证卫生安全。

5. 冷却及贮藏

包装后需将产品冷却。要注意：①涂抹再制干酪要快速冷却，使脂肪晶化和蛋白相互作用较小，成品流动性较强，易于涂抹；②切片、切块再制干酪较慢地冷却，使结构更加紧密，但是烤食的切片干酪需要快速冷却，因为这种干酪为保证良好的焙烤性，其相对酪蛋白的含量较高（80%~85%），这样产品容易发硬，呈橡皮状，而快速冷却能使烤食切片干酪的质地比较软，口感较好；③切片、切块再制干酪还有一个轧制、切割成型的过程。这一过程一般和冷却同时进行，需要相互配合好。例如，轧制时需要温度稍高，产品稍软，这样易于成型；而切割时需要温度较低，产品较硬，这样切割断面比较干净。

总之，对于切片、切块再制干酪，既要保证冷却速度，又要在冷却进行的适当阶段实现成型。操作过程中要严格坚持卫生标准，最终产品要在低于10℃的条件下贮藏。

三、再制干酪质量缺陷及控制方法

这里的质量缺陷主要是从感官上进行评价的。通过感官评价结果得出质量优良的再制干酪具有柔和的芳香、致密的组织、滑润的舌感、适当的软硬度和弹性，呈均匀一致的蛋黄色透明有光泽状。但在加工和贮藏过程中常出现以下缺陷：

（一）过硬或过软

（1）再制干酪过硬主要是所使用的原料干酪成熟度低，酪蛋白的分解量少，补加水分少和pH过低，以及脂肪含量不足，熔融乳化不完全，乳化剂的配比不当等造成的。

（2）制品硬度不足，是由于原料干酪的成熟度、加水量、pH及脂肪含量过而产生的。

控制方法：要想获得适宜的硬度，配料时以原料干酪的平均成熟度在4~5个月为好，补加水分应按成品水分含量在40%~45%的标准进行。并正确选择和使用乳化剂，调整pH为5.6~6.0。

（二）脂肪分离

表现为再制干酪表面有明显的油珠渗出，这与乳化时处理温度和时间有关。另外，原料干酪成熟过度，脂肪含量高，或者是水分不足、pH低时脂肪也容易分离。

控制方法：可在加工过程中提高乳化温度和时间，添加低成熟度的干酪，增加水分和pH等。

（三）砂状结晶

再制干酪的砂状结晶中98%是磷酸三钙为主的混合磷酸盐。这种缺陷的产生是添加粉末乳化剂时分布不均匀，乳化时间短等造成的。此外，当原料干酪的成熟度过高或蛋白质分解过度时，也容易产生难溶的氨基酸结晶。

控制方法：采取乳化剂全部溶解后再使用、乳化时间要充分、乳化时搅拌要均匀、追加成熟度低的干酪等措施。

（四）膨胀和产生气孔

再制干酪在刚加工之后产生气孔，是乳化不足引起的；贮藏中产生的气孔及膨胀，是污染了酪酸菌等产气菌。

控制方法：应尽可能使用高质量干酪作为原料，提高乳化温度，采用可靠的灭菌手段。

（五）异味

再制干酪产生异味的主要原因是原料干酪质量差，加工工艺控制不严，贮藏措施不当。

控制方法：在加工过程中，要保证不使用质量差的原料干酪，正确掌握工艺操作，成品在冷藏条件下贮藏。

第六节 干酪加工新技术

近年来，随着干酪生产规模的扩大，干酪生产技术有了很大的改进。全自动大型全封闭水平切割搅拌干酪槽、电脑控制系统、在线检测系统、原料乳的在线标准化、膜浓缩技术等被广泛用于干酪生产。通过膜技术和色谱技术使乳清中的功能性成分得到有效分离，提高了乳清的经济价值。微生物基因工程凝乳酶的应用解除了由于传统凝乳酶短缺而造成的对大规模干酪生产的制约。应用基因组学和蛋白质组学技术，在干酪中加入具有特定益生功能的菌株并调控其代谢，从而改善干酪的功能性。各种特色干酪如羊乳干酪、有机干酪、双蛋白干酪和益生菌干酪越来越受到消费者的喜爱。

一、原料乳预处理技术

生产干酪必须对原料乳进行必要的预处理。对原料乳进行超滤浓缩处理可以提高不同种类干酪的产量，改善干酪的质构和风味。超滤浓缩技术还可以改进原料乳标准化过程的连续性和自动化程度，解决由传统热浓缩造成的原料乳中乳糖含量过高和活性组分热损失大等缺陷。超滤浓缩牛乳的工艺流程短、设备简单、操作方便、膜面定期清洗、不易堵塞，可以反复使用。而且超滤浓缩牛乳的工艺能耗低，可大大降低成本。全脂牛乳浓缩后固形物含量达到 30% 左右，脱脂乳经浓缩后固形物达 18% 左右。在标准化过程中，把超滤浓缩后的牛乳作为添加物，通过电脑系统的在线监测和控制实现在线原料乳标准化。传统方法，如蒸发浓缩法容易破坏乳中活性成分，蒸发浓缩后乳糖的含量升高（乳糖占固形物总量超 50%）。这样在标准化过程中，脂肪、蛋白质达标的情况下，乳糖就会超标。过多的乳糖发酵成乳酸，造成干酪口感过酸，即使控制了乳糖发酵量，过多的残留乳糖也会造成干酪在长时间保存和烤制时容易变黑，影响外观和口感。而超滤浓缩技术，使牛乳中的乳糖滤出，只浓缩了蛋白质和脂肪，在标准化过程中避免了乳糖过高的现象。一些对原料乳组分有特殊要求的干酪制作中，采用"二次超滤"技术（在超滤后的牛乳中加入水，再次超滤，按需调节乳中脂肪、蛋白质和乳糖的比例）标准化牛乳组分。

随着陶瓷膜制造技术的突破，使微滤除菌技术在牛乳除菌上的应用成为可能。由于其分离过程中不经过剧烈受热、无相变，可以有效防止热敏性物质失活，尤其适用于食品工业。采用微孔径陶瓷膜过滤除菌技术，能够保留原乳中 99% 的活性免疫球蛋白、95% 的乳铁蛋白以及多种天然的维生素、微量元素和矿物质元素等。许多国家将巴氏杀菌和微滤除菌技术相结合生产巴氏杀菌牛乳，已实现了工业化，其除菌率可达 99.8%~99.9%。通过微滤的方式可以除去菌体和体细胞，也避免了加热杀菌方式在杀菌后死菌体释放出耐热酶而影响乳品品质的缺点。微孔径陶瓷膜过滤除菌技术属于冷杀菌技术的一种，因此，可以很好地保留牛乳的纯正口味和营养。另外，运用膜微滤技术处理脱脂乳，增加脱脂乳中酪蛋白的含量（乳白蛋白等其他蛋白质滤出到乳清中），滤出的乳清比干酪生产排出的乳清含有更多活性成分，可通过膜过滤、离子交换色谱等方法提取。运用膜技术不但可以对原料乳杀菌、标准化，精准地调整干酪中的各主要组分含量，也可用来处理乳清，增加乳清的经济价值。

其他的原料乳预处理技术如高压处理、超声波、脉冲电场等也逐步得到了开发和应用。高压脉冲电场食品杀菌技术是一种非热杀菌技术，和传统的食品热杀菌技术相比，具有杀菌时间短、能耗低、能有效保存食品营养成分和天然色、香、味的特征等特点。超高压处理可以降低原料乳中有害菌数量、增强凝乳特性、改善干酪色泽和质构。经高压脉冲电场处理的牛乳可以更好地保留原料乳的天然特性，使制作成干酪的蛋白质水解度和水溶性氨基酸含量均优于应用巴氏杀菌乳生产的干酪。另外，研究发现脉冲电场的杀菌效果更是优于热杀菌。超声波处理可以重组乳的微观结构、增强凝乳效果，使干酪的脂肪酸含量升高、体细胞数下降、保质期得到延长，显著改善干酪品质，可使墨西哥白干酪的产量增加到传统工艺的两倍。

二、乳清综合利用技术

从牛乳中分离出的大量乳清副产物，具有很高的生物学价值和良好的功能特性。近年来，随着人们对营养健康食品认识的提高，蛋白质、脂肪含量相当于原料乳10倍的高营养含量的干酪成为世界上唯一销量保持连续上升的乳品。据报道，按生产1t干酪排放9t乳清计，每年世界上有上亿吨的乳清等待利用和处理。从经济价值和环境安全角度，多数干酪生产工厂都配备了乳清处理系统。乳清可用来制作乳清干酪（如里科塔干酪）、乳清饮料、乳清酒、乳清蛋白粉、乳清饲料、乳清发酵培养基、乳清燃料等。在一些大的工厂中，乳清的产值甚至超过了干酪。

通过膜技术，尤其是反渗透技术、超滤、微滤、离子交换等方法有效地使乳清中的各组分得以分离回收。在干酪制作前，通过选择合适的孔径，直接微滤脱脂乳可以得到不含凝乳酶而富含活性蛋白质的乳清。回收的浓缩乳清固形物中蛋白质含量高达89%，其中90%的蛋白质富含β乳球蛋白、乳清蛋白、乳铁蛋白、糖多肽等。有些组分具有降血压、缓解疼痛、抗菌免疫等功能。小鼠试验证明，乳清蛋白对黄曲霉毒素中毒具有明显缓解作用。食用乳清提取物会增加牛的红细胞数量，并会激活临产牛的免疫系统。另外，在传统乳清粉的制取过程中，用高压处理乳清，会增加乳清中蛋白的凝集，使凝集后乳清蛋白膨化性、稳定性得到提高，并适合用来加工低脂冰淇淋。

乳清中的乳糖主要通过发酵来处理。把开菲尔酵母发酵乳清技术扩大至11000L的发酵级别，并通过加入1%的黑葡萄干（black raisin）提取物把乳清中的乳糖转化率提高了6倍；在解决产物抑制因素（主要是乳酸）的情况下，可以利用乳清或经过去蛋白质处理的乳清高密度发酵益生菌（Aguirre-Ezkauriatza et al.，2010）；用乳酸克鲁维酵母通过连续补料的方式添加乳清粉，当乳清粉中乳糖补料速度为10.5g/L时，最终可得乙醇浓度63g/L，产乙醇速率为5.3g/（L·h）。乳糖除了可用于乳酸菌和酵母菌发酵生产酸和制成饮料外，还可用于流式厌氧填充床反应器处理生产氢气，每摩尔乳料氢气产量可达1.1mol。用光电管作电源电解乳清生产氢气，化学需氧量最高时，能量效率可达20.4%，该方法生产的氢气纯度高。通过研究乳清微生物燃料电池的原理，证明利用乳清制作微生物燃料电池具有可行性（Antonopoulou and Stamatelatou et al.，2010）。乳清中的蛋白质通过膜处理，可对其中各蛋白质组分进行分离回收。超滤技术可回收羊乳乳清中超过90%的干物质，极大地减轻了污水处理的压力（Macedo et al.，2012），并利用组合蛋白质体库系统分析了牛乳清中的蛋白质，发现了100种未报道的乳清蛋白成分，为进一步研究和分离乳清中的功能性蛋白组分奠定了基础。

Ramos 等（2012）以乳清分离蛋白生产可食用膜，并对各种添加剂对膜的水分含量、厚度、水活性、抗菌性进行了评价。进一步的研究表明，乳清抗菌膜包裹干酪对干酪乳酸菌的生长没有影响。

三、功能性干酪加工技术

近年来干酪加工技术的应用主要是针对消费者对低脂、低热量、低盐和功能性干酪的需求。在低脂干酪加工过程中，为了弥补脂肪缺乏对品质的影响，可以添加脂肪替代物（如各种稳定剂）来改善干酪的质构特性；在原料乳中添加某些纤维素（如 0.1% 的稻草微晶纤维素）和木糖醇等，改进低脂干酪的产量、感官和流变特性；添加产多糖类、风味酶类菌株改善低脂或脱脂干酪的风味和口感。添加产胞外多糖菌株制作的半脂契达干酪产量增加 8.17%，水分含量增加 9.49%。

用其他矿物盐替代食盐来研制低盐干酪，结果表明使用 $CaCl_2$ 和 $MgCl_2$ 会使干酪产生苦味和金属味，$CaCl_2$ 还会导致干酪质地变硬，而 KCl 对干酪的风味和质地均无明显影响，并且能使凝乳脱水收缩性增强，是较为适宜的 NaCl 替代矿物盐（Kommineni et al.，2012）。

随着主要商业化干酪品种（契达干酪、莫泽瑞拉干酪等）产量的上升，很多具有特殊风味、特殊功能或特定消费地区的干酪产量和消费区域也不断扩大，如霉菌类干酪、荷兰高达干酪、菲达干酪、豆蛋白干酪、有机干酪、益生菌干酪等。添加植物蛋白的干酪（孙旭等，2004），如豆蛋白干酪国内研究较多，主要集中在豆干酪加工工艺及益生和风味物质，还有脱腥、脱臭的研究；采用羔羊凝乳酶凝乳时混合乳（豆乳、牛乳）凝乳效果好，出品率高（杜琨，2006）；在水溶性氮/总氮、12%TCA 可溶性氮/总氮和酸度变化方面，混合乳与牛乳的变化相似（姜峰，2003）。有机干酪是用有机牛乳制作的干酪。有机牛乳最大限度地保存了牛乳的天然营养成分，在牛乳的加工过程中不允许加入防腐剂、抗生素等物质。在原料乳中加入锌以强化干酪中的锌含量，干酪中锌含量达到 280mg/kg，是普通干酪的 5 倍，强化锌虽对干酪的口感无明显影响，但是使干酪的质地变硬（Kahraman et al.，2012）。高压处理含有 $\omega-3$ 脂肪酸的原料乳可以有效地增加干酪的 $\omega-3$ 脂肪酸含量（契达干酪和马苏里拉干酪 $\omega-3$ 脂肪酸含量达 5.49mg/g 和 6.64mg/g）。在原料乳中，用蛋白乳化剂作维生素 D_3 载体，可使契达干酪中维生素 D_3 的含量增至 280IU/28g。

干酪作为益生菌的良好载体，利用不同益生特性的益生菌研制新型功能性干酪是当前干酪研究开发的热点。目前对于如何保持干酪中益生菌的数量，以及益生菌干酪在人体中的作用和益生机理的研究较多。益生菌干酪中的益生菌被证明能保持较高的活菌数，实验证明，在契达干酪成熟 32 周后，除了嗜乳酸杆菌（L. acidophilus）菌株的数量较低外，其他多株商品益生菌都保持了较理想的菌落总数。干酪作为益生菌载体具有益生菌的功能特性，如抑制病原菌、抗高血压、抗氧化、抗癌等作用（Shah，2007），通过小鼠试验证明食用含有益生菌的新鲜干酪 2d、5d、7d 后，小鼠的肠道巨噬细胞吞噬能力、免疫球蛋白 A 数量以及 CD4+/CD8+ 比例都有显著增加。在山羊的饲料中添加大豆油以增加羊乳中共轭亚油酸的含量，加工益生性山羊乳干酪时添加嗜酸乳杆菌 La5，结果干酪的共轭亚油酸含量和益生菌活菌数都有大幅度提高（Santos et al.，2012）。在稀奶油干酪中添加益生性双歧杆菌 Bb-12、嗜酸乳杆菌 La-5 以及益生元菊糖，发现在储藏过程中发酵剂嗜热链球菌和益生性双歧杆菌 Bb-12 的活力很好，而嗜酸乳杆菌菌数大幅度下降。通过体外试验、动物模型和随机、双盲、安慰剂对照人体试验等研究对含有植物乳杆菌 Tensia 的益生菌干酪的安全性进行了评价，结果表明植物乳杆菌 Tensia 是安全的，没有任何不良特性，每日摄入不超过 100g 含有植物乳杆菌 Tensia 的半硬质 Edam 干酪对人体没有不良影响。在契达干酪加工过程中添加具有降胆固醇作用的益生性植物乳杆菌 C88，发现干酪成熟过程中具有较高益生菌活菌数（10^7CFU/g 以上），而且动物试验证明该益生菌干酪具有降低体内降胆固醇的功能（Zhang et al.，2013）。

思考题

1. 天然干酪、再制干酪和干酪食品的主要区别有哪些？
2. 简述干酪的主要成分与营养价值。
3. 什么是凝乳酶的活力单位？如何进行凝乳酶活力的测定？
4. 干酪发酵剂的主要作用是什么？
5. 论述天然干酪的一般加工工艺流程和工艺要求。
6. 干酪凝块切割后要对凝块搅拌及加温可促进乳清排放，有什么具体操作要求？
7. 简答干酪加盐的目的和方法。
8. 什么是干酪的成熟？
9. 论述再制干酪的一般加工工艺流程和工艺要求。
10. 谈一谈我国干酪制品未来的发展趋势。

第十一章

CHAPTER

冰淇淋和雪糕

11

第一节　冰淇淋的加工

一、冰淇淋的配料

（一）冰淇淋概述

1. 冰淇淋概念及特点

冰淇淋（ice cream），是以饮用水、乳和（或）乳制品、蛋制品、水果制品、豆制品、食糖、食用植物油等的一种或多种为原辅料，添加或不添加食品添加剂和（或）食品营养强化剂，经混合、灭菌、均质、老化、冻结、硬化等工艺制成的体积膨胀的冷冻饮品。

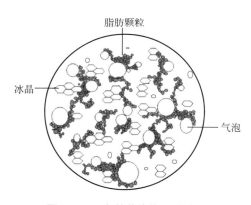

图 11-1　冰淇淋的物理结构图

冰淇淋的物理结构是一个复杂的物理化学系统，空气泡分散于连续的带有冰晶的液态中，这个液态中包含有脂肪微粒、乳蛋白质、不溶性盐、乳糖晶体、胶体态稳定剂和蔗糖、乳糖、可溶性的盐，气相、液相和固相构成的三相系统，可视为含有 40%～50% 体积空气的部分凝冻的泡沫，如图 11-1 所示。

冰淇淋的组成根据各个地区和品种不同而异。一般较好的冰淇淋组成：脂肪 12%，非脂乳固体（MSNF）11%，蔗糖 15%，稳定剂和乳化剂 0.3%，总固体（TS）38.3%。

一般冰淇淋的组成范围是：脂肪 8%～12%，非脂乳固体 8%～15%，糖 13%～20%，稳定剂和乳化剂<0.7%，总固体 36%～43%。

2. 冰淇淋分类

冰淇淋的分类方法各异，常用分类方法简介如下。

（1）按含脂率高低分类

①高级奶油冰淇淋：一般其脂肪含量为 14%～16%，总固形物含量为 38%～42%。按其

成分不同又可分为香草、巧克力、草莓核桃、鸡蛋、夹心等冰淇淋。

②奶油冰淇淋：奶油冰淇淋脂肪含量在 10%～12%，为中脂冰淇淋，总固形物含量在 34%～38%。按其成分不同又可分为香草、巧克力、草莓、果味、咖啡、夹心等冰淇淋。

③牛奶冰淇淋：牛奶冰淇淋脂肪含量在 6%～8%，为低脂冰淇淋，总固形物含量在 32%～34%。按其成分不同又可分为香草、可可、草莓、果味、夹心、咖啡等冰淇淋。

（2）按冰淇淋的形态分类　可分为冰淇淋砖（冰砖）、杯状冰淇淋、锥状冰淇淋、异形冰淇淋、装饰冰淇淋等。

（3）按使用不同香料分类　可分为香草冰淇淋、巧克力冰淇淋、咖啡冰淇淋和薄荷冰淇淋等。

（4）按所加的特色原料分类　可分为果仁冰淇淋、水果冰淇淋、布丁冰淇淋、豆乳冰淇淋、酸味冰淇淋、糖果冰淇淋、蔬菜冰淇淋、巧克力脆皮冰淇淋、黑色冰淇淋、啤酒冰淇淋、果酒冰淇淋等。

（5）按冰淇淋的硬度分类　可分为软质冰淇淋、硬质冰淇淋。

（6）按冰淇淋的颜色分类　可分为单色冰淇淋、双色冰淇淋、三色冰淇淋。

3. 冰淇淋的发展趋势

冰淇淋逐渐向天然、保健、功能化方向发展。近年来提出"三低一高"，即低脂肪、低糖、低盐、高蛋白，这也是冰淇淋产品的发展趋势。无脂肪、低热量、不含糖的冰淇淋会得到发展。如不含乳的莎贝特（sorbet）和含少量乳制品的雪贝特（sherbet）是当今国外流行的冷冻饮品。大豆蛋白冰淇淋、蔬菜冰淇淋、含乳酸菌（包括双歧杆菌）冰淇淋、强化微量元素和维生素冰淇淋、螺旋藻冰淇淋、海带冰淇淋以及加有中药提取液等保健效果的产品也将流行。

冰淇淋向系列化、多样化发展是为了适应消费者消费取向的变化，冰淇淋产品正逐步向系列化发展，如果味冰淇淋，不仅保存现有香草型，还有草莓、奇异果、椰子、香芋、哈密瓜等类型；夹心冰淇淋不但有草莓夹心，还出现青梅夹心、甜橙汁夹心、西番莲夹心甚至蔬菜夹心；涂衣类冰淇淋现有普通巧克力涂衣、白巧克力涂衣、芝麻酱涂衣、花生酱涂衣，在此基础上逐步开发出各种黏有花生、芝麻、核桃仁、葡萄干、瓜子仁、水果布丁等果仁的涂衣冰淇淋。

目前，冰淇淋口味趋向多样化，普遍以甜味为主，出现多样口味的冰淇淋，不但有纯甜味，而且还有甜味、酸味组合，甜味、咖啡味组合，甜味、薄荷味组合，甜味、啤酒味组合以及味觉怪异的多味冰淇淋。

（二）冰淇淋的原料与辅料

生产冰淇淋的主要原料有乳与乳制品、蛋与蛋制品、甜味剂、食用油脂、稳定剂、乳化剂、香料和着色剂等。

1. 乳与乳制品

乳与乳制品是冰淇淋中脂肪和非脂乳固体（包括蛋白质、乳糖、盐类等）的主要来源。乳制品中的乳脂肪和非脂乳固体，尤其是乳脂肪对冰淇淋的香味很有益处，因为冰淇淋应有的浓郁的奶香主要来自乳脂肪。非脂乳固体的关键成分是蛋白质，蛋白质既能满足营养要求，又能影响冰淇淋的搅打特性、物理及感官特性；乳糖可增添所加糖类的甜味作用；牛乳中的盐类带来轻微的咸味，可促使冰淇淋的香味更趋完善。可见乳与乳制品品质的优劣，直接关系到冰淇淋的品质。

冰淇淋生产中常用的乳与乳制品包括鲜牛乳、全脂乳粉和脱脂乳粉、炼乳、稀奶油、乳清粉、乳清蛋白浓缩物。

2. 蛋及蛋制品

蛋与蛋制品不仅能提高冷饮的营养价值，改善其结构、组织状态，而且还能产生好的风味。由于鸡蛋富含卵磷脂，能使冰淇淋或雪糕形成永久性的乳化能力，也可起稳定剂的作用，所以适量的蛋品使成品具有细腻的"质"和优良的"体"，并有明显的牛奶蛋糕的香味。

在冰淇淋中广泛地使用蛋黄粉来保持凝冻搅拌的质量，其用量一般为 0.3%～0.5%，含量过高则有蛋腥味产生。鲜鸡蛋常用量为 1%～2%。

冰淇淋生产中常用的蛋与蛋制品包括鲜鸡蛋、冰蛋黄、蛋黄粉和全蛋粉。

鲜鸡蛋要求为不破壳、不黏壳、不散黄、无异味及不败坏变味的新鲜鸡蛋。其感官要求为，蛋壳清洁，灯光透视时整个蛋呈微红色，蛋黄不见或略有阴影，破壳后蛋黄凸起、完整并带有韧性，蛋白澄清透明、稀稠分明。

冰蛋黄要求以新鲜鸡蛋消毒去壳后，分去蛋白及散蛋黄后冰冻制成。其感官光洁均匀，色泽呈黄色，具有冰蛋黄的正常气味，无异味和杂质。

蛋黄粉以新鲜鸡蛋黄或冰蛋黄混匀后，经喷雾干燥制成，其感官为粉末状或极易松散之块状，呈均匀的黄色，具有鸡蛋黄粉的正常气味，无异味和杂质，溶解度良好。

全蛋粉以新鲜鸡蛋消毒、去壳、混匀，经过过滤、喷雾干燥制成。其感官为粉末状或极易松散的块状，均匀的淡黄色粉末，具有全鸡蛋粉的正常气味，无异味和杂质，溶解度良好。

3. 甜味剂

冰淇淋生产中使用的甜味剂有蔗糖（最常用）、果糖、淀粉糖浆和阿斯巴甜等。各种甜味剂的甜度相差很大，若蔗糖的甜度为100，则果糖的相对甜度为150，葡萄糖与乳糖分别为70和40，阿斯巴甜的甜度为蔗糖的150～200倍。

蔗糖以其质优价廉而作为主要的甜味剂。它不仅给予冰淇淋以甜味，而且能使冰淇淋的组织细腻并能降低其凝冻时的温度。蔗糖的用量一般控制在 12%～18%。

淀粉糖浆的主要成分为葡萄糖、麦芽糖及水的混合物。鉴于淀粉糖浆的抗结晶作用，冰淇淋生产厂家常以淀粉糖浆部分代替蔗糖，一般以代替蔗糖的 1/4 为好，蔗糖与淀粉糖浆两者并用时，制品的组织、贮运性能更好。

果糖是一种最为常见的己酮糖。在冰淇淋生产中，果糖能与各种不同的香味和谐并存，因此不会因为加入了果糖而覆盖和混淆了其他口味。

阿斯巴甜，是一种非碳水化合物类的人造甜味剂。是一种天然功能性低聚糖，不致龋齿、甜味纯正、吸湿性低，没有发黏现象。不会引起血糖的明显升高，适合糖尿病患者食用。

4. 食用油脂

食用油脂，也称为液体植脂末、液体奶精等。是制作冰淇淋的主要配料之一。具有提高产品的膨胀率，增加产品体积作用；具有良好的乳白度和抗熔性，避免大冰晶的生产；赋予冰淇淋细腻滑润的口感和协调、怡人的香气；成本低，使用方便；提供人体所需的热量。

一般来说，冰淇淋品质的好坏与食用油脂关系密切，冰淇淋中常见的食用油脂主要有稀奶油及奶油、食用硬化油、人造奶油和起酥油、椰子油和棕榈油等。

5. 稳定剂、乳化剂及复合乳化稳定剂

（1）稳定剂　稳定剂具有亲水性，因此能提高料液的黏度及乳品冷饮的膨胀率，防止大冰结晶的产生，减少粗糙的感觉，对乳品冷饮产品熔化作用的抵抗力也强，使制品不易熔化和重结晶，在生产中能起到改善组织状态的作用。稳定剂的种类很多，较为常用的有明胶、琼脂、果胶、羧甲基纤维素、瓜尔豆胶、黄原胶、卡拉胶、海藻胶、藻酸丙二醇酯、魔芋胶、变性淀粉等。海藻酸钠和羧甲基纤维素作为基本的稳定剂在冰淇淋生产中占有重要地位。无论哪一种稳定剂都有各自的优缺点，因此将两种以上稳定剂复配使用的效果，往往比单独使用的效果更好。

冰淇淋所需的稳定剂用量视生产条件而不同，取决于配料的成分或种类，尤其是依总固形物含量而异。一般来说，总固形物含量越高，稳定剂的用量越少。稳定剂的用量通常在0.1%~0.5%。稳定剂必须具备的条件：在冰淇淋混合料中易于分散，并形成均匀的混合物；适用巴氏杀菌条件；加入混合料中黏度不至于过高，且有必要和足够的稳定作用；凝冻前无析出现象。主要稳定剂的添加量及特性如表11-1所示。

表 11-1　　　　　　　　　　　　稳定剂的添加量及特性

名称	类别	来源	特性	参考用量/%
明胶	蛋白质	牛骨、皮	热可逆性凝胶、可在低温时熔化	0.5
羧甲基纤维素	改性纤维素	植物纤维	增稠、稳定作用	0.2
海藻酸钠	有机聚合物	海带、海藻	热可逆性凝胶、增稠、稳定作用	0.25
卡拉胶	多糖	红色海藻	热可逆性凝胶、稳定作用	0.08
角豆胶	多糖	角豆树	增稠、和乳蛋白相互作用	0.25
瓜尔豆胶	多糖	瓜尔豆树	增稠作用	0.25
果胶	聚合有机酸	柑橘类果皮	凝胶、稳定、在 pH 较低时稳定	0.15
微晶纤维	纤维素	植物纤维	增稠、稳定作用	0.5
魔芋胶	多糖	魔芋纤维	增稠、稳定作用	0.3
黄原胶	多糖	淀粉发酵	增稠、稳定作用、pH 变化适应性强	0.2
淀粉	多糖	玉米制粉	提高黏度	3

（2）乳化剂　乳品冷饮混合料中加入乳化剂除了有乳化作用外，还有其他作用：使脂肪呈微细乳浊状态，并使之稳定化。分散脂肪球以外的粒子并使之稳定化。增加室温下产品的耐热性，也就是增强了其抗熔性和抗收缩性。防止或控制粗大冰晶形成，使产品组织细腻。

乳品冷饮中常用的乳化剂有甘油一酸酯（单酰甘油）、蔗糖脂肪酸酯（蔗糖酯）、聚山梨酸酯（tween）、山梨糖醇脂肪酸酯（span）、丙二醇脂肪酸酯（PG 酯）、卵磷脂、大豆磷脂、三聚甘油硬脂酸单酰甘油等。乳化剂的添加量与混合料中脂肪含量有关，一般随脂肪量增加而增加，其范围在0.1%~0.5%，复合乳化剂的性能优于单一乳化剂。不同乳化剂的性能及添加量如表11-2所示。

表 11-2   乳化剂的性能及添加量

名称	来源	性能	参考添加量/%
单酰甘油	油脂	乳化性强、并抑制冰晶生成	0.2
蔗糖酯	蔗糖脂肪酸	可与单甘脂（1∶1）合用	0.1~0.3
聚山梨酸酯（tween）	山梨糖醇脂肪酸	延缓熔化时间	0.1~0.3
山梨糖醇脂肪酸酯（span）	山梨糖醇脂肪酸	乳化作用，与单酰甘油合用有复合效果	0.2~0.3
PG 酯	丙二醇、甘油	与单酰甘油合用，提高膨化率，保形性	0.2~0.3
卵磷脂	蛋黄粉中含 10%	常与单酰甘油合用	0.1~0.5
大豆磷脂	大豆	常与单酰甘油合用	0.1~0.5

（3）复合乳化稳定剂　复合乳化稳定剂替代单体稳定剂和乳化剂是当今冰淇淋生产发展的趋势。冰淇淋生产中常采用复合乳化稳定剂，它具有以下优点：复合乳化稳定剂经过高温处理，确保了该产品微生物指标符合国家标准；避免了单体稳定剂、乳化剂的缺陷，得到整体协同效应；充分发挥了每种亲水胶体的有效作用；可获得良好的膨胀率、抗熔性、组织结构及良好口感的冰淇淋；提高了生产的精确性，并能获得良好的经济效益。

国外的复合乳化稳定剂一般由单体乳化剂和稳定剂按一定的质量比经过混合、杀菌、均质、喷雾干燥制成，其细小的颗粒外层是复合乳化剂，内层是复合稳定剂，其内在结构不同于干拌型的复合乳化稳定剂，所以这种复合乳化稳定剂均匀一致，性能效果较好。而国内复合乳化稳定剂大多为干拌型，加工方法简单，成本较低。干拌型复合乳化稳定剂目前已被很多冰淇淋生产厂家所接受，其使用效果也令人满意。昆山曼氏食品研究所曾介绍常见的复合乳化稳定剂的配合用量以及类型。

①明胶（0.3%~1.2%）+单酰甘油（0.2%）；

②明胶（0.3%~1.2%）+卵磷脂（0.2%）+单酰甘油（0.1%）；

③海藻胶（0.1%~0.2%）+明胶（0.2%~0.7%）+羧甲基纤维素（0.05%~0.1%）+单酰甘油（0.2%）；

④羧甲基纤维素（0.5%）+单酰甘油（0.15%）+大豆磷脂（0.2%）；

⑤琼脂（0.2%）+明胶（0.5%）+单酰甘油（0.2%）；

⑥明胶（0.3%~1.2%）+琼脂（0.2%）+羧甲基纤维素（0.2%）；

⑦明胶（0.3%~1.2%）+卡拉胶（0.05%）+卵磷脂（0.2%）+单酰甘油（0.2%）；

⑧明胶（0.4%）+魔芋胶（0.2%）+单酰甘油（0.2%）；

⑨羧甲基纤维素（0.01%~0.1%）+瓜尔豆胶（0.2%）+单酰甘油（0.2%）

复合乳化稳定剂的用量，取决于配料中的脂肪含量和总固形物含量，同时要考虑冰淇淋的形体特性和对稳定度，加工工艺的要求及凝冻设备的特性等因素，使用量一般为 0.35%~0.6%。将复合乳化稳定剂与砂糖按 1∶5 的质量比干混，加入一定量的热水（不高于 60℃）高速拌匀（高速混料泵或胶体磨）后倒入配料中。也可将白砂糖混拌的干粉添加剂均匀地撒入配料缸中，搅匀至完全溶解。配料缸浆料的温度必须控制在 75~78℃。温度过高，会使部分稳定剂水解，导致浆料的稠度降低，影响产品品质；温度太低，会影响乳化稳定剂的分散能力，使部分乳化剂从浆料中析出，凝结在混料缸壁上，导致乳化剂的用量不足，影响产品品质。在酸性冰淇淋、果汁棒冰中，需选用耐酸性乳化稳定剂，且要严格控制浆料的调酸温度，一般控制在 $30 \sim 50 ℃$ 以下，防止蛋白质变性沉淀，稳定剂水解，降低料液黏度而影响产品品质。复合乳化稳定剂中含有许多植物胶，微生物胶，必须将其放在低温、干燥、通风的仓库中。开包后要尽快使用，以避免潮解，降低料液的黏度而影响使用效果。

6. 香料和色素

（1）香料 香料在冰淇淋生产中是不可缺少的，它使制品带有醇厚的香味和具有该品种应有的天然风味，并增进其食用价值。冰淇淋中所使用的香料，按其来源可分为天然香料和合成香料两大类。天然香料包括动物性香料和植物性香料两种，在冰淇淋中所使用的主要是植物性香料，如可可、咖啡、胡桃、草莓、桂花等。合成香料多以香精形式使用，食用香精分为油溶性和水溶性两大类。在冰淇淋中水溶性香精使用最多。

目前，在冰淇淋中使用最多的是橘子、柠檬、香蕉、夜萝、杨梅、香草、巧克力等果香型香精。按其风味种类分为果蔬类，干果类，奶香类。

通常香料的选择应考虑两个重要特征——香料的类型和浓度。一般来说，温和型香料容易与配料混合，高浓度时也不会产生异味。水溶性香精一般应是透明的液体，其色泽、香气、香味应符合规定，不呈现液面分层或混浊现象。香精都具有较强的挥发性，有的还容易变质，因此要特别注意贮存条件。最好用深褐色玻璃瓶盛装，要尽量装满，封存严密，以减少与空气接触的面积，并贮存于阴凉处，贮存温度以 $15 \sim 30 ℃$ 为宜。启封后则不宜久存。要使冰淇淋具有清雅醇和的香味，除了香料本身的品质必须优良外，其用量及调配也很重要。香料过量，食用时有刺鼻气味，用量过少，则达不到呈香效果。生产冰淇淋时，可在凝冻时添加香料。当凝冻机内的料液在搅拌下开始凝冻时，可加入香料、色素等添加剂，凝冻完毕就可以成型。冰淇淋中使用香料的量因香料的种类不同而各异，一般在 $0.05\% \sim 0.1\%$。

（2）色素 食用色素是以食品着色为目的的食品添加剂，其应用范围很广。按其来源和性质，可分为食用天然色素和合成色素两大类。

天然色素主要是指从植物和动物组织中提取的色素。植物色素有胡萝卜素、叶绿素、姜黄素等；微生物色素有核黄素及红曲色素等；动物色素有虫胶色素等。食用天然色素的优点是安全性高，色调自然，有些还兼有营养强化作用，如 β 胡萝卜素。但也有缺点：一般较难溶解，着色不均匀，且难以用不同色素配出任意色调，稳定性随着 pH 而变化，色素的有效含量一般较低，着色一般较合成色素差，有些天然色素易在金属离子的催化作用下分解、变色或形成不溶性盐类，使其变质。

食用合成色素通常是用化学方法合成制得的，其优点是：水溶性好，但温度对溶解度影响很大；着色力强，色调鲜艳，色彩完全，可配制出所需的任意色调；一般耐热性较强，但受共存物质影响较大；成本低，使用方便。其最大的缺点是安全性欠佳，因此必须选用我国食品添加剂标准所规定允许使用的，且要严格控制用量，不能超过法规规定的最大允许量。另外，易受金属（铁、铝等）容器的影响。常用的合成色素有苋菜红、胭脂红、日落黄、柠檬黄、靛蓝等。

二、冰淇淋的加工工艺

（一）冰淇淋的生产工艺流程

冰淇淋的生产工艺流程如图11-2所示。

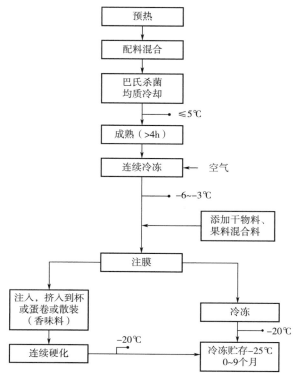

图11-2 冰淇淋生产工艺流程

（二）操作要点

（1）产品配方设计与计算 混合料的制备是冰淇淋生产中十分重要的一个步骤，与成品的品质直接相关。

冰淇淋的口味、硬度、质地和成本都取决于各种配料成分的选择及比例。合理的配方设计，有助于配料的平衡恰当并保证质量的一致。一般冰淇淋的组成成分如表11-3所示：

表11-3　　　　　　　　　　　　　　冰淇淋组成成分　　　　　　　　　　　　单位:%

组成成分	最低	最高	平均
乳脂肪	6.0	16.0	8.0~14.0
非乳固形物	7.0	14.0	8.0~11.0
糖	13.0	18.0	14.0~16.0
稳定剂	0.3	0.7	0.3~0.5
乳化剂	0.1	0.4	0.2~0.3
总固体	30.0	41.0	34.0~39.0

表 11-4　　　　　　　　　　　　　　　　　配料成分表

成分名称	含量/%	成分名称	含量/%
脂肪	10	乳化稳定剂	0.5
非脂乳固体	11	香料	0.1
糖	16		

表 11-5　　　　　　　　　　　　　　　　原料配方成分表

原料名称	配方成分	含量/%
稀奶油	脂肪	40
	非脂乳固体	5.0
牛乳	脂肪	3.2
	非脂乳固体	8.3
甜炼乳	糖	45
	脂肪	8
	非脂乳固体	20
蔗糖	糖	100
复合乳化稳定剂	—	100
香料	—	100

[例]　冰淇淋的配方成分表和配料成分表分别如表 11-4 和表 11-5 所示，现要求配制 100kg 混合料，试算出各种原料用量。

解：先计算复合乳化稳定剂和香料的用量

复合乳化稳定剂：$0.5\% \times 100 = 0.5(\text{kg})$

香料：　　　　　　$0.1\% \times 100 = 0.1(\text{kg})$

计算主要原料的需要量

设：稀奶油、牛乳、甜炼乳和蔗糖的需要量分别为 Akg、Bkg、Ckg、Dkg。则：

$$A + B + C + D + 0.5 + 0.1 = 100 \qquad ①$$
$$0.4A + 0.032B + 0.08C = 10 \qquad ②$$
$$0.05A + 0.083B + 0.2C = 11 \qquad ③$$
$$0.45C + D = 16 \qquad ④$$

解上述四元一次方程得：

稀奶油用量 $A = 14.90$kg；牛乳用量 $B = 52.22$kg；甜炼乳用量 $C = 29.60$kg；蔗糖用量 $D = 2.68$kg。

所需配料的数量如表 11-6 所示。

表 11-6   配料数量表

原料名称	用量/kg	成分含量/%			
		脂肪	非脂乳固体	糖	总固体
稀奶油	14.90	5.96	0.75	—	6.71
牛乳	52.22	1.67	4.33	—	6.01
甜炼乳	29.60	2.37	5.92	13.32	21.61
蔗糖	2.68	—	—	2.68	2.68
乳化稳定剂	0.5	—	—	—	0.5
香料	0.1	—	—	—	0.1
合计	100	10	11	16	37.60

（2）原料处理

①乳粉：应先加温水溶解，有条件的话可用均质机先均质一次。

②奶油（包括人造奶油和硬化油）：应先检查其表面有无杂质，去除杂质后再用刀切成小块，加入杀菌缸。

③砂糖：先用适量的水，加热溶解配成糖浆，并经 100 目筛过滤。

④鲜蛋：可与鲜乳一起混合，过滤后均质。

⑤蛋黄粉：先与加热至 50℃ 的奶油混合，并搅拌使之均匀分散在油脂中。

⑥乳化稳定剂：可先配制成 10% 溶液后加入。

（3）配制混合料   由于冰淇淋配料种类较多，性质不一，配制时加料顺序十分重要。一般先在牛乳、脱脂乳等黏度小的原料及半量的水中，加入黏度稍高的原料，如糖浆、乳粉溶解液、乳化稳定剂溶液等，并立即进行搅拌和加热，同时再加入稀奶油、炼乳、果葡糖浆等黏度高的原料，最后以水或牛乳作容量调整，使混合料的总固体控制在规定的范围内。混合溶解时的温度通常为 40~50℃。由于配方所要求的原辅料种类较多，在配制时的顺序是十分重要的，其基本顺序如下：

①先往配料缸中加入鲜牛乳、脱脂乳等黏度低的原料及半量左右的水。

②加入黏度稍高的原料，如糖浆、乳粉液、稳定剂和乳化剂等。

③加入黏度高的原料，如稀奶油、炼乳、果葡糖浆、蜂蜜等。

④对于一些数量较少的固体料，如可可粉、非脂乳固体等，可用细筛洒入配料缸内。

⑤最后以水或牛乳作容量调整，使混合料的总固体在规定的范围内。

配料温度对混合料的配制效率和质量影响很大，通常温度要控制在 40~50℃。为使各种原料尽快地混合在一起，在配料时，应不停地搅拌。图 11-3 所示为颗粒状产品配料加料器。

（4）混合料的酸度控制   混合料的酸度与冰淇淋的风味、组织状态和膨胀率有很大的关系，正常酸度以 0.18%~0.2% 为宜。若配制的混合料酸度过高，在杀菌和加工过程中易产生凝固现象，因此杀菌前应测定酸度。若过高，可用碳酸氢钠进行中和。但应注意，不能中和过度，否则会产生涩味，使产品质量劣化。

（5）混合料均质   均质作用的主要目的是将脂肪球的粒度减少到 $2\mu m$ 以下，从而使脂肪处在一种永久均匀的悬浮状态。另外，均质还能增进搅拌速度、提高膨胀率、缩短老化期，使冰淇淋的质地更为光滑细腻、形体松软，增加稳定性和持久性。

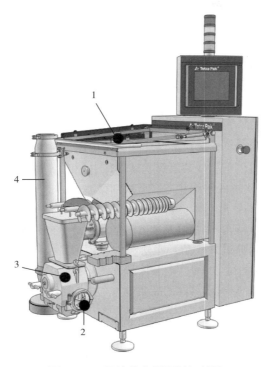

图 11-3　颗粒状产品配料加料器
1—原料物漏斗　2—冰淇淋进料装置　3—薄板泵　4—直列内嵌式混合机

混合料温度和均质压力的选择是均质效果的关键，与混合料的凝冻操作及冰淇淋的形体组织有密切的关系。均质温度为 65~70℃。温度过低或过高，会使脂肪丛集。温度过低还会使混合料黏度过高。均质压力过低，脂肪不能完全乳化，造成混合料凝冻搅拌不良，而影响冰淇淋的形体；均质压力过高，则使混合料黏度过高，凝冻时空气难以混入，因此，要达到所要求的膨胀率，则需要更长的时间。一般来说，压力增加，可以使冰淇淋的组织细腻，形体松软，但压力过高又会造成冰淇淋形体不良。均质压力的大小与各种因素有关：均质压力与混合料的酸度、混合料的脂肪含量、混合料的总固形物含量均成反比。

（6）杀菌　混合料必须经过杀菌，以保障消费者食用安全和身体健康。

目前，冰淇淋混合料的杀菌普遍采用高温短时巴氏杀菌法（HTST），杀菌条件一般为 83~87℃、15~30s。

（7）冷却与老化成熟

①冷却：杀菌后的混合料，应迅速冷却至 5℃，冷却的目的在于迅速降低料温，防止脂肪上浮；冷却温度不宜过低（不能低于 0℃），否则易使混合料产生冰晶，影响冰淇淋质量，料温过高会使酸味增加，影响香味。

②老化（成熟）：将混合料在 2~5℃ 的低温下冷藏一定的时间，称为老化（成熟）。老化的目的在于加强脂肪凝结物与蛋白质和稳定剂的水合作用，进一步提高混合料的稳定性和

黏度，有利于凝冻时膨胀率的提高；促使脂肪进一步乳化，防止脂肪上浮、酸度增加和游离水的析出；防止凝冻时形成较大的冰晶；缩短凝冻时间，改善冰淇淋的组织。

随着料液温度的降低，老化时间可缩短，例如 2~4℃，老化时间需 4h；而 0~1℃ 时，只需 2h。混合料总固形物含量越高，黏度越高，老化时间就越短。提高乳化稳定剂性能，也可缩短老化时间。

（8）凝冻 凝冻是冰淇淋生产最重要的步骤之一。

（9）成型灌装 凝冻后的冰淇淋必须立即成型灌装（和硬化），以满足贮藏和销售的需要。冰淇淋的成型有冰砖、纸杯、蛋筒、锥形、巧克力涂层冰淇淋、异形冰淇淋切割线等多种成型灌装机。

（10）硬化 硬化是将成型灌装机灌装和包装后的冰淇淋迅速置于-25℃ 以下，经过一定时间速冻，再保持在-18℃ 以下，使其组织状态固定、硬度增加的过程。

硬化的目的是固定冰淇淋的组织状态、形成细微冰晶，使其组织保持适当的硬度以保证冰淇淋的质量，便于销售与贮藏运输。影响硬化的有包装容器的形状与大小、速冻室的温度与空气的循环状态、室内制品的位置以及冰淇淋的组成成分和膨胀率等因素。

（11）贮藏 硬化后的冰淇淋产品，在销售前应将制品保存在低温冷藏库中。冷藏库的温度为 20℃，相对湿度为 85%~90%，贮藏库温度不可忽高忽低，以免导致冰淇淋中冰的再结晶，使冰淇淋质地粗糙，影响冰淇淋的品质。

三、凝冻

（一）凝冻的概述

1. 凝冻的概念

凝冻是将配料，杀菌、均质、老化后的流体状混合料在强制搅拌下进行冰冻，使空气以极微小的气泡状态均匀分布于全部混合料中，在体积逐渐膨胀的同时，由于冷冻而形成半固体状的过程。凝冻使冰淇淋中的水分在形成冰晶时呈微细的冰结晶，这些小冰结晶的产生和形成对于冰淇淋质地的光滑、硬度、可口性及膨胀率来说都是必须的。

2. 凝冻的原理

凝冻过程的第一阶段是当经过老化的物料进入凝冻筒时，物料在低温的条件下显热被迅速吸收，物料温度在 2min 内从老化温度开始迅速下降至冰点的过程。这一段物料被搅打，产生了大量的气泡，脂肪开始聚集，一些脂肪团簇被打开。接下来的阶段随着温度下降至冰点以下，混合料中的纯水开始结冰，刚刚结成的冰层结构又时时被凝冻筒刮下破坏为冰屑，在新产生的冰体系不断完善的过程中，脂肪、气泡很快被包裹、冻结在冰屑层之中。随着自由水的不断减少，可溶成分的浓度不断上升，这时温度的下降变得缓慢，但冰点一直在下降，在连续性凝冻机中大量细小的冰晶和空气泡不断生成，液态脂肪被包裹在多壳层固态脂肪表皮之中，少量的显热和大量的潜热连续被放出。在剩余物料浓度上升，自由水减少和冰点下降的作用下，最终物料达到一种暂时的平衡，即在凝冻筒的环境温度下冻结达到极限，这时出料温度在 4~9℃，有 33%~45% 的水被冻结。而剩余水还将存在于膨化的料液之中。这时的膨化料将成为软质冰淇淋的基础，经过凝冻的冰淇淋形成了一个非常复杂的系统：0.5~1μm 的脂肪球在凝冻过程中，空气进入混合料液中称作"膨化"，膨胀率可控制在 60%~130%。凝冻后的冰淇淋是一个充满平均直径为 100μm 的空气泡的泡沫体，在一个连续玻璃态的糖浆相中，包含着平均直径大约 30μm 的冰晶，非脂乳固体 12%；蔗糖 14%；固态玉米糖浆 3.73%；稳定剂 0.22%；总固体 40.05%。

3. 凝冻的过程

冰淇淋料液的凝冻过程大体分为以下三个阶段。

（1）液态阶段　料液经过凝冻机凝冻搅拌一段时间（2~3min）后，料液的温度从进料温（4℃）降低到 2℃。由于此时料液的温度尚高，未达到使空气混入的条件，故称这个阶段为液态阶段。

（2）半固态阶段　继续将料液凝冻搅拌 2~3min，此时料液的温度降至 -2~-1℃，料液黏度也显著提高，使空气得以大量混入，料液开始变得浓厚而体积膨胀，这个阶段为半固态阶段。

（3）固态阶段　此阶段为料液即将形成软质冰淇淋的最后阶段。经过半固态阶段以后，凝冻搅拌料液 3~4min，此时料液的温度已降低到 -6~-4℃。在温度降低的同时，空气继续混入，并不断地被料液层层包围，这时冰淇淋料液内的空气含量已接近饱和。整个料液体积不断膨胀，料液最终成为浓厚、体积膨大的固态物质，此阶段即是固态阶段。

4. 凝冻目的与作用

凝冻的目的：使混合料中的水变成细微的冰晶。混合料在结冰温度下受到强制搅刮，使冰晶来不及长大，而成为极细微的冰晶（4μm 左右），并均匀地分布在混合料中，使组织细腻、口感滑润。

凝冻的作用：①使混合料更加均匀，为老化阶段添加的香精、色素的均匀混合做好搅拌工作。②搅刮器不停地搅刮，使空气逐渐混入混合料中，并以极细微的气泡分布于混合料中，使其体积逐渐膨胀，空气在冰淇淋中的分布状况对成品质量最为重要，空气分布均匀就会形成光滑的质构、奶油般滑润的口感和温和的食用特性，而且抗熔性和贮藏稳定性在很大程度上也取决于空气泡分布是否均匀。③提高产品稳定性，大量被冻结的小冰晶减少了自由水，混入的空气降低了导热性，从而大大增加了冰淇淋的抗熔性。④加快硬化速度，经过预冻结的料液迅速形成半凝固流体，有助于快速硬化成型。

5. 影响凝冻的因素

（1）混合料的含糖量　在所有的固形物中，含糖量是影响凝冻的最主要因素。含糖量越高，冰点越低。混合料在凝冻过程中的水分冻结是逐渐形成的，而随着水分的冻结，剩余液体中糖的浓度越来越高。混合料温度越低，则有更多的水结成冰。凝冻时混合料含水量越多，硬化则越困难。一般来说，温度每降低 1℃，其硬化所需的持续时间可缩短 10%~20%。但温度不能无限制的降低，若凝冻温度低于 -6℃，冰淇淋难以从凝冻机中放出。凝冻温度与含糖量的关系如表 11-7 所示。

表 11-7　　　　　　　　　　凝冻温度与含糖量的关系

含糖量/%	12	14	16	17.5	19	20
冻结温度/℃	-2	-2.4	-2.7	-3	-3.6	-4.1

（2）混合料和制冷剂的温度　混合料的温度较低和控制制冷剂的温度较低时，凝冻操作时间可缩短，但会给冰淇淋带来如下缺点：所制冰淇淋的膨胀率较低，空气不易混入；空气

混合不匀，组织不疏松，缺乏持久性。混料温度高、制冷剂温度控制较高时，会使凝冻时间过长，这样会给冰淇淋带来如下缺点：产品组织粗糙并有脂粒存在；冰淇淋组织易发生收缩现象。

（3）凝冻设备　凝冻和凝冻设备有很大关系。连续式凝冻机比间歇式的凝冻快；转速快的搅拌器可以产生足够的离心力使冰淇淋的料浆能展及凝结筒的四壁，提高凝冻速度；刮刀的锋利与否和刮刀与筒壁的间距大小对凝冻速度也有影响，其间隙以不超过0.3mm为宜。连续式冰淇淋冷冻设备的凝冻原理如图11-4所示，设备示意图如图11-5所示。

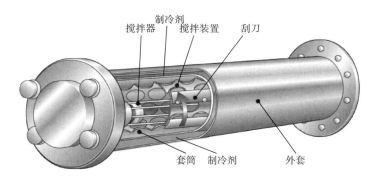

图11-4　连续式冰淇淋冷冻设备的凝冻原理

图11-5　自动控制的连续式冰淇淋冷冻设备

（二）凝冻过程中混合料各组分的状态

1. 脂肪

脂肪球因机械搅拌，频率碰撞增加，从而聚集成脂肪集簇；未冻结的物料占有的空间减小，大量冰晶体的剪切作用将脂肪球切割、挤压变形，并将部分熔点低的脂肪排挤到脂肪球外；脂肪球的内侧黏度增加，乳化剂的亲油基团失去流动性，一些乳化剂结晶或同脂共结晶，降低了乳化剂的流动性，使膜的流动性发生变化，脆性增加，濒临破坏，脂肪被不断固化；最终在冻结和机械的双重作用下，导致脂肪球膜破坏，通过熔点低脂肪的黏结作用，形成葡萄串珠状脂肪链，从而构成了冰淇淋的骨架结构。

2. 蛋白质

凝冻过程中大量的水冻结成冰，使脂肪球膜上的蛋白质部分脱水，加之老化后期大量蛋白质解吸脱附，导致乳化剂与蛋白质之间的络合结构被破坏；随着凝冻过程中混合料温度的降低，未冻结相中可溶解成分的浓度有所提高，使无机盐平衡发生改变，相应提高了阳离子活度，降低了胶体的表面电位，导致蛋白质出现聚结现象。而由蛋白质包覆的脂肪球，由于蛋白质之间的相互作用出现碰撞和黏附，从而形成以蛋白质为联接方式的第二类脂肪簇。从而提高了冰淇淋的奶油感。

3. 糖

在凝冻过程中，由于大量水冻结成冰，相应提高了蔗糖、乳糖、果糖等糖类的浓度，使其黏度迅速提高。当黏度较高的物质迅速冷却，且存在多种分子种类和存在络合物的分子结构时，很容易形成玻璃态。而在冰淇淋的凝冻过程中，上述条件均已具备，因而认为凝冻过程中的糖类是以玻璃态的形式存在的。同时，对冷冻温度低于-30℃的冰淇淋进行 X 射线的衍射分析，糖以无定形状态存在，这是充分的论据，因为在凝冻期间如果糖以结晶状态存在，则不可能在硬化过程中形成玻璃态。

4. 空气

在混合料进入凝冻筒之前，空气同时混入其中，膨胀率开始增大，冰淇淋一般含有50%体积的空气，由于转动搅拌器的机械作用，空气被分散成小的空气泡，直径在 20～100μm，根据稳定剂和空气膨胀阀的不同使用方式，膨胀率还可做不同调节，一般典型直径为 50μm。空气在冰淇淋内的分布越均匀，质构上就越光滑，成品的口感也就越好。而良好的空气分布对于冰淇淋的抗熔性和贮藏稳定性有着极大影响。

5. 水

凝冻过程中混合料中的纯水不断被冻结成冰晶，在成核作用的影响下物料中的游离水以冰晶核为中心形成细小冰晶体，且不断地生长，构成细腻、柔和的冰淇淋质地；当温度冰点下降接近出料温度时，冰晶核的成核速率仍很高，而冰晶体的生长速率减小了许多，得到最柔和细腻的冰淇淋质地。

（三）膨胀率

冰淇淋的膨胀率，是指冰淇淋体积增加的百分率。膨胀后的冰淇淋，内部含有大量细微的气泡，从而获得良好的组织和形体，使其品质好于不膨胀的或膨胀不够的冰淇淋，且更为柔润、松软。另外，空气呈细微的气泡均匀地分布于冰淇淋组织中，起到稳定和阻止热传导的作用，从而增强产品的抗熔性。图 11-6 说明了混合成分和制成的冰淇淋及冰淇淋膨胀前后的体积变化情况。

膨胀率的计算，有体积法和质量法两种，其中以体积法更为常用。

体积法计算按式（11-1）：

$$B = \frac{V_2 - V_1}{V_1} \times 100\% \tag{11-1}$$

式中　B——冰淇淋的膨胀率，%；

　　　V_1——1kg 冰淇淋的体积，L；

V_2——1kg 混合料的体积，L。

质量法计算按式（11-2）：

$$B = \frac{M_2 - M_1}{M_1} \times 100\% \qquad (11-2)$$

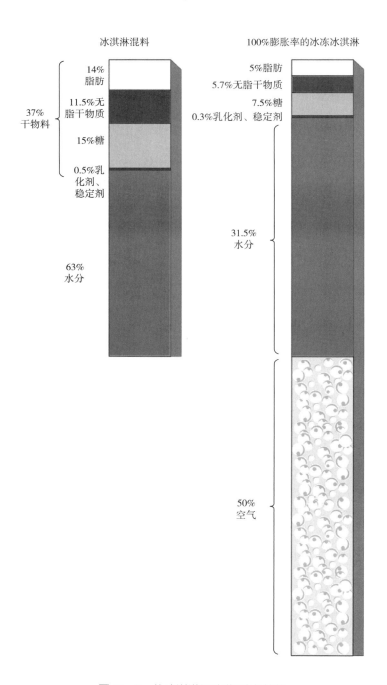

图 11-6 从冰淇淋混合物到冰淇淋

式中　　B——冰淇淋的膨胀率，%；

　　　　M_1——1L 冰淇淋的质量，kg；

　　　　M_2——1L 混合料的质量，kg。

膨胀率直接体现凝冻效果，冰淇淋增加体积主要是在凝冻过程中混入的空气所致，混入空气的量取决于混合料的成分和加工方法，通常调节到某一合适的膨胀率，使生产出的冰淇淋不仅具有高质量的形体，而且具有细腻的组织和润滑的口感。

控制产品膨胀率的措施：①统一的冷冻温度和流动速率；②使用膨胀率测定仪（图11-7）控制；③要求凝冻机各操作工以同样的方式操作各台凝冻机；④一个工人不宜操作多台凝冻机；⑤间歇式凝冻机输出的冰淇淋要用料斗式分装机装入容器，在凝冻时需要略高的膨胀率以补偿在料斗中损失的膨胀率；⑥采用定量包装，并立即送入硬化室。

控制膨胀率是非常重要的，应尽可能做到每天每批次保持不变。对于生产商而言，膨胀率的变化就意味着利润差异，借助膨胀率测定仪，有经验的操作者就可轻易地控制产品膨胀率。

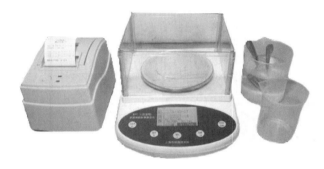

图 11-7　膨胀率测定仪

正确的膨胀率取决于产品种类、成分以及凝冻设备的类型，不同冷饮产品的膨胀率允许有变化范围，如表11-8所示。

表 11-8　　　　　　　　　　　不同冷饮产品膨胀率的允许范围

产品类型	产品膨胀率/%	产品类型	产品膨胀率/%
一般冰淇淋、小型包装	70~80	软冰淇淋	30~50
散装冰淇淋	90~100	牛奶冻	50~80
冰糕	30~40	冰冻牛乳	10~15
冰棒	25~30	超级优质冰淇淋	0~20

四、冰淇淋质量指标和控制

（一）冰淇淋质量指标

冰淇淋的质量标准包括冰淇淋的感官要求、理化指标和卫生指标三部分，具体质量指标参考 GB/T 31114—2014《冷冻饮品　冰淇淋》。

冰淇淋的感官要求如表 11-9 所示。

表 11-9 冰淇淋的感官要求

项目	要求					
	全乳脂		半乳脂		植脂	
	清型	组合型	清型	组合型	清型	组合型
色泽	主体色泽均匀，具有品种应有的色泽					
形态	形态完整，大小一致，不变形，不软塌，不收缩					
组织	细腻滑润，无气孔，具有该品种应有的组织特征					
滋味气味	柔和乳脂香味，无异味		柔和淡乳香味，无异味		柔和植脂香味，无异味	
杂质	无正常视力可见的外来杂质					

冰淇淋的理化指标如表 11-10 所示。

表 11-10 冰淇淋的理化指标

项目	指标					
	全乳脂		半乳脂		植脂	
	清型	组合型	清型	组合型	清型	组合型
非脂乳固体/（g/100g）	≥6.0					
总固体物/（g/100）	≥30.0					
脂肪/（g/100）	≥8.0		≥6.0	≥5.0	≥6.0	≥5.0
蛋白质/（g/100）	≥2.5	≥2.2	≥2.5	≥2.2	≥2.5	≥2.2

注：1. 组合型产品的各项指标均指冰淇淋主体部分。

2. 非脂乳固体含量按原始配料计算。

冰淇淋的卫生指标如表 11-11 所示。

表 11-11 冰淇淋的卫生指标

项目	指标		
	菌落总数（CFU/mL）	大肠菌群（MPN/100mL）	致病菌
含乳蛋白冷冻饮品≤	25000	450	不得检出
含豆类冷冻饮品≤	2000	450	不得检出
含淀粉或果类冷冻饮品≤	3000	100	不得检出
食用冰块≤	100	6	不得检出

注：致病菌指沙门氏菌、志贺氏菌和金黄色葡萄球菌

（二）冰淇淋质量控制

质量控制是生产高品质产品极为重要的环节。冰淇淋质量控制包括：

1. 原辅料质量控制

（1）乳与乳制品　原辅料的选择直接影响成品的质量和成本。冰淇淋中使用的油脂最好是新鲜的稀奶油。乳脂肪可以使冰淇淋具有良好的风味，柔软细腻的口感。冰淇淋中非脂乳固体以鲜牛乳及炼乳为最佳。使用溶解度不良的乳粉，会使膨胀率降低，使冰淇淋产生粉末状的感觉。另外，乳及乳制品的酸度对冰淇淋的质量有很大影响。若酸度高，则会使成品产生酸味。

（2）蛋与蛋制品　蛋与蛋制品除提高冰淇淋的营养价值外，还对风味、口感及组织状态有很大影响。蛋与蛋制品中丰富的卵磷脂具有很强的乳化能力，能改善冰淇淋的组织状态。蛋与蛋制品可使冰淇淋具有特殊的香味和口感。在配料中可用 0.5%~2.5% 的蛋黄粉，用量过多则易产生蛋腥味。

（3）甜味剂　冰淇淋生产中所用的甜味剂有蔗糖、淀粉糖浆、蜂蜜及糖精，其中以蔗糖最好。蔗糖除能调整口感外，还能使冰淇淋的组织细腻，但同时也使冰淇淋的冰点下降，凝冻时膨胀率降低，成品易熔化。蔗糖的使用量以 12%~16% 为宜。

（4）乳化剂　冰淇淋中脂肪含量较高，特别是加入硬化油、人造奶油、奶油等脂肪时，加入乳化剂可以改善脂肪亲水能力，提高均质效率，从而改善冰淇淋的组织状态，一般单硬脂酸甘油酯用量为 0.3%~0.5%，蔗糖脂用量以 0.1%~0.2% 为宜。

（5）稳定剂　加入稳定剂的目的是增加混合料的黏度以提高膨胀率，改善冰淇淋的形体和组织状态，防止冰结晶的产生，减少粗硬感，使产品的抗熔化能力增强。冰淇淋生产中常用的稳定剂有明胶、琼脂、淀粉、羧甲基纤维素钠等，其使用总量不宜超过 0.4%。

2. 配方及工艺控制

为了保证成品质量，配方计算及投料要准确，在生产过程中要严格执行工艺条件，注意环境及设备的情况，消毒。

3. 成品的质量控制

根据相关国家标准规定，每批次产品应进行质量检验，保证产品质量包括口味、坚硬度、质地、色泽、外观及包装等。

4. 贮藏

冰淇淋的贮藏温度以 $-30\sim-25$℃ 为宜，要防止贮藏期间温度波动，否则会形成冰结晶而降低其质量。

第二节　雪糕的加工

一、雪糕的概念

雪糕（ice cream bar）是以饮用水、乳和（或）乳制品、蛋制品、水果制品、豆制品、食糖、食用油等的一种或多种为原辅料、添加或不添加食品添加剂和（或）食品营养强化剂，经混合、灭菌、均质、冷却、成型、冻结等工艺制成的冷冻饮品。

（一）雪糕的分类

根据产品的组织状态可分为清型雪糕和组合型雪糕。清型雪糕是不含颗粒或块状辅料的雪糕，如橘味雪糕；组合型雪糕是以雪糕为主体，与相关辅料（如巧克力等）组合而成的制品，其中雪糕所占质量分数大于50%，如巧克力雪糕、菠萝沙冰雪糕、果汁冰雪糕、芝麻脆皮雪糕、水蜜桃夹心雪糕等。

（二）雪糕的质量标准

1. 雪糕的感官要求

雪糕的感官要求应符合表11-12的规定。

表 11-12　　　　　　　　　　　　雪糕的感官要求

项目	要求	
	清型	组合型
色　泽	具有品种应有的色泽	
形　态	形态完整，大小一致。插杆产品的插杆应整齐，无断杆、无多杆	
组　织	冻结坚实，细腻滑润	具有品种该有的组织特征
滋味和气味	滋气味柔和纯正，无异味	
杂　质	无正常视力可见外来杂质	

2. 雪糕的理化指标

雪糕的理化指标应符合表11-13的规定。

表 11-13　　　　　　　　　　　　雪糕的理化指标

项目	指标	
	清型	组合型
总固形物/（g/100g）	≥20	
蛋白质/（g/100g）	≥0.8	≥0.4
脂肪/（g/100g）	≥2.0	≥1.0

3. 雪糕的卫生指标

雪糕的卫生指标应符合 GB 2759—2015《食品安全国家标准　冷冻饮品和制作料》的规定。

二、雪糕的加工工艺

（一）雪糕的加工工艺流程

雪糕加工工艺流程如图 11-8 所示。

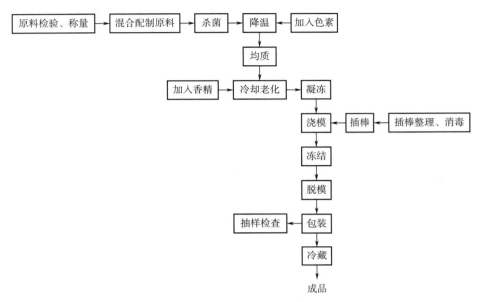

图 11-8 雪糕加工工艺流程

（二）雪糕的配方

1. 一般普通雪糕配方

牛乳 32% 左右；淀粉 1.25%~2.5%；砂糖 13%~14%；糖精 0.01%~0.013%；精炼油脂 2.5%~4.0%；麦乳精及其他特殊原料 1%~2%；香料适量；着色剂适量。

2. 各种花色雪糕配方

常见花色雪糕配方如表 11-14 所示。

表 11-14　　　　　　　　　　　　花色雪糕配方　　　　　　　　　　　单位：kg

原料名称	雪糕类型			
	菠萝雪糕	咖啡雪糕	草莓雪糕	可可雪糕
白砂糖	145	150	100	100
葡萄糖浆	—	—	50	60
蛋白糖	0.4	0.6	—	—
全脂乳粉	30	—	30	20
乳清粉	40	38	—	—
人造乳粉	35	—	—	—
棕榈油	—	30	15	20
可可粉	—	—	—	5

续表

原料名称	雪糕类型			
	菠萝雪糕	咖啡雪糕	草莓雪糕	可可雪糕
鸡蛋	20	20	—	—
淀粉	25	22	—	—
复合乳化稳定剂	—	—	3.5	3
明胶	2	2	—	—
羧甲基纤维素	2	2	—	—
水	699	405	785	790
可乐香精	—	—	–	0.8
草莓香精	—	—	0.8	—
菠萝香精	1	—	—	—
速溶咖啡	—	2	—	—
焦糖色素	—	0.4	—	—
甜蜜素	—	—	0.5	0.5

（三）雪糕的工艺要点

1. 配制混合原料

原辅料质量好坏直接影响雪糕质量，所以各种原辅料必须严格按照质量要求进行检验，不合格者不许使用。按照规定的产品配方，核对各种原材料的数量后，即可进行配料。混合溶解时的温度通常为40~50℃。

2. 均质

雪糕的混合料本质上是一种乳浊液，易于上浮，对其质量十分不利，故必须加以均质，使混合原料中的乳脂肪球变小。由于细小的脂肪球互相吸引使混合料的黏度增加，能防止凝冻时乳脂肪被搅成奶油粒，以保证产品组织细腻。

3. 巴氏杀菌

通过杀菌可以杀灭料液中的一切病原菌和绝大部分的非病原菌，以保证产品的安全性、卫生指标，延长雪糕的保质期。过高的温度与过长的时间不但浪费能源，而且还会使料液中的蛋白质凝固，产生蒸煮味和焦味，维生素受到破坏而影响产品的风味及营养价值。

4. 冷却与老化

（1）冷却　均质后的混合料温度在60℃以上。在此温度下，混合料中的脂肪粒容易分离，需要将其迅速冷却至0~5℃后输入到老化缸（冷热缸）进行老化。

（2）老化　老化期间的物理变化导致后期凝冻操作搅打出的液体脂肪增加，随着脂肪的附聚和凝聚促进了空气的混入，并使搅入的空气泡稳定，赋予了雪糕细腻的质构，增加了雪糕的熔化阻力，提高了雪糕贮藏的稳定性。

5. 凝冻

普通雪糕不需经过凝冻工序直接经浇模、冻结、脱模、包装而成，膨化雪糕则需要凝冻工序。

雪糕凝冻操作生产时，凝动机的清洗与消毒及凝冻操作与冰淇淋大致相同，只是料液的加入量不同，一般占凝冻机体积的 50%～60%。膨化雪糕要进行轻度凝冻，膨胀率为 30%～50%，故要控制好凝冻时间以调节凝冻程度，料液不能过于浓厚，否则会影响浇模质量。出料温度控制在-3℃左右。

6. 浇模

浇模之前必须对模盘（图 11-9）、模盖和用于包装的扦子进行彻底清洗消毒，可用沸水煮沸或用蒸汽喷射消毒 10～15min，确保卫生。浇模时应将模盘前后左右晃动，混合料分布均匀后，盖上带有扦子的模盖，将模盘轻轻放入冻结缸（槽）内进行冻结。

7. 冻结

雪糕的冻结有直接冻结法和间接冻结法。

直接冻结法即直接将模盘浸入盐水槽内进行冻结，间接冻结法即速冻库（管道半接触式冻结装置）与隧道式（强冷风冻结装置）速冻。直接速冻时，先将冷冻盐水放入冻结槽至规定高度，开启冷却系统，开启搅拌器搅动盐水，待盐水温度降至-28～-26℃时，即可放入模盘，注意要轻轻推入，以免盐水污染产品，待模盘内混合料全部冻结（10～12min），即可将模盘取出。

图 11-9 雪糕浇模模盘

8. 脱模

使冻结硬化的雪糕由模盘内脱下，较好的方法是将模盘进行瞬时间的加热，使紧贴模盘的物料熔化而使雪糕易从模具中脱出。

脱模时，在烫盘槽内注入加热用的盐水至规定高度后，开启蒸汽阀将蒸汽通入蛇形管控制烫盘槽温度在 50～60℃；将模盘置于烫盘槽中，轻轻晃动使其受热均匀、浸数秒钟后（以雪糕表面稍熔化为度），立即脱模，便可进行包装。

9. 包装

包纸、装盒、装箱、放入冷库。

三、冰棒的加工工艺

（一）冰棒的概念

冰棒，又称为冰棍、冰糕、棒冰、霜支、雪条，是指以饮用水、甜味剂、豆类、乳品、果品等为主要原料，加入适量增稠剂及酸味剂、香料、着色剂等食品添加剂，经混合、灭菌、注模、插签、冻结、脱模（或轻度凝冻）等工艺制成的带棒的冷冻饮品。

（二）冰棒的分类

1. 按组织成分和风味分类

（1）果味冰棒 是用甜味剂、稳定剂、食用酸、香精及食用色素等配制冻结而成，有咖啡、牛乳、柠檬、香蕉、菠萝、杨梅、橘子等品种。

（2）果汁冰棒 是用甜味剂、稳定剂、各种新鲜水果汁或干果汁以及食用色素等配制冻结而成，有山楂、菠萝、杨梅、橘子、柠檬等品种。

（3）果泥冰棒　是用甜味剂、稳定剂、果泥、香料以及食用色素等配制冻结而成，有芒果、山楂、木瓜等品种。

（4）果仁冰棒　是用甜味剂、稳定剂、磨碎的果仁、香料以及食用色素等配制冻结而成，有咖啡、可可、杏仁、花生等品种。

（5）豆类冰棒　是用甜味剂、稳定剂、豆类、香料以及食用色素等配制冻结而成，有赤豆、绿豆、青豌豆等品种。

（6）盐水冰棒　是在豆类或果味冰棒混合原料中，加入适量的精盐（一般为 0.1%～0.3%）冻结而成。

2. 按加工工艺的不同分类

按加工工艺不同可分为清型冰棍、混合型冰棍、夹心型冰棍、拼色型冰棍、涂布型冰棍。

3. 按原果汁含量分类

按原果汁含量分为原果汁含量≥2.5%的果汁冰棒、原果汁含量<2.5%的果味冰棒、含水果果肉（或果块）的水果冰棒。

（三）冰棒的质量标准

1. 冰棒的感官要求

冰棒的感官要求应符合表 11-15 的规定。

表 11-15　　　　　　　　　　　　　冰棒的感官要求

项目	要求		
	清型	混合型	组合型
色泽	色泽均匀，具有品种应有的色泽	具有品种应有的色泽	
形态	形态完整，大小一致，表面起霜，插杆端正，无断杆，无多杆，无空头		
组织	冻结坚实，无二次冻结而形成的较大冰晶	冻结坚实，粒状辅料混合较均匀	冰棒主体部分应符合清型和混合型的组织特性
滋味、气味	滋味协调，香气纯正，具有该品种应有的滋味和气味，无异味		
单件包装	包装完整、不破损，内容不外露，包装图案端正		
杂质	无外来可见杂质		

2. 冰棒的理化指标

冰棒的理化指标如表 11-16 所示。

表 11-16　　　　　　　　　　　　　冰棒的理化指标

项目	指标		
	清型	混合型	组合型
总固形物/%	≥11.0	≥15.0	≥15.0
总糖（以蔗糖计）/%	≥9.0	≥9.0	≥10.0

注：组合型指标均指冰棒主体。

3. 冰棒的卫生指标

冰棒的卫生指标同雪糕。

（四）冰棒的工艺流程及工艺要点

1. 冰棒生产工艺

冰棒生产工艺流程如图 11-10 所示。

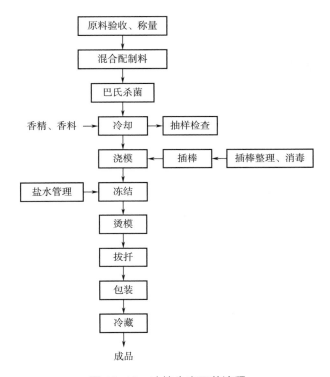

图 11-10 冰棒生产工艺流程

2. 冰棒的工艺要点

（1）混合原料处理及配制 各种原料必须经过相应处理方能使用。如豆类需经选择、清洗、煮烂才能使用。

（2）杀菌 通常在杀菌锅中进行，冰棒杀菌温度为 80~85℃、保温 10~15min。混合料经杀菌后，不但杀灭了细菌，而且使淀粉充分糊化，黏度增加。

（3）冷却 杀菌后的原料置于冷却设备中迅速冷却到 38℃。冷却的目的是缩短冻结时间，冷却的温度越低，冻结的时间越短。

（4）浇模 浇模是把冷却后的混合料灌入已消过毒的模盘中，冰棍的灌入温度一般在 -5~0℃。

（5）冻结 为使浇模后的混合料硬化成型，需将其进行冻结。即用降温方法使其固化。

（6）插棒 插棒是冰棒半冻结时进行，木棍必须精确地插入其中央，而且得插直。

（7）脱模 脱模是指将硬化成型后的冰棒由模具脱落出来，冷冻后冰棒的外层必须去霜，才能从模袋中取出。去霜是通过将温度约为 25℃ 的盐水喷到模子台的下侧来进行，盐水可用电加热元件或蒸汽加热。

（8）包装　包装时，应手拿扦子，不得直接接触产品，以免细菌污染。包装必须整齐、紧密。包装好后的冰棍应尽快放入冷库中，其温度控制在-22~-18℃。产品经过冷藏，可增加其硬度和抗熔化能力，便于运输和销售。

（五）冰棒的配方

几种冰棒的主要配方如表11-17所示。

表11-17　　　　　　　　　　几种冰棒的主要配方　　　　　　　　　　单位：kg

原料名称	果汁冰棒			果味冰棒			豆类冰棒		果仁冰棒		盐水冰棒
	菠萝	橘子	柠檬	橘子	香蕉	菠萝	赤豆	绿豆	花生	芝麻	盐水
牛乳	19	19	—	5	5	—	—	—	26	30	—
白砂糖	9.5	9.5	23	8	8	—	13	12	13	13	12
精制淀粉	3	5.6	—	3	3	—	2	1	2.4	2.4	1.5
橘子香精	—	—	—	20	—	—	—	—	—	—	—
香蕉香精	—	—	—	—	18	—	—	—	—	—	—
菠萝香精	—	—	—	—	—	17	—	—	—	—	—
香草香精	适量	微量	—	—	—	—	—	—	—	—	—
薄荷香精	—	—	—	—	—	—	—	40	—	—	—
桂花	—	—	—	—	—	—	70	–	—	—	—
柠檬香精	—	—	—	—	—	—	—	—	—	—	80
糖精	—	—	—	15	15	15	—	—	适量	适量	—
阿斯巴甜	—	—	—	—	—	15	15	—	—	—	10
着色剂	—	—	—	适量	适量	适量	—	—	—	—	—
菠萝汁	19	—	—	—	—	—	—	—	—	—	—
橘子汁	—	19	—	—	—	—	—	—	—	—	—
柠檬汁	—	—	38	—	—	—	—	—	—	—	—
赤豆	—	—	—	—	—	—	4	—	—	—	—
绿豆	—	—	—	—	—	—	—	4.5	—	—	—
花生仁	—	—	—	—	—	—	—	—	16	—	—
芝麻	—	—	—	—	—	—	—	—	—	3	—
糯米粉	—	—	—	—	—	—	—	1	—	—	1.5
精盐	—	—	—	—	—	—	—	—	—	—	15

思考题

1. 简述冰淇淋稳定剂的使用及注意事项。
2. 分析乳化剂在冰淇淋加工中的作用及其机制。
3. 简述均质对冰淇淋品质特性的影响。
4. 论述冰淇淋凝冻的反应过程。
5. 论述冰淇淋和雪糕的开发前景及发展方向。

第十二章

乳制品生产设备的清洗杀菌

第一节　乳品设备的清洗杀菌

一、清洗杀菌的目的

食品生产者必须要保证食品生产过程中的安全和卫生，与产品直接接触的设备的清洗是食品生产过程中必不可少的部分。这不仅包括生产中的设备，同时也包括生产中的工作人员，既要接受相关专业培训，也要遵守国家和当地部门的法律法规。

（一）清洗杀菌的意义

设备的清洗和消毒是乳品加工必不可少的部分。设备使用前可能会附着污物并含有微生物；而设备使用后如果不进行彻底清洗，残留于牛乳中的微生物将大量繁殖。牛乳与未经清洗的罐、管道和其他加工设备的表面接触时会沾染上污物和细菌，造成乳制品的腐败、变质，导致非常大的损失。

（二）清洗的概念及清洁度的表示方法

所谓清洗就是通过物理和化学的方法去除被清洗表面上可见和不可见杂质的过程。而清洗所要达到的标准是指被清洗表面所要达到的清洁程度，有下面几种表示方法：

1. 物理清洁

去除了清洗表面上肉眼可见的全部污垢。物理清洁可能会在被清洗表面留下化学残留物，但这通常是为了阻止微生物在被清洗表面上繁殖。

2. 化学清洁

不仅可除去被清洗表面上肉眼可见的污垢，而且还去除了微小的、通常为肉眼不可见但可嗅出或尝出的沉积物。

3. 微生物清洁

通过消毒杀死了清洗表面绝大部分附着的细菌和病原菌。微生物清洁通常会伴有物理清洁，但不一定伴有化学清洁。

4. 无菌清洁

杀灭清洗表面上附着的所有微生物。这是超高温瞬时灭菌和无菌操作的基本要求。同微生物清洁一样，无菌清洁通常伴有物理清洁，但不一定伴有化学清洁。

因为乳品厂清洗的目的在于满足食品安全的需要，减少微生物污染，以获得高质量的产品，符合法规要求，维护设备的正常运转以避免出现故障，所以设备的清洗仅达到物理清洁或化学清洁的标准是不符合生产卫生质量要求的，微生物清洁是乳品工厂设备清洁所要达到的基本标准。

虽然乳品厂设备不经过物理或化学清洗也能达到细菌清洁度，但先进的物理清洗设备更容易达到细菌清洁度。因此，设备表面首先用化学洗涤剂进行彻底清洗，然后再进行消毒。

（三）设备表面的污物

乳品设备表面需要除去的污物主要是黏附在表面的沉积物，其成分是乳中的成分，细菌"匿"于其中并利用这些物质。经过长时间的生产运行之后，在加热段和热回收第一部分的板式热交换器的板片上，很容易看到沉积物紧紧地附着在设备表面上，如运行时间超过 8h，可以看到沉积物的颜色从稍带白色变成褐色，这就是乳石。乳石就是当牛乳加热到 60℃ 以上时，在设备的表面开始形成的磷酸钙（镁）、蛋白质、脂肪等沉积物，如图 12-1 所示。

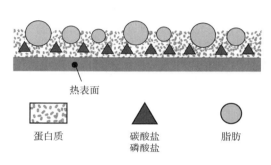

图 12-1　受热表面的沉积物

二、清洗剂的选择

受热表面上的污物通常用碱和酸性清洗剂进行清洗，但要用中间介质水进行漂洗。清洗剂必须要能够"分散"污物，同时使悬浮的颗粒分散，防止再聚集。为了保证使用某种清洗剂溶液能取得满意的效果，必须要根据产品和清洗剂的特性，选择适宜该产品的清洗剂。

（一）清洗剂选择的依据

在生产结束时，保留在所有被产品润湿表面上的残留物和细菌等，需要用有效的清洗剂加以除去，污物特性如表 12-1 所示。

表 12-1　　　　　　　　　　　　　化学作用和污物特性

表面成分	溶解性	除去的难易程度	
		低温和中温巴氏杀菌	高温巴氏杀菌和超高温
糖	溶于水	容易	发生焦糖化，除去困难
脂肪	不溶于水	用碱困难	发生聚合作用，除去困难
蛋白质	不溶于水	用碱非常困难，用酸稍好些	发生变性作用，除去困难
无机盐	不一定溶于水	大多数盐溶于酸	发生变化不一定，除去难易程度不一定

1. 清洗方法

（1）第一阶段　需清洗表面上的污物沉淀被溶解。

（2）第二阶段　溶解的污物分散到洗涤剂溶液中。

（3）第三阶段　将这些污物保持其分散状态，以防止再沉积到表面上。

2. 乳品工业的清洗剂性能

（1）具有从设备表面除去有机物质的能力。

（2）具有高度的润湿能力，能使清洗剂渗透沉淀污物的内部，这样就能更快和更有效地起作用。

（3）能把沉淀物分解成小颗粒并使其保持分散状态，这样就不会再沉淀。

（4）具有溶解设备表面上钙盐沉淀物的能力。

（5）具有把钙盐保留在溶液中的能力，这样在清洗后就不会留下水垢沉淀。

（6）具有高度的杀菌效果，以保证清洗剂和清洗设备的充分消毒。

（7）具有中等产泡能力，因为在循环清洗系统中使用的清洗剂应是低泡型的。无腐蚀性，即不会损害设备表面；符合污染控制和安全要求。

但是没有一种化学物质兼备上述全部性能，因此，商品清洗剂往往是几种化学药品的混合物。其中每一种都在最终混合物中起一项或者几项作用。

清洗剂的浓度，一般根据该清洗剂在适当的温度下达到最佳效果所必需的浓度。但同样的清洗剂，对于手工清洗和机械自动清洗，其浓度是截然不同的，后者较前者要高得多，当然均应控制在对设备不腐蚀的范围内。

（二）清洗剂种类及特性

1. 混合型的碱性清洗剂

这种清洗剂通常含有能溶解和分散钙垢沉淀的碱、多聚磷酸盐、表面活性剂和某种螯合剂。

（1）碱　大多数清洗剂以氢氧化钠为主，因它对有机污物具有良好的溶解作用，在高温下具有良好的乳化性能（把脂肪转化成水溶性的形式），是一种有效的杀菌剂，且价格较低。

（2）多聚磷酸盐　多聚磷酸盐是有效的乳化和分散剂，能软化水，最常用的是三磷酸钠和络合的磷酸盐混合物，其中多聚磷酸盐还具有抑制腐蚀的作用。

（3）表面活性剂（表面活化剂或润湿剂）　表面活性剂有多种，如阴离子型、阳离子型、非离子的两性表面活性剂。阴离子型表面活性剂通常是烷基硫酸盐或烷基磺酸盐；阳离子型表面活性剂主要是季铵盐。阴离子型和非离子型表面活性剂作为清洗剂最适宜，而两性阳离子型产品一般用作消毒剂。

（4）螯合剂　防止沉淀的钙盐和镁盐在清洗剂溶液中形成不溶性化合物。它们能承受高温并能与季铵碱一起使用。现在有几种不同类型的螯合剂，主要根据清洗剂溶液的 pH 来选用。因此，多聚磷酸盐适合作为弱碱性清洗剂的螯合剂，用于手工洗涤。但广泛使用的是乙二胺四乙酸（EDTA）和氮基三乙酸（NTA），也有使用其他化学药品的，包括葡萄糖酸和柠檬酸。

2. 单纯的碱液清洗剂

如果设备的温度能维持在70℃以上（90℃更好），那么也可以使用非混合的碱溶液，例如以氢氧化钠溶液来代替混合的产品。清洗剂充分的湍流状态可保证未溶解的颗粒被冲去，而不是沉积在孔穴中或死角（不流动区）。

我国目前对乳品设备的清洗所采用的清洗剂，多数为单纯的清洗剂，如1%～1.5%氢氧化钠液、1%～1.2%纯碱溶液以及3%～5%小苏打（碳酸氢钠）溶液。

（1）氢氧化钠可分解和溶解蛋白质粒子，在长时间的高温作用下可将脂肪皂化，并把水中决定硬度的离子作为絮状物沉淀出来。氢氧化钠被广泛地应用于与牛乳热处理设备有关的就地清洗中。

（2）小苏打可以调制成很强的碱溶液，在一定程度上能溶解蛋白质，能够使脂肪乳化并降低水的硬度。它腐蚀铝和锡，并刺激人的皮肤。可以买到的苏打灰称为无水苏打（$NaHCO_3$）和含37% $NaHCO_3$ 的洗涤碱（$NaHCO_3 \cdot 10H_2O$），从考虑成本出发，可用2.5份的洗涤碱代替1份苏打灰。

（3）磷酸三钠（$Na_3PO_4 \cdot 12H_2O$）是一种强碱，它能溶解蛋白质，是一种极好的脂肪乳化剂，可使脏污物悬浮并可使硬水形成絮状物沉淀。它对铝和锡具有强腐蚀作用，并对人皮肤有刺激。

（4）水玻璃（硅酸钠或硅酸钾）是若干种水化合物的共同名称。它们的共同之处是具有保护镀锡金属和铝不受强碱清洗剂和氯溶液腐蚀的能力。水玻璃对人皮肤仅有轻微的刺激作用。

硅酸钠（$Na_2SiO_3 \cdot 9H_2O$）是一种较强的碱，以粉状形式出售。它也具有保护铝和镀锡表面不受腐蚀的能力，但在程度上比水玻璃差一些。因此，它常常作为混合的清洗剂和含氯消毒剂的一种成分使用。硅酸钠对人的皮肤仅有轻微的刺激作用。

3. 酸性清洗剂

有些乳制品生产设备，单用碱或碱性混合清洗剂清洗，不能达到最佳效果，尤其是用于热加工的设备。因此，使用酸液作为补充清洗剂，并作为清洗循环的另一组成步骤是十分必要的，因为酸尤其是无机酸，是蛋白质、钙盐和乳石的溶解与软化剂。

对于硬水因受热产生的水垢或碳酸钙与蛋白质结合的沉积物，是用碱性清洗剂所不易除掉的。因此，凡是受热或高温处理的乳制品设备，通常均须在碱性清洗剂处理后，再用酸或酸性清洗剂，进行循环酸洗。有时在碱清洗的前后均用酸洗处理。

最广泛用于乳品业清洗的两种无机酸是硝酸（HNO_3）和磷酸（H_3PO_4）。后者腐蚀性较小，但前者效力较高。清洗液常用的浓度是0.5%～1.5%，该浓度不会腐蚀耐酸不锈钢。

有机酸（乙酸、含氧乙酸、葡糖酸、柠檬酸等）甚至在较高的浓度时，也具有较高的pH，因此，它们对金属的腐蚀作用比稀硝酸溶液还要低得多。它们具有良好的缓冲能力，可用于去除乳石和硬水水垢。它们对人的皮肤仅有轻微的损害作用。

三、清洗杀菌的方法

（一）清洗程序

为达到所要求的清洁度，清洗工作必须严格按照制定的程序进行，包括以下步骤：

1. 回收残留物

生产操作结束时，应从生产线中回收所有产品残留物，一定要留有时间把产品从罐壁和管道中排出。目的是使产品的损失减少至最低限度，便于清洗；同时也可以节约一定的废水处理费用。如在巴氏杀菌器中，清洗前必须用水将乳置换出去。可用压缩空气把管道系统中剩余的乳吹入收集罐内。

2. 预洗

操作结束后，立刻对加工设备进行预洗。否则，牛乳残留将形成干涸物并黏着在设备表面上，更难清洗。如用温水进行预冲洗，乳脂肪残留物极易冲走。应超过 60℃，以免蛋白质凝固。另外预洗必须连续进行，直到从设备中排出的水干净为止。因为任何留在该系统中松散的污物都将增加洗涤剂的消耗量，并降低氯水作消毒剂的作用。如果设备表面上存在干的乳品残留物，可采取浸泡方法，浸泡将使污物松软，从而使清洗更有效。

3. 用清洗剂清洗

（1）清洗剂的浓度 在清洗过程中要检查其浓度，如浓度下降，要用浓清洗剂来补充。检查和补充可用人工或自动化进行。

（2）清洗剂的温度 一般地说，清洗剂溶液的清洗效力是随着温度的上升而增加。然而，混合清洗剂通常有一个使用的最佳温度。所以在清洗循环中应监视其温度，以保证不偏离最佳水平。

（3）机械清洗效果 在手工清洗中，使用硬毛刷以产生所要求的机械清洗效果。在机械清洗管道系统、罐和其他加工设备中，靠清洗剂本身提供机械作用。清洗剂供料泵的能力要比产品泵大，在管道内产生 1.5~3.0m/s 的流速，在这样的流速下，液流高速湍流，在设备的表面上产生良好的洗刷效果。

（4）清洗的持续时间 清洗剂清洗阶段的持续时间，必须仔细计算，以获得最佳的清洗效果。同时要考虑电力、加热、水和人工等项的费用。只用清洗剂溶液冲洗管道系统是不够的，还需达到足够长的循环时间，以溶解污物。所需时间的长短要根据沉积物的厚度（以及清洗剂溶液的温度）来确定。凝结有蛋白质的热交换器板还需用硝酸溶液循环约 20min，而用碱溶液溶解乳罐壁上薄膜时只需 10min。

4. 冲洗

经清洗剂清洗后，设备表面还需用水冲洗足够长的时间，以除去所有清洗剂的微残留量。因为清洗后，任何残留的清洗剂都可以污染牛乳，所以冲洗后设备中各个部分均须彻底排除干净。

常用软化水进行清洗，以免形成钙垢在表面沉淀。因此，钙盐含量高的硬水必须在离子交换器中软化到总硬度在 0.1~0.2mmol/L（5~10mg/L $CaCO_3$）。

经强碱或强酸溶液在高温处理后，设备和管道系统实际是无菌的。此后还需预防系统中停留过夜的残留冲洗水中的细菌生长，这可用酸化冲洗水（pH<5）的办法加以防止。例如，添加磷酸或柠檬酸等，酸性环境能阻止大部分细菌生长。

（二）杀菌

杀菌一般是指杀死那些可能侵染乳制品、并毁坏其质量的微生物。乳品厂中对设备的杀菌通常用 90℃ 的热水来加热设备，或用化学药剂进行处理。如果需杀死全部细菌，设备必须进行灭菌。用酸和碱清洗剂进行杀菌处理，不仅使设备达到物理和化学的清洁度，而且可取得一定的细菌清洁度。细菌清洁度能通过消毒进一步提高，使设备达到无菌状态。在超高温灭菌乳的生产中，必须对设备进行灭菌，即使其表面完全无菌。在清洗过程的各个阶段中，杀菌效果可用表 12-2 说明。

表 12-2　　　　　　　　　　　　清洗过程的各阶段灭菌效果

清洗阶段	效果（以细菌计，个/cm²）
清洗前	1500
用洗涤剂清洗后	60
最后冲洗	10
消毒后	1

乳品加工设备常用杀菌方法为物理杀菌（煮沸、热水、蒸汽）和化学杀菌（氯气、酸、含碘杀菌剂、过氧化氢等）。一般是在早晨生产开始前，对设备进行杀菌。当设备排出全部杀菌溶液后就可以接收牛乳。工作日结束后进行杀菌，应用清水把杀菌剂溶液冲洗干净以防止残留物对金属表面的腐蚀。但是，由于杀菌是为了达到微生物清洁或无菌清洁的标准，所以要根据不同的杀灭对象来选择不同的杀菌方法。表 12-3 中列出了不同杀菌方法所能达到的杀菌效果。

表 12-3　　　　　　　　　　不同杀菌方法所达到的杀菌效果

杀菌方法	所能杀死的微生物						
	霉菌	酵母	革兰氏（+）	革兰氏（-）	芽孢	致病菌	病毒
50~70℃、10min	+	+					
70℃、30min	+	+					
100℃、5min	+	+	+	+		+	+
120℃、20min	+	+	+	+	+	+	+
70%乙醇	+	+	+	+		+	+
碘液，pH<4	+	+	+	+		+	+
氯气（100mg/L）	+	+	+	+		+	+
20%~30%的 H_2O_2、90~95℃	+	+	+	+	+	+	+
季铵盐			+				
酚醛树脂	+	+	+	+		+	+
酚衍生物	+	+	+	+		+	
酸、pH<4			阻止生长				+

1. 物理杀菌

物理杀菌就是通过加热、辐射、照射等物理性的处理手段使微生物致死的过程。乳品工厂中常用的处理手段有蒸汽杀菌、热水杀菌以及紫外线灯杀菌 3 种。

（1）蒸汽杀菌　生产前对罐和管道可用蒸汽杀菌，在冷出口温度至少为 76.6℃ 时喷射 15min 以上，或冷出口温度最低 93.3℃ 时喷射 5min。

（2）热水杀菌　为保证系统所有设备能被彻底加热，对用热水进行杀菌的设备，要求所用热水的温度应在 82.2℃ 以上，并最少要保持 15min 以上。为防设备损坏，杀菌后要逐渐降温。

（3）紫外线灯杀菌　紫外线杀菌法主要用于设备表面及生产环境中空气的杀菌。乳品厂加入原料中的水可用紫外光处理，超高温瞬时灭菌灌装机上方也可用紫外灯杀菌。但紫外灯的高度应设置在有效杀菌范围内，并且灯管要定期更换。

2. 化学法杀菌

化学杀菌剂很多，目前在乳品以及食品加工工业方面，对设备进行杀菌的化学杀菌剂，有如下几种：

（1）酸　用作杀菌的酸有硝酸、盐酸、乳酸、乙酸和苯甲酸等。由于它们对设备有腐蚀作用，其使用浓度一般都控制在 0.1mol/L 以下，实际上酸的浓度，只要达到 0.01mol/L 就能起到 99% 的杀菌作用。乳酸多用浓液熏蒸，也可用 10.0% 的水溶液熏蒸，一般使用量为 0.5mL/m³，浓液熏蒸后，关闭 30min 即可。

例如，要防止就地清洗系统中经洗涤的表面在过夜时的细菌繁殖，一般可使用酸液最后用清水冲洗的方法，将 pH 控制在小于 5。例如，使用添加磷酸或乙酸方法，这种酸性环境能抑制大部分细菌的生长。

一旦消毒过程结束，牛乳加工即可进行。若在生产结束时清洗消毒，要用砂滤水洗涤设备，将消毒液冲净，以免侵蚀金属表面，并使残留的细菌降至最少的程度。

（2）碱性物质　氢氧化钾、氢氧化钠、氨水以及其他碱性物质，均能起到杀菌作用。一般强碱，其使用浓度为 0.1~0.5mol/L 即可。

（3）氧化剂　过氧化氢、高锰酸钾、过氧乙酸、卤素及其他化合物，如次氯酸、次氯酸盐、漂白粉等。一般氧化剂的使用浓度均在 0.1% 以下。根据微生物的种类及设备材料的不同，浓度可以适当调整，如用 1% 的高锰酸钾和 1.1% 的盐酸，可以在 30min 内破坏炭疽的芽孢，而 3.0% 的过氧化氢，需 1h 方可破坏炭疽杆菌的芽孢。

①次氯酸盐：目前，国内对设备、器具的消毒，用得较多的是漂白粉或次氯酸钠。其应用范围如表 12-4 所示。次氯酸钠在水中生成次氯酸（HClO），不稳定的次氯酸立即释放出具有杀菌作用的新生态氧 [O]，其反应式为 HClO = HCl + [O]。次氯酸钠的优点是作用迅速、无泡沫、无矿物质膜形成、杀菌范围广泛、容易配制和控制、经济。但是这种杀菌剂的稳定性受光、热、有机物的影响，而且由于氯散失较快会降低杀菌效果，同时在铁离子含量较高的水中使用次氯酸时会产生锈色沉淀。此外，次氯酸盐与酸混合会产生有毒气体，该气体有刺激性气味并易使皮肤过敏。

表 12-4　　　　　　　　　　　　　次氯酸盐的推荐应用范围及浓度

应用范围	推荐使用浓度/（mg/L）
不锈钢设备	100~200
就地清洗设备杀菌	100
空气喷雾	500~1000
多孔表面	200~2000
加工用水	5~20
墙壁	200~400
不要求冲洗的设备内表面杀菌	<200

氯水也可用作喷射消毒剂，其使用仅可在上班前、下班后对车间的空气进行喷射，其用量为1000mg/kg的溶液每立方米0.4mL。热的含氯溶液绝对不能使用，因为腐蚀性很强，即使是不锈钢也会被腐蚀。此外，当配制浓度过高（超过400mg/kg），而且在软水中又没有迅速进行充分冲洗，就会产生严重的腐蚀结果。

②过氧化物：杀菌用最重要的过氧化物是过氧化氢（双氧水）和过氧乙酸。过氧化氢作用缓慢，虽然有将其用于设备（罐、管道）杀菌的，但更多情况下是将其用作包装材料的杀菌剂，例如，利乐灌装机纸盒成形前的杀菌就是使用的过氧化氢。过氧化氢对细菌和真菌都有杀菌效果，但其需要与杀菌表面的接触时间较长。过氧化氢对孢子的杀伤效果可达100%。稀释后的过氧化氢无腐蚀性且应用范围广泛，用于包装杀菌的过氧化氢浓度一般要求在35%左右，用于设备杀菌的过氧化氢浓度一般控制在1.0%～2.5%。

高浓度的过氧化氢溶液在常温下极易分解成水和氧气而逸出。为了增加其稳定性，延长有效期，通常可在双氧水浓液流中加进乙酸（CH_3COOH）和Cu^{2+}或Fe^{3+}，使之生成一种乙酸络合物。乙酸的加入使溶液的pH降低，从而使双氧水溶液表现得十分稳定。在对设备消毒时，由于加水稀释的缘故使溶液的pH大大上升，Cu、Fe、H从络合物中分解出来，并在冲洗时残留在器械的表面上。而双氧水恢复了杀菌的作用。在产品进入设备前，必须再用无菌水冲洗设备表面，使Cu、Fe、H以及双氧水残留液全部去净。

测定残留的方法：供试乳10mL+五氧化二钒（V_2O_5）硫酸溶液（即9mL H_2O+6mL浓硫酸+1gV_2O_5）10～20滴混合液，若呈现桃色或红色则表示有过氧化氢存在。

过氧乙酸是一种杀菌作用迅速的杀菌剂，有着广泛的应用。过氧乙酸对细菌（包括芽孢）、酵母、霉菌和病毒都有杀菌效果，但是这种有效性与温度有关，并且会由于有机物的干扰很快丧失。过氧乙酸和过氧化氢不产生泡沫，可用于喷雾和管道循环。但是因为它们分别具有较强的腐蚀性和辛辣味，所以不适用于手工清洗程序。

过氧乙酸杀菌液的使用浓度一般为50～750mL/m³。过氧乙酸可用于玻璃瓶、塑料类、橡胶材料的灭菌，但要注意其对有些橡胶材料可能有降解作用。当将过氧乙酸用于不锈钢材料的设备、容器时，水中的氯含量不能超过150mg/L，即便如此，过氧乙酸也不能经常用于马口铁表面、铝、锌和铜制品的杀菌。

③含碘杀菌剂：含碘杀菌剂（iodopher）只在酸性条件下起作用，因此受杀菌环境的pH影响较大。含碘杀菌剂的应用范围和推荐使用浓度如表12-5所示。

表12-5　　　　　　　　　含碘杀菌剂的应用范围及推荐使用浓度

应用范围	推荐使用浓度/（mg/L）
瓷砖墙	25
传送带	25
手杀菌	25
高铁离子水	25
就地清洗设备杀菌	25
不锈钢设备	25
无要求冲洗的设备表面	<25

碘杀菌剂具有对微生物作用范围广泛、迅速、使用过程中渗透性好、容易配制、容易控制和有效期长的特点。特别是在有机物存在时，杀菌作用效果比次氯酸盐强。碘杀菌剂稀释时基本无毒，也不受水的硬度影响，它对皮肤无刺激性，对设备表面一般不染色（但对塑料可能出现染色现象）。当加入酸时，碘杀菌剂还有助于防止矿物质膜的形成。当温度高于46℃时，由于碘挥发逸出，碘杀菌剂的杀菌效果将会降低，而且会产生有刺激性的碘的味道。

④季铵盐化合物：季铵盐化合物是由 4 个有机基团与氮原子连接而成的阳性大分子，季铵盐杀菌活力取决于附在氮原子上的烷基链的长度和结构。常用季铵盐包括二辛基二甲基溴化铵、十二烷基二甲基苯氯化铵。

在正常使用浓度下，季铵盐一般会产生高泡沫且具有轻微润湿性和清洗特性。季铵盐杀菌作用的 pH 范围宽，且不受有机物的影响。另外，季铵盐杀菌剂的保质期长、渗透性好，易于配制和控制，对大部分金属无腐蚀性。季铵盐作用于绝大多数细菌，但对革兰氏阴性菌有选择性或作用缓慢。季铵盐能与洗剂的残留物反应形成一层白膜，在就地清洗系统中起泡。有关季铵盐的应用范围和推荐使用浓度如表 12-6 所示。

表 12-6　　　　　　　　　　季铵盐的应用范围和推荐使用浓度

应用范围	推荐使用浓度/（mg/L）
不要求冲洗的设备表面	≤200
设备杀菌	200
地面和地漏消毒	400~800
用于墙壁和天花板霉菌的控制	2000~5000

必须强调的是，在发酵乳生产设备中最好不要使用季铵盐来杀菌，因为它能黏附于不锈钢设备表面，从而可能会导致发酵失败，造成严重的经济损失。

（4）酸杀菌剂　酸杀菌剂是特殊的阴离子表面活性剂与磷酸或柠檬酸的混合物，其保质期较长，性质稳定，而且能防止矿物质膜的形成。但是，这类杀菌剂对软质金属具有腐蚀作用。虽然酸杀菌剂根据所用的表面活性剂的不同，其起泡性的高低会有所不同，但在就地清洗系统中易起泡始终是其使用缺陷之一。酸杀菌剂对细菌营养体细胞有杀菌效果，对酵母、霉菌的杀菌效果较差，而对芽孢不起作用。酸杀菌剂的杀菌效果对酸度的要求较为严格，当 pH 维持在 2 时，才会取得良好的杀菌效果，有机物、碱液、水的硬度的存在也能降低酸杀菌剂杀菌的有效性。

酸杀菌剂主要用于酸冲洗或杀菌并防止矿物质膜形成的情况下，具体使用浓度一般应遵照供应商推荐的要求。

（5）乙醇　纯的乙醇一般是不具杀菌性的，然而当加入水之后，该混合液就表现出显著的杀菌能力，其最大的杀菌效能在 70% 质量浓度（77% 体积浓度）。所以我们平常用来消毒的酒精，多用 75% 的体积浓度。

（三）影响抑菌效果的因素

1. 浓度

一般来说，提高杀菌剂浓度会增加杀菌效果。但浓度不能无限制地提高，特别是对与乳品接触的表面进行杀菌时，应注意控制所用杀菌剂浓度不能超过可冲洗浓度的标准，否则残留液将会污染产品。

对于次氯酸盐来说，随着使用浓度的增加，杀菌液的 pH 会增高。当 pH 超过 8.5 时，其杀菌效果将会下降；而当 pH 达到 10 时，它将不再具备杀菌作用。此外，高浓度氯对包括不锈钢在内的金属具有腐蚀性，并会导致橡胶垫损坏的同时，还增加了对员工的危害性，并将可能影响产品的味道。

2. pH

pH 是影响杀菌效果的主要因素。一般说来，随着 pH 的增高，杀菌效果将会减弱。具体来说当 pH<5.0 时，氯溶液会变得极不稳定，并生成氯气，从而造成对员工的极大危害和对设备的严重腐蚀；当 pH>5.0 时，含碘杀菌剂将失去作用，其最佳的 pH 范围是 4.0~4.5。季铵类化合物呈中性，与其他杀菌剂相比受 pH 影响较小，但此类化合物还是在弱碱性条件下（pH 7~9）的杀菌作用最强。酸性杀菌剂在酸性环境下作用时，其最佳有效 pH 范围是 2~4，而在 pH>4.5 时失效。水的硬度会对杀菌剂的 pH 及清洗效果造成不利影响，含碘杀菌剂和酸性阴离子杀菌剂对此特别敏感，而次氯酸盐、大部分季铵盐在较硬的水中仍有效。

3. 作用时间

随着杀菌剂作用时间的增加，所得到的杀菌效果也会增强。有研究表明，配比正确的杀菌剂与被杀菌表面充分接触 30s 后，能使大肠杆菌和金黄色葡萄球菌减少 99.999%。而在实际操作时，为确保杀菌效果，杀菌剂的作用（接触）时间一般不应低于 2min。

4. 温度

一般来说，温度的升高会增加杀菌效果。但是，由于氯和碘杀菌剂具挥发性，它们会随着温度的升高而逸出，所以建议在常温的水中使用。碘杀菌剂的最高使用温度不应超过 43.3℃，氯杀菌剂不超过 48.8℃。对于季铵盐和酸杀菌剂来说，在温度不超过 54.4℃ 时，它们会随温度的升高表现出高的杀菌效果；而当温度低于 15.5℃ 时，杀菌效果降低。

5. 有机物

良好的清洗是有效杀菌的第一步。需要的杀菌设备表面必须是清洁的，否则脂肪的残留会对微生物产生很好的保护作用，从而无法达到杀菌的目的。这点对氯、碘杀菌剂的杀菌更为重要。

第二节 就地清洗

一、就地清洗的必要性

我国许多乳品厂中，过去都是利用橡皮水管，用人工洗刷乳缸、乳桶等，对管道和加工设备，多采用手工洗刷。这种洗涤方法，不但花费大量的时间和金钱，而且往往达不到微生物清洁的效果。20 世纪 80 年代以后，设备的清洗工作被机械所代替，特别是对板式换热器及输乳管道的清洗，在许多乳品厂均采用自动就地清洗。把对设备（罐体、管道、泵等）及整个生产线在无须人工拆开或打开的前提下，在闭合的回路中进行清洗的技术称为就地清洗（cleaning in place，CIP）。就地清洗的清洗过程是在增加了湍动性和流速的条件下，对设备表面的喷淋或在管路中的循环。

该方法主要适用于管道、热交换器、泵、阀门、分离机等内部的流体。清洗大罐时，是在罐的顶部装置一个清洗喷射装置，清洗剂溶液由上沿罐壁靠其重力流下。虽然这种机械洗刷效果可以通过特殊设计的喷嘴（图12-2）取得一定程度的提高，但需用大量的洗涤液进行循环才可达到良好的效果。

图12-2　罐清洗的喷头

喷头由装在同一管子上的两个旋转喷嘴组成，一个在水平方向另一个在垂直方向上旋转，旋转是由向后弯曲的喷嘴在喷射作用下产生的。

但是当接触食品的表面不能用就地清洗循环清洗时，就需要人工清洗。通常重复就地清洗程序，用清洗剂和专用刷子进行清洗、漂洗、重新装配和消毒（用蒸汽加热到85℃，保持15min；或用含20~100mg/kg有效氯的氯水喷淋）。任何情况下，都必须明确每一个清洗步骤及其标准。与手工清洗相比，就地清洗具有以下优点：安全可靠，设备无须拆卸；按程序安排步骤进行，有效减少人为失误；清洗成本降低，水、清洗剂、杀菌剂及蒸汽的耗量少。

二、清洗要求及程序的设定

乳品厂的就地清洗程序根据要清洗的线路中是否包含受热表面而不同，可将其分为：用于巴氏杀菌器和其他带受热面设备的就地清洗程序，和用于管路系统、罐和其他不带受热面设备的就地清洗程序。

（一）清洗的基本要求

适合进行就地清洗的设备应具备一定的条件。若一套设备或一套生产流程希望采用同一回路的就地清洗，则其应具备以下三个条件：

1. 在设备（或管路）表面所残留的沉积物应是以乳为主的物料。
2. 待清洗设备的表面必须是同种材料制成，至少也应能与同种洗涤消毒剂相容的材料。
3. 整个回路的所有零件，要能同时进行清洗、消毒。

作为一个整体的乳品厂设备，为了清洗的目的，必须分成许多回路，以便根据需要在不同时间进行清洗。

（二）就地清洗的程序

乳品加工就地清洗程序分为两种，第一种是用于由管道系统、乳缸及其无受热面加工设备所组成回路的就地清洗程序；第二种是用于就地清洗系统中有巴氏杀菌器及其他有受热面的设备回路的就地清洗程序。这两种系统主要的不同点，就是后者必须有一个酸洗循环的程序，以除去热处理后残留在设备表面的凝固蛋白质和钙盐沉淀物。选择哪种就地清洗程序，取决于待清洗的回路中，是否有加热过的表面。下面介绍几种主要的就地清洗程序。

1. 常规就地清洗程序

（1）冷水预冲洗　除去留在管路中的物料，通常是回收利用上一个清洗循环的最后一道冲洗用水。

（2）碱性清洗剂循环　操作条件根据清洗任务而定，最典型的要求是循环 20min、水温 60℃、流速 1.6m/s。注意从清洗液流回就地清洗贮罐时开始计时。

（3）饮用水循环。

（4）消毒剂循环（如 100mg/kg 的有效氯）或热水循环（85℃、15min）。

（5）最后用冷水（饮用水）冲洗。

应该注意的是，设备的一些部件（如旋塞阀）在就地清洗循环中清洗效果不佳，这些部件应采用人工清洗，并在碱性清洗剂循环前进行更换。

2. 冷管路及其设备的清洗程序

乳品生产中的冷管路主要包括收乳管线、原料乳贮存罐等设备。牛乳在这类设备和连接管路中由于没有受到热处理，所以相对结垢较少。因此，建议的清洗程序如下：先用水冲洗 3~5min，而后用 75~80℃ 热碱性清洗剂（氢氧化钠溶液浓度为 0.8%~1.2%）循环 10~15min，再用水冲洗 3~5min。建议每周用 65~70℃ 的酸液（如浓度为 0.8%~1.0% 的硝酸溶液）循环一次，水清洗。用 90~95℃ 热水消毒 5min，逐步冷却 10min（贮乳罐一般不需要冷却）。

3. 热管路及其设备的清洗程序

乳品生产中，由于各段热管路生产工艺目的的不同，牛乳在相应的设备和连接管路中的受热程度也就有所不同，所以要根据具体结垢情况，选择有效的清洗程序。

（1）受热设备的清洗　受热设备是指混料罐、发酵罐以及受热管道等。其过程为：用水预冲洗 5~8min，而后用 75~80℃ 热碱性清洗剂循环 15~20min（如浓度为 1.2%~1.5% 的氢氧化钠溶液），再用水冲洗 5~8min。用 65~70℃ 酸性清洗剂循环 15~20min（如浓度为 0.8%~1.0% 的硝酸或 2.0% 的磷酸），用水冲洗 5min。生产前一般用 90℃ 热水循环 15~20min，以便对管路进行杀菌。

（2）巴氏杀菌系统的清洗程序　对巴氏杀菌设备及其管路清洗程序与受热设备相同，但可免去最后一步即生产前用 90℃ 热水循环 15~20min 杀菌。

（3）超高温瞬时灭菌系统的正常清洗程序　超高温瞬时灭菌系统的正常清洗相对于其他热管路的清洗来说要复杂和困难。超高温瞬时灭菌系统的清洗程序与产品类型、加工系统工艺参数、原材料的质量、设备的类型等有很大的关系。针对我国现有的生产工艺条件，为达到良好的清洁效果，板式超高温瞬时灭菌系统可采取以下的清洗程序：①用清水冲洗 15min；②用生产温度下的热碱性清洗剂循环 10~15min（如 137℃、浓度为 2%~2.5% 的氢氧化钠溶液）；③用清水冲洗至中性，pH 7；④用 80℃ 的酸性清洗剂循环 10~15min（如浓度为 1%~1.5% 的硝酸溶液）；⑤用清水冲洗至中性；⑥用 85℃ 的碱性洗涤剂循环 10~15min（如浓度为 2%~2.5% 的氢氧化钠溶液）；⑦用清水冲洗至中性，pH 7。

对于管式超高温瞬时灭菌系统，则可采用以下的清洗程序：①用清水冲洗 10min；②用生产温度下的热碱性清洗剂循环 45~55min（如 137℃、浓度为 2%~2.5% 的氢氧化钠溶液）；③用清水冲洗至中性，pH 7；④用 105℃ 的酸性清洗剂循环 30~35min（如浓度为 1%~1.5% 的硝酸溶液）；⑤用清水冲洗至中性。

（4）超高温瞬时灭菌系统的中间清洗　超高温瞬时灭菌生产过程中除了以上的正常清洗程序外，还经常使用中间清洗（aseptic intermediate cleaning，AIC），中间清洗是指生产过程中在没有失去无菌状态的情况下，对热交换器进行清洗，而后续的灌装可在无菌罐供乳的情况下正常进行的过程。采用这种清洗是为了去除加热面上沉积的脂肪、蛋白质等垢层，降低系统内压力，有效延长运转时间。中间清洗程序如下：①用水顶出管道中的产品；②用碱性清洗剂（如浓度为2%的氢氧化钠溶液）按"正常清洗"状态在管道内循环，但循环时要保持正常的加工流速和温度，以便维持热交换器及其管道内的无菌状态，循环时间一般为10min，但标准是热交换器中的压力下降到设备典型的清洁状况（即水循环时的正常压降）；③当压强降到正常水平时，即认为热交换器已清洗干净。此时用清洁的水替代清洗剂，随后转回产品生产。当加工系统重新建立后，调整至正常的加工温度，热交换器可接回加工的顺流工序而继续正常生产。

三、就地清洗系统的设计

事实上，对于就地清洗系统的大小和复合程序没有限制。在乳品厂中，就地清洗站包括贮存、检测和输送清洗剂至各种就地清洗线路的所有必需的设备。

（一）就地清洗系统设计的依据

乳品厂中的就地清洗站由所有必需的设备组成，这些设备用于贮存、监测及将清洗剂分配到各个就地清洗循环中去，设计取决于下列因素：

（1）总站（中央站）要供应多少个就地清洗子循环，在这些子循环中，有多少是热加工的设备，多少是冷加工的设备？

（2）估计用于清洗、杀菌，部分的和总的蒸汽用量有多少？

（3）被冲洗下来的奶水是否回收，如何处理？

（4）对设备采用哪种消毒方法：化学方法还是物理（蒸汽或热水）方法？

（5）清洗剂使用一次，还是重复使用？

（二）就地清洗系统的种类

就地清洗系统，可分为集中和分散两种。集中清洗型的系统是在乳品厂中建立的一个就地清洗中心站，由该站将清洗水、热的清洗液及热水通过管道网送到各分回路中去，然后将用过的液体，经管道送回中心站的各自贮缸中。用这种方法，清洗剂容易控制到正确的浓度，并重复使用。分散清洗的就地清洗系统，其安装位置接近于被清洗的工艺设备，一般用手工按所需要浓度，配制清洗剂。

当前在我国盛行起来的就地清洗多为分散型的，在加工车间较集中的中小型工厂，宜采用集中的就地清洗系统中心站。在这中心站中，设有供冷水、酸及碱加热的热交换器，水、酸、碱以及被冲出系统的牛乳贮存缸，此外还有用来维持清洗剂浓度的计量设备及用来中和废弃酸碱洗液的贮液缸。这种形式的中心站，通常都是高度自动化的。各个贮液缸里装有高低液位监测电极，清洗剂的循环由用来测量液体导电率或其他方式的传感器来控制相容性，同时也要考虑在清洗剂发挥作用前，不能丧失其杀菌性能。

1. 集中式就地清洗

集中式系统主要用于连接线路相对较短的小型乳品厂，集中式就地清洗的原理如图12-3所示。水和清洗剂溶液从中央站的贮存罐泵至各就地清洗线路。清洗剂溶液和热水在保温罐中保温，通过热交换器达到要求的温度。最终的冲洗水被收集在冲洗水罐中，并作为下次清洗程序中的预洗水。来自第一段冲洗的牛乳和水的混合物被收集在冲洗乳罐中。清洗剂溶液经重复使用变脏后必须排掉，贮存罐也必须进行清洗，再灌入新的溶液。每隔一定时间排空并清洗就地清洗站的水罐也很重要，避免使用污染的冲洗水，而使已经清洗干净的加工线受到污染。

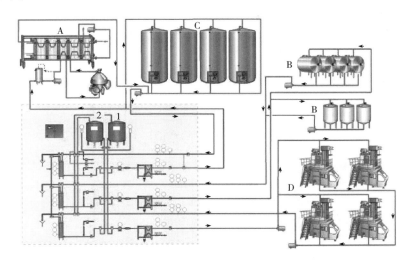

图 12-3　集中式就地清洗的原理

清洗单元（虚线之内的）：1—碱性清洗剂罐　2—酸性清洗剂罐

清洗对象：A—牛乳处理　B—罐组　C—乳仓　D—灌装机

图 12-4 所示为中央就地清洗站的例子。这种类型的清洗站通常自动化程度很高，各个罐都配有高、低液位监测电极。清洗溶液的回流情况可通过导电传感器来控制。导电率通常与乳品厂中使用的清洗剂浓度呈比例，用水冲洗的过程中，清洗剂溶液的浓度越来越低。低到预设的值时，转向阀将液体排掉，而不返回清洗剂罐。就地清洗的程序由定时器控制，大型的就地清洗站可以配备多用罐，以提供必要的容量。

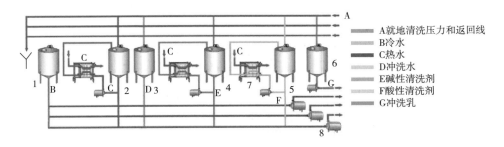

A就地清洗压力和返回线
B冷水
C热水
D冲洗水
E碱性清洗剂
F酸性清洗剂
G冲洗乳

图 12-4　普通的中央就地清洗站的设计

1—冷水罐　2—热水罐　3—冲洗水罐　4—碱性洗涤剂罐

5—酸性洗涤剂罐　6—冲洗乳罐　7—用于加热的板式热交换器　8—就地清洗压力泵

2. 分散式就地清洗

大型的乳品厂由于集中安装的就地清洗站和周围的就地清洗线路之间距离太长，所以比较适合安装分散式就地清洗。图 12-5 所示为分散式就地清洗系统的原理，也称卫星式就地清洗系统。从图中可以看出大型的就地清洗站被一些分散在各组加工设备附近的小型装置所取代。其中仍有一个供碱液和酸性清洗剂贮存的中心站。碱性清洗剂和酸性清洗剂通过主管道分别地被派送到各个就地清洗装置中，冲洗水的供应和加热（酸性清洗剂的供给及加热）则在卫生站就地安排，图12-6是带有两条清洗线路，并装有两个循环罐和两个与清洗剂和冲洗水回收罐相连的浓洗涤剂计量泵的分散式系统的就地清洗装置。根据仔细测量，用最少液量来完成各阶段的清洗程序，即液体够装满被清洗的线路。运用一台大功率循环泵，使清洗剂高速流过线路。

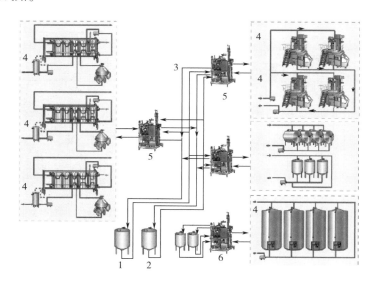

图 12-5 卫星式就地清洗系统

1—碱性清洗剂贮罐 2—酸性清洗剂贮罐 3—清洗剂的环线 4—被清洗对象

5—卫星式就地清洗单元 6—带有自己清洗剂贮罐的分散式就地清洗

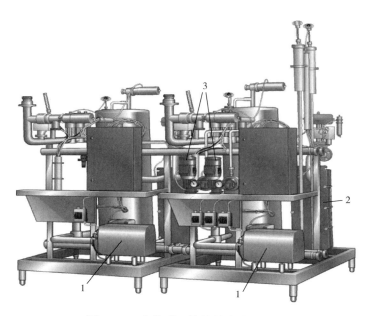

图 12-6 分散式系统的就地清洗装置

1—压力泵 2—热交换器 3—计量泵

只用少量清洗剂循环的原则有许多优点，水和蒸汽的消耗量无论瞬时的还是总的都会大大降低。第一次冲洗获得的残留牛乳浓度高，因此处理容易，蒸发费用低。分散式就地清洗比使用大量液体的集中式就地清洗对废水系统的压力要小。一次性使用清洗剂的概念与分散的就地清洗一起应用，违背了集中系统中循环清洗剂的标准作业。一次性使用的概念是根据假定清洗剂的成分对一给定的线路是最合适的，在使用一次后就认为该溶液已经失去效用。虽然在某些情况下，可以在下一程序中用作预冲溶液，但主要的效用是在首次使用上。

四、清洗效果的检验评估

清洗效果的检验应认为是清洗作业的一个十分重要的部分。它有两种形式：肉眼检查和细菌监测。由于自动化的发展，现代的加工线中肉眼检查是很难达到目的的，必须由集中在加工线上的若干关键点，以严格的细菌监测来代替。就地清洗的结果一般用培养大肠杆菌来检查，其标准为每 $100cm^2$ 少于 1 个大肠杆菌。如果细菌数多于这个标准，清洗结果就不合格。这些试验可以在就地清洗程序完成后，在设备的工作面上进行。对罐和管道系统中可应用此种试验，特别是当产品中检查出过多的细菌数目时进行。通常是从第一批冲洗水或从清洗后第一批通过该线的产品中取样。

为了实现生产过程的全面质量控制，所有产品必须从它们的包装材料开始就进行细菌学检验。完整的质量控制，除对大肠杆菌进行检查外，还包括细菌总数的检查和感官控制（品尝味道）。

（一）清洗效果检验评估的意义

清洗效果的检验是清洗作业的一个十分重要的部分，定期对清洗效果进行评估检验具有重要的意义：

（1）经济清洗，控制费用。

（2）对可能出现的产品失败提前预警，把问题处理在事故之前。

（3）长期、稳定、合格的清洗结果是生产高质量产品的保证。

（二）评估过程

1. 设定标准

若使评估结果有意义，必须依据一定的标准。基本要求为：

（1）气味适当　清洗过的设备应有清新的气味。

（2）设备的视觉外观　不锈钢罐、管道、阀门等表面应光亮，无积水，表面无膜，无乳垢和其他异物（如沙砾或粉状堆积物）。

（3）无微生物污染　设备清洗后达到绝对无菌是不可能的，但越接近无菌越好。

2. 检测方法

（1）评估频率

①乳槽车：送到乳品厂的乳接收前和乳槽车经就地清洗后。

②贮存罐（生乳罐、半成品罐、成品罐等）：一般每周检查 1 次。

③板式热交换器：一般每月检查 1 次，或按供应商要求检查。

④净乳机、均质机、泵类也应检查维修时：如怀疑有卫生问题，应立即拆开检查。

⑤灌装机：对于手工清洗的部件，清洗后安装前一定要仔细检查并避免安装时再污染。

（2）产品检测

①取样人员的手应清洁、干燥，取样容器应是无菌的，取样也应在无菌条件下进行。

②原料乳应通过检测外观、滴定酸度、风味来判断是否被清洗剂污染。

③对热处理的产品的检测：刚刚热处理开始的产品应取样进行大肠菌群的检查。取样点应包括巴氏杀菌器冷却出口、成品乳罐、灌装的第一杯（包）产品。

④对包装产品的检测：灌装机是很重要的潜在污染源。因为大部分灌装机或多或少的会有手工清洗部分，清洗后再安装时会被再污染。清洗后灌装的第一杯（袋）产品应进行大肠菌群检查，结果应呈阴性。

对无菌产品而言，灌装机清洗后，生产前还有一套杀菌程序。通常检测第一包产品的杂菌数，一般在十几个。

⑤涂抹实验：设备清洗后外观检查只是一方面，如能配以定期的涂抹检查就能更彻底地了解设备清洗后的微生物状况。涂抹地点一般为最易出问题的地方，涂抹面积为（10×10）cm^2。清洗后涂抹检验的理想结果如表 12-7 所示。

表 12-7　　　　　　　　　　　　　涂抹检验的理想结果

检验项目	理想结果/（CFU/100cm^2）
细菌总数	<100
大肠菌群	<1
酵母菌	<1
霉菌	<1

⑥最后冲洗试验：即清洗后通过取罐中或管道中残留水来进行微生物的检测，从而判断清洗效果。理想结果为：细菌总数<100CFU/mL 或者与最后冲洗冷水的细菌数一样多，或<3CFU/mL（若水来自热水杀菌或冷凝水）；大肠菌群<1CFU/mL。

3. 记录并报告检测结果

化验室对每一次检验结果都要有详细的记录，遇到有问题的情况时应及时将信息反馈给相关部门。

4. 采取行动

发现清洗问题后应尽快采取措施，跟踪检查是必要的。同时也建议生产和品控人员定期总结，及时发现问题，防微杜渐，把问题解决在萌芽状态。

第三节　乳品设备的杀菌

乳品设备要达到一定的卫生程度即细菌学的洁净，就必须有一个较为严密的消毒过程。无论碱性的或是酸性的清洗剂，一般均具有一定的杀菌能力，往往在清洗过程中，已经实现了消毒的过程。但在不实行就地清洗的手工清洗中，清洗剂洗擦过的设备的内表面，在用清水冲刷中，常常又重新受到污染。有时即使采用就地清洗的方法，但因最后清洗的水不洁（含有较多的细菌）或是洗涤后的设备内部积水，使微生物获得繁殖的机会。最好是清洗后的设备要进行杀菌，并保持设备的干燥。除了工作结束后的洗涤和杀菌外，工作开始时的杀菌，也很重要。

在牛乳开始循环前，必须对全部设备进行一次杀菌，一般采用90℃以上的热水循环杀菌10min以上。在消毒完毕后，对用于加热的设备可在排完热水后即进入牛乳加工；而对冷却后熟乳的贮存缸，应用杀菌后的冷水进行喷洒冷却后，方能投入使用。

一般的化学杀菌剂都用于下班后的洗涤消毒工作中。但是也有乳品厂在开始工作前使用100mg/kg的有效氯溶液进行杀菌。下面介绍几种基本的乳品设备的具体洗涤消毒过程。

（一）乳桶

一般洗涤消毒乳桶，要经过下列几道工序：

（1）预冲洗（清水）40~60℃；

（2）热洗涤（清洗剂溶液）60~72℃；

（3）热冲洗（清水）85~95℃；

（4）蒸汽喷射；

（5）60℃以上热风吹干。

（二）贮乳缸

1. 蒸汽杀菌法

（1）用冷水将缸冲洗清洁；

（2）用0.25%碳酸钠溶液洗涤，温度控制在40~50℃，喷洒于缸内壁约10min；

（3）通过喷嘴喷射清水，除净清洗剂；

（4）通入蒸汽（20~30min）直到冷凝水出口温度达85℃，然后放尽冷凝水，并依赖自然冷却到常温。

2. 热水杀菌法

按上述程序，经过（1）、（2）、（3）三道工序之后，可注满85℃热水保持10min杀菌。此法杀菌虽较彻底，但热耗大，仅适用小型乳缸。

3. 次氯酸钠杀菌法

贮乳缸经过清洗洁净后，用250~300mg/kg的有效氯（其中含0.25%碳酸钠）溶液喷射缸壁。可采用循环喷射法，使缸壁均匀涂布上次氯酸钠溶液，然后保持15min。最理想的杀菌法是采用雾化装置进行雾熏。

当喷射消毒结束后，可用杀菌冷水，或用5~10mg/kg的氯水冲洗缸壁。该方法对表面消毒效果是很好的，但对缸内搅拌机、轴等死角，不易达到彻底消毒，在使用时，应特别注意。

（三）管路

如果采用就地清洗，可按前述程序进行。

玻璃管路的清洗，一般的程序是清水喷射冲洗之后用热清洗剂溶液喷射，随后用六偏磷酸钠溶液喷洗，最后清水冲洗，然后用氯水杀菌。

（四）表面冷却器

表面冷却器（俗称为表面式冷排）的清洗消毒方法，参照贮乳缸的清洗程序。

（五）板式热交换器

板式热交换器按其使用条件分为受热设备和非受热设备两种情况。参照本章第二节所提的方法进行清洗、消毒。对受热设备（如板式加热器）所使用的清洗剂为单纯清洗剂（如氢氧化钠）时，其使用浓度在 1.5%~2.0%；为复配型碱性清洗剂时，应按清洗剂厂商所提供的使用说明配制。酸性清洗剂为单纯清洗剂时（如硝酸），其使用浓度在 0.5%~1.0%；使用复配型清洗剂时，则应按使用说明进行配制。对非受热设备，除按前述程序清洗外，还要定期按受热设备进行清洗、消毒。

（六）奶瓶

奶瓶在此仅指瓶装消毒牛乳所使用的玻璃瓶。当使用单端（或双端）洗瓶机清洗奶瓶时，清洗程序如下：

（1）进行预浸泡及预冲洗，水温在 30~35℃。

（2）用 60~63℃、浓度为 0.5%~1.0%的碱液（氢氧化钠）进行浸入式或喷淋式洗涤。洗涤时间视奶瓶的洁净程度而调整，一般不少于 3min。

（3）温水冲洗　奶瓶自碱洗后用水冲洗掉残留在奶瓶上的碱液，最后用符合标准要求的饮用水（30~35℃）冲洗或用 200~300mg/kg 的有效氯溶液冲洗，经沥干后送出洗瓶机。

第四节　乳品厂废水及处理

乳品厂废水中所含主要成分是以乳固体为主，还有其他各种被稀释的清洗剂和杀菌剂等。这些废水若不经处理就排放到自然界，将严重影响环境污染防治。例如，残留的乳成分蛋白质、脂肪、糖类为微生物提供了养分，促进水中微生物繁殖，消耗水中的溶解氧，厌氧菌繁殖，而分解含硫蛋白质产生硫化氢、硫醇和丁酸等恶臭化合物，从而危害水质。清洗用的清洗剂主要是碱性或中性的洗涤剂及杀菌剂，多含有氯、磷、氮等，会增加水中有机物的含量。因此，乳品厂污水处理、排放及减少水的用量对于减少生产成本、保护生态环境和实现绿色低碳发展是非常必要的。

一、废水中的污物及衡量指标

（一）有机污物

污物浓度最常用的表示方法是单位体积的污水中所含的总物质。分析污水中有机物质的状态和数量的其他或更现代化一些的方法是色谱法，如高效液相色谱法（HPLC）。废水中有机物通常用如下指标表示：

1. 生物需氧量

生物需氧量（BOD）是衡量污水中能发生生物降解的污染物质含量的值。污染物在有氧的情况下被微生物分解（用氧消耗量）。需氧量是指废水中的有机污染物在 20℃条件下，通过微生物分解 5d（BOD5）或 7d（BOD7）所消耗的氧量。生物需氧量（BOD）以 mg/L 或 g/m³ 来表示。下列公式是以城市的污水情况计算的，即

$$BOD7 = 1.15 \times BOD5$$

（12-1）

2. 化学需氧量

化学需氧量（COD）是指废水中能被化学氧化剂氧化的污物数量。用于氧化的试剂通常是指较高温度下的重铬酸钾或高锰酸钾的强酸溶液（以确保完全氧化）。氧化剂的消耗量提供了有机物质含量的依据，它相当于氧气的含量，其结果用 mg/L 或 g/m^3 来表示。

COD/BOD 的值表明了生物降解污物的程度。比值低，如小于 2，表示降解污物相当容易，比值高则表示相反。此关系不能在一般条件下应用，但对于城市污水的 COD/BOD 的典型比值通常小于 2。

在 FIL-IDF 公告 138 号文件中指出，乳品厂废水的 COD/BOD5 的值根据乳品生产的条件、产品的不同类型而异，如液态乳、奶油或干酪比值在 1.16~1.57，平均值为 1.45。而在其他的乳制品的生产，如乳粉、乳清粉、乳糖和酪蛋白中，其比值在 1.67~2.34，平均值为 2.14。

3. 燃烧残值

燃烧残值是指废水中干物质燃烧前后质量变化的百分含量（%），燃烧前后的质量差代表有机物的数量。要得到燃烧残值，首先要确定样品中的干物质含量，然后让其有机物质充分燃烧。

4. 总有机碳

总有机碳（TOC）是测量有机物质含量的另一指标，它是通过测量样品全部氧化所产生的 CO_2 的量来确定的，单位是 mg/L。

（二）无机污物

污水中无机物的成分包括了几乎所有的盐类，在水中以离子状态和浓缩盐的形式存在。污水中的这些盐类通常并不重要。目前，污水处理加工都致力于从污染源头防控氮盐、磷盐及重金属的减少。

氮和磷的化合物非常重要，因为它们中许多是有机物，是藻类的培养基。由于藻类的生长，次生现象得以进行从而生成进一步的有机物质，当这些有机物质分解时，它会比污水中原有的有机物分解所需的氧量高出许多。

二、乳品厂废水种类及废水中污物数量

（一）乳品厂废水种类

乳品厂废水可以分为冷却水、环境卫生废水、生产废水 3 类。

1. 冷却水

冷却水通常不受污染，它直接被排放到雨水管道系统，即从雨水或雪水的排放系统排出。

2. 环境卫生废水

环境卫生废水可先与生产水混合，再排放到污水处理厂或直接排放到污水处理厂。

3. 生产废水

生产废水来自牛乳及其制品的泄漏，以及与牛乳生产直接接触的设备的清洗废水，废水的浓度和组成取决于生产程序、操作方法和生产工厂的设计。

污水处理装置应按照高峰时的有机污物数量来设计处理量。由于脂肪除了有较高的 BOD 以外（脂肪含量 40% 的稀奶油的 BOD5 为 400 000mg/L，而脱脂乳的 BOD5 为 70 000mg/L，

表 12-8），还易黏附在主系统的壁上，由于脂肪上浮，导致沉降罐中出现沉降问题。所以乳品厂应先通过悬浮装置，在废水中充入"分散水"（在 400~600kPa 压力下，往水中充入细小的分散气泡的方法，被称为可溶的空气悬浮液），气泡载着脂肪，迅速上升到表面，根据装置的大小可用人工或机械的方法将其在此处排掉。悬乳装置通常紧挨着乳品厂，废水能连续流过该装置。

　　由于使用酸性和碱性清洗剂对乳品设备进行清洗，所以乳品厂废水的 pH 在 2~12。pH高与低均会影响到微生物的活性，在污水处理的生物处理阶段微生物分解有机污物，并使其生成生物污泥（细胞碎屑）。

　　通常，pH 高于 10 或低于 6.5 的废水不能排入废水处理系统。因为这些废水极易腐蚀管道。所以，用过的洗涤剂通常收集在混合罐中，混合罐通常位于清洗装置附近，在废水被排放前，要测废水的 pH，并进行调整，使其 pH 为 7.0。

表 12-8　　　　　　　　　　　　　一些乳制品的 BOD　　　　　　　　　　　　单位：mg/L

产品	BOD5	BOD7
稀奶油（含脂肪 40%）	400 000	450 000
全脂乳（含脂肪 4%）	120 000	135 000
脱脂乳（含脂肪 0.005%）	7 000	80 000
乳清（含脂肪 0.05%）	40 000	45 000
浓缩乳清（总固形物 60%）	400 000	450 000

（二）减少废水中污染物的数量

　　乳品厂水耗量用每处理 1t 牛乳所用水量（m³）来表示。典型的水/牛乳比值为 2.5∶1，但经严格节约用水，这一比值有可能降至 1∶1。降低乳品厂废水和防止废品非常重要，主要途径如下：

　　1. 原料乳处理过程

　　（1）在收乳过程中，特别是当要排空槽车时，槽车的出口要比收集容器或罐高出至少0.5m，并且连接软管要很好地拉直，以确保槽车能充分排空。

　　（2）所有的管线要确认并做好标记，以防管线接错。管道接错会导致产品的错误混合，以及牛乳泄漏损失。

　　（3）当安装管道时，管道应该有一个经过计算的小斜度，以使管道能自排。另外，管道一定要有管架支撑以防振动，振动将会引起连接部分松动，导致泄漏。

　　（4）所有的贮罐均应安装上液位控制装置以防止溢流，当达到最高允许液位时，供料泵自动停止，仪器报警或者自动阀系统打开将产品转到另一个预选洗罐中。

　　（5）在罐和管道用水冲洗之前，确保管道和罐应是良好排空的。

　　（6）检查连接部分的密封性。如果有空气渗入管道系统，将会引起加热器内受热程度加剧，均质机点蚀问题严重，以及牛乳和稀奶油罐中泡沫增多（这样不易被排空）。

　　2. 产品生产过程

　　（1）干酪生产区域　保证开口的干酪容器牛乳液位与容器边缘的距离应大于 100mm。同时，加强乳清综合利用，开发其商业用途以免作为废弃物排掉。地面上的凝乳应扫到一起作固体废物处理，而不应用水将其冲入地沟。

（2）奶油生产区域　稀奶油和奶油比牛乳更易黏附于设备表面，并会聚集。因此，在奶油生产结束后，所有与产品接触的表面均应该手工刮净。稀奶油和残留的奶油可以用蒸汽和热水将其收集在一个容器中，再作处理分离。

（3）乳粉生产区域　蒸发器应该在尽可能低的液位下操作，以防止过度受热，冷凝水可通过冷却塔作为冷却水循环，或者泵回锅炉以减少污水排放量。散落的干粉应该打扫干净，作为固体废弃物处理。

（4）消毒乳包装区域　一般灌装机带有排水管，将水排到一个或几个容器中。返包产品要将破包后的产品收集在容器中。

三、污水处理

（一）污水处理方法

污水处理方法许多，采取何种处理方法取决于减少污染程度的要求，常用的方法如下：

1. 物理处理

污水处理的初级物理阶段包括滤网格栅、沙子捕集器和初级沉淀池。格栅截留下大的固体物质：塑料、碎布、食物残留物等，这些物质连续地从格栅上刮下，单独处理，通常是填埋。

沙子捕集器是一个池子，大颗粒在这个池子中分离。这个池子是按一定的方法进行设计和操作的，即沙子和其他的重颗粒有时间沉到池底，而脂肪和其他比水轻的杂质能浮到表面。沉积物由泵抽走，漂浮的泡沫由刮板刮除。这些废弃物也同样要单独处理。

空气吹入沙子捕集器，一部分是保持细小的颗粒能悬浮，另一部分是防止腐败菌产生，引起不良气味。

2. 化学处理

化学污水处理，也称为沉降，它的主要目的是要除去磷。城市的污水系统中每人每天排入 2.5~4g 的磷，主要以磷酸盐形式存在。清洗剂约占磷酸含量 30%，其余 70% 主要来自人们的排泄物和食物残渣。

以铁和铝为絮凝剂的化学处理法几乎可以 100% 地除去水中存在的磷，而常规的生物处理方法只能减少磷含量的 20%~30%。

沉降阶段开始于"絮凝池"，在絮凝池中加入絮凝剂，并通过搅拌使之与水充分混合。这就会使不溶的磷酸盐沉淀下来，最初细小的颗粒也逐渐地聚集成大的絮片，大絮片在"预沉淀池"中沉降下来，清液从该池中溢流入用于生物处理的池子中。

在物理和化学相结合的处理方法中，预沉淀是最后一步。水被慢慢地导入一个或多个池中，在此微细的颗粒也像最初的污物一样逐渐地沉入池底。沉降池应配有一个能将沉淀物连续刮入到贮槽的装置和一个将澄清的表层水带走的槽内槽。

3. 生物处理

在化学处理之后，溢流水中残留的有机杂质在微生物的作用下得以分解，例如细菌，它可以消耗掉水中的有机物质。

微生物必须利用氧气来发挥它们的作用，氧气是靠往曝气池中充入空气实现的。微生物连续地再生，形成"活性污泥"。这些污泥可以通过在后沉淀池中的沉淀从水中除去。大部分污泥在曝气池中再循环以保持生物分解过程的进行；过量的污泥可以从这个过程中除去作进一步处理，净化的污水被排入收集器。

可以代替曝气池的有"生物滤池"，生物滤池是一个充满碎石和碎塑料的容器，废水由过滤池顶部通过旋转分配器喷洒下来，慢慢地穿过过滤床，废水通过循环的空气氧化。微生物膜黏附在石头等的表面，将废水中的有机杂质分解。

4. 污泥处理

各个处理阶段的沉积物被收集在一个浓缩罐中，往罐中加入化学药品以便于固体颗粒的进一步聚集。

为了进一步分解有机物质，减少有害物质的生成，最后将沉淀物泵入消化器中，在消化器中厌氧条件下，有机物分解为二氧化碳、沼气和少量的氢气、氨和硫化氢。消化器中的沉积物是均匀的、几乎没有气味的、黑色的物质，它仍有较高的水分含量，达到94%~97%，所以要将其脱水。在离心清浇器中脱水非常有效，它排出的固相部分约占原体积的1/8。

二氧化碳和沼气是消化器中气体的主要成分，它们可以作为加热燃料。脱水的沉积物可以当肥料，或者填埋，或者只是简单当垃圾存放。

（二）乳品厂污水处理

乳品厂污水处理可采用简单的方法，但有效方法是将几种方法相结合。

1. 后沉淀

污水处理的最初形式只是通过物理沉降法简单地除去大团的固体杂质。当这种处理方式不能满足要求时，就用生物处理方法来加以补充以便分解有机物质。当磷的散布带来了一系列问题的时候，许多污水处理厂使用了化学处理方法作为第三阶段处理。后沉淀为传统方法，分为3个处理阶段，即物理处理、生物（微生物）处理和化学处理，该方法有效可靠，但费用相当昂贵。

2. 预沉淀

经验已经证明，如果在第一阶段把化学沉淀与物理沉淀结合起来使用也可以获得同样的效果。这个系统被称为预沉淀。该方法在20世纪80年代开展，为两段处理方法，即在第一阶段化学处理与物理沉降相结合，减少了有机磷的含量达90%，BOD也减少了75%，这就大大减轻了第二阶段生物沉降的负荷。与传统的后沉淀相比，其需要的沉降体积和能量输入均大大减少。

3. 直接沉淀

直接沉淀是一个单段加工过程，只有物理处理和化学处理相结合，像预沉淀处理一样，只是没有微生物处理阶段。

4. 同步沉淀

同步沉淀是两阶段处理，先物理处理而后再用生物处理与化学处理相结合，这种方法不额外增加昂贵的沉降体积，也达到了磷值减小的要求，但与生物和化学方法分别单独处理相比效率较低。

乳制品企业的生产废水成分复杂，且含有部分营养成分，若未及时妥善处理，极易造成有害微生物滋生，带来严重的环境污染问题。在生产过程中，需要从污染源头做好防控，确保乳制品生产企业严格按照国家相关规定，对污水进行无害化处理，推动企业绿色发展，可持续发展。

思考题

1. 清洗时清洗剂溶液的最佳温度是多少？试述清洗剂溶液在清洗中所起的作用以及相对应管路污垢的成分。

2. 试述乳品生产设备的清洗程序。

3. 乳品设备清洗消毒所要达到的清洁程度的表示方法有哪些？

4. 乳品设备与管路的消毒有哪些物理和化学的方法？

5. 试比较中心控制和非中心控制清洗系统之间的优缺点。

6. 乳品设备常见的杀菌方法有哪些？

7. 论述乳品设备消毒效果的影响因素。

8. 试述乳品厂废水处理的方法。

9. 哪些新技术可以应用到乳品厂的"三废"处理中？

第十三章

乳制品生产的质量管理

第一节　乳制品质量管理相关组织

一、国际乳制品质量安全管理相关组织

人们在 20 世纪初就发现，各国同时独立制定各自的食品标准和法规体系，会给食品贸易带来障碍。因此，1903 年，国际乳品联合会（international dairy federation，IDF）成立了，它从事国际乳与乳制品的标准化工作，并成为后来国际食品法典委员会（codex alimentarius commission，CAC）成立的推动力量。

国际乳品联合会是一个独立的、非政治性的、非营利性的民间性国际组织。它代表世界乳品工业参与国际活动。国际乳品联合会最早由比利时组织发起，因此，总部设在比利时的首都布鲁塞尔。其宗旨是通过国际合作和磋商，促进国际乳品领域科学、技术和经济进步。

国际乳品联合会的使命是收集和传播世界范围内科学、技术和经济信息，促进和提高乳和乳制品的贸易、生产和消费，并为重要的专业知识交流和讨论提供平台。国际乳品联合会既是一个讨论和交流的舞台，又是一个乳业信息中心，来自乳业领域并为之服务。通过各成员国的共同参与，增进乳业领域内部交流，同时在乳业领域与其他国际组织的联系上发挥纽带作用。该组织是乳业科技的重要发源地，并影响着该行业的发展。

国际乳品联合会是全球范围有关乳业问题的第一信息源。它致力于联系全球乳业问题的最前沿，及时地为客户提供新兴的、高品质服务，探索、搜集和回答乳业领域急需或关心的问题。利用世界范围内国际乳品联合会乳业专家的不同背景、阅历和知识，来提高乳品加工附加值，提升乳品业形象。国际乳品联合会具有丰富的专业知识，帮助消费者建立对乳品消费的信心。

国际乳品联合会制定乳及乳制品的分析方法、产品和其他方面的标准，并直接参与国际标准化组织（ISO）、国际食品法典委员会（CAC）国际标准的制定工作。国际乳品联合会积极和其他国际组织协作就乳品领域问题开展合作，当前这些合作有：

（1）与国际标准化组织（ISO）一起出版乳和乳制品抽样及分析方法标准；

（2）与联合国粮农组织（FAO）合作制定"乳牛场良好操作规范指南"；

（3）参与联合国粮农组织（FAO）出版制定"乳业发展实事通讯"，并和联合国环境署

开展"乳制品生命周期分析";

（4）与国际食品法典委员会（CAC）、国际兽疫局（OIE）合作开展乳和乳制品出口认证;

（5）参与世界卫生组织（WHO）有关营养和健康方面的活动;

（6）与国际饲料工业联合会（IFIF）、欧洲饲料生产者联合会（FEFAC）合作，探讨动物饲料的最大安全和质量标准的实施要求;

（7）参与国际动物健康联合会（IFAH）有关"抗生素和兽药使用"工作;

（8）就经济合作与发展组织（OECD）提出的"与新的非常规如只能发展相关联的经济、市场和贸易问题"的课题组织开展讨论。

到目前为止，国际乳品联合会共发行标准 189 个，其中有 20 个被替代或合并。现行出版发行的标准共 155 个，其中有 32 个是与 ISO 共同制定发布的，这部分标准由 ISO 负责出版发行，其余的 123 个由国际乳品联合会出版发行。在现行的 155 个国际乳品联合会标准中，乳和乳制品组成成分测定或其他成分检验的方法标准有 129 个，微生物菌落技术方法标准以及其他与微生物检测有关的标准 17 个，抽样方法标准 3 个，产品成分标准 2 个，食品工程方面的标准 4 个。

二、其他国家质量安全机构

（一）我国乳品质量安全管理机构

2010 年 2 月，第一届食品安全国家标准审评委员会审议通过了 66 项乳品安全国家标准，并于 2010 年 3 月 26 日由国家卫生和计划生育委员会批准公布。其中包括乳品产品标准 15 项，生产规范 2 项，检验方法标准 49 项。修订后的新标准提高了乳品安全国家标准的科学性，形成了统一的乳制品安全国家标准体系。基本解决了此前乳品标准中矛盾、重复、交叉和指标设置不科学等问题。

（二）欧盟乳品质量安全管理机构

欧盟拥有目前世界上最为完善的乳品质量安全监管体系。该体系采用政府、企业、科研机构、消费者共同参与，统一管理的监管模式，并依靠和凭借一套系统和完善的乳制品条例和指令，对乳制品实行从"农田到餐桌"的整个生产链的全程监管。

欧盟负责乳品质量安全的管理机构主要由决策机构、执行机构和咨询机构组成，它们在乳制品质量和安全的监督、管理和服务中分别发挥不同的作用。

1. 决策机构

（1）欧洲理事会　欧洲理事会是欧盟的最高权力机构，也是欧盟的决策机构，拥有欧盟绝大部分立法权，理事会根据委员会建议，做出有关欧盟立法和政策的各项重大决策，并根据欧洲联盟条约，负责外交、司法、内政等方面政府间合作事宜。有关食品安全立法主要由欧洲理事会制定。

（2）欧洲议会　欧洲议会也是欧盟的立法机构之一，同时也是监督及咨询机构。它与欧洲理事会共同承担立法职责，根据涉及领域的不同，向理事会提供建议或与理事会共同做出决策。在与食品安全有关的政策领域，欧洲议会也享有立法权。欧洲议会下设的环境、公共健康和食品安全委员会（environment public health and food safety，ENVI）负责食品安全及食品标签事务，制定与消费者健康风险相关的兽医法规，对食品及其生产体系实施公众健康检查，并负责管理欧盟食品安全局和食品与兽医办公室。

2. 执行机构

（1）欧盟委员会　欧盟委员会是欧盟的常设执行机构，向理事会及欧洲议会提出立法、政策及行动计划的建议，负责实施理事会及欧洲议会的决策，处理联盟的日常事务。在食品安全领域，理事会与欧洲议会负责制定框架指令，欧盟委员会则负责制定实施框架指令的相关政策法规，即理事会或欧洲议会批准框架指令后，欧盟委员会制定相关的具体实施指令。作为食品安全立法的重要机构，欧盟委员会被赋予了简化并加速制定食品法规及其程序的权力，因此，欧洲议会、欧盟理事会及欧盟委员会分别承担了不同的立法工作。

欧盟委员会中很多部门都与食品政策及法规有关，但主要机构包括以下几个：内部市场与服务业部；就业、社会事务与公平机会部；农业与农村发展部；健康与消费者保护司。内部市场与服务业部负责食品；就业、社会事务与公平机会部负责食源性疾病；农业与农村发展部负责兽医和植物卫生问题；健康与消费者保护司的主要职责是在欧盟整体水平上制定消费者政策，保护消费者健康并保证食品安全。

（2）食品与兽医办公室　健康与消费者保护司由综合事务部等 6 个部门组成，其中负责食品安全管理的是动物健康和福利部、食物链安全部和食品与兽医办公室（food and veterinary office，FVO），食品与兽医办公室是食品安全的主要执行机构。

1997 年，食品与兽医办公室在爱尔兰成立，负责监督和审查各成员国执行欧盟相关立法的情况及第三国出口到欧盟的食品安全情况，确保欧盟关于食品安全、动植物健康和动物福利方面的法规得到执行和实施。

3. 咨询机构

欧盟食品安全局（European food safety authority，EFSA）是由欧洲议会和欧洲理事会于 2002 年 1 月成立，负责对从农田到餐桌的整个过程实行全程监控，为欧盟委员会及各成员国的法律和政策提供科学依据。EFSA 是欧盟的一个独立性科学机构和法律实体，它独立于欧盟委员会、欧洲议会和欧盟各成员国，也不隶属于欧盟的任何其他机构，资金来源于欧盟预算，为欧盟委员会、欧洲议会和欧盟各成员国的决策提供科学建议和技术依据。

4. 欧盟乳制品法规

欧盟为保障成员国的乳制品安全出台了动植物疾病控制、药物残留控制、食品生产卫生规范、进口食品准入控制、食品的官方监控等一系列相对完善和配套的技术法规，包括条例和指令，用以规范乳制品的生产、加工、流通和消费，均强制执行。

（1）欧盟乳制品生产管理与控制法规　欧盟乳制品生产管理与控制法规充分体现从"农田到餐桌"的管理理念，涵盖食品从业者的食品卫生、食品加工场所、个人、乳畜健康、挤乳间及设备、原料乳、生产加工设备、用水、包装材料和容器、热处理、运输、废弃物、产品标签标识、食品企业官方控制等一系列要求。主要包括（EC）NO 178/2002 食品法规一般原则和要求；（EC）NO 852/2004 食品卫生条例；（EC）NO 853/2004 动物源性食品特定卫生规则；（EC）NO 854/2004 人类消费的动物源性食品官方控制规则。这些法规被称为欧盟"食品卫生新法规"，目前已全部正式生效。

① （EC）NO 178/2002 法规制定了食品法的基本原则和要求以及有关食品安全方面的各种程序，包括可追溯性要求、风险分析原则、食品安全责任以及成立欧洲食品安全局等。

②（EC）NO 852/2004 法规是关于食品卫生的通用规章，适用范围包括初级生产食品卫生要求、食品商业一般卫生要求、危害分析与关键控制点（HACCP）要求、进出口要求等从生产、加工、销售直至最终消费的全过程安全。

③（EC）NO 853/2004 规则是针对动物源性食品的专门性规章，该规章整合了旧的针对特定产品的指令，规定了肉、禽、乳、蛋、水产等动物源产品的食品卫生要求，其中尤其突出了 HACCP 技术体系建设内容。法规中同时规定了原料乳的卫生标准，如菌落总数和体细胞数要求。

④（EC）NO 854/2004 法规是对动物源性食品的政府监管手段、职权划分和操作程序进行规范的法律文件，也是有关机构和人员规范自身工作的指南。

（2）欧盟乳制品限量法规　欧盟对乳制品中食品添加剂、农药、兽药、污染物、真菌毒素、微生物以及放射性物质的限量制定了相应的法规。

①（EC）NO 1881/2006 法规对食品（包括乳制品）中硝酸盐、真菌毒素、重金属、三氯丙醇、二噁英、多环芳烃 6 大类食品污染物做出了最高残留限量要求。

②（EC）NO 396/2005 法规对食品和动植物源性饲料中农药最大残留限量做出了严格限定。

③（EC）NO 2377/1990 法规针对动物源性食品中（包括乳制品）兽药残留制定最大限量。

④（EC）NO 1441/2007 法规对食品中（包括乳制品）的有害微生物限量进行了规定。

⑤（EC）NO 2/1995、（EC）NO 35/1994 和（EC）NO 36/1994 法规则对食品中（包括乳制品）允许使用的食品添加做出使用限定要求；

⑥此外，（EC）NO 3954/1987 对食品中（包括乳制品）的放射性物质，如 Sr-90、I-131、Pu-239、Cs-137 等做出残留规定。

（3）欧盟乳制品产品质量法规　欧盟乳制品产品质量要求主要以欧盟指令的形式发布，涉及酪蛋白及酪蛋白酸盐类（1983/417/EEC）、炼乳及乳粉（2001/114/EC）、婴幼儿配方粉（2006/141/EC）、婴幼儿谷粉（2006/125/EC）等产品，指令内容涵盖水分、脂肪、乳糖、总乳固体等成分要求。

（4）欧盟乳制品包装法规　欧盟目前发布了 5 项指令，用以规范与食品接触的包装材料及容器，包括与食品接触的陶瓷制品的 84/500/EC 指令，规范与食品接触的再生纤维薄膜材料和制品的 93/10/EEC 指令，规范与食品接触的塑料材料和制品的 2002/72/EC 指令，规范与食品接触的含有氯乙烯单体的材料和制品的 78/142/EEC 指令，规范与食品接触的材料和制品中环氧衍生物的指令。

（5）欧盟乳牛饲料管理法规　欧盟现有的关于饲料安全管理的主要法规包括：

①（EC）NO 183/2005 饲料卫生规定，该条例要求从事饲料业者必须有义务保障饲料的卫生与可追溯性，并且对饲料企业的注册和审批做出明确规定。它适用于所有的饲料商业运营者，从饲料的初级生产到上市销售，包括从第三国进口以及食品动物的饲养。

②（EC）NO 1831/2003 规定了饲料中添加剂的使用，其目标是为动物饲料添加剂的批准上市销售和使用建立标准化程序，同时制定这些物质的标签和监督规则，并由条例（EC）NO 378/2005 进行修订。

③（EC）NO 32/2002 对动物饲料中有害物质进行了规定，这些有害物质包括砷、铅、

汞、滴滴涕、二噁英和一些有害植物。

④（EC）NO 25/1996 制定了关于饲料流通的法规，其目的是协调饲料原料的使用和流通。

5. 欧盟乳制品标准

欧盟乳制品标准主要由欧洲标准化委员会（European committee for standardization，CEN）制定和发布，在欧盟成员国范围内推荐使用。CEN 是以西欧国家为主体、由国家标准化机构组成的非营利性标准化机构，成立于 1961 年，总部设在比利时布鲁塞尔。通常所说的欧盟标准是指欧盟层面上的欧洲标准，由 CEN 制定和管理，而各欧盟国家的国家标准则由各个国家的标准化机构自行制定和管理，但受欧盟标准化方针政策和战略所约束。

目前 CEN 共有 287 个技术委员会（technical committees，TC）开展工作，其中 TC 302 牛乳和乳制其中 TC 302 牛乳和乳制品取样和分析方法技术委员会负责制定欧盟乳制品专用标准。涉及抽样方法、氮含量、水分含量、冰点、脂肪含量、总乳固体、碱性磷酸酶、体细胞数等指标的检测。

（三）新西兰乳品质量安全管理机构

新西兰作为全球知名的百年乳品强国，为全世界提供 70% 的婴幼儿配方乳粉原料，其世界乳品贸易额占比位居第一，这不仅得益于新西兰得天独厚的自然优势，更重要的是从产地–乳牛–生产等全产业链的严格监管机制。新西兰制的乳制品质量监管制度被看作是世界上最为严格和健全的管理制度。

新西兰的食品监管模式发展于 HACCP 等食品工业的自我管理体系。2007 年，新西兰食品安全局（New Zealand Food safety authority，NZFSA），现在的新西兰初级产业部（ministry for primary industries，MPI），率先发起了自审模式。该审查致力于提出一个新的国内食品监管机制，同时检验现行模式运行十几年的过程中是如何将理论变成实践。新西兰食品安全局负责考察该模式是否适用，包括其对新的食品监管机制。

该监管模式起初被称为最优监管模式（optimal regulatory model，ORM），发展于 20 世纪 90 年代末。它最主要的特点是关于食品安全，政府从命令和控制到干预的转变。这意味着政府不仅要负责政策的制定和实施，还要确保产品的安全性。

1. 新西兰乳制品质量安全法规

（1）食品法 《食品法 1981》是一部基础性的法案，由议会投票生效，是新西兰用于管理食品在生产、销售过程中安全性的重要法案之一。该法案包括《食品卫生法规 1974》《食品（安全）规章 2002》《食品（费用）规定 1997》三个法规。还包含与食品组分相关的标准，如可能出现的污染物或残留物的最大限量、可能或一定含有的添加剂或其他物质的最大或最小限量、微生物指标及进口产品标准。

（2）动物产品法 《动物产品法 1999》也是一部基础性的法案，该法第三部分：监管控制方案的乳品配额产品的出口、乳品工业国家残留监控计划；第四部分：动物产品标准和规范的乳品加工、不符合要求的乳品原料和产品的处置、生乳制品的规定等。

2. 澳新食品标准法

澳大利亚和新西兰政府在食品安全问题上建立的重要合作之一就是成立了澳新食品标准局，并制定了《澳新食品标准法》。《澳新食品标准法》分为常规食品标准、食品产品标准、食品安全标准和初级生产标准四章，其中后两章食品安全标准和初级生产标准仅用于澳大利亚。与乳制品相关的是第二章食品产品标准中的第五节乳制品，它将乳制品分成乳、奶油、发酵乳制品、干酪、奶油、冰淇淋及乳粉和浓缩乳7类，并分别对其定义、组成、生产过程中添加的成分及特定物质限量等进行了详细规定。

3. 新西兰乳制品的监督和检测

（1）乳制品的监督　根据《动物产品法1999》，所有乳制品必须安全并满足预期使用目的，而食品安全风险管理主要是由"风险管理计划""监管控制方案""出口控制"及《动物产品法1999》中的相关法规等一系列措施来完成的。食品安全风险管理的措施还包括国家化学污染物项目，它涉及乳及乳制品中可能含有的一系列农业化合物和兽医药物，独立验证计划IVP，它负责证实商业检测的准确性。

（2）乳制品的检测　乳制品的检测由新西兰初级产业部认可的实验室承担，来证实被检测的乳制品满足新西兰最基本的食品安全要求和海外市场准入要求。乳制品的检测需要由恰当类型的实验室来完成，乳制品检测的实验室有两类，一类是负责检测用于国内外市场的乳制品及其原料是否安全、有益健康、符合相应标准和标签的真实性及海外市场准入的要求等；另一类是负责检测用于国内市场的乳品原料包括生乳，是否安全、有益健康、符合相应标准和标签的真实性等及企业内部质量控制的风险管理计划和良好操作规范。

新西兰乳制品监管模式及其相关法规标准概况体现了其法制健全、职责分明、协调配合、全产业链的乳制品监管特点。新西兰制定了一整套严格、健全的乳制品法律、法规和标准，使得乳制品在整个产业链内的各个环节均有章可循、有法可依。由新西兰初级产业部一家机构全权负责国内及进出口乳制品的质量安全监管，规避了部门职责交差而导致的监管效能低下等问题，有效地保证了新西兰乳制品的质量和安全。公平、合理、有效的第三方检测得到了乳牛养殖企业和乳品加工企业双方的共同认可，保障了原料乳质量及双方的经济利益，从而保障了乳业的健康和可持续发展。

（四）澳大利亚乳品质量安全管理机构

澳大利亚采取两级协同监管模式，联邦政府发挥宏观层面引导作用，主要负责制定和颁布相关政策、法律法规及技术标准，对进出口食品安全进行管理；而州立政府则具体落实这些政策、法规及标准的实施，对国内各州食品安全进行管理。联邦政府中涉及乳制品质量监管的部门主要有隶属于农林渔业部（DAFF）的农业生产司、澳大利亚检验检疫局（AQIS）、澳大利亚农兽药管理局（APVMA），卫生与老年关怀部（DHA）下属的澳新食品标准局（FSANZ）等；州立政府层面的监管机构主要有乳制品管理局。

1. 澳大利亚乳制品质量安全法规标准体系

澳大利亚的乳制品质量安全法律、法规和标准遍及养殖、生产、加工、销售、消费各个方面，并且随着科技发展、人们认识的提高，及时调整、更新、充实法规条例，已经形成了较健全的乳制品质量安全体系，并建立了严密的管理网络，确保乳制品安全。

（1）食品通用标准　澳新食品标准法典第1章规定了食品通用标准，该章内容适用于所有食品，包括对标签、添加剂、维生素和矿物质、加工助剂等方面的要求，还有污染物、天然毒素以及微生物在食品中的最大限量、食品接触材料的要求、禁止食用的植物和真菌的要求等内容。

（2）产品标准　澳新食品标准法典第2章按照食品类别，分为谷物、肉蛋鱼、蔬菜水果、食用油、乳制品、非酒精饮料、酒精饮料、糖及蜂蜜、特殊用途食品、醋盐和胶基等其他食品 10 个亚章。各项产品标准规定了产品的定义、成分组成以及标签要求。部分产品标准，如特殊用途食品的标准中会包括具体指标要求。

（3）食品安全标准　澳新食品标准法典第 3 章"食品安全标准"与我国"食品安全标准"的意义不同，澳大利亚所指的"食品安全标准"规定的是澳大利亚食品的加工要求，也即规定了食品生产、加工规范。其中 3.2.2"食品安全规范和一般要求"包含对食品企业和食品操作人员规定的特定要求，食品处理过程每个步骤应符合的特定过程控制要求，与食品接收、储存、加工、展示、包装、处理和召回等有关要求，与食品操作者及监督者的经验和知识、食品处理者的健康和卫生要求，以及厂房和设备的清洁、卫生和维持有关要求。

（4）初级生产标准　澳新食品标准法典规定了乳品初级生产、收集、运输和加工过程中一系列的食品安全要求，标准分四部分：基本要求、乳品初级生产要求、乳品收集和运输以及乳品加工。标准第一部分对"主管当局""控制措施""乳品初级生产""乳品初级生产企业""乳品加工""乳品加工企业""乳制品"等术语进行了解释和说明。第二部分"乳品初级生产要求"规定，乳品初级生产企业必须执行书面的食品安全项目来控制潜在的食品安全危害，包括厂房设备的设计、建设、泌乳动物、挤乳人员以及挤乳操作等各个环节的危害，以及其他特定要求。另外，要求乳品的初级生产企业的书面食品安全项目可追溯泌乳动物以及乳品的流向等。第三部分"乳品收集和运输"同样也规定了食品安全危害的控制、控制措施的特定要求、产品的追溯性、时间和温度控制，以及人员的技术和知识要求。第四部分"乳品加工"中明确了本节标准不适用于 3.2.2 和 3.2.3 的乳品加工范畴，对食品安全危害控制、产品追溯、乳及乳品加工、制作干酪和干酪制品的乳品加工的各项要求进行了规定。

（5）检测方法标准　澳大利亚对乳制品安全的高度关注和严格控制不仅表现在生产加工过程，而且在对最终产品的检验检测上建立了完善的标准体系。目前已经发布和实施的乳制品质量检测方法标准超过 60 项，主要是通过抽样检测产品中蛋白质、水分、脂肪、乳糖、微生物以及钙、磷、氮等元素的含量，同时还包括滴定酸度、杂质度、热稳定性、均质效率等物性指标的检测。

2. 澳大利亚牛乳残留分析调查

澳大利亚牛乳残留分析（AMRA）调查为澳大利亚牛乳中潜在的农兽药化学残留物以及环境污染物提供独立的国家监测计划。该调查是全国性的，由维多利亚乳业食品安全局（DFSV）代表其他国家监管部门和澳大利亚政府农业部进行协调。AMRA 调查通过收集和汇编关于澳大利亚牛乳化学残留状况的信息，在澳大利亚乳业中发挥重要作用。"调查"还向进口国提供了保证，即澳大利亚乳制品的生产符合其要求，并满足农业部出口管制规则（牛乳和乳制品）的出口要求。

（五）日本乳品质量安全管理机构

1. 乳制品质量安全监管机构

日本负责乳品质量安全的管理机构主要由三个隶属于中央政府的政府部门组成：食品安全委员会、农林水产省和厚生劳动省。多年以来，日本一直以厚生劳动省和农林水产省为主要管理部门，负责食品安全的风险管理工作，而食品安全委员会则统一负责食品安全事务的风险评估工作。

（1）食品安全委员会（FSC）　FSC 是按照日本《食品安全基本法》的规定，于 2003年 7 月正式成立的独立的直属内阁机构，主要承担食品安全风险评估和协调工作。主要职能包括执行食品安全风险评估，并对风险管理部门进行政策指导与监督，实施风险信息的交流与沟通，食品安全事件的快速反应。该委员会的最高决策机构由7名委员组成，均为食品安全专家，由国会批准并由首相任命。委员会每星期举行一次会议，公众及媒体均可旁听。FSC下设16个专家委员会，并由约240名专家组成，如计划专家委员会、风险交流专家委员会、紧急反应专家委员会、食品添加剂专家委员会、微生物专家委员会等；同时FSC内设3个评估组，分别为化学物质评估组、生物评估组、新食品评估组。化学物质评估组负责对食品添加剂、农药、动物用医药品、器具及容器包装、化学物质、污染物质等的风险评估；生物评估组负责对微生物、病毒、霉菌及自然毒素等的风险评估；新食品评估组负责对转基因食品、新开发食品等的风险评估。

此外，委员会设立秘书处，由秘书长和副秘书长领导，同时还设立日常事务、风险评估、公共关系、信息与紧急反应4个部和1个风险交流官，负责秘书处的日常工作，其雇员多数来自农林水产省和厚生劳动省等部门。

（2）农林水产省和厚生劳动省　日本法律明确规定食品安全的管理部门是农林水产省和厚生劳动省。其具体执行机构主要是两个省下属的动植物检疫所和食品检验站。随着风险评估职能的剥离而专职风险管理，两部门对内部机构进行了大幅调整。农林水产省和厚生劳动省按照食品从生产、加工到销售流通等环节来明确各自管理职责，既有分工，也有合作，各有侧重。农林水产省主要负责国内生鲜农产品及其粗加工产品的安全性，侧重于这些农产品的生产阶段；厚生劳动省负责食品及进口食品的安全性，侧重在这些食品的加工和流通阶段。

2. 日本乳制品质量安全法律、法规和标准体系

日本为保障本国的乳制品安全先后出台了一整套法律、技术法规和标准，用以规范本国乳制品的生产、加工、流通和消费。

（1）乳制品法律　日本乳制品安全相关的法律主要包括《食品卫生法》《食品安全基本法》和《关于农林物质标准化及质量标识正确化的法律》等，此外还有《兽医诊疗法》《饲料安全法》《新食品加工临时措施法》（HACCP法）和《消费品安全法》等。

（2）乳制品技术法规　日本在制定一系列食品安全法律的同时也配套出台了许多技术法规，并通过政令、法令、部门公告等形式发布，用于配合相关法律的具体和有效实施，涉及乳制品的主要有《乳与乳制品成分标准部级法令》和"肯定列表制度"。

3. 乳制品标准

日本乳品标准分为国家标准、行业标准和企业标准三层。乳品国家标准多由政府部门制定和发布；行业标准多由行业团体、专业协会和社团组织制定，主要是作为国家标准的补充或技术储备；企业标准是各株式会社制定的操作规程或技术标准。

（1）乳品行业标准　日本乳品行业标准多由行业团体、专业协会和社团组织制定，供乳品工业领域内推荐性使用。如日本畜产工业协会制定的《日本饲养标准：乳牛》，标准中对乳牛发育情况和营养成分要求以及不同发育阶段乳牛饲料配比等进行了说明和规定。

（2）乳品企业标准　乳品企业标准主要是各株式会社为保证公司乳制品的产品质量和安全而制定的操作控制规程或生产技术标准，只在企业内部使用。如日本雪印乳业株式会社制定的《雪印乳业行动基准》中就对从乳品原料、加工机械和设备、生产过程到出厂检验、物流、经销商等全过程质量控制进行了规定和要求。再如日本明治乳业株式会社在企业内部制定的"Mei Quali AS"质量保证管理体系，从产品的开发、设计、生产到销售均制定了一系

列的导则和指南，确保产品的可靠品质。

第二节　乳制品企业质量管理及控制体系

一、质量控制和质量保证

GB/T 19000—2016《质量管理体系　基础和术语》对质量控制（quality control，QC）的定义是："是质量管理的一部分，致力于满足质量要求"。其目的在于监视并排除"质量环"中所有导致不满意的原因，以取得经济效益。在生产过程中，质量控制更侧重于发挥监管功能，其活动内容主要由以下几个步骤组成：

（1）在取样点取样并对样品进行分析，得到结果。固定的取样点包括原材料、中间产品（混料）和终产品（成品）。

（2）将所得的分析结果与相应的质量标准进行对比。

（3）当分析结果符合质量标准时，认为当时的生产过程结果是合格的，从而继续下一步的生产；当分析结果不符合质量标准时，则认为当时的生产过程结果是不合格的，需要停止下一步的生产或进行其他紧急处理。

质量控制和质量保证的某些活动是相互关联的，质量保证具有"预防产品出现不合格的机制"，其中必然包括"判断生产结果是否合格"的过程。当然质量控制和质量保证之间存在许多不同之处，可以归纳为表 13-1 所示的几方面内容。

表 13-1　　　　　　　　　　　　质量控制和质量保证的比较

序号	质量控制	质量保证
1	注重最终产品的控制	所有与质量有关的方面
2	认为质量是通过控制达到的	强调质量是生产出来的
3	只涉及生产方面	包括生产全过程和其他方面
4	建立的体系往往是孤立的	建立的体系是综合的
5	在生产中期强制监督作用	通过沟通、培训和教育使员工养成质量意识
6	控制和检查所有的原料和原料供应商	提供从供应商到消费者间各方面
7	化验室对产品质量负责	产品质量是高层管理层的责任
8	化验室被视为一种成本要素	防止生产误差，从而节约成本
9	信息交流方面是孤立的	信息交流方面是综合的
10	是一种短期行为	是一种中长期行为

二、质量管理

在 ISO 9000—2015《质量管理体系 基础和术语》中，质量管理（quality management，QM）是指在质量方面指挥和控制组织的协调的活动。质量管理，通常包括制定质量方针和质量目标以及质量策划、质量控制、质量保证和质量改进。

（一）乳制品质量管理体系概述

1. 产品质量

质量的概念是随着商品的出现而出现的。在 ISO 9000—2015《质量管理体系 基础和术语》中，质量被定义为"一组固有特性满足要求的程度"。与其他种类的产品相比，食品作为经过一定加工制作、对人体无害、具有一定营养价值、可供食用并以供食用为目的的产品，其使用价值主要体现在食用性上，但同时还包括了以下的内容：

（1）安全特性　对人体无不良作用和影响。

（2）卫生特性　不存在污染。

（3）感官特性　包括颜色、组织状态、滋味、气味、口感等。

（4）营养特性　营养素种类和含量水平。

（5）内在特性　所使用原材料的性质。

（6）结构特性　包装和净含量。

乳制品作为食品的一大类，其质量定义可解释为：产品（如干酪、冰淇淋、巴氏杀菌乳、超高温灭菌乳、保持灭菌乳、发酵乳、含乳饮料等）满足明确需要（商标上标注的口味、净含量、使用原材料种类、所含营养成分、保质期、保存条件和方法等生产者承诺的内容）和隐含需要（经过了一定的加工制作、对人体无害、具有营养价值、可供食用等消费者期望的符合食品特性的内容）的能力的总和。

生产者生产产品的目的是使之作为商品进入流通领域，所以产品能否满足消费者的需要（明确和隐含两个方面），即产品质量的优劣，关系到生产企业在市场中竞争力和生存力的高低。同理，乳制品质量的优劣也会直接影响到其市场占有率的高低，高质量的产品将最终在市场中占有明显的优势。因此，乳品生产企业必须在其工厂的各个运营环节中实行规范、有效的质量管理。在各种质量管理活动中，质量保证系统是其重要的一个组成部分。

2. 质量保证

GB/T 19000—2016《质量管理体系 基础和术语》对质量保证（quality assurance，QA）的定义：质量管理的一部分，致力于提供质量要求会得到满足的信任。质量保证有内部和外部两种目的，内部质量保证为：在组织内部，质量保证向管理者提供信任；外部质量保证为：在合同或其他情况下，质量保证向顾客或他方提供信任。质量保证体系必须对所有影响质量的因素，包括技术、管理和人员等方面，都采取有效的方法进行控制。正因为如此，质量保证体系具有减少、消除特别是预防质量缺陷出现的机制。

（二）ISO 9000 质量管理体系

国际标准化组织（ISO）为适应质量管理的发展和国际贸易的需要，于 1979 年成立了质量管理和质量保证技术委员会，负责制定质量管理和质量保证标准。1994 年发布了 1994 版 ISO 8402、ISO 9000—1、ISO 9001、ISO 9002、ISO 9003 和 ISO 9004—1 等共 16 项国际标准，通称为 1994 版 ISO 9000 族标准，2000 年 12 月 15 日正式发布了 2000 版 ISO 9000 族标准，2008 年 10 月 31 日正式发布实施了 2008 版 ISO 9000 族标准。2015 年 9 月正式发布了 2015 版 ISO 9000 族标准，主要修订变化内容如下：

（1）为适应标准化的管理体系架构的要求，新版的"基本概念和质量管理原则"替代了"质量管理体系基础"。不仅增强了该标准的广泛适用性，还提高了与其他管理体系的融合性。

（2）新增了五个"基本概念"，分别是：质量、质量管理体系、组织的环境、相关方和支持。

（3）管理原则由原来的八项，合并为七项，并作为五个"基本概念"的支持。

（4）术语和定义增加到 138 个，并从 13 个方面重新划分了"概念关系"。

三、良好生产规范

（一）良好生产规范简介

良好生产规范（good manufacturing practice，GMP），是国际上普遍采用的食品药品生产先进管理方法。良好生产规范（GMP）是一种具体的食品质量保证体系，要求食品工厂在制造、包装及贮运食品等过程的有关人员配置，以及建筑、设施、设备等的设置卫生，制造过程、产品质量等管理均能符合良好生产规范，防止食品在不卫生条件下或可能引起污染及品质变坏的环境下生产，减少生产事故的发生，确保食品安全卫生和品质稳定。国际食品法典委员会（CAC）将良好生产规范（GMP）作为实施 HACCP 体系的必备程序之一。

良好生产规范（GMP）是一种具有专业特性的品质保证或制造管理体系。良好生产规范（GMP）的重点是食品生产过程安全性；防止异物、毒物、微生物污染食品；有双重检验制度，防止出现人为的损失；标签的管理、生产记录、报告的存档以及建立完善的管理制度。自美国之后，世界不少国家和地区如日本、加拿大、新加坡、德国、澳大利亚、我国台湾地区等都曾积极推行食品的 GMP。我国从 20 世纪 80 年代末开始实施 GMP，并先后制定实施了 19 种食品加工企业规范。

（二）我国的 GMP

为加强对出口食品生产企业的监督管理，保证出口食品的安全和卫生质量，1984 年，国家商检局制定了类似 GMP 的卫生法规《出口食品厂、库卫生最低要求》，该规范于 1994 年 11 月修改为《出口食品厂、库卫生要求》。为了适应国际形势发展的要求，2002 年 4 月 19 日，国家质量监督检验检疫总局公布了《出口食品生产企业卫生要求》，于 2002 年 5 月 20 日起施行。该要求是衡量我国出口食品生产企业能否获取卫生注册证书或者卫生登记证书标准之一。

1994 年，我国卫生部参照采用 FAO/WHO 食品法典委员会 CAC/RCP Rev. 2-198《食品卫生通则》，并结合我国国情，制定了 GB 14881—1994《食品企业通用卫生规范》，2014 年 6 月 1 日起，《食品企业通用卫生规范》被 GB 14881—2013《食品安全国家标准　食品生产通用卫生规范》代替，以此作为我国食品 GMP 的总则，迄今为止共制定了 19 类食品加工企业的卫生规范（即类似于国际上普遍采用的 GMP 标准），形成了我国食品良好生产规范（GMP）体系，加快推动质量强国建设。

中国乳品厂良好生产规范（GMP）要求，根据 GB 12693—2010《食品安全国家标准　乳制品良好生产规范》及食品法典委员会 CAC/RCP-1969 Rev. 3-1997《食品卫生通则》的要求，乳品生产企业的良好生产规范（GMP）包括至少以下内容：

①原材料采购、运输、贮存的卫生要求（原材料质量卫生标准、运输工具卫生要求、贮存卫生要求）；

②对工厂设计与设施的卫生要求（包括设计、选址、厂区和道路、布局、给排水、绿化、废弃物处理等）；

③设备、工具、管道的要求（包括材质要求、表面性质、设计要求、设置、安装等）；

④建筑物和施工（高度、地面、占地面积、屋顶、墙壁、门窗、通道、通风、采光照明、防鼠防蚊蝇设施）；

⑤卫生设施（洗手消毒设施、更衣室、淋浴室、厕所）；

⑥工厂的卫生管理（包括机构、职责、维修保养工作、清洗和消毒工作、除虫灭害的管理、有毒有害物管理污水污物管理、工作服管理、健康管理等）；

⑦生产过程的卫生要求（管理制度、原材料的卫生要求、生产过程的卫生要求）；

⑧卫生和质量检验的管理；

⑨成品贮存、运输的卫生要求；

⑩个人卫生与健康要求。

（三）乳业实行 GMP 的意义

目前乳品业采用 GMP，是为了保证乳品加工厂所生产的产品质量，保障消费者吃到既安全又卫生的高品质的乳品。由于乳品容易腐败变质，如果牛乳原料质量得不到保障，即使是设备和器械再精良，制造工艺再精巧，也无法保证获得优良品质的乳品。反之，如果原料好，再配合设备、技术、人员等以实施 GMP 制度，则乳品的品质就更能得到保障。国际乳品 GMP 是采用认证的方式，由生产者自愿参加，政府给予适当的奖励和辅导，并给予证书及标志。

为确保 GMP 的贯彻执行，国家应该设置专门机构进行监督检查。在美国，由食品与药物管理局（FDA）采取定期检查来保证 GMP 的贯彻实施。实施 GMP 已是食品界的趋势，有了 GMP 标志，对于生产者和消费者都具有重大的意义。生产者生产优质产品，申请 GMP 认证，有了自己的品牌。当消费者买到安全性高、质量有保证的食品，信赖 GMP 标志，对于生产者生产 GMP 产品有促进作用，使生产者为提高食品品质及卫生，必须加强竞争性的自主管理。

四、卫生标准操作程序

（一）卫生标准操作程序简介

每个实施 HACCP 计划的企业都必须制定和实施卫生标准操作程序（Sanitation standard operating procedure，SSOP）或类似文件，它是食品企业为保障食品卫生质量，在食品加工过程中应遵守的操作规范。

尽管卫生标准操作程序（SSOP）与 GMP 的概念相近，但它们分别详细描述了为确保卫生条件而必须开展的一系列不同活动。就管理方面而言，GMP 指导卫生标准操作程序（SSOP）的开展。GMP 是政府制定的、强制性实施的法规或标准，而卫生标准操作程序（SSOP）是企业根据 GMP 要求和企业的具体情况自己编写的，没有统一的文本格式，关键是易于使用和遵守。

GMP 已制定并正常运转的情况下，在此基础上，制定卫生标准操作程序（SSOP）。如果对于卫生标准操作程序（SSOP）的某些要求，GMP 已经可以满足，则不需要重复设计实施。

（二）卫生标准操作程序组成

（1）与食品接触或与食品接触物表面接触的水（冰）的安全。

（2）与食品接触的表面（包括设备、手套、工作服）的清洁度。

（3）防止不卫生物品对食品、食品包装和其他与食品接触表面的污染及未加工产品和熟制品的交叉污染。

（4）手的清洗与消毒间，厕所设施的维护与卫生保持情况。

（5）防止食品、食品包装材料和食品接触面表面掺杂润滑剂、燃料、杀虫剂、清洁剂、消毒剂、冷凝剂及其他化学、物理或生物污染物。

（6）有毒化学物质的规范标记、贮存和使用。

（7）员工个人卫生控制，这些卫生条件可能对食品、食品包装材料和食品接触面产生微生物污染。

（8）消灭工厂内的鼠类和昆虫。

（三）卫生标准操作程序计划

美国食品与药物管理局（FDA）要求每个食品企业应针对各产品生产环境制定并实施全面 SSOP 计划或类似文件。一般来说，SSOP 计划应该涵盖下述内容：

（1）企业使用的卫生程序。

（2）卫生程序计划表。

（3）提供支持日常监测计划的基础。

（4）确保及时采取纠正措施的计划。

（5）如何分析、确认问题发生的趋势，并防止其再次发生。

（6）如何确保企业内每个人都理解卫生的重要性。

（7）员工连续培训的内容。

（8）向买方和检查人员的承诺。

（四）卫生标准操作程序实施的检查和记录

乳品厂建立了 SSOP 后，还必须制定相应监控程序，实施检查、记录和纠正措施，并对实施情况的记录存档以备查。

企业在制定监控程序时，应描述如何对 SSOP 的卫生操作过程实施监控。它们必须指定何人、何时及如何完成监控。对监控要有效实施，对监控结果要进行检查，发现检查结果不合格者还必须采取措施加以纠正。对以上所有监控行动、检查结果和纠正措施都要记录，通过这些记录说明企业不仅遵守了 SSOP，而且实施了适当的卫生控制。

乳品厂日常的卫生监控记录是工厂重要的质量记录和管理资料，应使用统一的表格，并归档保存，保存时间通常是 2 年。

五、乳品企业的 HACCP

食品的卫生安全性是食品品质最基本又是最重要的质量要求，食品安全是个涉及多环节、多要素、多类别、多层次、多维度的系统工程，而 HACCP 正是针对食品的安全性而提出的一种品质控制与保证措施，是世界公认的作为保证食品安全卫生最有效的办法。

（一）HACCP 产生与发展

HACCP（hazard analysis critical control points system）即危害分析与关键控制点系统，是

以科学为基础，通过系统研究确定具体的危害及其控制措施，以保证食品的安全性。HACCP是一个评估危害并建立控制系统的工具，其控制系统是着眼于预防而不是依靠终产品的检验来保证食品的安全，它是迄今人们发现的最有效的保障食品安全的管理方法，是用来保护食品在整个生产过程中免受可能发生的生物、化学、物理因素的危害。其宗旨是将这些可能发生的食品安全危害消除在生产过程中，而不是靠事后检验来保证产品的可靠性。

（二）HACCP 基本原理

HACCP 是一个确认、分析、控制生产过程中可能发生的生物、化学、物理危害的系统方法，是一种新的质量保证系统，它不同于传统的质量检查（即终产品检查），是一种生产过程各环节的控制。从 HACCP 名称可以明确看出，它主要包括 HA，即危害分析（hazard analysis），以及关键控制点 CCP（critical control point）。HACCP 原理经过实际应用和修改，已被国际食品法典委员会（CAC）确认，由以下 7 个基本原理组成：

1. 危害分析

危害是指一切可能造成食品不安全消费、引起消费者疾病和伤害的生物的、化学的和物理特性的污染。确定与食品生产各阶段有关的潜在危害性，它包括原材料生产、食品加工制造过程、产品贮运、消费等各环节。危害分析不仅要分析其可能发生的危害及危害的程度，也要涉及有防护措施来控制这种危害。

2. 确定关键控制点

关键控制点（CCP）是可以被控制的点、步骤或方法，经过控制可以使食品潜在的危害得以防止、排除或降至可接受的水平。HACCP 被认为是保证食品安全的最佳方法，它集中在加工步骤的控制和监控，在 CCP 控制和监控对食品安全有最佳效果。CCP 可以是食品生产制造的任意步骤，包括原材料及其收购或其生产、收获、运输、产品配方及加工贮运各步骤。

3. 确定关键限值，保证 CCP 受控制

在关键控制点（CCP）确定关键限值是 HACCP 计划中最重要的步骤之一。对每个 CCP 需要确定一个标准值，以确保每个 CCP 在安全限值以内。这些关键限值常是一些保藏手段的参数，如温度、时间、物理性能（如张力）、水分、水分活度、pH 及有效氯浓度等。

4. 确定监控 CCP 措施

监控是有计划、有顺序的观察或测定以判断 CCP 是否在控制中并有准确记录，可用于未来的评估。应尽可能通过各种物理及化学方法对 CCP 进行连续的监控，若无法连续监控关键限值，应有足够的间歇频率来观察测定 CCP 的变化特征，以确保 CCP 是在控制中。

5. 确立纠偏措施

当监控显示出现偏离关键限值时，要采取纠偏措施。虽然 HACCP 系统已有计划防止偏差，但从总的保护措施来说，应在每一个 CCP 上都有合适的纠偏计划，以便万一发生偏差时能有适当的手段来恢复或纠正出现的问题，并有维持纠偏动作的记录。

纠偏记录是 HACCP 计划重要的文件之一。它使企业总结经验教训，以便在未来的操作中防止偏离关键限值的事故发生。

6. 确立有效的记录保持程序

要求把列有确定的危害性质、CCP、关键限值的书面 HACCP 计划的准备、执行、监控、记录保持和其他措施等与执行 HACCP 计划有关的信息、数据记录文件完整地保存下来。保持的记录和文件确认了执行 HACCP 系统过程中所采用的方法、程序、试验等是否和 HACCP

计划一致。

7. 建立审核程序

审核程序是验证应用的方法、程序、试验、评估和监控的科学性、合理性，审核关键限值能否控制确定的危害，保证 HACCP 计划正常执行。

（三）HACCP 原理在超高温瞬时灭菌乳生产中的应用

1. 乳品危害的来源

乳品危害的来源主要有致病微生物，微生物产生的毒素，管道清洗消毒剂，重金属污染物，原料乳中兽药、农药残留，有害的外界污染物质等。其中微生物导致危害的可能性远远超过其他来源的危害。

2. 微生物

超高温瞬时灭菌乳生产过程中微生物，尤其是致病微生物产生的途径及关键控制点的选择。

（1）污染　由原料、辅料、添加剂、包装材料、水、设备、机械、管道、操作人员、空气等带来的外界微生物尤其是致病微生物可污染乳品。原辅料的卫生质量可通过选择合格的供应商及抽样检测来控制，作为生产企业无法对其实施即时控制；而水、设备、机械、操作人员、空气等卫生状况则通过建立卫生操作规范来控制。乳品生产过程中，设备、管道的洁净程度对乳品卫生质量至关重要。加工设备管道的清洗消毒是乳品生产中至关重要的工序，其目的是去除残留的污垢和有害微生物，以防止其对牛乳的再次污染而影响牛乳的卫生质量。尤其是灭菌后的牛乳通过的管道如受到污染则无后续工艺补救。就地清洗是采用冲洗的水和清洗剂在设备的管道及生产线路中闭合进行，以达到清洗及消毒目的。水的温度、清洗剂的浓度、温度及清洗时间均会影响清洗消毒的效果。包装材料、灌装头及灌装过程的无菌要求及成品的密封性也直接影响乳品的污染程度，另外，设备、管道在长期使用后，由于腐蚀、摩擦、振动等原因往往形成渗漏。采用片式热交换器生产设备及管道，如果渗漏会使灭菌乳与冷却介质产生对流，从而污染牛乳。

（2）增殖　冷却、贮存、运输等过程中不适当的温度、时间控制，会造成腐败菌的增殖，增殖达到一定数量后，就会导致牛乳的变质。而细菌繁殖的主要条件就是时间和温度，尤其是牛乳中含有在 7℃ 以下能生长的嗜冷菌，所以不适当的时间、温度的控制造成细菌的繁殖，其影响乳品的安全卫生是不可逆的，也没有后续补救措施。所以原料乳在生产过程中的贮存时间及温度为关键控制点。

（3）残留　灭菌热处理工艺不当会造成致病微生物的残留。此环节为终末灭菌环节，如灭菌不当，造成致病微生物残留后没有后续补救措施，也作为关键控制点。在超高温瞬时灭菌乳生产过程中，采用了超高温瞬时灭菌技术，其关键限值也要采用国际上普遍认可的技术参数。经过检测，终末产品必须达到商业无菌要求。

3. 乳品生产过程中化学物质污染的途径及控制

乳品生产过程中化学物质的污染可以有以下几个来源：①饲料中农药残留，如杀虫剂、除草剂、激素等。②兽药的残留，如抗生素等。③饲料变质的残留物及污染物，如黄曲霉毒素 M_1、亚硝酸盐等。④管道、设备接触性污染的残留，如管道、设备清洗剂、重金属等。对上述化学污染物的控制，主要是通过对原料的质量控制来实现的，所以原料的质量控制是一个关键点。但是作为生产企业无法进行即时控制，只能从对乳牛场的审核评估、抽样检测及索取相关检验检疫证明来进行控制。所以乳品生产的 HACCP 体系应延伸至饲养场。根据 CAC《食品卫生准则》的要求，良好的操作规范应从初级加工做起，必须在饲养场建立良好的养殖规范，从动物防疫、饲料安全、用药控制、操作管理、人员卫生等多方面进行控制，才能确保原料乳的安全。生产过程中设备、管道清洗剂及重金属污染的控制，应通过实行 GMP 和 SSOP 来进行控制。

六、质量管理及控制体系之间的关系

（一）ISO 9000 与 HACCP 的联系

GB/T 19000 系列是我国发布的等同 ISO 9000 系列标准，主要包括系列标准的总说明（GB/T 19000）、质量管理类型标准（GB/T 19004）和质量保证类型（GB/T 19001，GB/T 19002，GB/T 19003）。质量体系的 19 个要素基本包括了 HACCP 所要求的从食品加工原材料、食品加工过程到产品的贮运销售等环节。其基本的操作步骤有：质量环节的分析，找出可能影响产品质量的各个环节并确定每个质量环节的质量职能（类似 HACCP 的危害分析）；依据质量环节分析结果，确定质量体系中应该包括的具体要素和对每个要素进行控制的要求和措施；质量体系文件的确立与实施；领导对质量体系的审核等。这些都与 HACCP 有共同性。可以说，HACCP 原理中关于危害分析、CCP 的确定及其监控、纠偏，审核等都与 ISO 9000 系列中各要素相对应。ISO 9000 提出的是基本原则与执行方法，带有普遍指导原则。实际上，HACCP 是执行 ISO 9000 标准在食品行业的具体实践。

一般来讲，ISO 9000 系列标准更多地涉及公司的行政管理，HACCP 是一种预测性的食品监控程序，可以弥补以中间测定和终产品分析为主的传统方法的不足。ISO 9000 适用于各种产业，而 HACCP 只应用于食品行业，强调保证食品的安全、卫生。二者的主要区别如表 13-2 所示。

表 13-2　　　　　　　　　　　ISO 9000 与 HACCP 的区别

项目	ISO 9000	HACCP
适用范围	适用于各行各业	应用于食品行业
目标	强调质量能满足顾客要求	强调食品卫生，避免消费者受到危害
标准	企业可在 ISO 9001~9003 三种模式中依自身条件选择其一，再逐步提高作业标准	企业可依据市场所在国政府的法规或规范的要求生产产品
标准内容	标准内容涵盖面广，涉及设计、开发、生产、安装和服务	内容较窄，以生产过程的控制为主
监控对象	无特殊监控对象	有特殊监控对象，如病原菌
实施	自愿性	由自愿逐步过渡到强制

ISO 9000 旨在预防和检测任何不合格产品的生产和流通，通过采取纠正措施以保证不再生产不合格产品。ISO 9000 意味着产品在 100%时间内符合各项标准规范。这里显然存在一个严重的问题，生产虽然符合标准规范，但产品可能具有潜在的不安全性，一旦出现这样的情况，那么就意味着整个质量体系每次生产的都是具有潜在不安全性的产品。目前的最佳方法就是利用 HACCP，同时采用 ISO 9000 管理 HACCP 体系。

　　ISO 9000 和 HACCP 分别涉及食品的质量和食品安全性，两者有许多共同之处。例如，都要求公司全体员工的参与，采取的方法都经过严格组织化，都涉及对 CCP 的测定和控制。这两种体系都属于质量保证体系，力求以最经济的方式使产品的质量和安全性达到最大置信度。而质量控制技术，即有效统计检查与测试是质量保证体系的重要组成之一，专用于对关键点的质量和安全性进行监测。

（二）用 ISO 管理 HACCP

　　在食品安全性管理过程中，采用以下方法可使产品达到最高置信度：采用由专家建立的 HACCP 体系。用 ISO 9000 管理 HACCP 体系，使生产符合各项标准规范的要求（用 HACCP 术语，符合 CCP 要求），并使 HACCP 体系在整个生产过程中都能正确实施。ISO 9001 的 20 项要素均与 HACCP 有关。这些要素对 HACCP 的具体实施有非常重要的意义。例如，要保证 HACCP 体系有效性，必须满足下列条件：①使用经过校正的设备；②人员经过适当的培训；③文件和资料控制；④通过审计确认体系等。

　　如果有关企业只满足于拥有 HACCP 计划，而不采用 ISO 9000 要素管理 HACCP，就不能保证 HACCP 体系的有效实施。

（三）GMP 与 HACCP

　　GMP 在确保食品安全性方面是一种重要的保证措施。GMP 强调食品生产过程和贮运过程的品质控制，尽量将可能发生的危害从规章制度上加以严格控制，与 HACCP 的执行有共同的基础和目标。HACCP 计划不应该包括 GMP 体系，但 GMP 体系是 HACCP 计划必需的前置程序。在 HACCP 计划中通常不包括 GMP 程序的部分，GMP 和关键控制点（CCP）的区别如表 13-3 所示。

表 13-3　　　　　　　　　　GMP 和关键控制点（CCP）的区别

GMP	关键控制点（CCP）
主要是关于卫生方面，很少关于食品安全	只与食品安全有关
包括设施、地面、设备、器具、验收、贮藏、加工控制、产品追溯、员工培训	只与产品和原料有关
不说明产品特殊的危害	说明识别的特殊危害
不考虑不可接受的危害	考虑不可接受的危害
可能有监控、关键限值和纠偏行动	必须有监控、关键限值和纠偏行动

　　乳制品产业是建设农业强国、制造强国、质量强国的关键产业之一，乳制品的安全问题是关乎国民健康的大事，因此必须建立严格的现代乳制品企业质量管理体系，保障乳品的安全。

🔍 思 考 题

　　1. 良好操作规范的主要内容是什么？
　　2. HACCP 体系的原理和特点是什么？
　　3. HACCP 体系的建立步骤是什么？
　　4. 我国乳品企业要跻身世界知名乳业，可以从哪些方面改进？

参考文献

［1］Chiofalo B，Zumbo A，Costa R，et al. Characterization of Maltese goat milk cheese flavor using SPME-GC/MS ［J］. South African Journal of Animal Science. 2004，34：176-180.

［2］Contarini G，Povolo M. Volatile fraction of milk：comparison between purge and trap and solid phase microextraction techniques ［J］. Journal of Agricultural and Food Chemistry，2002，50（25）：7350-7355.

［3］Diaz-Castro J.，Alferez M. J.，Lopez-Aliaga L.，et al. Bile composition，plasma lipids and oxidative hepatic damage induced by calcium supplementation；effects of goat or cow milk consumption ［J］. J Dairy Res，2013，80（2）：246-254.

［4］Imhof R.，Bosset J. Quantitative GC-MS analysis of volatile flavour compounds in pasteurized milk and fermented milk products applying a standard addition method ［J］. LWT-Food Science and Technology，1994，27（3）：265-269.

［5］Quigley L，O" Sullivan O，Stanton C，et al. The complex microbiota of raw milk ［J］. FEMS Microbiology Reviews，2013，37（5）：664-698.

［6］Dalgleish D G，Spagnuolo P A，Goff H D. A possible structure of the casein micelle based on high-resolution field-emission scanning electron microscopy ［J］. International Dairy Journal，2004，14（12）：1025-1031.

［7］Tamime A Y. Structure of Dairy Products ［M］. 2007. DOI：10. 1002/9780470995921.

［8］Lorenzen P C，INGRID CLAWIN-RÄDECKER，Einhoff K，et al. A survey of the quality of extended shelf life（ESL）milk in relation to HTST and UHT milk ［J］. International Journal of Dairy Technology，2011，64（2）：166-178.

［9］Rosina López-Fandiño，Olano A，Corzo N，et al. Proteolysis during storage of UHT milk：differences between whole and skim milk ［J］. Journal of Dairy Research，1993.

［10］Ranvir S，Sharma R，Gandhi K，et al. Assessment of physico-chemical changes in UHT milk during storage at different temperatures ［J］. J Dairy Res，2020，87（2）：1-5.

［11］C. F. Balthazar，A. Santillo，J. T. Guimarães，etal Novel milk-juice beverage with fermented sheep milk and strawberry（Fragaria×ananassa）：Nutritional and functional characterization. J. Dairy Sci. 2019，16909（102）：10724-10736.

［12］Sorelle Nsogning Dongmo，Susanne Procopio，Bertram Sacher，et al Flavor of lactic acid fermented malt based beverages：Current status and perspectives ［J］. Trends in Food Science & Technology 54，2016 37-51.

［13］Obaroakpo Joy Ujiroghene，Lu Liu Shuwen Zhang，Jing Lu，et al. α-Glucosidase and ACE dual inhibitory protein hydrolysates and peptide fractions of sprouted quinoa yoghurt beverages inoculated with Lactobacillus casei ［J］. Food Chemistry，2019：124~985.

［14］Yazdanpanah N，Langrish T A G. Crystallization and Drying of Milk Powder in a Multiple-Stage Fluidized Bed Dryer ［J］. Drying Technology，2011，29（9）：1046-1057.

［15］Yazdanpanah N，Langrish T A G. Crystallization and Drying of Milk Powder in a Multiple-Stage Fluidized Bed Dryer［J］. Drying Technology，2011，29（9）：1046-1057.

［16］Kumari S，Sarkar P K. In vitro model study for biofilm formation by Bacillus cereus in dairy chilling tanks and optimization of clean-in-place（CIP）regimes using response surface methodology［J］. Food Control，2014，36（1）：153-158.

［17］Chaves J Q，De Paiva E P，Rabinovitch L，et al. Molecular characterization and risk assessment of bacillus cereus sensu lato isolated from ultrahigh-temperature and pasteurized milk marketed in Rio de Janeiro，Brazil［J］. Journal of Food Protection，2017，80（7）：1060.

［18］Timperley D A. Principles，Products and Practice：Cleaning in place（CIP）［J］. International Journal of Dairy Technology，1989，42（2）：32-33.

［19］Marlène Dresch，Daufin G，Chaufer B. Membrane processes for the recovery of dairy cleaning-in-place solutions［J］. Dairy Science & Technology，1999，79（2）：245-259.

［20］Kumari S，Sarkar P K. Prevalence and characterization of Bacillus cereus group from various marketed dairy products in India［J］. Dairy Science & Technology，2014，94（5）：483-497.

［21］Papademas P，Bintsis T. Food safety management systems（FSMS）in the dairy industry：A review［J］. International Journal of Dairy Technology，2010，63（4）：489-503.

［22］Galstyan S H，Harutyunyan T L. Barriers and facilitators of HACCP adoption in the Armenian dairy industry［J］. British Food Journal，2016，118（11）：2676-2691.

［23］Wu X，Lu Y，Xu H，et al. Challenges to improve the safety of dairy products in China［J］. Trends in Food Science and Technology，2018（76）：1-10.

［24］Pollak，Lea. New challenges in the use of nutrition and health claims on milk and dairy products［J］. Mljekarstvo，2015，65（1）：3-8.

［25］Ryser E T. Safety of Dairy Products［M］. Microbial Food Safety. Springer New York，2012.

［26］关荣发，蒋家新，黄光荣，等. 热处理对乳制品营养成分的影响及热处理程度检测方法的研究［J］. 食品研究与开发，2007（12）：183-186.

［27］李松励，郑楠. 热处理对牛乳成分的影响以及热敏感指标的变化研究进展［J］. 食品科学，2017（07）：302-308.

［28］陈艳珍. 影响牛乳成分含量变化的因素［J］. 乳业科学与技术，2005（04）：186-188.

［29］陈历俊. 原料乳生产与质量控制［M］. 北京：中国轻工业出版社，2008.

［30］纪铁鹏，崔雨荣. 乳品微生物学［M］. 北京：中国轻工业出版社，2006.

［31］张和平，张佳程. 乳品工艺学［M］. 北京：中国轻工业出版社，2007.

［32］H. Roginski. 赵新淮译. 乳品科学百科全书［M］. 北京：科学出版社，2009.

［33］吴信法. 乳及乳制品［M］. 北京：中国轻工业出版社. 1958.

［34］姚云平. 乳脂肪球的组成结构，体外消化及抗菌特性［D］. 2017.

［35］李晓东. 乳品工艺学［M］. 北京：科学出版社，2011.

［36］张兰威，顾瑞霞，孔保华，等. 乳与乳制品工艺学［M］. 北京：中国农业出版社，2006.

［37］侯俊才．原料奶生产技术［M］．北京：化学工业出版社，2009.

［38］杜鹏．乳品微生物实验技术［M］．北京：中国轻工业出版社，2008.

［39］纪铁硼，崔雨荣．乳品微生物学［M］．北京：中国轻工业出版社，2006.

［40］刘慧．现代食品微生物学［M］．北京：中国轻工业出版社，2018.

［41］张守文，尹蕾，周玉玲．乳品中有害微生物的检测技术和发展方向［J］．中国乳品工业，2010.

［42］彭子昂．发酵食品中微生物及代谢作用［J］．食品安全导刊，2016.

［43］姜云云，张健，杨臻耐．益生乳酸菌在乳制品中的应用研究进展［J］．食品安全质量检测学报，2017.

［44］张亚红．预测微生物学在乳及乳制品中的应用［J］．检验检疫刊，2015.

［45］王宇．生牛奶中的主要微生物、检测方法及其控制［J］．现代畜牧科技，2019.

［46］卢太白，崔胜江，张晓刚，等．乳产品品质检测与掺杂鉴别［J］．陕西农业科学，2006.

［47］赵群，刘彤军，刘波涛，等．PLC在乳品厂净乳过程中的应用［J］．自动化技术与应用，2003.

［48］企业生产乳制品许可条件审查细则．中国质量技术监督，2011.

［49］张和平，张列兵．现代乳品工业手册［M］．北京：中国轻工业出版社，2005.

［50］张兰威．乳与乳制品工艺学［M］．2版．北京：中国农业出版社，2018.

［51］张兰威，蒋爱民．乳与乳制品工艺学［M］．2版．北京：中国农业出版社，2016.

［52］蒋爱民．乳制品工艺及进展［M］．西安：陕西科学技术出版社，1996.

［53］陈历俊．乳品科学与技术［M］．北京：中国轻工业出版社，2007.

［54］孔保华．乳品科学与技术［M］．北京：科学出版社，2004.

［55］GeerritSmit．现代乳品加工与质量控制［M］．北京：中国农业大学出版社，2003.

［56］蒋爱民．畜产食品工艺学［M］．2版．西安．陕西科学技术出版社，2008.

［57］郭本恒．液态奶［M］．北京：化学工业出版社，2004.

［58］曾寿瀛．现代乳与乳制品加工技术［M］．北京：中国农业出版社，2003.

［59］周光宏．畜产品加工学［M］．北京：中国农业出版社，2003.

［60］黄来发．蛋白饮料加工工艺与配方［M］．北京：中国轻工业出版社，1999.

［61］孔保华，于海龙．畜产品加工［M］．北京：中国农业科学技术出版社，2008.

［62］马美湖，葛长荣，罗欣，等．动物性食品加工学［M］．北京：中国轻工业出版社，2003.

［63］中国饮料工业协会．饮料制作工［M］．北京：中国轻工业出版社．2010.

［64］谷鸣．乳品工程师实用技术手册［M］．北京：中国轻工业出版社，2009.

［65］程萌．水溶性豌豆多糖的提取及其性能研究［D］．华南理工大学，2018.

［66］杨慧娇．可溶性大豆多糖的分子表征及其在酸性乳饮料中的应用［D］．华东师范大学，2015.

［67］邵丹丹．酸性乳饮料中大豆多糖的应用研究［D］．江南大学，2012.

［68］骆承庠，郝先修，王文升，等．乳糖结晶法生产全脂速溶乳粉的研究［J］．东北农业大学学报，1965（03）：37-44.

［69］骆承庠．乳与乳制品工艺学［M］．2版．北京：中国农业出版社，1999.

［70］孟祥晨，杜鹏，李艾黎．乳酸菌与乳品发酵剂［M］．北京：科学出版社，2009.

［71］朱艳杰，肖林，尚成坤，等．乳酸菌制剂的研究与应用前景［J］．生物产业技术，2017（04）：88-91.

［72］贾士芳，郭兴华．活菌制剂的现状和未来——重点以乳酸菌活菌制剂为例加以分析［J］．中国生物工程杂志，1996，6（2）：16-21.

［73］黄聪亮，李凤林．乳酸菌制剂的研究及发展现状［J］．安徽农学通报，2007，14（16）：42-44.

［74］徐志远，郭本恒，陈卫．乳酸菌微胶囊技术的研究进展［J］．乳业科学与技术，2005，27（5）：198-201.

［75］叶春苗．酸奶生产加工研究进展［J］．农业科技与装备，2018（06）：62-63.

［76］刘凝，岳田利．乳品厂酸奶生产质量的控制方法分析［J］．中小企业管理与科技（中旬刊），2016（04）：16-17.

［77］于宁．酸奶产品质量控制的研究进展［J］．中国乳品工业，2015，43（06）：46-48.

［78］岳喜庆．畜产食品加工学［M］．北京：中国轻工业出版社，2014.

［79］刘玉凤，薛书红．乳酸菌及其发酵乳制品的发展趋势分析［J］行业聚焦，2016.

［80］李雪晨．浅谈乳酸菌及其发酵乳制品的发展趋势［J］．学术论坛；2015.

［81］于劲爆．微生物技术在发酵乳加工中的应用［J］．科技信息，2018.

［82］苏海霞．乳制品的分类与营养［J］．CHINA FOOD SAFETY，2016.

［83］孙福春．甘肃甘孜地区传统发酵乳制品中乳酸菌分离、筛选、鉴定的研究［D］．哈尔滨；东北农业大学，2007.

［84］陈福生．食品发酵设备与工艺［M］．北京：化学工业出版社，2011.

［85］何国庆．食品发酵与酿造工艺学［M］．北京：中国农业出版社，2001.

［86］刘梦云．酪蛋白对凝固型酸奶凝胶构效关系的影响研究［D］．浙江科技学院，2017.

［87］丁宝鼎．真菌多糖酸奶的工艺优化及功能性的研究［D］．山东农业大学，2017.

［88］智楠楠．酸奶中益生菌多样性检测及其货架寿命预测模型的建立［D］．合肥工业大学，2017.

［89］韩永佳．功能型酸奶的理化特性、抗氧化活性及微观结构的研究［D］．合肥工业大学，2016.

［90］孙雷．利用近红外光谱法检测酸奶中蛋白质和脂肪含量［D］．吉林大学，2008.

［91］李晓东．乳品工艺学［M］．北京：科学出版社，2011.

［92］Gerrit Smit．现代乳品加工与质量控制［M］．北京：中国农业大学出版社，2006.

［93］李凤林，崔福顺．乳及发酵乳制品工艺学［M］．北京：中国轻工业出版社．2007.

［94］杨仁琴，印伯星．酸奶加工技术研究进展［J］．食品工业，2017.

［95］叶春苗．酸奶生产加工研究进展［J］．农业科技与装备，2018.

［96］顾瑞霞．乳与乳制品的生理功能特性［M］．北京：中国轻工业出版社，2000.

［97］刘慧．现代食品微生物学［M］．北京：中国轻工业出版社，2004．

［98］龄南，胡新宇．酸奶发酵剂的研究与应用现状［J］．中国乳业，2009．

［99］马先红，姜周娟，隋新，等．大型乳制品厂的加工工艺及设计方案［J］．吉林农业，2014（22）：88-89．

［100］曾寿瀛．现代乳与乳制品加工技术［M］．北京：中国农业出版社，2003．

［101］汪志君，韩永兵等．食品工艺学［M］．北京：中国质检出版社．2012．

［102］胡国华．食品添加剂在饮料发酵食品中的应用［M］．北京：化学工业出版社，2005．

［103］魏小雁，冀林立，刘建军，等．酸奶发酵剂菌种的产香物质及发酵特性研究［J］．乳业科学与技术，2008（01）：21-23，31．

［104］华鹤良，房东升，杨仁琴，等．嗜热链球菌与保加利亚乳杆菌的不同比例对酸乳发酵性能和产香特性的影响［J］．中国乳品工业，2014，42（03）：26-29．

［105］王宇星，王超，严文莉，等．凝固型咖啡酸奶的研制［J］．中国酿造，2020，39（10）：205-209．

［106］刘阳，杨仁琴，徐广新，等．凝固型酸奶生产中常见的质量问题及控制措施［J］．中国乳业，2020（05）：67-69．

［107］谈志新．搅拌型酸奶生产中的质量缺陷和控制分析［J］．现代食品，2019（22）：67-69．

［108］许龙，张冬洁，李洪亮，等．酸奶发展的研究进展［J］．农产品加工，2019（12）：87-89．

［109］杨仁琴，印伯星．酸奶加工技术研究进展［J］．食品工业，2017，38（06）：243-247．

［110］刘凝．酸奶生产关键工艺技术研究［D］．西北农林科技大学，2016．

［111］王春丽，林宇红，闫波．酸奶加工技术教学研究［J］．食品安全导刊，2015（12）：51．

［112］李婷．酸奶发酵剂菌株筛选及其发酵特性研究［D］．内蒙古农业大学，2020．

［113］魏光强，王雪峰，陈越，等．直投式发酵剂菌株筛选及发酵特性［J］．食品与发酵工业，2020，46（01）：184-190．

［114］刘殿宇，蔡永建．CIP 清洗系统的设计及注意事项［J］．中国乳业，2018．

［115］刘月兰，杨小雨，陈禹，等．CIP 清洗系统在乳品行业的应用［J］．哈尔滨师范大学自然科学学报，2012，28（3）：48-50．

［116］骆承庠．实用乳品加工技术［M］．北京：农业出版社．1989．

［117］乳品工业工厂与设备的清洁和消毒实用规程［S］．BS 5305-1984．

［118］刘艺卓，王丹．国际乳品生产大国乳品质量安全管理经验及启示［J］．中国乳业，2013（2）：23-25．

［119］张德福，刘文，杨丽．国际乳业联合会及其标准概况［J］．标准生活，2003（7）：12-14．

［120］徐烨，李江华，徐然，等．国际标准化组织（ISO）乳与乳制品标准体系［J］．乳业科学与技术，2013，36（3）：35-40．

［121］云振宇，刘文，蔡晓湛，等．欧盟乳制品质量安全监管机构及法规标准体系概述［J］．中国乳品工业，2010，38（3）：41-44．

［122］朱雨薇．新西兰乳制品质量安全监管体系及相关标准法规综述［J］．中国乳品工业，2014，42（10）：28-31．

［123］云振宇，刘文，蔡晓湛，等．日本乳制品质量安全监管及相关法规标准概述［J］．食品工业科技，2011（1）．

［124］张红娜．基于HACCP的乳制品供应链质量安全管控［J］．食品界，2019（2）．

［125］龚广予．乳品标准与法规［M］．北京：中国轻工业出版社，2015．

［126］罗红霞．乳制品加工技术［M］．北京：中国轻工业出版社，2012．

［127］国家食品安全风险评估中心．食品安全国家标准汇编［M］．北京：中国人口出版社，2014．